数字图像处理及MATLAB实现

（第2版）

主　编　余成波

参　编　杨　菁　王培容　张　莲　雷　刚
陶红艳　汪治华　石　军

重庆大学出版社

内容提要

本书详细介绍了数字图像处理技术及 MATLAB 图像处理技巧，并强调了图像处理的理论和应用相结合的方法。全书给出了大量数字图像处理技术的 MATLAB 实现程序。

全书共分为 8 章，其内容主要包括：图像与计算机图像处理、MATLAB 软件包使用精要、MATLAB 图像处理工具箱、数字图像的变换技术及其 MATLAB 实现、图像预处理及 MATLAB 实现、图像压缩与编码及 MATLAB实现、图像分割与特征提取及 MATLAB 实现、彩色图像处理及 MATLAB 实现等。

本书可作为高等理工科院校电子信息、通信工程、信号与信息处理学科的本科生教材，也可供研究生以及从事图像研究的科研工作者学习参考。

图书在版编目(CIP)数据

数字图像处理及 MATLAB 实现 / 余成波主编. -- 2 版
.-- 重庆：重庆大学出版社，2022.2
电子信息工程专业本科系列教材
ISBN 978-7-5624-2806-0

Ⅰ.①数… Ⅱ.①余… Ⅲ.①Matlab 软件—应用—数字图像处理—高等学校—教材 Ⅳ.①TN911.73

中国版本图书馆 CIP 数据核字(2021)第 149604 号

数字图像处理及 MATLAB 实现
（第 2 版）
主　编　余成波
责任编辑：杨粮菊　版式设计：杨粮菊
责任校对：邹　忌　责任印制：张　策
*
重庆大学出版社出版发行
出版人：饶帮华
社址：重庆市沙坪坝区大学城西路 21 号
邮编：401331
电话：(023)88617190　88617185(中小学)
传真：(023)88617186　88617166
网址：http://www.cqup.com.cn
邮箱：fxk@cqup.com.cn（营销中心）
全国新华书店经销
重庆天旭印务有限责任公司印刷
*
开本：787mm×1092mm　1/16　印张：19.25　字数：480 千
2003 年 6 月第 1 版　2022 年 2 月第 2 版　2022 年 2 月第 10 次印刷
印数：14 801—16 800
ISBN 978-7-5624-2806-0　定价：49.00 元

第2版前言

数字图像处理技术的研究内容涉及光学系统、微电子技术、计算机科学、数学分析等领域，是一门综合性很强的边缘学科。随着数字化时代的到来，数字图像处理与分析方面的研究工作显得十分重要。它已成为了高等理工院校电子信息工程、通信工程、信号与信息处理等学科的一门重要的技术专业课，广泛地应用于工业、农业、交通、金融、地质、海洋、气象、生物医学、军事、公安、电子商务、卫星遥感、机器人视觉、目标跟踪、自主车导航、多媒体信息网络通信等领域，取得了显著的社会效益和经济效益。

当前，数字图像处理书籍较多。但总的来说，它们均存在两种倾向：一种是偏重于理论推导和分析，与实际实现和具体工程脱节；另一种基本上是数字图像处理的编程指导，甚至是某些图像处理工具包的使用说明，种种原因导致图书理论背景模糊，误导或局限了读者的思维。为此，作者根据多年来从事此方面的研究和教学工作经验，考虑实际的需要，注重理论与实践相结合，编写了本书。书中所涉及的具体问题为当今图像处理领域的新课题和新方向，为使读者了解前沿课题和方向，本书详细介绍了数字图像处理技术及 MATLAB 图像处理技巧，并强调了图像处理的理论和应用相结合的方法。全书共分为 8 章，其内容主要包括：图像与计算机图像处理、MATLAB 软件包使用精要、MATLAB 图像处理工具箱、数字图像的变换技术及其 MATLAB 实现、图像预处理及 MATLAB 实现、图像压缩与编码及 MATLAB 实现、图像分割与特征提取及 MATLAB 实现、彩色图像处理及 MATLAB 实现等。

全书由余成波统稿。其中：第 1 章由余成波、陶红艳等编写；第 2 章由陶红艳、雷刚等编写；第 3 章由余成波、雷刚等编写；第 4 章由余成波、杨菁等编写；第 5 章由杨菁、余成波等编写；第 6 章由王培容编写；第 7 章由张莲、余成波、石军等编写；第 8 章由汪治华编写。本书在编写过程中得到了有关领导的大力支持和帮助。许多兄弟院校的同行们为本书的编写提出了许多宝贵意见和提供了帮助。在此,一并表示衷心的感谢。同时,本书为了更好地反映新技术的发展,因而引用了不少论文和书籍,在此对有关作者表示衷心感谢。

全书所给出 MATLAB 实现的实例程序,均已通过作者的调试,读者可直接引用。

本书可作为高等理工科院校电子信息、通信工程、信号与信息处理学科的本科生教材,也可供研究生以及从事图像研究的科研工作者学习参考。

由于现代图像处理的技术正在迅速发展之中,加之作者水平所限,本书的内容取舍一定会有不足之处,错误在所难免,恳请广大读者批评指正。

编 者

2021 年 11 月

目录

第 1 章
图像与计算机图像处理

随着人类社会的进步,科学技术的发展,人们对信息处理和信息交流的要求越来越高。图像信息具有直观、形象、易懂和信息量大等特点,因此它是在人们日常的生活、生产中接触最多的信息种类之一。近年来,图像信息处理已经得到一定的发展,但随着对图像处理的要求不断提高,应用领域不断扩大,图像理论必须不断提高、补充和发展。图像的处理已经从可见光谱扩展到光谱中各个阶段,从静止图像发展到运动图像,从物体的外部延伸到物体的内部,以及进行人工智能化的图像处理等。本章介绍有关图像、数字图像的概念,阐明用计算机进行图像处理的基本运算方法和特点。

1.1 图　像

1.1.1 图像

为了实现对图像信号的处理和传输,首先必须对图像进行正确的描述,即什么是图像。对人们来说,图像并不陌生,但却很难用一句话说清其含意。从广义上说,图像是自然界景物的客观反映,是人类认识世界和人类本身的重要源泉。照片、绘画、影视画面无疑属于图像;照相机、显微镜或望远镜的取景器上的光学成像也是图像。此外,汉字也可以说是图像的一种,因为汉字起源于象形文字,所以可当作一种特殊的绘画;图形可理解为介于文字与绘画之间的一种形式,当然也属于图像的范畴。由此延伸,通过某些传感器变换得到的电信号图,如脑电图、心电图等也可看作一种图像。“图”是物体反射或透射光的分布,它是客观存在的,而“像”是人的视觉系统所接收的图在人脑中所形成的印象或认识。总之,凡是人类视觉上能感受到的信息,都可以称为图像。

图像信息不仅包含光通量分布,而且还包含人类视觉的主观感觉。随着计算机技术的迅速发展,人们可以人为地创造出色彩斑斓、千姿百态的各种图像。概括地讲,图像包含以下几个重要内容:

视频(Video):视频图像又称为动态图像、活动图像或者说运动图像。它是一组图像在时间轴上的有序排列,是二维图像在一维时间域上构成的序列图像。如 NTSC 制式电视 30 帧/秒,

PAL 制式是 25 帧/秒,电影则是 24 帧/秒。

图形(Graphics):图形是图像的一种抽象,它反映图像的几何特征,例如点、线、面等。图形不直接描述图像中的每一点,而是描述产生这些点的过程和方法,被称为矢量图形。

动图(Animation):动图属于动态图像的一种。它与视频的区别在于视频的采集来源于自然的真实图像,而动图则是利用计算机产生出来的图像或图形,是合成动态图像。动画包括二维动画、三维动画、真实感三维动画等多种形式。

符号(Symbol)与文字(Character):符号可以表示许多信息。符号包括各种描述量、数据、语言等。其中最重要的是数值、文字等有结构的符号组。符号是表示某种含义的,它与使用者的知识有关,是比图形更高层次的抽象。需具备特定的知识方能解释特定的符号和特定的文本(如语言)。符号是用特定值表示的,如 ASCII 码、中文国标码等。文本媒体是用得很多的一种符号媒体形式,它由具有上下文关系的字符串组成,与字符的结构有关。

图像的表现形式很多,但都有一个共同特点,即图像是二维或三维空间信息。图 1.1 给出两种基本图像的实例。

(a)景物图像

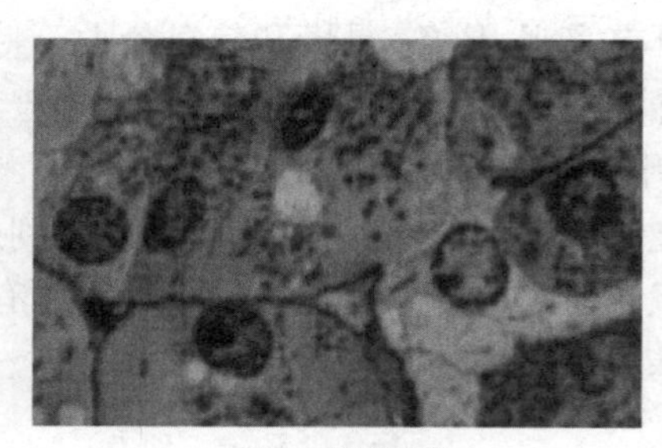

(b)显微图像

图 1.1　图像实例

1.1.2　图像信息的重要性

如前所述,图像是一种空间信息,它展现在人们的面前,具体地表明了事物的形态、位置和色彩等,以便人们进行观察、测量和识别。如图 1.1(a)是一幅秋天景色照片,从图像上可观察到天空、树、草地、湖泊等。图像中的对象物之所以能被人们识别,是因为图像包含了丰富的信息,具体来说,它直观地提供了景物的颜色、亮度、纹理、位置和形状等。上述信息成为人们理解该图像所表现的事物的基础。

任何时候,图像在人类接收和传递信息中都起着重要的作用。这是因为图像比起声音、文字信息有其突出的长处,那就是图像的直观性,它能原封不动地将客观事物的原形展现在眼前,供不同目的、不同能力和水平的人们去观察和理解,如图 1.1(b)所示。而声音、文字信息则并不反映客观事物的原形,是通过描述来表达事物,即属于描述性的信息。既然是描述,就会受到描述者的许多因素的影响,诸如主观、片面、专业、情绪、状态等都会使描述偏离客观事物。

除了这些图像本身的特点外,图像信息的重要性还在于人们的视觉系统有着瞬间获取图像、分析图像、识别图像和理解图像的能力,在人们的生活、生产活动中,依赖于图像信息的状况比比皆是。从视觉接受信息的角度看,可认为图像是空间客观景物在眼球视网膜上形成的像。人们站在高处用眼睛巡视前方,立刻能获得大自然丰富多彩的一幅幅图像的快速分析,得到诸如高山、大海、树林、蓝天、小鸟等的识别结果。甚至还会对这些图像进行比较,得出“这就是曾经看到过的那张照片”的结论。又如从远处走来一位朋友,当他刚进入你的视野,可能你尚未看清他的脸部,就能从他的体态、姿势、服装等图像信息的组合中知道他是谁。由此可见,视觉系统和大脑具有高超的能力,能区分图像中的物体与背景;能感知颜色、亮度、形状、方向、位置、运动等信息的细微差别;能将有意义的信息综合成一体;有很强的信息存储能力;具有高效的进行平行处理的能力等。其实,人们在生活和非自动化生产中,都离不开用视觉获取图像和处理图像。

当然,图像也有其另一方面的特点,那就是图像的信息量大,这不仅是因为图像反映客观事物的原形,信息本身较声音、文字丰富,还因为作为空间信息的图像,在接收和传递过程中,必须将其看作许多点的集合,比如一幅电视画面可分割为 512×512 个点来进行信息的传递,那么如果连续传送 150 幅画面,其信息量就非常可观。

据统计,通过视觉获取的信息占人们获取所有信息的 75% 左右。因此图像是人类从事一切活动的重要信息源。

1.2　图像技术及图像的分类

1.2.1　图像技术

图像技术在广义上是各种与图像有关的技术的总称。目前,人们主要讨论的是数字图像,即主要应用的是计算机图像技术。这包括利用计算机和其他电子设备进行和完成的一系列工作。例如图像的采集、获取、编码(压缩)、存储和传输,图像的合成、绘制和生成、图像的显示和输出,图像的变换、增强、恢复(复原)和重建、分割、目标的检测、表达和描述、特征的提取和测量,多幅图像或序列图像的校正、配准,3-D 景物的重建复原,图像数据库的建立、索引和抽取,图像的分类、表示和识别,图像模型的建立和匹配,图像和场景的解释和理解,以及基于它们的判断决策和行为规划等。另外,图像技术还可以包括为完成上述功能所进行的硬件和软件设计等方面的技术。

由此得到 3 个既有联系又有区别的层次:图像处理、图像分析和图像理解(图 1.2)。这三者的有机结合形成了图像工程,是一门内容丰富的学科。

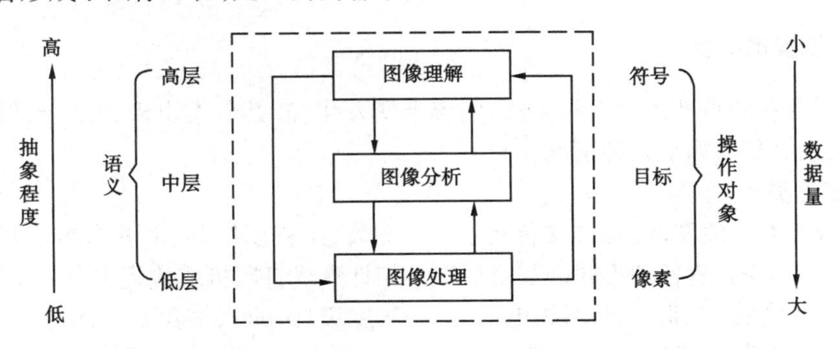

图 1.2　图像工程 3 层次示意图

其中,图像处理着重强调在图像之间进行的交换;图像分析则主要是对图像中感兴趣的目标进行检测和测量,以获得它们的客观信息从而建立对图像的描述;图像理解的重点是在图像分析的基础上,进一步研究图像中各自目标的性质和它们之间的相互联系,并得出对图像内容含义的理解以及对原来客观场景的解释,从而指导和规划行动。

综上所述,图像处理、图像分析和图像理解在抽象程度和数据量上各有特点,操作对象和语义层次各不相同,其相互联系如图 1.2 所示。图像处理是比较低层的操作,它主要在图像像素级上进行处理,处理的数据量非常大。图像分析则进入了中层,分割和特征提取把原来以像素描述的图像转变成比较简洁的对目标的描述。图像理解主要是高层操作,操作对象基本上是从描述中抽象出来的符号,其处理过程和方法与人类的思维推理有许多类似之处。

当前,根据最新的对图像工程文献统计分类综述,图像技术在图像处理、图像分析和图像理解 3 个层次中的分类情况如表 1.1 所示。

表 1.1　在图像处理、图像分析和图像理解 3 个层次中研究的图像技术分类

3 个层次	图像技术分类和名称
图像处理	图像采集、获取及存储(包括各种成像方法、摄像机校正等) 图像重建(从投影等重建图像) 图像变换、滤波、增强、恢复/复原、拼接等 图像(视频)压缩编码 图像数字水印和图像信息隐藏
图像分析	边缘检测、图像分割 目标表达、描述、测量(包括二值图处理等) 目标颜色、形状、纹理、空间、运动等的分析 目标检测、提取、跟踪、识别和分类 人脸和器官的检测与定位
图像理解	(序列、立体)图像配准、匹配、融合 3-D 表示、建模、重构、场景恢复 图像解释、推理(包括语义描述、信息模型、专家系统等) 基于内容的图像和视频检索

1.2.2　图像的分类

由于实际存在的自然图像多种多样,内容千变万化,故其分类也极为复杂,但图像按性质特征来分,大致可分为如下几种情况:

(1)灰度分类

按灰度分类有二值图像(如图文传真、文字、图表、工程图纸等)和多灰度图像。多层次灰度图像按应用的不同,有各种不同的灰度层次。如计算机打印机或传真中有灰度层次的图像,一般为 16、25 灰度级,工业电视、可视电话为 64 灰度级(6 bit),气象数字图像为 7 灰度级,广播电视图像为 256 灰度级(8 bit),医学图像一般为 1 024 灰度级(10 bit)。

(2) 色彩分类

按照色彩分类,可分为单色图像和彩色图像。单色图像指只具有某一谱段的图像,一般为黑白灰度图;彩色图像,包括真彩色、合成彩色、伪彩色、假彩色等,可用不同的彩色空间来描述,如 RGB、YUV 等。

(3) 运动分类

按运动分类,图像可分为静态图像和动态图像。静态图像包括静止图像和凝固图像。每幅图像本身都是一幅静止图像。凝固图像是动态图像中的某一帧。动态图像的快慢以帧率量度,帧率反映了画面运动的连续性。可以看出,动态图像实际上是由一幅幅静态图像按时间排列组成的。

(4) 按时空分布分类

按时空分布分类,图像可分为二维图像和三维图像。二维图像即平面图像,其数学表示为 $f(x,y)$,f 为光强,x,y 为二维空间坐标。三维图像即立体图像,其数学表示为 $f(x,y,z)$,f 为光强,x,y,z 为三维空间坐标。

1.3 图像系统的构成

1.3.1 图像系统的线性模型

为了简单起见,实际中通常把传输或处理图像信号的系统近似为二维线性位移不变系统。用这种系统模型来分析和设计被证明是有效的。与熟悉的一维线性时不变系统类似,这种系统的频率响应是该系统的脉冲响应的傅里叶变换。

设对二维函数所作的运算 $L[\cdot]$ 满足以下两式

$$\begin{aligned} L[f_1(x,y)+f_2(x,y)] &= L[f_1(x,y)]+L[f_2(x,y)] \\ L[af(x,y)] &= aL[f(x,y)] \end{aligned} \tag{1.3.1}$$

式中,若 a 为任意常数,则称此运算为二维线性运算。由它所描述的系统为二维线性系统。

和一维线性系统类似,当二维线性系统的输入为单位脉冲函数 $\delta(x,y)$ 时,系统的输出便称为脉冲响应,用 $h(x,y)$ 表示。故有 $L[\delta(x,y)]=h(x,y)$。

二维单位脉冲函数 $\delta(x,y)$ 可定义为

$$\delta(x,y)=\begin{cases}\infty & x=y=0\\ 0 & \text{其他}\end{cases}$$

且满足
$$\int_{-\infty}^{\infty}\int_{-\infty}^{\infty}\delta(x,y)\,\mathrm{d}x\mathrm{d}y=\int_{-\varepsilon}^{\varepsilon}\int_{-\varepsilon}^{\varepsilon}\delta(x,y)\,\mathrm{d}x\mathrm{d}y=1$$

式中,ε 为任意小的正数。

由二维单位脉冲函数 $\delta(x,y)$ 定义可得到以下几个性质:

积分性质:
$$\int_{-\infty}^{\infty}\int_{-\infty}^{\infty}f(\alpha,\beta)\delta(x-\alpha,y-\beta)\,\mathrm{d}\alpha\mathrm{d}\beta=f(x,y) \tag{1.3.2}$$

筛选性质:
$$\int_{-\infty}^{\infty}\int_{-\infty}^{\infty}f(x,y)\delta(x-\alpha,y-\beta)\,\mathrm{d}x\mathrm{d}y=f(\alpha,\beta) \tag{1.3.3}$$

偶函数和可分离性质:
$$\delta(-x,-y)=\delta(x,y)=\delta(x)\cdot\delta(y) \tag{1.3.4}$$

由于 $h(x,y)$ 是当系统的输入为 δ 函数或理想点光源时系统的输出，是对点光源的响应，因此也称为点扩展函数。δ 函数经过理想的图像传输系统的点扩展函数 $h(x,y)$ 后，仍然能保持它的单位脉冲特性。而质量差的图像传输系统 $h(x,y)$ 会把图像中的 δ 函数在其中心点处弥散开来。

当输入的单位脉冲函数延迟了 α,β 单位后，若有 $L[\delta(x-\alpha,y-\beta)]=h(x-\alpha,y-\beta)$ 成立，则称此系统为二维线性位移不变系统。

1.3.2 图像处理系统的构成

实际的图像处理系统是一个非常复杂，既包括硬件又包括软件的系统，随着具体应用目标的不同，其构成也是大不相同的。图 1.3 所示为图像处理系统的基本结构，系统主要是由照明用光源、摄像单元、A/D 转换器、图像存储器及计算机等要素构成。其工作过程如下：对象物反射的光在摄像单元被转换成电信号（模拟信号），再由 A/D 转换器把其转换成数字信号，然后被存储在图像存储器中，有待计算机做进一步的处理。

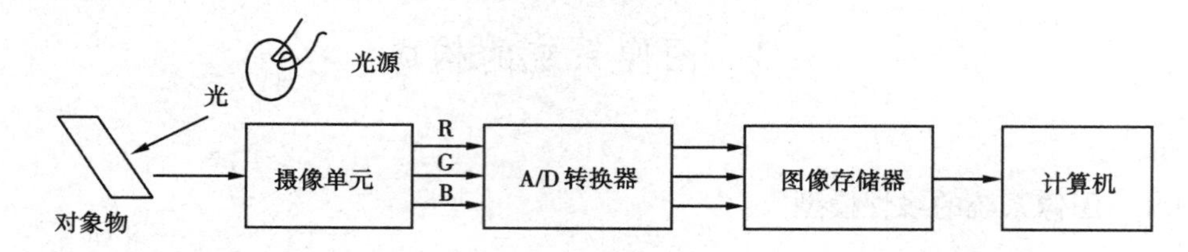

图 1.3 图像处理系统的基本结构

(1)照明方法

摄影的时候，给对象物照明用的光源、对象物以及摄像装置三者之间的位置如图 1.4 所示，其中(a)是背面照明方式、(b)为正面照明方式、(c)为斜射照明方式。但是，有时为了能够捕捉到移动物体的瞬间图像，常采用的方法是在 CCD 照相机的摄像单元上增设快门或利用闪烁光源。图 1.5 给出了流体中血球的流动摄像装置示意图。在图中，稀释的血液与溶解液一同通过液体室时，对被闪烁光源照射的红血球、白血球等进行拍摄。

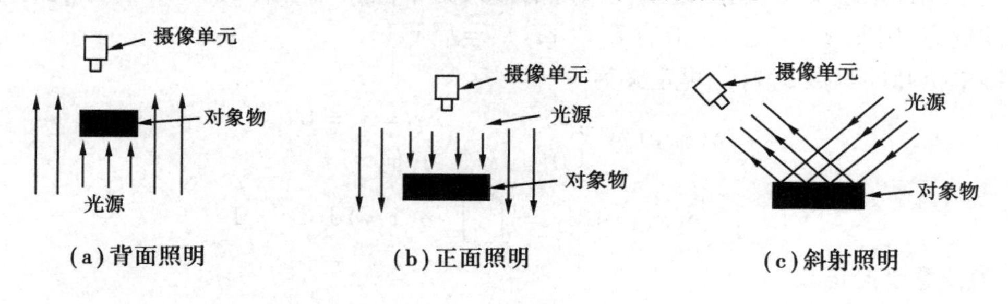

图 1.4 对象物的照明方式

(2)摄像单元

1)CCD 图像传感器

CCD 图像传感器由光电转换单元构成，光电传感单元的排列分为线阵排列和面阵排列两种。图像传感器的工作原理是把光能量转换为电荷，并且具有将转换得到的电荷进行存储的

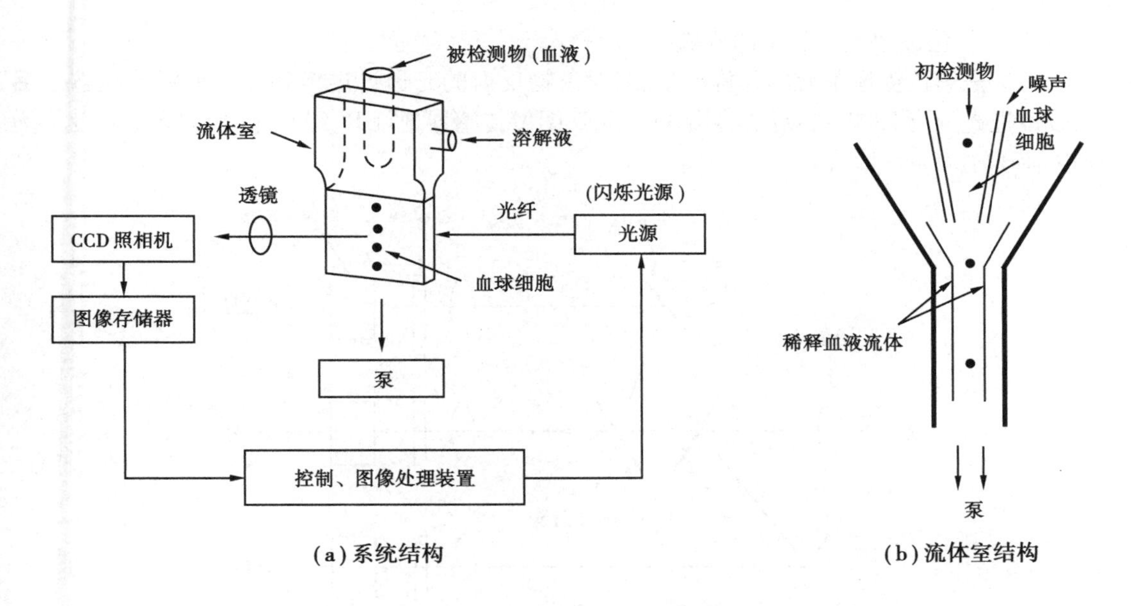

(a)系统结构 (b)流体室结构

图1.5 流体方式的细胞图像输入装置的结构

能力,以及使电荷向输出电极移动的扫描能力。图1.6给出了图像传感器的结构的模型图,其中(a)所示为一维图像传感器(线阵式传感器)结构模型图,光电转换部分是由 PD_1 到 PD_m 的 m 个单元构成,输出经过门驱动开关MOSFET与CCD连接在一起。(b)所示为二维CCD传感器,它是由图(a)中的线阵传感器单元从 CCD_1 到 CCD_n 的 n 个单元并列配置而成,并经过一个合成其输出的水平CCD,再经过一个增幅放大器,得到图像信号。

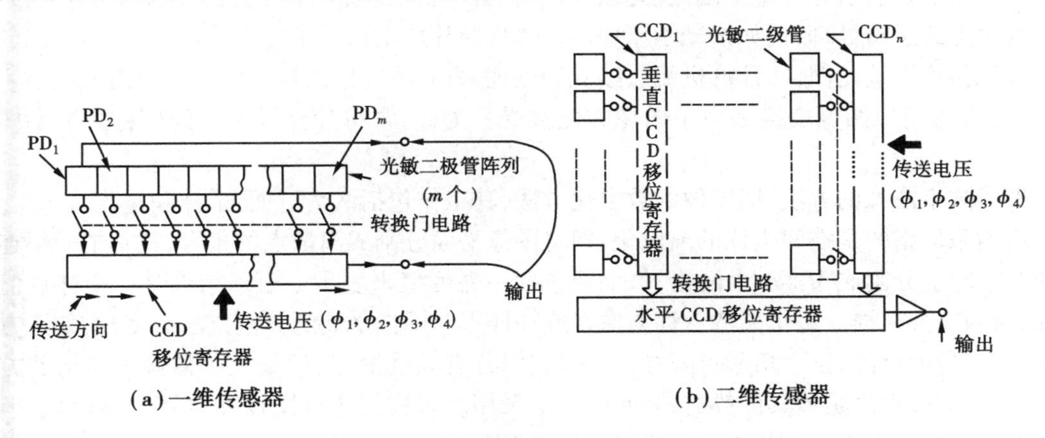

(a)一维传感器 (b)二维传感器

图1.6 图像传感器的结构

此外,还有AMI摄像单元,它是一种基于用MOSFET使二极管的输出增幅这种结构的摄像单元(增幅型固态摄像单元),一般用在高感度的摄像机中。另一种是红外线摄像单元,其核心是肖特基势垒型图像传感器,像素数一般为640×480。

目前,常用的摄像单元基本上都是固态摄像单元,但是对于感度要求更高的情况,通常是利用"雪崩效果"的高感度摄像管来代替AMI摄像单元。

2)CCD 彩色摄像光学系统的构成

图 1.7 是彩色摄像单元的结构模型图,对象物反射的光通过透镜和光学低通滤波器之后由三棱镜把光分为 RGB 三原色,再由 3 个 CCD 图像传感器把红 R、绿 G、蓝 B 的光信号变换为 3 个电信号。

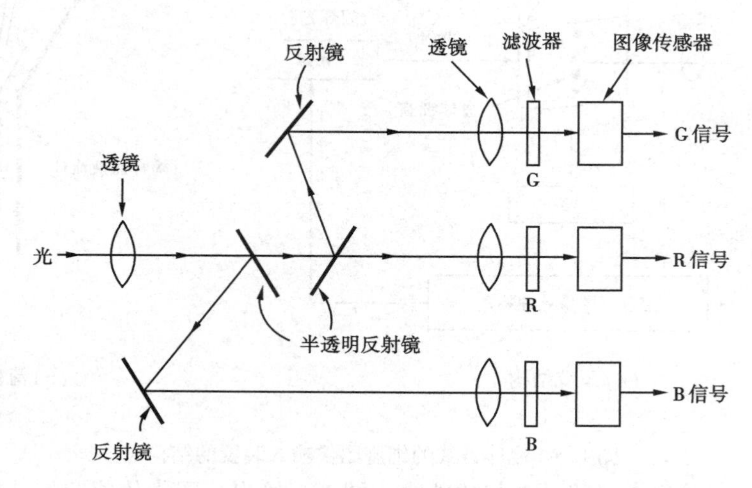

图 1.7　彩色摄像单元的基本结构

(3)图像的数字化

一般的图像都是模拟图像,即图像上的信息是连续变化的模拟量。如一幅黑白灰照片上的物体是通过照片上各点的光的强度(简称光强)不同而体现的,而照片上的光强是一个连续变化的量,也就是说,在一定范围内,光强的任何值都可能出现。对于这种模拟图像只能采用模拟处理方式进行处理,例如按光学原理用透镜将照片放大。对于这类连续图像,即空间分布和亮度取值均连续的图像,计算机无法接受和处理,只有将连续的模拟信号变为离散的数字信号,或者说将模拟图像变换为数字图像方能接受。为此,常将计算机图像处理称为数字图像处理。

形成数字图像的方法,即图像的数字化方法,其工作包括两个方面:采样和量化。

所谓采样指的是空间坐标的离散化,即将图像平面分割成离散点的集合,就是把一幅连续图像在空间上分割成 $M\times N$ 个网格,每个网格用一亮度值来表示。由于结果是一个样点值阵列,故又叫点阵采样。每个离散点称为像素或抽样点。图像平面的分割方法有多种,如正方形点阵、正三角形点阵、正六角形点阵等。尽管它们各有其优缺点,但是从图像输入输出的方便性来看,正方形点阵是最具优势的,因而被广泛采用。采样使连续图像在空间上离散化,但采样点上图像的亮度值还是某个幅度区间内的连续分布。根据采样定义,每个网格上只能用一个确定的亮度值表示。这种把采样点上对应的亮度连续变化区间转换为单个特定数码的过程,称为量化,即样点亮度的离散化。

连续图像经过采样、分层、量化、编码等步骤变成数字图像才能进入计算机进行处理。如何使离散图像在人感觉中与模拟图像相同,需采取相应的处理技术,这就是从离散图像重建模拟图像的技术,简称为图像重建。

1)图像的采样原理

模拟图像若在 x 方向采 M 个点,y 方向采 N 个点,就可得到 $M\times N$ 个点的数字化图像的形式。采样是图像进入计算机的第一个处理过程。

二维图像用二维冲击函数来采样，采样函数

$$s(x,y) = \sum_{m=-\infty}^{+\infty}\sum_{n=-\infty}^{+\infty}\delta(x - m\Delta x, y - n\Delta y) \tag{1.3.5}$$

是沿 x 方向间隔为 Δx，沿 y 方向间隔为 Δy 的函数阵列，形成以 Δx、Δy 为间距的矩阵形采样网格。

二维连续函数基本表达式为

$$f(x,y) = \int_{-\infty}^{+\infty}\int_{-\infty}^{+\infty} f(\xi,\eta)\delta(\xi - x, \eta - y)\mathrm{d}\xi\mathrm{d}\eta \tag{1.3.6}$$

从这个公式出发，用离散二维采样函数代替上式连续采样公式，采样图像的函数为

$$f_{\mathrm{S}}(x,y) = S(x,y)f(x,y) = \sum_{m=-\infty}^{+\infty}\sum_{n=-\infty}^{+\infty} f(x,y)\delta(x - m\Delta x, y - n\Delta y) \tag{1.3.7}$$

对 $f(x,y)$ 用矩阵均匀网格采样，每个采样位置在 $x = m\Delta x, y = n\Delta y$ 上，$m, n = 0, \pm 1, \pm 2, \cdots$ 类似一维情况，二维情况下的二维采样定理（奈奎斯特率）为

$$\begin{cases} \Delta x \leqslant \dfrac{1}{2}u \\ \Delta y \leqslant \dfrac{1}{2}v \end{cases} \tag{1.3.8}$$

即 x 方向采样率 $u_x \geqslant 2u_{\mathrm{C}}$，$y$ 方向采样率 $u_y \geqslant 2v_{\mathrm{C}}$，满足奈奎斯特率。

当二维函数 $f(x,y)$ 被某二维窗函数 $h(x,y)$ 截成空间有限函数时，类似一维函数，x、y 方向为互相间隔的二维峰状函数。为了有效地恢复原空间有限函数，要利用周期性质。对一个 $M \times N$ 的图像，若采样间隔满足

$$\begin{cases} \Delta u \leqslant \dfrac{1}{M\Delta x} \\ \Delta v \leqslant \dfrac{1}{N\Delta y} \end{cases} \tag{1.3.9}$$

则保证了在空域和频域二者都能用 $M \times N$ 个均匀间隔覆盖一个完整的二维周期，那么就可以从有限空域离散采样的图像正确地恢复原图像。

若 $f(x,y)$ 在 $x \in [0,X]$，$y \in [0,Y]$ 内有定义，并以 Δx、Δy 为间隔采样，则沿 x 方向和 y 方向的取样点数分别为

$$\begin{cases} M = \dfrac{X}{\Delta x} \\ N = \dfrac{Y}{\Delta y} \end{cases} \tag{1.3.10}$$

则 $f_{\mathrm{S}}(x,y)$ 构成一个 $M \times N$ 实数矩阵

$$f(x,y) = \begin{bmatrix} f(0,0) & f(0,1) & \cdots & f(0,N) \\ \vdots & \vdots & & \vdots \\ f(M,0) & f(M,1) & \cdots & f(M,N) \end{bmatrix} \tag{1.3.11}$$

其中每个元素为图像 $f(x,y)$ 的离散采样值。

图像的重建的概念可以这样理解：若以 N 为周期，可以正确重建原图像。它的重建原理

是以 sinc 函数相乘加权完成,称为一维 sinc 函数内插。这种内插原理把离散信号当中的地方补上,当然也可用其他内插函数来实现。如:把内插函数与空域采样图像$f_S(x,y)$相卷积。

2)采样图像的量化

经过抽样后的图像还不是数字图像,因为这些像素上的灰度值仍是一个连续量。所谓量化指的是将像素的灰度离散化,使之由连续量转换为离散的整数值。

为了进行计算机处理,必须把无穷多个离散值化简为有限个离散值,即量化,这样才便于赋予每一个离散值互异的编码以进入计算机。为了方便计算机进行数据处理,有限个离散值的个数常用 2^n 表示,这个过程是把每一个离散样本的连续灰度只分成有限多的层次,称分层量化。把原图像灰度层次从最暗至最亮均匀分为有限个层次称为均匀量化,如果采用不均匀分层就称为非均匀分层量化。

但是,用有限个离散灰度值来表示无穷多个连续灰度的量时,必然产生误差,这种误差称为量化误差(也称为量化噪声)。同时,该误差与量化分层数有关,量化分层越多,则量化误差越小;反之,量化误差越大。但是,分层数越多则编码进入计算机所需比特数越多,相应地影响运算速度及处理过程。另外,量化分层的约束来自图像源的噪声,即最小的量化分层应远大于噪声,否则太细的分层将被噪声所淹没而无法体现分层的效果。也就是说噪声大的图像,分层太细是没有意义的;反之,要求很细分层的图像才强调极小的噪声。如某些医用图像系统把减小噪声作为主要设计指标,是因为其分层数要求 2 000 层以上,而一般电视图像的分层用 200 多层已能满足要求。

1.4 图像质量的评价

1.4.1 人类的视觉

视觉所感受到的图像可看作三维光辐射场对人眼的影响。进行分析时,首先需要建立物理模型,这种模型以照射、反射现象为基础(包括辐射、传播、照射、反射和吸收等方面的内容);若图像分析的结果或其中间过程需要人的干预或理解时,则还有必要对人眼的视觉机理以及人眼的构造进行研究。实际上,图像处理的全过程都需要人去观看,即使是中间环节不需观看的情况(如可见光谱以外的红外图像、雷达图像),其最终结果常需要用可见光再现其图像以便观察。故只有对人眼的构造、视觉的物理建模、光谱分布和光的度量等进行研究,才能对图像进行科学的分析及深层次的理解。目前,在语音、数据、图像三种主要的通信方式中,图像通信起到主要作用。听觉获取的是时间信息,视觉获取的是时空信息;在相同条件下,常规的视频图像的数据量比语音的数据量大 600 ~ 2 500 倍。视觉信息是人类从外界获取信息的主要方式,视觉所观察到的现象比其他感官要丰富得多,更适合人类活动的需要。

(1)图像与视觉的关系

图像最终需要由人或机器来观察、识别、理解。研究图像与视觉之间的对应关系,是一个非常重要的问题,需要从符号和信息两个角度探讨图像与视觉的对应关系。

图像信息内容的描述和分析对于视觉而言,只要求知道图像的意义和内容。例如一幅细胞图像,视觉只要求识别和标定其中的染色体,遥感图像只要求识别各种类型的地貌(森林、水域、道路等)，而图像的光强度、线、面、对比度、颜色等引起视觉的反应称为感觉和知觉。

其中，与视觉相关的几个概念如下：

感觉：人眼在限制点光源或视野情况下对光刺激的反应叫做感觉。它反映了图像的明亮程度和颜色，例如亮度、对比度等。

知觉：又称直觉。对于图像形状、大小、运动、方向、颜色变化等的反应叫知觉。它反映的只是图像在时间和空间的变化特性，而不涉及图像所具有的复杂内容。

认识：指对图像内容、含义的理解。

感情：被感觉和知觉的图像可引起愉快、高兴、痛苦、讨厌等不同的感情和情绪。

(2)光度学

光度学是光学中研究光的辐射、吸收、照射、反射、散射、漫射等有关光的度量的学科，同时结合人眼的视觉特征来确定光的度量及使用单位。同样，在可见光谱段外的景物图像也可类似的研究。下面介绍几个光度学中的基本概念。

光通量：光源以电磁波的形式辐射出的光功率称为光通量，其单位流明的定义为：发光强度为1坎的均匀点光源在一球面立体角内发射的光通量。

发光强度：设某个点光源向各方向都均匀辐射，则可以定义发光强度为发射到单位立体角的光通量增量与该单位角的比值。发光强度的单位为坎。

视敏度：流明的测量常以人眼的光感觉来度量其辐射功率。人眼对不同波长的可见光的敏感程度不同，根据人眼对不同波长的敏感程度可得到一曲线，称为视敏度曲线。

亮度：亮度是发光面的明亮程度的度量，它决定于单位面积的发光强度，单位为坎/平方米。

照度：是指照射在单位面积上的光通量，单位为勒。

1.4.2　视觉系统的局限性和计算机图像处理技术产生的必然性

固然人的视觉系统可看成是一种神奇的、高度自动化的生物图像处理系统，但是，面对当今科学技术飞速发展的形势，人的视觉系统还存在许多不足之处。

1)主观性

人类属于主观动物，在大脑处理图像过程中难免带有主观片面性。例如，或因个人经验不足没有发现苹果上的病斑；或因粗心大意未将坏蛋从蛋中识别出来。而且，随着时间、场合的变化，对相同的图像可能得到不同的观察结果。

2)局限性

人的视觉系统也有它的局限性。因为只能看到物体表面，不能看到物体内部的结构。

3)缺乏持久性

长时间、连续进行相同的视觉处理，人们就会感到单调、疲劳、厌倦、甚至遗忘，以致效率降低或者判别错误。这一点在半自动化的流水生产线上常有发生。

4)模糊性

视觉系统的图像处理是一种模糊处理，对处理结果很少能进行定量描述。如见到新上市的特级绿茶，人人称好，但却难以用量值来说明。

为实现生产自动化和现代化，迫切要求一种能够模拟人的视觉功能而又能超越它的性能的图像处理系统。计算机的出现，是信息处理领域的一场革命，随着计算机技术的不断发展，它的应用扩展到了图像信息处理的领域,故计算机图像处理作为一门新兴技术应运而生。

目前,虽然人们对视觉系统生物物理过程的认识还很肤浅,计算机图像处理系统要完全模拟视觉系统,形成计算机视觉,还有一个很长的过程,即便如此,计算机图像处理技术在生物医学、工业控制、农业工程、食品检测、资源调查、气象分析、指纹鉴别以及交通管理等领域的广泛应用和迅速发展,已显示出它的强大生命力和巨大潜力。

1.4.3 图像质量的评价方法

图像质量评价的研究是图像信息科学的基础研究之一。对于图像处理系统,其信息的主体是图像,衡量这个系统的重要指标就是图像的质量。如在图像编码中就是在保持被编码图像一定质量的前提下,以尽量少的码字来代表图像,以节省信息和存储容量。而图像增强就是为了改善图像的主观视觉显示质量。又例如图像复原则用于补偿图像的降质,使复原后的图像尽可能接近原始图像质量。所有这些,都要求有一个合理的图像质量评价方法。

图像质量的含义包括两方面内容:一是图像的逼真度(被评价图像与原标准图像的偏离程度);二是图像的可懂度(指图像能向人或机器提供信息的能力)。目前,主要的评价方法如下:

(1)图像的主观评价

这种方法就是通过人来观察图像,对图像的优劣做出主观评定,然后对评分进行统计平均得出评价结果。这种评价出的图像质量与观察者的特性及观察条件等因素有关。为了得到对图像的较好的主观评价,在保证测试条件尽可能与使用条件相匹配的前提下,通常在选择观察者方面要考虑以下几个方面:

1)观察者既要有未经过训练者,同时考虑有一定经验者;

2)参加评分的人员至少要有 20 名。

表 1.2 是几个国家和地区所采用过的对图像评价的观察条件。

表 1.2 图像质量主观评价的观察条件

	英国	欧洲	德国	日本	美国	推荐值
最高亮度 /(cd · m^{-2})	50	41 ~ 54	50	400	70	50*
管面亮度 /(cd · m^{-2})	<0.5	0.5	<0.5	5	2	<0.5
背景亮度 /(cd · m^{-2})	1	—	2.5	—	—	—
室内照度/lux	3	—	—	30 ~ 100	6.5*	—
对比度	—	—	—	30	—	—
视距/画面高	6	4 ~ 6	6	8	6 ~ 8	6

* 只对 50 场/秒而言。

在图像质量的主观评价方法中有国际上通行的 5 级评价的质量尺度和妨碍尺度两种方

法，如表 1.3 所示。它是基于观察者根据自己的经验，对被评价图像做出质量判断，在有些情况下，也可以根据一组标准图像来帮助观察者对图像质量做出合适的评价。一般来说，对非专业人员多采用质量尺度，对专业人员则使用妨碍尺度为宜。

表 1.3　两种尺度的图像 5 级评分

妨碍尺度	得分	质量尺度
无觉察	5	非常好
刚觉察	4	好
觉察但不讨厌	3	一般
讨厌	2	差
难以观看	1	非常差

(2) 图像的客观评价

尽管质量的主观评价是最权威的方式，但是在一些研究场合，或者由于实验条件的限制，也希望对图像有一个定量的客观描述。图像质量的客观评价由于着眼点不同而有多种方法，这里介绍的是一种经常使用的所谓的逼真度测量。对于彩色图像逼真度的定量表示是一个十分复杂的问题。当前，对黑白图像逼真度的定量表示应用较多。

对于连续图像，设 $f(x,y)$ 为定义在矩阵区域 $-L_x \leqslant x \leqslant L_x$，$-L_y \leqslant y \leqslant L_y$ 的连续图像，其降质图像为 $\hat{f}(x,y)$，它们之间的逼真度可用归一化的互相关函数 K 来表示：

$$K = \frac{\int_{-L_x}^{L_x}\int_{-L_y}^{L_y} f(x,y)\hat{f}(x,y)\,\mathrm{d}x\mathrm{d}y}{\int_{-L_x}^{L_x}\int_{-L_y}^{L_y} f^2(x,y)\,\mathrm{d}x\mathrm{d}y} \tag{1.4.1}$$

对于数字图像，设 $f(j,k)$ 为原参考图像，$\hat{f}(j,k)$ 为其降质图像，逼真度可定义为归一化的均方误差值 NMSE：

$$\mathrm{NMSE} = \frac{\sum_{j=0}^{N-1}\sum_{k=0}^{M-1}\left\{Q\left[f(j,k)\right] - Q\left[\hat{f}(j,k)\right]\right\}^2}{\sum_{j=0}^{N-1}\sum_{k=0}^{M-1}\left\{Q\left[f(j,k)\right]\right\}^2} \tag{1.4.2}$$

其中，运算符 $Q[.]$ 表示在计算逼真度前，为使测量值与主观评价的结果一致而进行的某种预处理（如对数处理、幂处理等）。对于数字图像，另外还有一种常用的方法即峰值均方误差 PMSE：

$$\mathrm{PMSE} = \frac{\sum_{j=0}^{N-1}\sum_{k=0}^{M-1}\left\{Q\left[f(j,k)\right] - Q\left[\hat{f}(j,k)\right]\right\}^2}{M \times N \times A^2} \tag{1.4.3}$$

其中，A 为 $Q\left[f(j,k)\right]$ 的最大值，实际应用中，还常采用简单的形式 $Q[f]=f$。此时，对于 8bit 精度的图像，$A=255$；M、N 为图像尺寸。

值得注意的是：除了上面介绍的基本的图像评价方法外，由于应用场合不同，还有其他一些评价方法，如 ISO 在编制 MPEG—4 标准时提出采用两种方式来进行视频图像质量的评价，即基于感觉的质量评价和基于任务的质量评价。目前,对数字图像的评价方法还有待于进一步研究。

1.5 数字图像处理的基本概念

1.5.1 基本处理过程

数字图像信息可看成一个二维数组 $f(i,j)$,对它处理的基本过程如同电视光栅扫描过程,按照由左到右,由上到下的顺序进行(图 1.8(a)),并在扫描过程中逐点对各像素进行帧处理。这样的扫描过程称为顺向扫描。与此相对的就是由下到上,由右到左的逆向扫描(图 1.8(b)),也是一种常见的处理过程。这种如同光栅扫描的过程仅仅是图像处理中最基本的处理过程,其他处理过程将在以后章节中介绍。

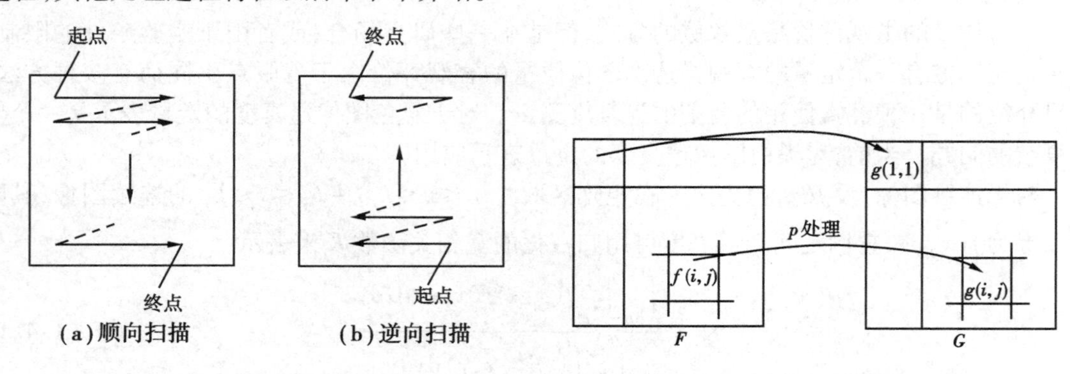

图 1.8 数字图像的处理过程

图 1.9 点运算

1.5.2 基本运算形式

在扫描过程中,用计算机对各像素进行的处理有各种方式,在此称它为运算形式。下面介绍几种基本的运算形式。

(1)点运算

在对图像各像素进行处理时,只输入该像素本身灰度的运算方式称为点运算。图 1.9 中,输入图像 F 上某像素的灰度 $f(i,j)$,现采用点运算方式作某种 p 处理,得到输出图像 G 上该像素的灰度为 $g(i,j)$,即

$$g(i,j) = p(f(i,j))$$

对图像作点运算处理时各像素间不发生关系,各像素的处理是独立进行的。

(2)领域运算

在对图像各像素进行处理时,不仅输入该像素本身的灰度,还要输入以该像素为中心的某局部区域(即领域)中的一些像素的灰度进行运算的方式,称为领域运算。

领域运算的概念可用图 1.10 表示。将输入图像 F 作领域运算方式的 q 处理,得到输出图像 G。为了表达简便,将处理的像素 $f(i,j)$ 写作 f_0,该像素的处理结果写作 g_0。设像素 $f_1,f_2,\cdots,f_8$ 组成像素 f_0 的领域;q 处理为 $g_0=(f_0+f_1+f_2+\cdots+f_8)/9$,此时对输入图像各像素所进行的处

理就是领域运算。由于领域运算能将像素周围领域内的诸像素状况反映在处理结果中,因而便于实现多种处理内容。

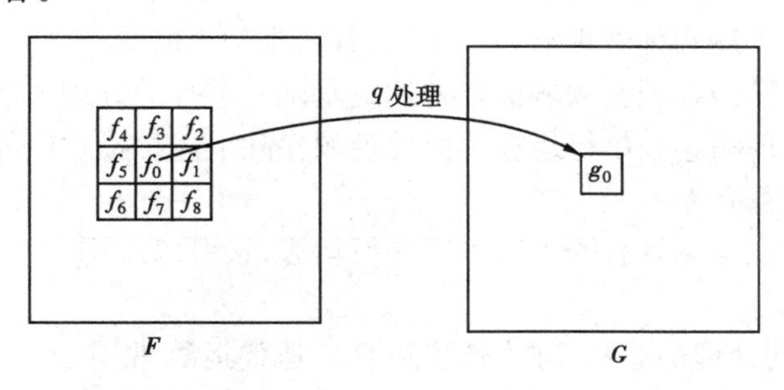

图 1.10　领域运算之一

(3) 并行运算

并行运算指的是对图像上各像素同时进行相同处理的运算方式。这种运算方式处理速度快,但只能用于处理结果与处理顺序无关的场合。

点运算处理中,由于各像素的处理与其他像素无关,因而不论采用顺向扫描还是逆向扫描,处理结果是相同的,因此,点运算处理可采用并行运算方式。

对于领域运算的处理能否采用并行方式则不能一概而论。具体来说,领域运算的处理可分为两种情况,一种情况如图 1.10 所示,在这种情况下,尽管各像素的处理与领域像素发生了关系,但是这种关系和处理顺序无关,不论采用何种处理顺序,其结果是不变的,因此可以采用并行运算。另一种情况如图 1.11 所示,图中 f,g 分别代表输入、输出图像的灰度,对输入图像像素 f_0 进行领域运算的 d 处理,得到输出结果 g_0。d 处理的特点是运算中采用了领域中像素的灰度输出值,如图 1.11(a)所示中的 g_1,g_2,g_3,g_4(顺向扫描)或图 1.11(b)所示中的 g_5,g_6,g_7,g_8(逆向扫描),而不是原灰度 $f_1,f_2,f_3,f_4,f_5,f_6,f_7,f_8$。这一点与前一种情况有很大的不同,这里对各像素进行处理是在领域中的部分像素已经被处理的基础上进行的,不同的处理顺序将会得到不同的处理结果。显然,这类领域处理不能采用并行运算形式。

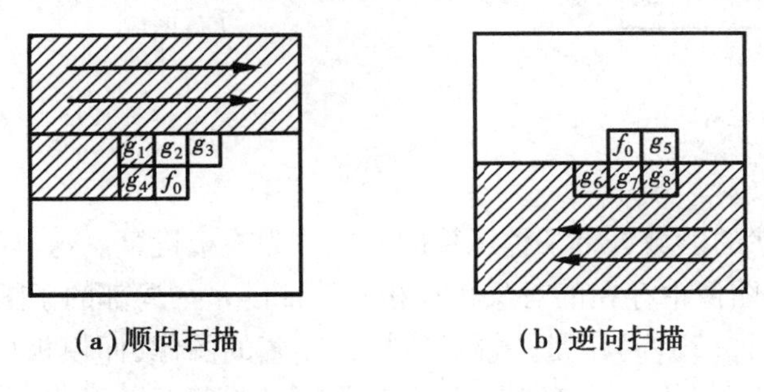

图 1.11　领域运算之二

(4) 串行运算

串行运算是相对于并行运算而言的,指的是在图像上按照规定的顺序逐个对像素进行处理的运算形式。图 1.11 所示的领域运算形式就是串行运算的典型实例,若 d 处理内容为将该像素领域中已处理的 4 个像素的灰度输出值分别加 1 后,取最小值作为该像素的输出值,那么,当采用顺向扫描时(图 1.11(a)),d 处理运算式为

$$g_0 = \min\{g_1 + 1, g_2 + 1, g_3 + 1, g_4 + 1\}$$

当采用逆向扫描时(图 1.11(b)),d 处理运算式为

$$g_0 = \min\{g_5 + 1, g_6 + 1, g_7 + 1, g_8 + 1\}$$

显然,同样的 d 处理在上述两种处理顺序下进行,其结果是不同的。

可以说,凡是对像素的处理在领域像素处理的基础上进行的处理方法,都必须采用串行运算形式,并同时规定处理顺序。串行运算中的处理顺序除上述扫描顺序外还有其他顺序,如边缘跟踪顺序等(参考见第 7 章)。

从以上讨论可知,点运算具有既可以采用并行运算,又可以采用串行运算的特点。

(5)迭代运算

反复多次进行相同处理的运算,称为迭代运算。迭代运算常用于一次运算不能达到处理目的的情况。

迭代运算的反复次数可以在处理前设定,也可在处理过程中根据是否达到处理目的由计算机自动判别后确定。

(6)窗口运算

图像的信息量很大,为减少处理时间,在可能的情况下,常常采用窗口运算来替代全图像运算。所谓窗口运算是指对图像特定的矩形区域进行某种运算的形式。一般,矩形区域由矩形左上角 S 点的坐标(a,b)和矩形所包含的行数 m 和列数 n 确定(图 1.12)。矩形区域可以是图像中存在某对象物的位置,也可以是图像中具有代表性特征的区域。

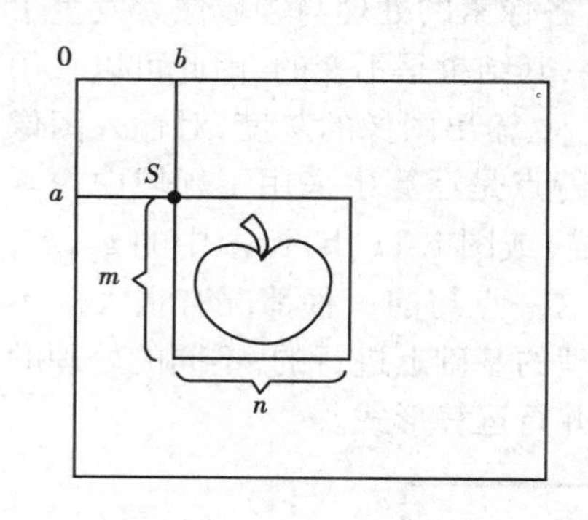

图 1.12　窗口运算

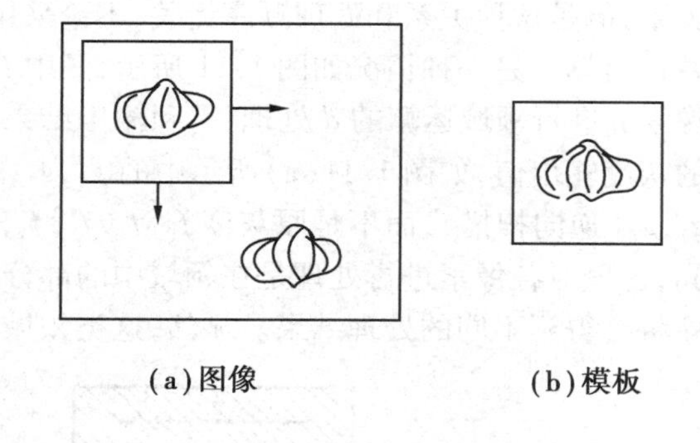

(a)图像　(b)模板

图 1.13　模板运算

(7)模板运算

对图像中特定形状的区域进行某种运算的方式称为模板运算。这里的模板就是指特定形状的区域,它常常是与图像中存在的对象物有相同特征的一个局部的子图像,因此模板实质上就是一个二维数组。图 1.13(a)中是一幅对象物为洋葱的图像,而模板(图 1.13(b))就是一个与对象物完全一样的子图像。通过对图像上各像素的模板运算,可以找到图像上与模板特征相同的对象物的存在位置。

(8)帧运算

以上各种运算都是在一幅图像内进行的,图像与图像之间不发生关系。通常一幅完整的图像被称为一帧,在两幅或多幅图像之间进行运算产生一幅新图像的处理称之为帧运算。帧运算可看成一种图像合成处理。运算时,将两幅或多幅图像中的对应点用位逻辑运算或算术运算方法进行合成。

合成函数的种类很多，图1.14是用算术减（Subtract）将含有米粒的摄影和米粒两幅图像的帧运算的实例。将图1.14（a）图像与图1.14（b）图像中对应像素的灰度相减，得到图1.14（c）图像，即得到摄像图像的大小。

（a）含有米粒的摄影图像

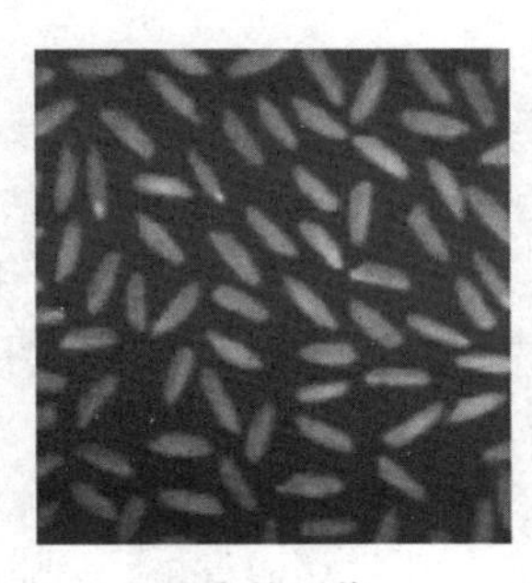

（b）米粒图像

（c）摄像图像

图1.14　帧运算（算术减）

图1.15是用逻辑运算“异或”（XOR）进行微小结构的测试实例。所谓“异或”运算，其数学含意是当两个二进制数对应位上的值相同时，该位的运算结果为0，不同时为1。本例中的图像是二值图像，像素的灰度只是一位二进制数，即白色的灰度为1，黑色的为0。当两幅图像进行“异或”运算后，可得到两幅图像中灰度不同的像素的集合，即图像的微小结构（图1.15（c））。

图像处理中的帧运算还有算术加、逻辑“或”、逻辑“与”等多种。

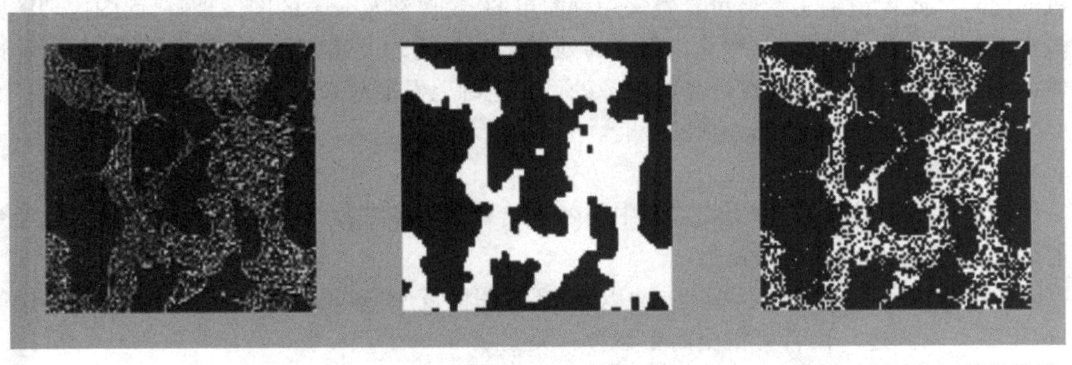

（a）含微小结构的二值图像　（b）较大结构的二值图像　（c）两图像“异或”运算的结果

图1.15　帧运算（异或）

1.6　数字图像处理的基本内容和特点

1.6.1　基本内容

（1）图像输入

图像处理的第一步，是获取处理对象的可见模拟图像，并将其转换为计算机能接受的数字图像，再输入计算机。如果对象物的信息是不可见的，则首先进行所谓“信息的可视化”或“可见光图像生成”等处理，这样的过程称为图像的输入。

(2)图像存储与检索

为了保存、处理或者传递图像信息,需要将原图像或经过处理的图像信息在计算机中按某种规律存储,必要时可以方便地找到它们,即进行图像的检索。这种对图像群体的保管工作是图像处理不可缺少的内容。

(3)图像增强

图像增强是一种将输入图像变换成便于获取所需信息的状态的各种处理的总称,也可理解为一种改善图像品质的处理内容。例如噪声(即各种干扰信号)减弱、对比度改善、变形修正、模糊消除等都属于图像增强的内容。由于种种原因,图像的品质常常是不理想的,因此图像增强成为图像处理中的重要环节。

(4)图像特征提取

通过图像信息去测量、识别或理解其中的对象物,依赖于一些能表征对象物的图像物征,如线、边缘、区域、形状、颜色、纹理等。通过各种处理方法,将包含图像信息中的必要的特征显露出来,并加以量化的处理称之为图像的特征提取。

(5)图像识别与理解

图像识别可以简单地理解为利用提取的图像物特征对事物进行分类处理,如根据颜色特征将新鲜的桃子按成熟度进行分级,按形状特征对杏仁分类等。所谓图像理解是利用图像信息实现模拟人的视觉系统理解客观事物。如对图像中的田间景物作出解释,成为田间自动作业机的向导。图像识别实际上可看做是一种简单的、仅仅涉及分类的图像理解,而图像理解则是包含更高层次的、达到某些智能化程度的处理。两者间的关系密切,有时也很难严格区分。图像识别和图像理解已成为在计算机图像处理的基础上发展起来的一门新兴学科。但从广义角度来看,它们仍然属于图像处理的范畴。

(6)图像输出

用计算机再现输入的、输出的以及中间处理结果的图像内容即称为图像输出,是人们考察处理结果、获取处理结果所必需的。

图像处理内容除上述 6 个基本方面以外,还有图像复原、图像编码、图像重构、图像传送等等,这里不一一阐述。读者可根据需要参考有关文献。

1.6.2 数字图像处理的特点

数字图像处理与模拟图像处理、人的视觉处理相比有以下特点:

(1)再现性

只要输入图像和处理方法不变,数字图像的处理结果是不会变的,能很好地再现,即重复性好。不存在人们视觉处理的随意性,也不存在模拟图像(如照片)处理中图像质量的不一致。

(2)定量性

数字图像处理很容易得到定量的结果,这是其他处理方式无法比拟的优点。

(3)适应性

数字图像处理既适用于可见光图像,又适用于其他波谱图像;既可处理静态图像又可处理动态图像;处理对象可小到显微图像,大到航空乃至卫星照片,涉及各行各业。

(4) 灵活性

对同一幅图像，只要处理程序稍作改变，就可得到不同的处理结果。线性运算、非线性运算以及一切用数学公式或逻辑式表达的运算都可以用来处理数字图像。

(5) 精度高

数字图像处理的精度随着图像像素数和量化数的增加而提高。目前，图像数字化的精度已达到相当高的程度。

(6) 处理速度较慢

一般来说，与人的视觉处理速度相比，数字图像处理的速度还比较慢，而且随着处理精度的提高，处理所需的时间更长。这一点已成为数字图像处理实用化的关键问题。但是，图像处理软件技术和计算机硬件以及图像专用硬件的发展，将使处理速度不断提高。

(7) 存储容量大

数字图像处理需要计算机配有足够的内、外存储空间，而且处理精度越高，所需存储空间越大，这也是一个不可忽视的问题，不过，随着新型存储器的不断推出，存储容量可望得到迅速提高，或者说，处理的精度得以进一步提高。

在对图像与计算机图像处理有了最基本了解的基础上，以下各章将结合数字图像处理应用的特点介绍图像处理的方法及其应用。

第2章 MATLAB软件包使用精要

2.1 MATLAB通用命令介绍

2.1.1 管理命令与函数

1)指定 MATLAB 搜索路径

path(),addpath()与 rmpath():指定、增加或删除 MATLAB 搜索路径。语法格式为

p = path

将搜索路径字符串值返回给字符串变量 p。

path('newdir')

将搜索路径改变为字符串'newdir'指定的路径。

rmpath('directory')

删除'directory'路径。

addpath('directory')

增加'directory'路径。

addpath('dir1','dir2','dir3',…)

addpath(…,'-flag')

其中 flag 值为 0 或 begin 表示将目录加在原搜索路径之前;1 或 end 表示将目录加在原搜索路径之后。

addpath('newdir','begin')相当于 path('newdir',path)

addpath('newdir','end')相当于 path(path,'newdir')

2)doc 命令

读入超文本文件

3)help 命令

MATLAB 函数和 M 文件的在线式帮助。语法格式为

help topic

topic 为要取得帮助的主题,可缺省 topic。

4)type 命令

在 MATLAB 命令窗口显示文件内容。语法格式为

type filename

其中 filename 为文件名,缺省扩展名为“.m”。

5)what 命令

列出给定目录下的所有 M 文件、MAT 文件和 MEX 文件。语法格式为

what

列出给定目录 dirname 下的上述文件,其中:dirname 可不用全路径名称,可用最后一层或两层路径代替。

2.1.2　变量和工作空间管理命令与函数

(1)工作空间的概念及操作

当 MATLAB 启动后,系统自动在内存中开辟一块存储区域用于存储用户在 MATLAB 命令窗口中定义的变量、运算结果和有关数据。此内存空间称为 MATLAB 的工作空间。工作空间在 MATLAB 刚启动时为空,此后,用户所定义的变量、运算结果和有关数据均存储在该空间。但一旦退出系统,工作空间的内存将不再保留。为了能够将工作空间的内容长期保留下来,MATLAB 为用户提供了将工作空间以 MAT 文件保存到磁盘的功能,具体步骤如下:

1)保存工作空间。单击 MATLAB 命令窗口菜单栏的文件(【File】)菜单,选择【Save Workspace as】菜单选项,如图 2.1 所示。

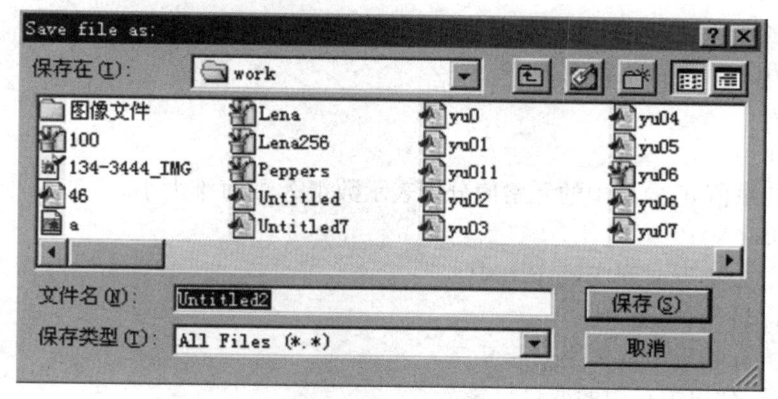

图 2.1　保存时显示图

2)装载工作空间。在使用 MATLAB 的过程中,若需要用到上一次已保存的工作空间的变量和数据,可以通过单击 MATLAB 命令窗口菜单栏的文件(【File】)菜单,选择【Save Workspace as】菜单选项,系统打开工作空间装载设置对话框。在该对话框中选定已保存的工作空间的文件名,单击【打开】按钮,即可将已保存的工作空间的内容装载到当前工作空间。

(2)管理命令与函数

1)Clear 命令:清除内存中的对象。

语法格式为

clear

清除工作空间中的全部变量。

clear name

清除工作空间中的 M 文件、MEX 文件或变量 name；如果 name 是全局变量，从工作空间清除后，任何定义其全局就是函数均可访问该变量。

clear name1 name2 name3 …

从工作空间中清除 name1，name2，name3，…。

clear global name

从工作空间中清除全局变量 name。

clear keyword

根据不同 keyword 执行不同的操作，如果：keyword 为 functions 则从内存中清除现编译的 M 函数；keyword 为 variables 则从工作空间中清除所有变量；keyword 为 mex 则从内存中清除所有 MEX 文件；keyword 为 global 则清除所有全局变量；keyword 为 all 则清除内存中所有变量、函数、MEX 文件，使工作空间清空。

2）disp（）：显示文本或数组。

语法格式为

disp（X）

如果 X 是数组，则显示数组内容；若 X 包含字符串，则显示字符串内容。

3）length（）：用于计算向量的长度。

语法格式为

n = length（X）

返回 X 最长维数大小；如果 X 是向量，返回其长度。

4）size（）：用于计算数组维数大小。

语法结构为

d = size（X）

返回一个向量值 d，向量中的元素值分别表示数组 X 的每维大小。

[m，n] = size（X）

将矩阵 X 的大小返回到变量 m，n 中。

m = size（X，dim）

返回 X 第 dim 指定维的大小。

5）who，whos：列出内存中的变量目录。

语法格式为

who

列出当前工作空间中的变量的清单。

whos

列出当前内存中的变量、大小以及是否有非零虚部。

who/whos global

列出工作空间中的全局变量。

who/whos-file filename

列出所指定 MAT 文件中的变量。

who/whos…var1 var2

显示指定的变量。

2.2　运算符和特殊字符

1)“+”

加号运算,其语法格式为

A + B

注意:该运算符使用时,A 和 B 两矩阵必须有相同的大小,或其中之一为标量,标量可以与任意大小的矩阵相加。

2)“-”

减号运算,其语法格式为

A - B

注意:该运算符使用时,A 和 B 两矩阵必须有相同的大小,或其中之一为标量,标量可以与任意大小的矩阵相减。

3)“*”

矩阵乘法,其语法格式为

C = A * B

即为两矩阵线性代数的乘积,也就是:

$$C(i,j) = \sum_{k=1}^{n} A(i,k)B(k,j)$$

对于非标量 A 和 B,A 的列数必须与 B 的行数相等,即公式中的 n。

4)“.*”

数组乘积,其语法格式为

C = A. * B

表示数组 A 和数组 B 的对应元素相乘。注意:A 和 B 必须大小相同,或者其中之一为标量。

5)“/”:斜线或矩阵右除

语法格式为

B/A

近似等于 B * inv(A),精度地表示为:B/A = (A'\B')。

6)“./”

数值右除,如 A./B 表示矩阵元素 $A(i,j)/B(i,j)$。注意:A 和 B 必须大小相同,或者其中之一为标量。

7)“\”

反斜线或左除,如果 A 为方阵,A\B 近似等于 inv(A) * B。

8)“.\”

数组左除,A.\B 表示矩阵元素 $B(i,j)/A(i,j)$,A 与 B 必须大小相同,或者其中之一为标量。

9)“^”

矩阵幂,如 X^p 表示以下几种情况运算:

如果 p 为标量,表示 X 的 p 次幂;如果 p 为整数,幂可由连续乘积运算得出;如果 p 为非整数,则先求 X 的逆;对于其他 p 值,计算则包括特征值和特征向量。

如果 x 是标量,P 是矩阵,x^P 用特征值和特征向量表示 x 的矩阵 P 次幂。

值得注意是:X 和 P 不能同为矩阵。

10)“.^”

数组幂,A.^B 表示矩阵元素 $A(i,j)$ 和 $B(i,j)$ 次幂,A 与 B 必须大小相同,或者其中之一为标量。

11)“'”

矩阵转置,A′表示矩阵 A 的线性代数转置。对于复矩阵,表示复共轭转置。

12)“.'”

数组转置或非共轭转置,对于复矩阵,不包括共轭。

13)kron()

Kronecker 张量积。如 K = kron(A,B),返回 A 与 B 的 Kronecker 张量积。如果 A 是 m×n 矩阵,B 是 p×q 矩阵,则其结果为一个 mp×nq 矩阵。

14)“:”

冒号是一个非常有用的操作符,可以产生向量、数组下标以及 for 循环。如:

j:k

相当于[j,j+1,…,k]。如果 k<j,则向量为空。

j:i:k

相当于[j,j+i,j+2i,…,k]。如果 i>0,并且 k<j,则向量为空;或者 i<0,且 k>j,则向量为空。

15)关系运算

当两个矩阵的维数相同时,可对它们各个元素之间的大小关系进行比较,这种比较称为关系运算。MATLAB 提供了 6 个关系运算操作符见表 2.1。

表 2.1　关系运算操作符

关系运算操作符	注　释
<	小于
< =	小于或等于
>	大于
> =	大于或等于
= =	等于
~ =	不等于

比较两个元素的大小关系时,若结果为真就用 1 表示;如果为假就用 0 表示。

16）逻辑运算

MATLAB 提供了 4 种逻辑运算操作符见表 2.2。

表 2.2　逻辑运算操作符

逻辑运算操作符	注　释
&	与
|	或
~	非
xor	异或

“&”和“|”操作符可分别用于对两个标量或两个维数相同的向量或矩阵进行“逻辑与”和“逻辑或”运算。当运算对象是向量或矩阵时，这种逻辑运算的具体操作对象是其中的各个元素。A&B 运算结果是将 A 和 B 中都非零的元素所对应的位置设置为逻辑 1，否则设置为逻辑 0；而 A|B 运算的结果是将 A 或 B 中非零的元素所对应的位置设置为逻辑 1，否则设置为逻辑 0；“逻辑非”运算“ ~ ”的结果是将操作对象中非零元素所对应的位置设置为逻辑 0，零元素所对应的位置设置为逻辑 1。xor(A,B)的结果为一个数组，结果数组的元素为 A 和 B 相应元素进行比较的逻辑异或值。

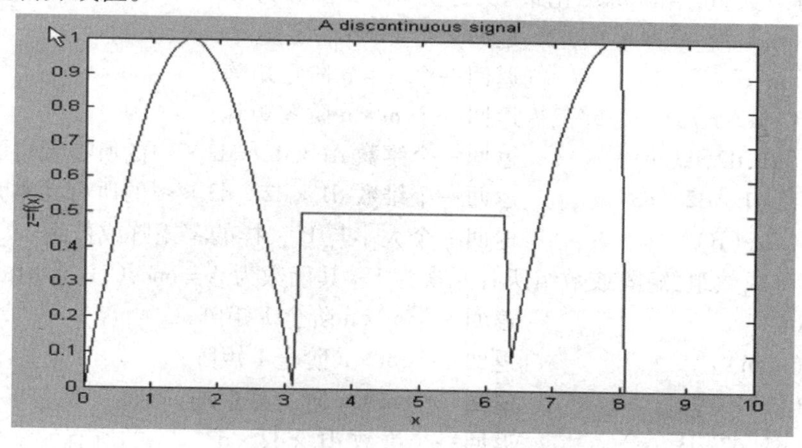

图 2.2　一个不连续的信号

下面例子是利用关系及逻辑运算产生的不连续的信号。

```
x = linspace(0,10,100);
y = sin(x);
z = (y > =0). * y;
z = z +0.5 * (y <0);
z = (x <8). * z;
plot(x,z)
xlabel('x'),ylabel('z = f(x)')
title('A discontinuous signal')
```

运行的结果如图 2.2 所示。

17)“!”

用来指示其后的命令为操作系统命令。

2.3 基本矩阵及矩阵运算

2.3.1 矩阵的创建

(1)利用 MATLAB 函数创建常用矩阵

MATLAB 为用户提供了创建常用矩阵的函数,它们是:

1)单位矩阵:其主对角线元素为1,其他元素均为0。其函数为 A = eye( ),常用的语法如下:

A = eye(n)　　返回一个 n×n 阶单位矩阵;

A = eye(m,n)　　返回一个 m×n 阶单位矩阵;

A = eye([m　n])　　返回一个 m×n 阶单位矩阵;

A = eye(size(B))　　返回一个大小与矩阵 B 一样的单位矩阵。

2)零矩阵或数组:矩阵或数组所有元素为0。其函数为 A = zeros( ),常用的语法如下:

A = zeros(n)　　返回一个 n×n 阶零矩阵;

A = zeros(m,n)　　返回一个 m×n 阶零矩阵;

A = zeros([m　n])　　返回一个 m×n 阶零矩阵;

A = zeros(d1,d2,d3,…)　　返回一个维数 d1×d2×d3×…的所有元素为0的数组;

A = zeros([d1　d2　d3　…])　　返回一个维数 d1×d2×d3×…的所有元素为0的数组;

A = zeros(size(B))　　返回一个大小与 B 一样的零矩阵或数组

3)“1”矩阵或数组:矩阵或数组所有元素为1。其函数为 A = ones( ),常用的语法如下:

A = ones(n)　　返回一个 n×n 阶全1矩阵;

A = ones(m,n)　　返回一个 m×n 阶全1矩阵;

A = ones([m　n])　　返回一个 m×n 阶全1矩阵;

A = ones(d1,d2,d3,…)　　返回一个维数 d1×d2×d3×…的所有元素为1的数组;

A = ones([d1　d2　d3　…])　　返回一个维数 d1×d2×d3×…的所有元素为1的数组;

A = ones(size(B))　　返回一个大小与 B 一样的全1矩阵或数组。

4)均匀分布的随机矩阵:其元素是随机产生的,所产生数组或矩阵,其元素是在(0,1)之间服从均匀分布的。其函数为 A = rand( ),常用的语法如下:

A = rand(n)　　生成一个 n×n 其元素为随机数的方阵;

A = rand(m,n)　　生成一个 m×n 其元素为随机数的矩阵;

A = rand([m　n])　　生成一个 m×n 其元素为随机数的矩阵;

A = rand(d1,d2,d3,…)　　生成其元素为 d1×d2×d3×…的随机数的数组;

A = rand([d1　d2　d3　…])　　生成其元素为 d1×d2×d3×…的随机数的数组;

A = rand(size(B))　　生成一个大小与 B 一样的随机矩阵。

5)正态分布的随机矩阵。其元素是随机产生的,所产生数组或矩阵,其元素服从均值为

0、方差为 1 的正态分布，其函数为 A = randn( )，常用的语法如下：

A = randn(n)　　生成一个 n×n 其元素为随机数的方阵；
A = randn(m,n)　　生成一个 m×n 其元素为随机数的矩阵；
A = randn([m　n])　　生成一个 m×n 其元素为随机数的矩阵；
A = randn(d1,d2,d3,…)　　生成其元素为 d1×d2×d3×…的随机数的数组；
A = randn([d1　d2　d3　…])　　生成其元素为 d1×d2×d3×…的随机数的数组；
A = randn(size(B))　　生成一个大小与 B 一样的随机矩阵。

注：A = randn( )函数是产生 -1,1 之间均匀分布的随机数。

(2)简单矩阵的生成

在 MATLAB 中，可以采用多种不同的方式生成矩阵。

1)直接输入矩阵元素

对于简单且维数较小的矩阵，创建矩阵的最佳方法就是从键盘上直接输入矩阵，即按矩阵行的顺序输入矩阵各元素。在输入过程中，需要遵循以下几个基本原则：

①矩阵每一行的元素必须用空格或逗号分开；

②在矩阵中，采用分号或回车表明每一行的结束；

③整个输入矩阵的所有元素必须包含在方括号中；

④矩阵的元素可以是任何不含未定义变量的表达式。

2)从外部数据文件调入矩阵元素

用 MATLAB 生成的矩阵存储成二进制文件或包含数值数据的文本文件可以生成矩阵。文本文件中，数据必须排成一个数据表，数据之间用空格分隔，文件的每行包含矩阵的一行，并且每一行的元素个数必须相等。

值得一提的是，采用本方法所创建和保存的矩阵的大小没有限制，还可以将其他程序生成的矩阵直接调入 MATLAB 中进行处理。

3)利用用户文件创建 M 文件矩阵

用户可以使用 M 文件生成自己的矩阵，M 文件是一种包含 MATLAB 代码的文本文件，这种文件的扩展名为“.m”，所包含的内容就是把在 MATLAB 的命令行上键入的矩阵生成命令存入一个文件。

4)利用小矩阵生成大矩阵

2.3.2 矩阵的基本运算

MATLAB 提供了很多以矩阵为对象的运算函数，丰富了其数学运算能力。

(1)对矩阵的几种基本变换操作

1)左右反转

利用函数 fliplr( )可进行矩阵的左右反转，其语法为

fliplr(A)

2)上下反转

利用函数 flipud( )可进行矩阵的上下反转，其语法为

flipud(A)

3)矩阵旋转 90°

利用函数 rot90( )可将矩阵旋转 90°,其语法为

rot90(A)

(2)三角分解(LU)

是指将一个方阵表示为两个基本三角阵的乘积,其中一个三角阵为上三角阵,另一个为下三角阵。其基本函数为 lu( ),语法格式为

[L,U] = lu(A)

其功能是对矩阵 A 进行 LU 分解。

(3)正交分解(QR)

是指将一个方阵或长方矩阵表示为一个正交矩阵和一个上三角矩阵的乘积。其基本函数为 qr(A),语法格式为

[Q,R] = qr(A)

其功能是对矩阵 A 进行 QR 分解。

(4)奇异值分解

是指将一个矩阵分解为 3 个因数矩阵 U、S 和 V,并且使得 A = U * S * V,其中 U 矩阵和 V 矩阵是正交矩阵,S 矩阵是对角矩阵。S 矩阵的对角元素,就是 A 的奇异值。其函数为 svd( ),语法格式为

[U,S,V] = svd(A)

其功能是对矩阵 A 进行奇异值分解,返回其奇异值。

(5)矩阵求逆及广义逆

矩阵的求逆通常与线性方程的求解有关,MATLAB 中求逆函数为 inv( ),其语法格式为

C = inv(A)

其功能是求矩阵 A 的逆矩阵,返回方阵 A 的逆,如果 A 为奇异或接近奇异矩阵,则产生错误信息。如果需要求奇异矩阵的一种“逆”阵,这种“逆”就称为矩阵的广义逆,又叫伪逆,其函数为 pinv( ),其语法格式为

N = pinv(A)

返回矩阵 A 的广义逆,判 0 误差限为机器精度 eps。

N = pinv(A,tol)

返回矩阵 A 的广义逆,用 tol 作为判 0 误差限。

(6)矩阵的特征值与特征向量运算

特征值与特征向量的求取可利用下例函数,其语法格式如下:

[V,D] = eig(A)

D 为对角阵,其对角线上为 A 的特征值,每个特征值对应矩阵 V 的列为该特征值的特征向量,该矩阵为一满秩矩阵,AV = VD;且每个特征向量各元素的平方和(即 2—范数)均为 1。

d = eig(A)

返回矩阵 A 的特征值向量。如果特征向量矩阵 V 的条件数特别大,可以认为是病态矩阵,此时再用 V 进行操作和运算是不合适的,实际中要对原始矩阵作一特殊的相似变换,即所谓的均衡变换,引入一个矩阵 F,使变换后的矩阵 B 满足 $FBF^{-1} = A$,在 MATLAB 中可用以下方法实现:

[F,B] = balance(A)

返回对角矩阵 F 和均衡矩阵 B,如果 A 为对称矩阵,则 A = B,F 为单位矩阵。

B = balance(A)

仅返回均衡矩阵 B。

MATLAB 计算特征值函数 eig( )自动进行均衡,可用[V,D] = eig(A,'nobalance')来关闭均衡。除了上述的特征值外,还有广义特征值,其求法如下:

[V,D] = eig(A,B)

返回一个满秩特征向量矩阵 V 及一个对角特征值矩阵 D,满足 A * V = B * V * D。

D = eig(A,B)

直接返回广义特征值向量。

2.3.3　文件输入输出存储

本小节主要对低层图像文件的输入输出函数进行简要介绍。

(1)打开和关闭文件

1)关闭文件

函数为:fclose( ),关闭一个或多个打开的文件。其语法为

statue = fclose(fid)

关闭指定的文件,并对操作结果返回一个值。该值为0,说明关闭指定文件的操作成功;为1,说明关闭指定文件的操作不成功。

status = fclose('all')

该命令将关闭所有打开的文件。当使用该命令关闭所有打开的文件时,基本的输入、输出及错误处理文件不被关闭。

2)打开文件

函数为:fopen( ),打开一个文件或者获得打开文件的消息。其语法为

fid = fopen(filename,permission)

该命令将使用指定的模式打开指定的文件,并返回文件的标识符。permission 指定的打开模式见表2.3。

表2.3　permission 指定的打开模式

值	说　明
R	只读模式
R +	读写模式
W	删除已存在文件的内容或创建一个新文件,并在写模式下打开该文件
W +	删除已存在文件的内容或创建一个新文件,并在读写模式下打开该文件
W	无自动刷新的写模式
A	写模式下创建并打开一个新文件或打开一个已存在文件并添加到指定文件的末尾
a +	读写模式下创建并打开一个新文件或打开一个已存在文件并添加到指定文件的末尾
A	无自动刷新的添加模式

[fid, message] = fopen(filename,permission,format)

该命令使用指定的模式打开指定的文件，并返回文件的标识符和信息，此外，用户可以使用 format 指定数字格式。format 的值见表 2.4。

表 2.4　format 的值

值	说　明
cray c	CRAY 浮点格式，big-endian 字节顺序
ieee-be b	IEEE 浮点格式，big-endian 字节顺序
ieee-le l	IEEE 浮点格式，big-endian 字节顺序
ieee-be,164 s	IEEE 浮点格式，big-endian 字节顺序，64 位数据类型
ieee-le. 164 a	IEEE 浮点格式，little-endian 字节顺序，64 位数据类型
native n	本机格式，系统缺省值
vaxd d	VAXD 浮点格式，VAX 字节顺序
vaxg g	VAXG 浮点格式，VAX 字节顺序

fids = fopen('all')

该命令将返回一个包含所有打开文件的标识符的行向量。

[filename,permission,format] = fopen(fid)

该命令将返回指定文件的全文件名、模式和格式。如果指定的文件名是无效的，该命令将返回一个全为空的行向量。

(2)无格式输入输出

1)读二进制数据

MATLAB 中从文件中读二进制数据的函数名为 fread( )，其调用方式有：

[A,count] = fread(fid,size,precision)

该命令将从指定文件中读取二进制数据并写入矩阵 A 中。可选的输出参数 count 返回元素成功被读取的次数。

可选参数 size 将决定多少数据被读取。如果该参数没有被指定，fread 命令将一直读取到指定文件的结束。该参数的有效选项见表 2.5。

表 2.5　参数 size 的有效选项

选　项	说　明
N	读取 n 个元素
Inf	读到指定文件的结束
[m,n]	读取 m × n 个元素

若 fread 已经读到指定文件的结束，且当前的输入流没有包含足够的二进制数字去写出一个完整的矩阵，该命令将使用 0 填充空位。

[A,count] = fread(fid,size,precision,skip)

该命令将从指定文件中读取二进制数据并写入矩阵A中。可选的输出参数count返回元素成功被读取的次数,可选参数skip用于指定每个精度值被取后跳过的字节数。precision控制每个读取值的精度位数,以及把这些数据转换成字符、整数或浮点数。表2.6中的字符串,无论是MATLAB型还是相应的C或fortran型,都可以作为控制precision使用。如果没有特别指定,其缺省值为uchar。

表2.6 作为控制precision的字符串

MATLAB	C或fortran	说 明
schar	signed char	8位带符号字符
uchar	unsigned char	8位无符号字符
int8	Integer * 1	8位整数
int16	Integer * 2	16位整数
int32	Integer * 4	32位整数
int64	Integer * 8	64位整数
uint8	Integer * 1	8位无符号整数
uint16	Integer * 2	16位无符号整数
uint32	Integer * 4	32位无符号整数
uint64	Integer * 8	64位无符号整数
float32	real * 4	32位浮点数
float64	real * 8	64位浮点数
double	real * 8	64位浮点数

当不考虑可移植性,可采用如表2.7所示数值精度格式。

表2.7 数值精度格式

MATLAB	C或fortran	说 明
Char	char * 1	8位字符
Short	short	16位整数
Int	int	32位整数
Long	long	32位或64位整数
Uint	unsigned short	16位无符号整数
Ushort	unsigned int	32位无符号整数
Ulong	unsigned long	32位或64位无符号整数
Float	float	32位浮点数

2)把二进制数据写入文件

MATLAB 中把二进制数据写入文件的函数名为 fwrite( ),其调用方式有:

count = fwrite(fid,A,precision)

该命令将把矩阵 A 中的所有元素写入到指定文件中,并把 MATLAB 值转换成指定数据精度。数据将被按列顺序写入到文件中。count 中将记录被成功写入的元素的数目。参数 fid 是文件标识符。

count = fwrite(fid,A,precision,skip)

该命令将把矩阵 A 中的所有元素写入到指定文件中,并把 MATLAB 值转换成指定数据精度。可选参数 skip 用于指定每个精度值被写入前跳过的字节数。

(3)格式输入输出

1)按行从文件读取数据

按行从文件读取数据并放弃换行符的函数名为 fgetl( ),该函数使用方法如下:

line = fgetl(fid)

该命令将返回标识符为 fid 的文件下一行。如果使用该命令时遇到文件的结尾,将返回 -1,返回的行将不包括换行符。

2)从文件中读取行

从文件中读取行,保留换行符并把行作为字符串返回的函数名为 fgets( ),该函数使用方法如下:

line = fgets(fid)

该命令将把标识符为 fid 的文件的下一行作为字符串返回。如果使用该命令时遇到文件的结尾,将返回 -1。

line = fgets(fid,nchar)

该命令将把标识符为 fid 的文件的下一行,至多返回用 nchar 指定的字符个数。返回的行将包括换行符。

3)把格式化数据写入文件

把格式化数据写入文件的函数为 fpr int f( ),该函数使用方法如下:

count = fpr int f(fid,format,A)

该命令按 format 指定的格式格式化矩阵 A 的实部和其他附加矩阵变量中的数据,且写入到标识符为 fid 的文件,count 中将记录被成功写入的字节数。

fpr int f(format,A)

该命令按 format 指定的格式格式化矩阵 A 和其他附加矩阵变量中的数据,且写入到标准输出——显示屏。

fpr int f 函数和 ANSIC 中的 fpr int f 函数类似,具有一些例外和扩展,主要包括:

①由转换符 o、u、x、X 支持的非标准辅助区分符;

②当输入矩阵 A 是一个非数字矩阵时,fpr int f 被向量化。

格式化字符串是通过矩阵 A 的元素循环,直到这些元素用完。以同样的方式,不需重新启动,也可通过任何附加矩阵向量进行循环。表 2.8 列出了一些非字母数字字符。

表 2.8　非字母数字字符

值	作　用
\b	退格
\f	换页
\n	换行
\r	回车
\t	水平制表
\\	反斜杠
\''	单引号
\%	百分号

4)从文件中读格式化数据

从文件中读格式化数据的函数为 fscanf( ),其使用方法如下:

A = fscanf(fid, format)

该命令将从指定标识符为 fid 的文件中读取所有数据,并根据 format 指定的格式对之进行转换,返回矩阵 A 中。

[A,count] = fscanf(fid, format,size)

该命令将从指定标识符为 fid 的文件中读取所有数据,并根据 format 指定的格式对之进行转换,返回到矩阵 A 中。可选项 size 用于限制从文件中读取的元素数目,如果没有进行指定,将认为是整个文件。size 的有效选项见表 2.9。

表 2.9　size 的有效选项

值	说　明
N	读取 n 个元素
Inf	读到文件末尾
[m,n]	读取足够的元素返回到一个 mn 矩阵中,其中 n 可以为 inf,但 m 不行

2.4　MATLAB 基本编程

MATLAB 语言体系是 MATLAB 的重要组成部分之一,为用户提供了具有条件控制、函数调用、数据输入输出及面向对象等特性的高层的、完备的编程语言。MATLAB 的工作方式有两种,其中之一是交互式的指令行操作方式,即用户在命令窗口中按 MATLAB 的语法规则输入命令行并按下回车键后,系统将执行该命令并即时给出运算结果;另一种是 M 文件的编程工作方式,即用户通过在命令窗口中调用 M 文件,从而实现一次执行多条 MATLAB 语句的方式。M 文件是由 MATLAB 语句(命令行)构成的 ASCII 码文本文件,即 M 文件中的语句应符合 MATLAB 的语法规则，且文件名必须以 .m 为扩展名，如 example.m。用户可以用任何文本编辑器来对 M 文件进行编辑。M 文件又分为命令 M 文件（简称命令文件）和函数 M 文件（简称函数文件）两大类。本节将从语言的角度简单介绍编写 MATLAB 基本编程的规则和方法。

2.4.1 创建、保存与编辑 M 文件

在 MATLAB 中提供了专用的 M 文件编辑器，用来帮助完成 M 文件的创建、保存及编辑等工作。

(1) 创建新 M 文件

利用 M 文件编辑器创建新 M 文件有如下两种方法：

1) 启动 MATLAB，选中命令窗口菜单栏【File】菜单下【New】菜单选项的【M-File】命令，打开 MATLAB 的 M 文件编辑器窗口，如图 2.3 所示。

2) 单击 MATLAB 命令窗口工具栏的"New M-File"图标按钮，也可以打开图 2.3 所示的 M 文件编辑器。

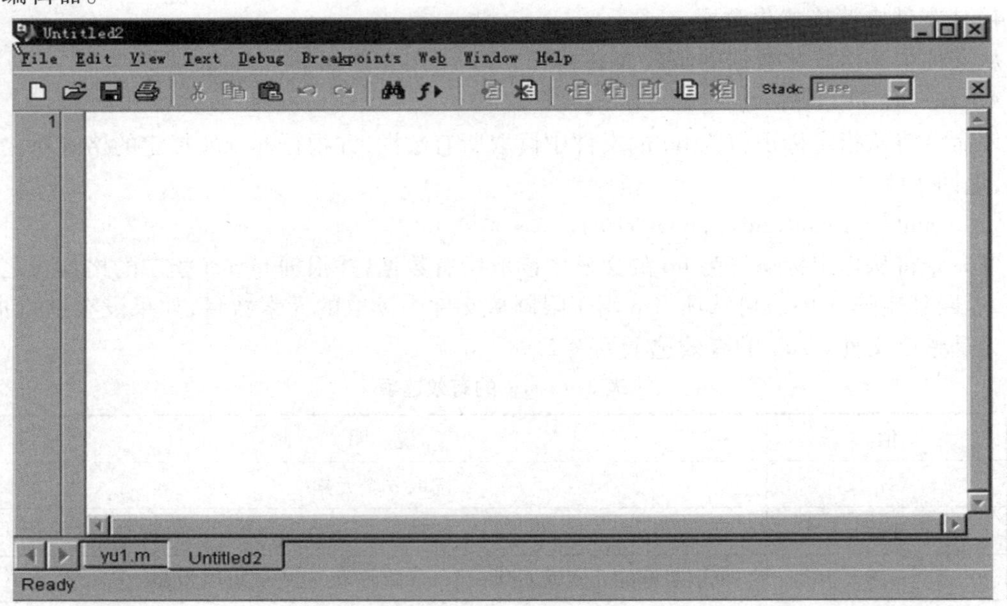

图 2.3 M 文件编辑器窗口

在 M 文件编辑器中，用户可以用创建一般文本文件的方法对 M 文件进行输入和编辑。

(2) 保存 M 文件

保存 M 文件的方法是，单击 M 文件编辑器窗口工具栏中的"Save"图标按钮或选中 M 文件编辑器窗口菜单栏【File】菜单下【Save】命令，打开如图 2.4 所示的 M 文件保存对话框。

如果是新建的 M 文件，则系统定义的文件名为"Untitled1.m"，自己可以对要保存的文件进行重新命名。系统的文件保存目录为"work"，也可以根据需要在对话框中进行更改和设置，设置完成后，按下【保存】按钮，即可将 M 文件保存到指定位置。

(3) 打开 M 文件

若需要对已保存的 M 的文件进行修改和编辑，则可单击 MATLAB 命令窗口工具栏的"Open file"图标按钮或选中命令窗口菜单栏【File】菜单下【Open】命令，系统即启动 M 文件编

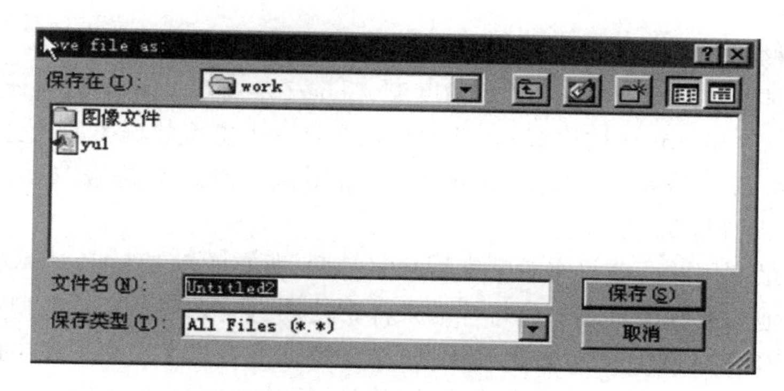

图 2.4　M 文件保存对话框

辑器并打开用户指定的 M 文件。

(4)搜索与执行 M 文件

当在命令窗口中键入 M 文件的文件名并按下回车键后,系统先搜索该文件,若保存在"work"目录中,该文件存在,则以解释方式按顺序逐条执行 M 文件的语句。若保存在"work"目录以外其他位置,则可以通过以下方式直接调用该 M 文件。

方式一:启动 MATLAB 后,用"CD"命令将当前工作目录更改为 M 文件的保存目录,如:cd A:\mydata

方式二:用"path"命令将 M 文件的保存目录添加到 MATLAB 的默认探索路径中。设待执行的 M 文件的保存位置为"D:\myfile",则添加搜索路径的命令为:path(path,'D:\myfile')

运行该命令后,即可直接在 MATLAB 命令窗口中直接调用并执行 D:\myfile 目录下的所有 M 文件。

2.4.2　全局变量和局部变量

(1)变量

变量命名规则:变量(包括函数)命名时应该遵循以下规则:

1)必须以字母开头;

2)可以由字母、数字和下画线混合组成;

3)MATLAB 中区分大小写;

4)字符长度应不大于 31 个。

(2)全局变量和局部变量

在命令文件和函数文件中经常都要用到变量,但命令文件中的变量和函数文件中的变量却存在着较大区别。函数内部所定义的变量均为局部变量,它们与其他函数变量是相互隔离的,即变量只在函数内部起作用,而命令文件中的变量是全局变量,工作空间的所有命令和函数都可以直接访问这些变量。

当需要在多个函数中使用相同的变量时,就要将这些变量定义为全局变量。全局变量的定义由指令"global"实现。例如:global BEG END 就定义了两个全局变量"BEG"和"END"。为了不与普通变量相混淆,全局变量通常用大写字母表示。

2.4.3　数据类型

MATLAB 提供 6 种基本的数据类型,由于主要用于数学处理,并且是以数组、矩阵运算为基础,因此这 6 种数据类型可以是一维、二维或多维。

6 种基本数据类型分别是:double(双精度型)、char(字符型)、sparse(稀疏型)、storage(存储型)、cell(细胞型)和 struct(结构型)。其中存储型是一个虚拟数据类型,它主要包括有:int8(8 位整型)、uint8(无符号 8 位整型)、int16(16 位整型)、uint16(无符号 16 位整型)、int32(32 位整型)、uint32(无符号 32 位整型)。

这些类型中最常用的一般只有双精度型和字符型,所有的 MATLAB 计算都把数据作为双精度型处理。其他的数据型只在一些特殊的条件下使用,如:无符号 8 位整型数据一般用于存储图像数据,稀疏数据一般用于处理稀疏矩阵,结构数据一般只在大型程序中使用。存储型数据只用于内存的有效存储,可以对这些类型的数组进行基本操作,但不能对它们执行任何数学运算,在执行数学运算之前必须用 double 函数把这类数组转换为双精度型。

变量的数据类型可以通过调用函数 isa 来查看,调用格式为

isa(变量名,数据类型)

数据类型即 double、char、sparse 等关键字,需要用“''”括起来,如同一个字符串一样。如果在函数 isa 所列的数据类型和变量的数据类型一致,返回值为 1;否则,返回值为 0。

MATLAB 所有的数据类型都支持一定的函数和运算方法,子一层的数据类型支持其父一层的所有运算,例如双精度型数据支持所有数组一层的运算。表 2.10 列出了 MATLAB 中所有的数据类型及其支持方法。

表 2.10　数据类型及其支持的方法

数据类型	支持的方法
数组	多维下标、组合、转置、行列初等变换、数组变形、求维数、各维的大小
字符型	字符函数计算,计算时自动转换为双精度型
结构型	属性引用
细胞型	各元素用{}引用
数值型	Find 函数、复数函数、冒号算符
双精度型	数学算符、逻辑算符、矩阵函数、数学函数
稀疏型	稀疏函数和所有双精度型的计算
8 位型	存储特性

在 MATLAB 中,可以为已有的数据类型增加新的使用方法,甚至可以定义新的数据类型,并与 MATLAB 中已有的数据类型一样使用。

2.4.4　程序结构

与大多数计算机语言一样,MATLAB 有设计程序所必需的程序结构,即顺序结构、循环结构及分支结构。

(1)顺序结构

MATLAB 的顺序结构实际上就是复合表达式构成的语句。复合表达式由分号或逗号分隔的几个表达式构成。当表达式后面接分号时,表达式的计算结果虽不显示,但中间结果仍保

留在内存中。若程序是命令文件,则程序运行完后,中间变量都予以保留;若程序是函数文件,则运行完程序后,中间变量将被全部删除。实际上,顺序结构是从上到下依次执行各语句。

(2)循环结构

在实际情况中,常常遇到许多有规律的重复运算,因此在程序中就需要将某些语句重复执行。MATLAB 语言中提供了两种循环方式:for-end 循环和 while-end 循环。

1)for-end 循环

用于循环次数已确定时,格式为

```
for variable = n:s:m
    语句组
end
```

其功能是:s 为步长,可以是正、负整数或小数,默认为 1;n、m 分别为 variable 的初始值、终止值;语句组为任意合法的语句,按数组中的每一列执行一次。程序执行时,variable 从初始值 n 开始,每执行一次语句组 variable 加 s,直至 variable 大于终值 m,循环结束。

例如,计算从 1 加到 100 的数。

```
s = 0;
for i = 1:100
s = s + i;
end
```

2)while-end 循环

用于循环次数事先不能确定时,格式为

```
while 表达式
    语句组
end
```

其功能是:首先判断表达式是否成立,若成立则运行语句组中的语句,否则停止循环。通常是通过改变语句组中的表达式来控制循环是否结束。

例如:求下列级数的和

$$S = 1 + \frac{1}{2} + \frac{1}{3} + \frac{1}{4} + \cdots + \frac{1}{100}$$

程序清单如下:

```
s = 0;
n = 1;
while n < = 100
    s = s + 1/n;
    n = n + 1;
end
```

(3)分支结构

在 MATLAB 中,可利用 if 语句和 switch 语句实现条件分支运行。

1)if 语句

if 语句有两种格式。当分支条件只有两种情况时,可采用 if 语句的第一种格式,即:

```
if  表达式
    语句组 1
else
    语句组 2
end
```

其功能是:如果表达式成立,则运行语句组 1,否则运行语句组 2。

当程序运行的分支条件多于两个时,则可采用 if 语句的第二种格式,即:

```
if          表达式 1
            语句组 1
elseif      表达式 2
            语句组 2
elseif      …
            …
else
            语句组
end
```

其功能是:如果(if)表达式 1 为真,执行语句组 1,跳出分支结构,继续执行 end 后面的语句;否则若(elseif)表达式 2 为真,执行语句组 2,跳出分支结构,继续执行 end 后面的语句;以此类推。当 if 和 elseif 后面的表达式都为假时,执行 else 后面的语句组。

2)switch 语句

switch 语句是用于当程序运行过程中需要根据某个变量的多种不同取值情况来运行不同的语句情况。其基本格式为

```
switch    控制变量
    case      变量值 1
              语句组 1
    case      变量值 2
              语句组 2
    case      …
              …
    otherwise
              语句组
end
```

其功能是:其运行主要通过判断控制变量的取值来决定运行哪一个语句组,即当控制变量的值为变量值 1 时,则运行语句组 1,跳出分支结构,继续执行 end 后面的语句;当控制变量的值为变量值 2 时,则运行语句组 2,跳出分支结构,继续执行 end 后面的语句;依此类推。当表达式的值不为关键字 case 所列的值时,执行 otherwise 后的语句组。

例如,根据变量 k 的不同取值情况实现将当前图形窗口的背景设置为不同的颜色。

程序清单如下:

```
switch    k
```

```
    case    1
            set(gcf,'color','r')
    case    2
            set(gcf,'color','w')
    case    3
            set(gcf,'color','y')
    case    4
            set(gcf,'color','b')
    otherwise
            set(gcf,'color','g')
end
```

2.4.5　部分基本数学函数和基本作图函数

MATLAB 具有十分丰富的函数库,可以直接调用,表 2.11、表 2.12 分别列出了最基本的数学函数和作图函数。

表 2.11　最基本的数学函数

函数	说明
sin	正弦
cos	余弦
tan	正切
sinh	双曲正弦
cosh	双曲余弦
tanh	双曲正切
exp	指数
imag	求复数的虚部
real	求复数的实部
abs	求复数的模
angle	求复数的相角
conj	求复数的共轭
log	自然对数
log2	幂为 2 的对数
$\log_{10}$	常用对数
sqrt	平方根
round	四舍五入取整
max	求数组的最大值

续表

min	求数组的最小值
mean	求数组的平均值
std	求标准差
sum	求和

表 2.12 基本作图函数

plot	绘制连续波形
stem	绘制离散波形
axis	定义 x,y 坐标轴标度
subplot	分割图形窗口
hold	保留目前曲线
grid	画网格线
title	为图形加上标题
xlable	为 x 轴加上轴标
ylable	为 y 轴加上轴标
text	在图上加文字说明
gtext	用鼠标在图上加文字说明

第 3 章 MATLAB 图像处理工具箱

3.1 MATLAB 图像处理初步

MATLAB 是一种基于向量(数组)而不是标量的高级程序语言,因而从本质上就提供了对图像的支持。由第 1 章可知,数字图像实际上就是一组有序的离散数据,使用 MATLAB 可以对这些离散数据形成的矩阵进行一次性的处理。为便于掌握 MATLAB 图像的整体概念,下面介绍图像处理的基本过程。

3.1.1 图像处理的基本操作

(1)读入并显示一幅图像

首先清除 MATLAB 所有的工作平台变量,关闭已打开的图形窗口。其程序如下:

```
clear;
close all;
```

然后使用图像读取函数 imread 来读取一幅图像。假设要读取图像 pout. tif,并将其存储在一个名为 I 的数组中,其程序为

```
I = imread('pout. tif');
```

使用 imshow 命令来显示数组 I,其程序如下:

```
imshow(I)
```

显示结果如图 3.1 所示。

图 3.1　图像 pout. tif 的显示效果

(2)检查内存中的图像

使用 whos 命令来查看图像数据 I 是如何存储在内存中,其程序为

```
whos
```

MATLAB 做出的响应如下:

```
Name      Size      Bytes     Class
  I      291×240    69840    uint8 array
Grand total is 69840 elements using 69840 bytes
```

(3)实现直方图均衡化

如图 3.2 所示，pout. tif 图像对比较低，为了观察图像当前状态下亮度分布情况，可以通过使用 imhist 函数创建描述该图像灰度分布的直方图。首先使用 figure 命令创建一个新的图像窗口，避免直方图覆盖图像数组 I 的显示结果。其程序为

```
figure,imhist(I);
```

运行结果如图 3.2 所示。由图可见，图像没有覆盖整个灰度范围[0,255]，仅在较狭窄范围内，同时图像中灰度值的高低区分不明显，无较好的对比度。可以通过调用 histeq 函数将图像的灰度值扩展到整个灰度范围中，从而达到提高数组 I 的对比度。其程序为

```
I2 = histeq(I);
figure,imshow(I2);
```

运行结果如图 3.3 所示。此时修改过的图像数据保存在变量 I2 中。然后，再通过调用 imhist 函数观察其拓展后的灰度值的分布情况。

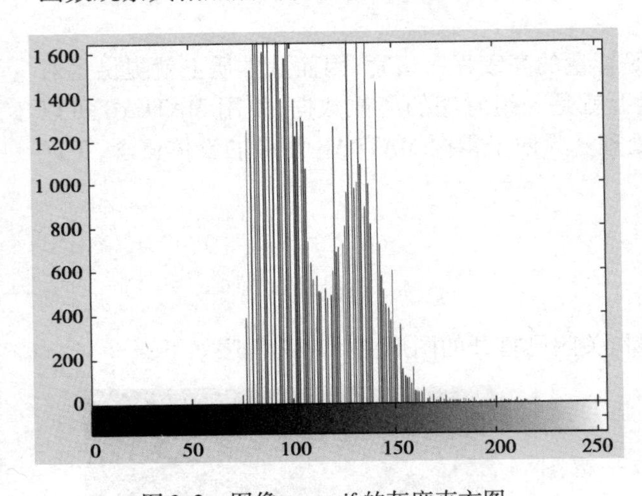

图 3.2　图像 pout. tif 的灰度直方图

图 3.3　图像 pout. tif 直方图拓展后的效果

(4)保存图像

将新调节后的图像 I2 保存到磁盘中。假设希望将该图像保存为 PNG 格式图像文件，使用 imwrite 函数并指定一个文件名，该文件的扩展名为. png。其程序为

```
imwrite(I2,'pout2.png');
```

(5)检查新生成文件的内容

利用 imfinfo 函数可以观察上述语句写了什么内容在磁盘上。值得注意的是：在 imfinfo 函数语句行末尾不要加上分号，以保证 MATLAB 能够显示图像输出结果；另外，要保证此时的路径与调用 imwrite 时的路径一致。

```
imfinfo('pout2.png')
```

运行结果如下所示：

```
ans =
    …
    Filename:'pout2.png'
    FileModDate:'03-Jun-1999 15:50:25'
    FileSize:36938
    Format:'png'
    FormatVersion:[ ]
    Width:240
    Height:291
    BitDepth:8
    ColorType:'grayscale'
```

3.1.2　图像处理的高级应用

主要对一幅灰度图像 rice.tif 进行一些较为高级的操作为例说明整个过程。

(1)读取和显示图像

首先清除 MATLAB 所有的工作平台变量,关闭已打开的图形窗口,读取和显示灰度图像 rice.tif,其程序如下:

```
clear;
close all;
I = imread('rice.png');
imshow(I);
```

运行的结果如图3.4所示。

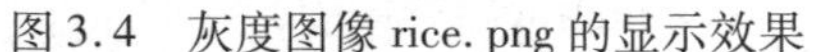

图3.4　灰度图像 rice.png 的显示效果

(2)估计图像背景

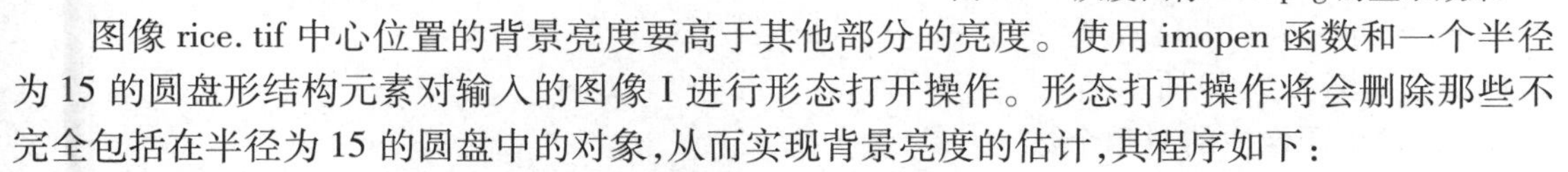

图像 rice.tif 中心位置的背景亮度要高于其他部分的亮度。使用 imopen 函数和一个半径为15的圆盘形结构元素对输入的图像 I 进行形态打开操作。形态打开操作将会删除那些不完全包括在半径为15的圆盘中的对象,从而实现背景亮度的估计,其程序如下:

```
background = imopen(I,strel('disk',15));
```

(3)从原始图像中减去背景图像

将背景图像 background 从原始图像 I 中减去,从而创建一个新的、背景较为一致的图像,其程序如下:

```
I2 = imsubtract(I,background);
figure,imshow(I2);
```

运行结果如图3.5(a)所示。

(4)调节图像对比度

从图3.5(a)可以看出,修改后的图像很暗,可以使用 imadjust 函数来调节图像的对比度,并显示调节后的效果。

```
I3 = imadjust(I2,stretchlim(I2),[0 1]);
figure,imshow(I3);
```

运行结果如图3.5(b)所示。

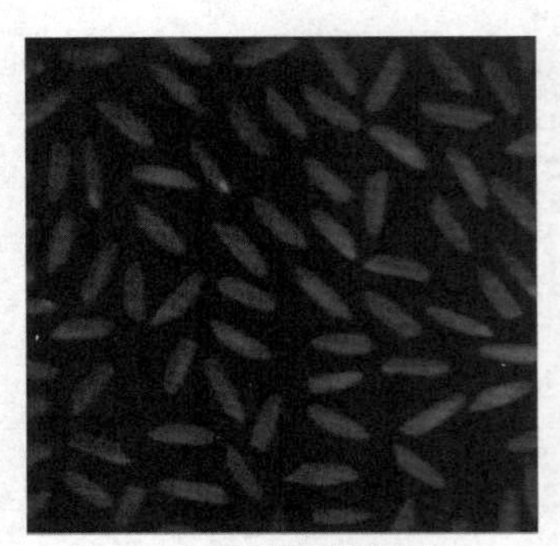
(a)去除背景后的效果

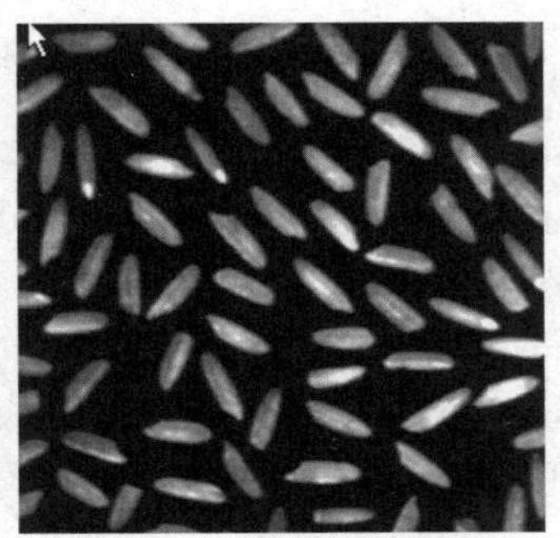
(b)调节对比度后的效果

(c)转换为二进制图像后的效果

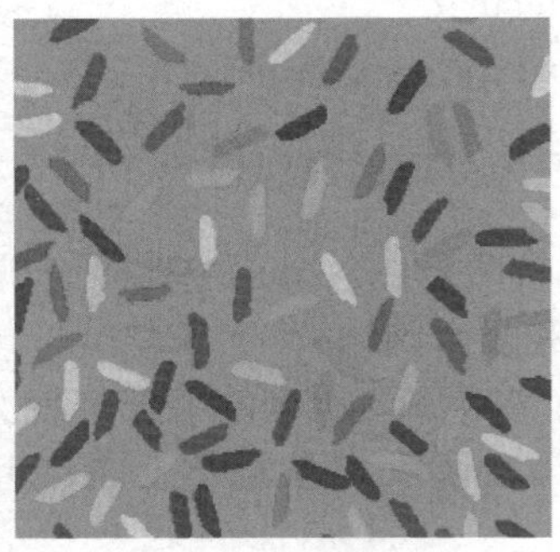
(d)伪彩色显示效果

图 3.5　图像处理高级应用的图示效果

(5)使用阈值操作将图像转换为二进制图像

通过使用函数 graythresh 和 im2bw 创建一个新的二值图像 bw,其程序如下:

```
level = graythresh(I3);
bw = im2bw(I3,level);
figure,imshow(bw);
```

运行结果如图 3.5(c)所示。

(6)检查图像中的对象个数

为了确定图像中的米粒的个数,使用 bwlabel 函数,该函数标示了二值图像 bw 中的所有相关成分,并且返回在图像中找到的对象个数 numobjects:

```
[labeled,numobjects] = bwlabel(bw,4);    % label components
numobjects =
          80
```

(7)检查标记矩阵

使用 imcrop 命令来选择并显示已标记的对象和部分背景内的像素。选择一个较小的矩阵来进行这项操作,以保证显示的像素值不会引起 MATLAB 命令窗口的滚动。以下语句将使用 imcrop 函数进行交互式的操作。当鼠标位于图像范围内时,其形状会变成十字形,通过点击鼠标并进行拖动来选择一个标记区域。选择完成后,imcrop 函数将显示用户指定的标记区域:

```
grain = imcrop(labeled);
```

观察标记矩阵的一个好办法就是将其显示为一个伪彩色的索引图像。在伪彩色图像中,标记矩阵中的每一个对象都将被映射为相关调色板中的不同颜色，使用函数 label2rgb 来达到这一目的。函数 label2rgb 可以指定调色板、背景颜色以及标记矩阵中的对象将如何被映射为调色板中的颜色，其程序如下：

```
RGB_label = label2rgb(labeled,@spring,'c','shuffle');
imshow(RGB_label);
```

运行结果如图 3.5(d)所示。

(8)计算图像中对象的统计属性

regionprops 命令可以用来调节图像中对象或区域的属性，并将这些属性返回到一个结构体数组中。当调用 regionprops 函数来返回一个包含图像中所有米粒阈值的基本属性度量结构体时，使用以下 MATLAB 函数来计算阈值对象的一些统计属性：首先使用 max 获取最大的米粒大小，其程序如下：

```
graindata = regionprops(labeled,'basic')
allgrains = [graindata.area];
max(allgrains)
```

运行后 MATLAB 将返回以下数据：

```
ans =
      695
```

使用 find 命令来返回这个最大尺寸米粒的标记号，其程序如下：

```
biggrain = find(allgrains == 695)
biggrain =
          68
```

获取米粒的平均大小：

```
mean(allgrains)
ans =
      249
```

绘制一个包含 20 柱的直方图来说明米粒大小的分布情况，其程序如下：

```
hist(allgrains,20);
```

运行结果如图 3.6 所示。

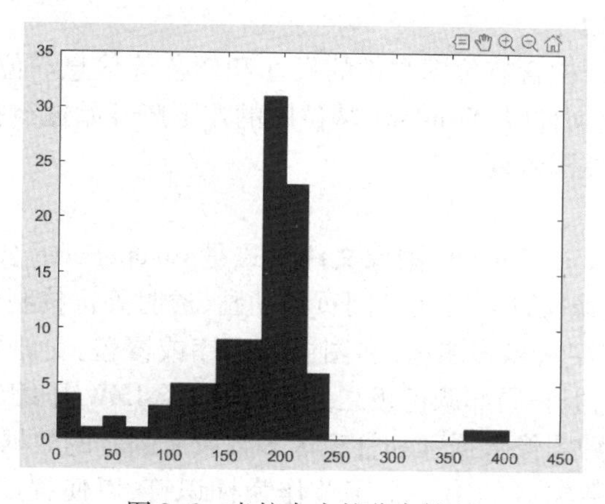

图 3.6　米粒大小的分布情况

3.2 MATLAB 图像处理工具箱简介

3.2.1 常用图像格式

图像格式指的是存储图像采用的文件格式。不同的操作系统、不同的图像处理软件,所支持的图像格式都有可能不同。在实际应用中经常会遇到的图像格式有:BMP、GIF、TIFF、PCX、JPEG、PSD、PCD、WMF 等。由于篇幅的关系,本节仅介绍其中的一部分。

(1) BMP(Bitmap)文件

BMP 文件是 Microsoft Windows 所定义的图像文件格式,最早应用在微软公司的 Microsoft Windows 窗口系统中。BMP 图像文件具有以下特点:①只存放一幅图像;②只能存储单色、16 色、256 色和真彩色四种图像数据;③图像数据有压缩和非压缩两种处理方式;④调色板的数据存储结构较为特殊,存储格式不是固定的,而是与文件头的某些具体参数(如像素位 bbp、压缩算法等)密切相关的。其中,Windows 设有 RLE4 和 RLE8 两种压缩方式,RLE4 只能处理 16 色图像数据,RLE8 则只能压缩 256 色图像数据。

BMP 图像文件的文件结构可分为三部分:表头、调色板和图像数据。其中,表头长度固定为 54 个字节,只有真彩色 BMP 图像文件内没有调色板数据,其余不超过 256 种颜色的图像文件都必须有调色板信息。

BMP 文件头数据结构含有 BMP 文件的类型、大小和打印格式等信息。在 Windows. h 中对其进行了定义,其定义如下:

```
Typedef struct tag BITMAPFILEHEADER{
WORD     bftype;         /* 位图文件的类型,必须为 BMP
DWORD    bfSize;         /* 位图文件的大小,以字节为单位
WORD     bfReserved1;    /* 位图文件保留字,必须为 0
WORD     bfReserved2;    /* 位图文件保留字,必须为 0
DWORD    bfoffBits;      /* 位图阵列的起始位置,以相对于位图文件头的偏移量表示
}BITMAPFILEHEADER;
```

可见,位图信息数据结构含有位图文件的尺寸和颜色等信息。位图阵列记录了位图的每一个像素值。再生成位图文件时,Windows 从位图的左下脚开始逐行扫描位图,将位图的像素值一一记录下来,组成了位图阵列。

(2) GIF 文件

GIF(Graphics Interchange Format)图像文件格式是 CompuServe 公司最先在网络中用于在线传送图像数据。GIF 图像文件经常用于网页的动画、透明等特技制作。具有以下特点:①文件具有多元化结构,能够存储多张图像,多图像的定序或覆盖,交错屏幕绘图以及文本覆盖;②调色板数据有通用调色板和局部调色板之分;③采用了 LZW 压缩法;④图像数据一个字节存储一点;⑤文件内的各种图像数据区和补充区多数没有固定的数据长度和存储位置,为了方便程序寻找数据区,就以数据区的第一个字节作为标识符,以使程序能够判断读到哪种数据区;⑥图像数据有顺序排列和交叉排列两种方式;⑦图像最多只能存储 256 色图像。

GIF图像文件结构一般由表头、通用调色板、图像数据区以及四个补充区共七个数据单元组成。其中,表头和图像数据区是文件不可缺少的单元,通用调色板和其余的四个补充区是可选择内容。

(3)TIF文件

TIF(Tag Image File Format)图像文件格式是现有图像文件格式中最复杂的一种,它是由Aldus公司与微软公司共同开发设计的图像文件格式,提供了各种信息存储的完备手段。其主要特点如下:①应用指针功能,实现多幅图像存储;②文件内数据区没有固定的排列顺序,但规定表头必须在文件前端,标识信息区和图像数据区在文件中可以任意存放;③可制定私人用的标识信息;④能够接受除了一般图像处理RGB模式之外的CMYK、YcbCr等多种不同的图像模式;⑤可存储多份调色板数据,其调色板的数据类型和排列顺序较为特殊;⑥能够提供多种不同的压缩数据的方法;⑦图像数据可分割成几个部分进行分别存档。

TIF图像文件主要由表头、标识信息区和图像数据区3部分组成。其中,文件内固定只有一个位于文件前端表头,表头有一个标志参数指出标识信息区在文件中的存储地址,标识信息区有多组标识信息用于存储图像数据区的地址。每组标识信息长度固定为12个字节,前8个字节分别代表标识信息的代号(2个字节)、数据类型(2个字节)、数据量(4个字节),最后4个字节用于存储数据值或标志参数。

(4)JPEG格式

JPEG(Joint Photographic Experts Group)是对静止灰度或彩色图像的一种国际压缩标准,其正式的名称为"连续色调静态图像的数字压缩和编码",已在数字照相机上得到广泛使用,当选用有损压缩方式时其可节省相当大的空间。

JPEG标准只是定义了一个规范的编码数据流,并没有规定图像数据文件的格式。Cube Microsystems公司定义了一种JPEG文件交换格式(JFIF-File Interchange Format)。JFIF图像是一种或者使用灰度表示,或者使用Y,C_b,C_r分量彩色表示的JPEG图像。它包含一个与JPEG兼容的头。一个JFIF文件通常包含单个图像,图像可以是灰度的(其中的数据为单个分量),也可以是彩色的。

3.2.2　MATLAB图像类型

图像类型是指数组数值与像素颜色之间定义的关系,它与图像格式概念有所不同,在MATLAB图像处理工具箱中,有5种类型的图像,其基本情况分别介绍如下:

(1)二进制图像

在一幅二进制图像中,每一个像素将取两个离散数值(0或1)中的一个,从本质上说,这两个数值分别代表状态"开"(on)或"关"(off)。

二进制图像仅使用unit8或双精度类型的数组来存储。由于unit8数组使用的内存较小,故unit8类型的数组通常比双精度类型的数组性能更好。在图像处理工具箱中,任何返回一幅二进制图像的函数均使用unit8逻辑数组存储该图像,并且使用一个逻辑标志来指示unit8逻辑数组的数据范围。若逻辑状态为"开"(on),数组范围则为[0,1];若为"关"(off),则数组范围为[0,255]。图3.7所示为一幅典型的二进制图像示例。

(2)索引图像

索引图像是一种把像素值直接作为RGB调色板下标的图像。在MATLAB中,索引图像

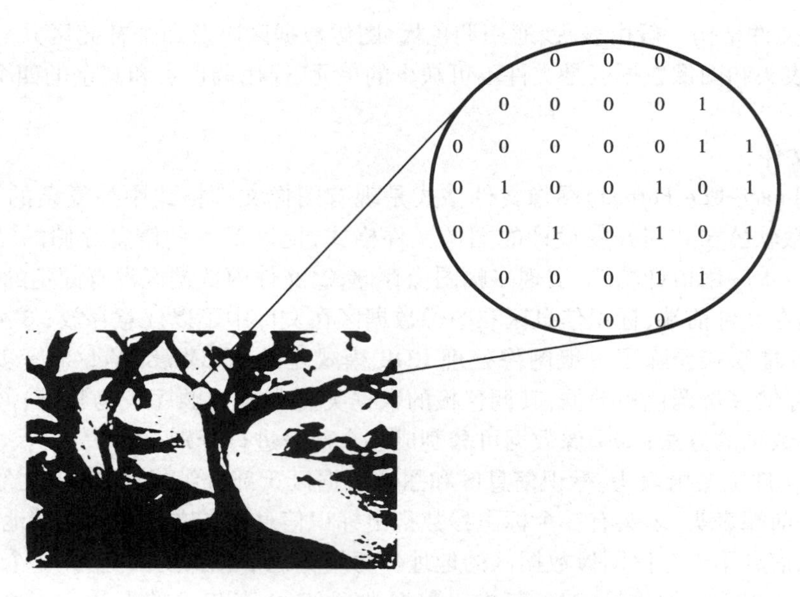

图 3.7　典型的二进制图像示例

包含有一个数据矩阵 X 和一个颜色映射(调色板)矩阵 map。其中,数据矩阵可以是 unit8、unit16或双精度类型的,颜色映射矩阵 map 是一个 $m\times3$ 的数据阵列,其中每个元素的值均为[0,1]之间的双精度浮点型数据,map 矩阵的每一行分别表示红色、绿色和蓝色的颜色值。索引图像可把像素值直接映射为调色板数值,每一个像素的颜色通过使用 X 的数值作为 map 的下标来获得,如值 1 指向矩阵 map 中的第一行,值 2 指向第二行,依次类推。

颜色映射通常与索引图像存储在一起,当装载图像时,MATLAB 自动将颜色映射表与图像同时装载。图 3.8 显示了索引图像的结构。该图像中的像素用整数类型表示,这个整数将作为存储在颜色映射表中的颜色数据的指针。

图像矩阵与颜色映射表之间的关系依赖于图像数据矩阵的类型。如果图像数据矩阵是双

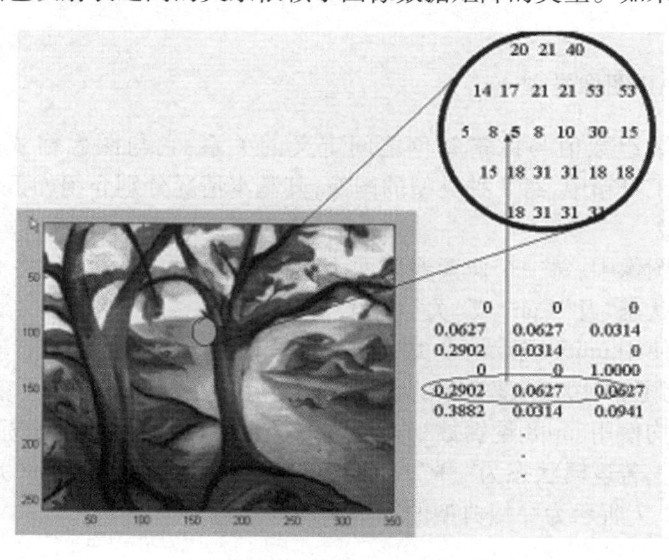

图 3.8　索引图像示例

精度类型，则数据 1 指向矩阵 map 中的第一行，数据值 2 将指向 map 中的第二行，依次类推；如果图像矩阵是 unit8 或 unit16 类型时，将产生一个偏移量，即数值 0 表示矩阵 map 中的第一行，数据值 1 将指向 map 中的第二行，依次类推。在图 3.8 所示图像中，图像矩阵用的是双精度型，无偏移量，数值 5 指向颜色映射表中的第五行。

(3)灰度图像

灰度图像通常由一个 unit8、unit16 或双精度类型的数组来描述，其实质是一个数据矩阵 I，该矩阵中的数据均代表了在一定范围内的灰度级，每一个元素对应于图像的一个像素点，通常 0 代表黑色，1、255 或 65 535(针对不同存储类型)代表白色。大多数情况下，灰度图像很少和颜色映射表一起保存，但是在显示灰度图像时，MATLAB 仍然在后台使用预定义的默认的灰度颜色映射表。图 3.9 所示为一个典型的双精度灰度图像。

图 3.9　典型的双精度灰度图像

(4)多帧图像

多帧图像是一种包含多幅图像或帧的图像文件，又称为多页图像或图像序列，它主要用于需要对时间或场景上相关图像集合进行操作的场合，例如，磁谐振图像切片或电影帧等。在 MATLAB 中，它是一个四维数组，其中第四维用来指定帧的序号。

在 MATLAB 图像处理工具箱中提供了在同一个数组中存储多幅图像的支持，每一幅单独的图像称为一帧。如果一个数组包含多帧，那么这些图像在四维中是相联系的。在一个多帧图像数组中，每一幅图像必须有相同的大小和颜色分量。在多帧图像中，每一幅图像还要使用相同的调色板。另外，图像处理工具箱中的许多函数(如：imshow)只能够对多帧图像矩阵的前两维或三维进行操作，也可以对四维数组使用这些函数，但是必须单独处理每一帧。如果将一个数组传递给一个函数，并且数组的维数超过该函数设计的操作维数，那么得到的结果是不可预知的。

(5)RGB 图像

RGB 图像又称为真彩图像，它是利用 R、G、B 三个分量表示一个像素的颜色，R、G、B 分别代表红、绿、蓝 3 种不同的颜色，通过三基色可以合成出任意颜色。所以对一个尺寸为 $n \times m$ 的彩色图像来说，在 MATLAB 中则存储为一个 $n \times m \times 3$ 的多维数据数组，其中数组中的元素定义了图像中每一个像素的红、绿、蓝颜色值。值得注意的是：RGB 图像不使用调色板，每一个像素的颜色由存储在相应位置的红、绿、蓝颜色分量的组合来确定，图形文件格式把 RGB 图像存储为 24 位的图像，红、绿、蓝分量分别占用 8 位，因而图像理论上可以有 $2^{24}=16\ 777\ 216$ 种颜色，由于这种颜色精度能够再现图像有真实色彩，故称 RGB 图像为真彩图像。

MATLAB 的 RGB 数组可以是双精度型的浮点类型、8 位或 16 位无符号的整数类型。在一个双精度类型的 RGB 数组中，每一个颜色分量都是一个[0,1]范围内的数值。如：颜色分量为(0,0,0)的像素将显示为黑色；颜色分量为(1,1,1)的像素将显示为白色。每一个像素的三个颜色分量都存储在数组的第三维中。如：像素(10,5)的红、绿、蓝颜色值分别保存在元素 RGB(10,5,1)、RGB(10,5,2)和 RGB(10,5,3)中。

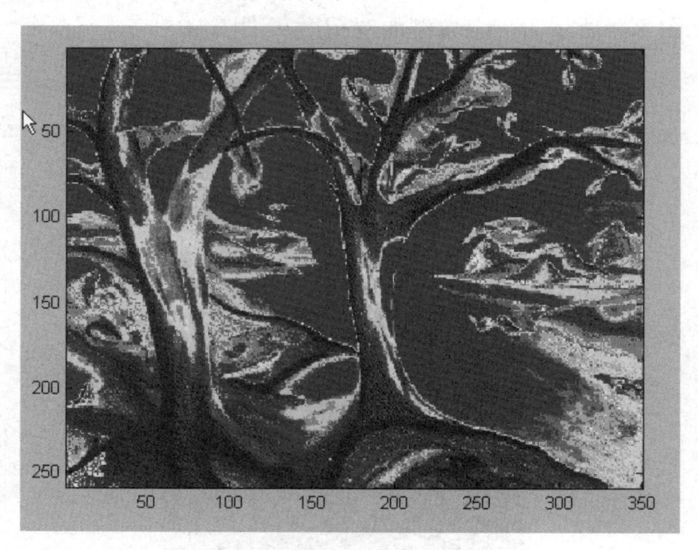

图 3.10　典型的双精度 RGB 图像示例

图 3.10 为一幅典型的双精度 RGB 图像。在此图中，为了确定像素(2,3)的颜色，需要察看一组数据 RGB(2,3,1:3)（其中“:”操作符可以用来直接引用地址从 1 ~ 3 的向量数据）。假设(2,3,1)数据为 0.517 6，(2,3,2)数值为 0.160 8，(2,3,3)数值为 0.062 7，则像素(2,3)的 RGB 颜色为(0.517 6(红色)，0.160 8(绿色)，0.062 7(蓝色))。

为了更好地说明在 RGB 图像中使用的三个不同颜色分量的作用效果，下面来创建一个简单的 RGB 图像，该图像包含某一范围内不中断的红、绿、蓝颜色分量，另外，针对每一个颜色分量各创建一幅图像来加以对比：

```
RGB = reshape(ones(64,1) * reshape(jet(64),1,192),[64,64,3]);
R = RGB(:,:,1);
G = RGB(:,:,2);
B = RGB(:,:,3);
subplot(2,2,1);imshow(R);
subplot(2,2,2);imshow(G);
subplot(2,2,3);imshow(B);
subplot(2,2,4);imshow(RGB);
```

程序进行的结果如图 3.11 所示的四幅图像。

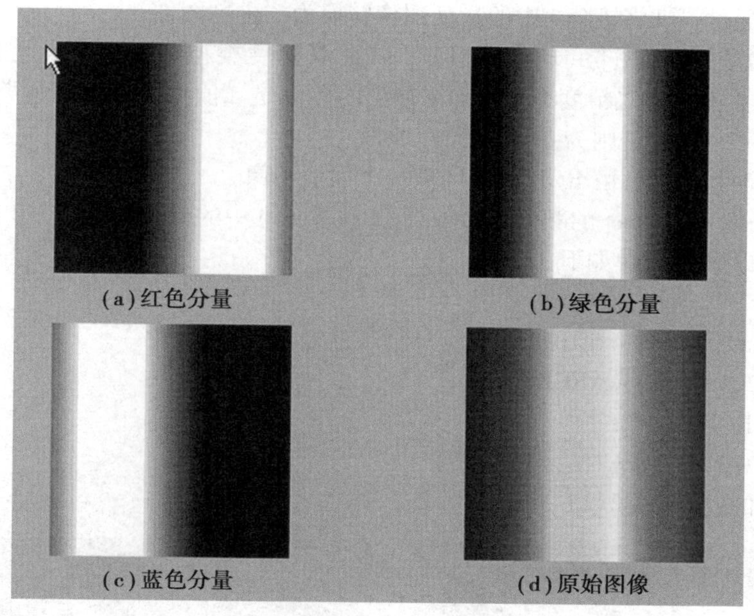

图 3.11　RGB 图像与其颜色分量的显示效果

由图 3.11 可见,窗口中每一个单独的颜色项对应的图像都包含一段白色区域,这段白色相应于每一个颜色项的最高值。如,在红色分量图像中,白色代表纯红色数值浓度最高的区域。当红色与绿色或蓝色混合时将会出现灰像素。图像中的黑色区域说明该区域不包含任何红色数值,即 R =0。

3.2.3　MATLAB 图像类型转换

在有些图像操作中,需要对图像的类型进行转换。比如要对一幅索引图像的彩色图像进行滤波,首先应该将其转换成 RGB 图像,此时再对 RGB 图像使用滤波器时,MATLAB 将恰当地滤掉图像中的部分灰度值。如果不将索引图像进行转换,MATLAB 则对图像调色板的序号进行滤波,这样得到的结果将没有任何意义。下面对一些 MATLAB 图像处理工具箱中常用的类型转换进行介绍。

(1)图像颜色浓淡处理(图像抖动)

dither 函数通过抖动算法转换图像类型,其语法格式为

X = dither(RGB,map)

其功能是:通过抖动算法将真彩色图像 RGB 按指定的颜色图(调色板)map 转换成索引色图像 X。

X = dither(RGB,map,Qm,Qe)

其功能是:利用给定的参数 Qm,Qe 从真彩色图像 RGB 中产生索引色图像 X。Qm 表示沿每个颜色轴反转颜色图的量化(即对于补色各颜色轴)的位数,Qe 表示颜色空间计算误差的量化位数。如果 Qe < Qm,则不进行抖动操作。Qm 的默认值是 5,Qe 的默认值是 8。

```
BW = dither(I)
```

其功能是:通过抖动将矩阵 I 中的灰度图像转换为二进制图像。

值得提醒的是:输入图像(RGB 或 I)可以是双精度类型(double)或 8 位无符号类型(uint8),其他参数必须是双精度类型。如果输出的图像是二值图像或颜色种类少于 256 的索引图像时,为 uint8 类型,否则为 double 型。

下面用已有的颜色图,由 RGB 图像产生一个索引图像。

使用索引图像 chess. met 的颜色图 map,通过抖动 map 中的颜色,产生 RGB 图像 autumn. tif 的近似索引图像。程序清单如下:

```
load chess;
RGB = imread('autumn.tif');
subplot(1,2,1);imshow(RGB);
Y = dither(RGB,map);
subplot(1,2,2);imshow(Y,map);
```

运行结果如图 3.12(a)、(b)所示。

(a) RGB图像autumn.tif　　(b)索引图像

图 3.12　图像抖动示例

(2)灰度图像转换为索引图像

gray2ind 函数可以将灰度图像转换成索引图像,其语法格式为

```
[X,map] = gray2ind(I,n)
```

其功能是:按指定的灰度级数 n 和颜色图 map,将灰度图像 I 转换成索引色图像 X,n 的默认值为 64。

下面将灰度图像 pout. tif 转换成索引图像 X,颜色图分别为 gray(128)和 gray(16)。程序清单如下:

```
I = imread('pout.tif');
[I1,map1] = gray2ind(I,128);
[I2,map2] = gray2ind(I,16);
subplot(1,3,1);imshow(I1,map1);
subplot(1,3,2);imshow(I2,map2);
subplot(1,3,3);imshow(I);
```

运行结果如图 3.13(a)、(b)、(c)所示。

(3)索引图像转换为灰度图像

ind2gray 函数可以将索引图像转换成灰度图像,其语法格式为

```
I = ind2gray(X,map)
```

(a) 颜色图为 gray（128）的结果图　(b) 颜色图为 gray（16）的结果图　(c) 原始图像

图 3.13　灰度图像转换为索引图像示例

其功能是：将具有颜色图 map 的索引色图像 I 转换成灰度图像 I，去掉了图像的色度和饱和度，仅保留了图像的亮度信息。输入图像可以是 double 或 unit8 类型，输出图像为 double 类型。

下面将一幅索引图像 trees.mat 转换成灰度图像。程序清单如下：

```
load trees
I = ind2gray(X,map);
subplot(1,2,1);imshow(X,map);
subplot(1,2,2);imshow(I);
```

运行结果如图 3.14(a)、(b) 所示。

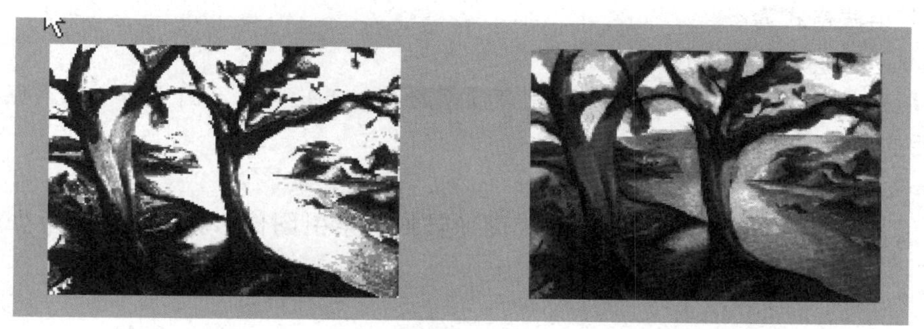

(a) 索引图像　(b) 变换后的灰度图像

图 3.14　将一幅索引色图像转换为灰度图像的示例

(4) RGB 图像转换为灰度图像

rgb2gray 函数用于将一幅真彩图像(RGB)转换成灰度图像，其语法格式为

```
I = rgb2gray(RGB)
```

其功能是：将真彩图像 RGB 转换成灰度图像 I。

```
newmap = rgb2gray(map)
```

其功能是：将颜色图 map 转换成灰度级颜色图。

值得提醒的是：如果输入的是真彩图像，则图像可以是 8 位无符号类型或双精度类型，输出图像 I 与输入图像类型相同。如果输入的是颜色图，则输入和输出的图像均为双精度类型。

下面将 RGB 图像 flowers.tif 转换为灰度图像，程序清单如下：

```
RGB = imread('flowers.tif');
figure(1);
imshow(RGB);
figure(2);
Y = rgb2gray(RGB);
imshow(Y);
```

运行结果如图 3.15(a)、(b)所示。

(a) RGB图像

(b) 变换后的灰度图像

图 3.15　RGB 图像转换为灰度图像示例

(5) RGB 图像转换为索引图像

rgb2ind 函数用于将真彩图像转换成索引图像,可采用直接转换、均匀量化、最小方差量化、颜色图近似四种方法。除直接转换方法外,其他方法在不指定选项 nodither 时自动进行图像抖动。其语法格式为

[X,map] = rgb2ind(RGB)

其功能是:直接将 RGB 图像转换为具有颜色图 map 的矩阵 X。由于每个像素点具有一个值,转换后的颜色图可能很长。

[X,map] = rgb2ind(RGB,tol)

其功能是:用均匀量化的方法将 RGB 图像转换为索引图像 X。map 包括至少(floor(1/tol) + 1)^3 个颜色,tol 的范围为从 0.0 至 1.0。

[X,map] = rgb2ind(RGB,n)

其功能是:使用最小方差量化方法将 RGB 图像转换为索引图像,map 中包括至少 n 个颜色。

X = rgb2ind(RGB,map)

其功能是:通过将 RGB 中的颜色与颜色图 map 中最相近的颜色匹配,将 RGB 转换为具有 map 颜色图的索引图像。

[…] = rgb2ind(…,dither_option)

其功能是:通过 dither_option 参数来设置是否抖动。dither_option 为 dither 表示使用抖动,以达到较好的颜色效果;缺省时为 nodither,使用了新颜色图中最接近的颜色来画原图的颜色。

下面将转换 RGB 图像 flowers.tif 为索引图像,程序清单如下:

```
RGB = imread('flowers.tif');
figure(1);
imshow(RGB);
```

```
figure(2);
Y = rgb2ind(RGB,128);
imshow(Y);
```

运行结果如图3.16(a)、(b)所示。

(a) RGB图像

(b) 变换后的索引图像

图3.16　RGB图像转换为索引图像示例

(6) 索引图像转换为RGB图像

ind2rgb函数将索引图像转换成真彩图像,其语法格式为

RGB = ind2rgb(X,map)

其功能是:将矩阵X及相应的颜色图map转换成真彩图像RGB。实际实现时,就是产生一个三维数组,然后将索引图像的颜色图的颜色值赋予三维数组。输入图像X可以是双精度类型或8位无符号类型,输出图像RGB为双精度类型。

下面将索引图像wmandril.mat转换为RGB图像,程序清单如下:

```
load wmandril;
figure(1);
imshow(X,map);
I = ind2rgb(X,map);
figure(2);
imshow(I);
```

运行结果如图3.17(a)、(b)所示。

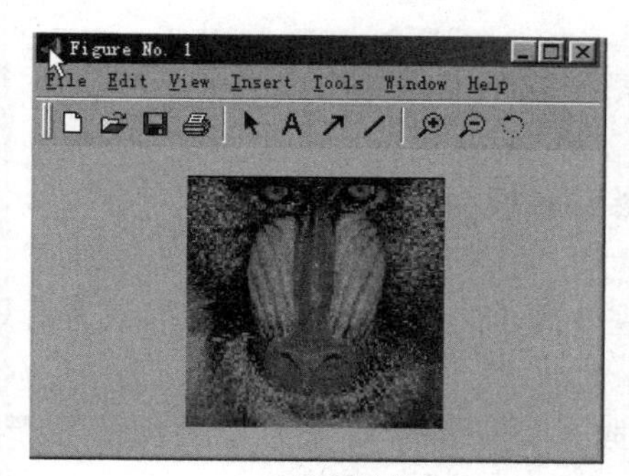

(a) 索引图像

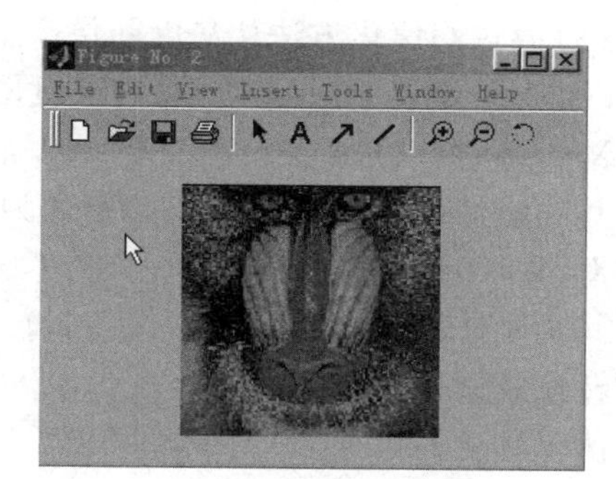

(b) 变换后的RGB图像

图3.17　索引图像转换为RGB图像示例

(7) 通过阈值化方法将图像转换为二值图像

im2bw函数通过设置亮度阈值将真彩图像、索引图像及灰度图像转换成二值图像。在转换过程中,如果输入图像不是灰度图像,首先将其转换为灰度级图像,然后通过阈值化将灰度

级图像转换成二值图像。输出二值图像在输入图像所有亮度小于给定值(level 取值范围为[0,1])像素点处均为0,其他均为1。其语法格式为

BW = im2bw(I,level)

其功能是:转换灰度图像 I 为黑白二值图像。

BW = im2bw(X,map,level)

其功能是:将带有颜色图 map 的索引图像 X 转换为黑白二值图像。

BW = im2bw(RGB,level)

其功能是:将 RGB 图像转换为黑白图像。

值得注意的是:输入图像可以是双精度类型或8位无符号类型,输出图像为8位无符号类型。

下面通过阈值化方法将索引图像 trees. mat 转换为二值图像,阈值为0.4,程序清单如下:

```
load trees;
BW = im2bw(X,map,0.4);
figure(1);
imshow(X,map);
figure(2);
imshow(BW);
```

运行结果如图3.18(a)、(b)所示。

(a)原始的索引图像

(b)阈值为0.4时转换后的二值图像

图3.18 一幅索引图像二值化的结果示例

(8)通过阈值化方法从灰度图像产生索引图像

grayslice 函数通过设定阈值将灰度图像转换成索引图像,其语法格式为

X = grayslice(I,n)

其功能是:将灰度图像 I 均匀量化为 n 个等级,然后转换为伪彩色图像 X。

X = grayslice(I,v)

其功能是:按指定的阈值向量 v(每一个元素都在0和1之间)对图像 I 的值域进行划分,而后转换成索引图像 X。

值得注意的是:输入图像 I 可以是双精度类型或8位无符号类型。如果阈值数量小于256,则返回图像 X 的数据类型是8位无符号类型,X 的值域为[0,n]或[0,length(v)];否则,返回图像 X 为双精度类型,值域为 [1,n+1]或[1,length(v)+1]。

下面将一幅灰度图像转换成索引图像,其程序清单如下:

```
I = imread('alumgrns. tif');
figure(1);
```

```
imshow(I);
X = grayslice(I,16);
figure(2);
imshow(X,hot(16));
```

运行结果如图3.19(a)、(b)所示。

(a)原始灰度图像

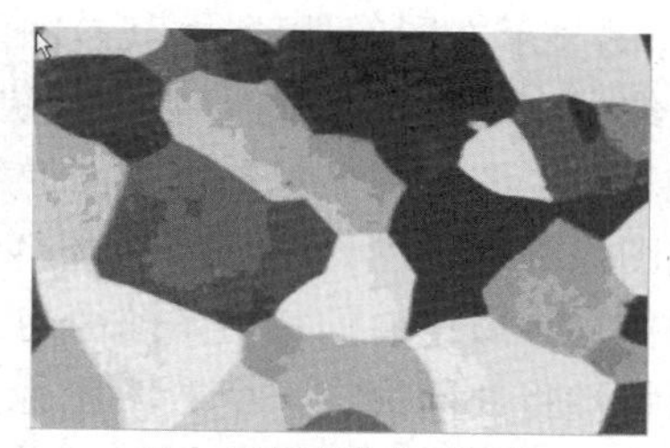
(b)变换后的索引图像

图3.19　设定阈值将灰度图像转换为索引图像示例

(9)将矩阵转换为灰度图像

mat2gray函数用于将一个数据矩阵转换成一幅灰度图像,其语法格式为

I = mat2gray(X,[xmin xmax])

其功能是:按指定的取值区间[xmin xmax]将数据矩阵X转换为图像I,xmin对应灰度0(最暗即黑),xmax对应灰度1(最亮即白)。如果不指定区间[xmin xmax]时,MATLAB则自动将X阵中最小设为xmin,最大设为xmax。

值得注意的是:输入矩阵X和输出图像I都是双精度类型。实际上,mat2gray函数与imshow函数功能类似。imshow函数也可以用来使数据矩阵可视化。

下面将图像滤波后产生的矩阵转换为灰度图像。程序清单如下:

```
I = imread('saturn.tif');
J = filter2(fspecial('sobel'),I);
K = mat2gray(J);
figure(1);
imshow(I);
figure(2);
imshow(K);
```

运行结果如图3.20(a)、(b)所示。

(a)原始图像

(b)转换后的图像

图3.20　将数据矩阵表示为灰度图像示例

3.3 图像的显示

图像的显示过程是将数字图像从一组离散数据还原为一幅可见的图像的过程。严格地说,图像的显示在图像处理,尤其是图像过程中并不是必需的,因为图像处理和分析过程都是基于图像数据的运算,以数字数据或决策的形式给出处理或分析的结果,其中间过程不一定要求可视。但是图像的显示是提高图像处理分析性能非常有用的一个手段,通过图像的显示,可以监视图像处理过程,并与处理分析交互地控制处理分析过程。

图像显示最重要的特性是图像的大小、光度分辨率、灰度线性、平坦能力和噪声特性等,这些显示特性将共同决定一个数字图像显示系统的质量及其在特定应用中的适用性等性能指标。本节主要介绍 MATLAB 软件图像显示工具,MATLAB 及图像处理工具箱的显示功能非常强大,不仅可以用来显示各种类型的图像,还可以用多种方式显示图像及图像序列。例如,imshow 函数可直接从文件显示各种类型图像、image 函数可将矩阵作为图像显示、colorbar 函数可用来显示颜色等等。本节将介绍 MATLAB 中的基本图像显示技术,包括多图像显示和纹理映射等。

3.3.1 标准图像显示技术

MATLAB 显示图像的主要方法是调用 image 函数,该函数可创建一个句柄图形图像对象,并且包含设置该对象的各种属性的调用语法;此外,还提供了与 image 函数类似的 imagesc 函数,利用该函数,可以实现对输入图像数据的自动缩放。同时,还包含了一个附加的显示函数,即 imshow 函数,与 image 和 imagesc 函数类似,imshow 函数可用于创建句柄图形图像对象。此外,该函数也可以自动设置各种句柄属性和图像特征,以优化显示效果。

(1) imshow 函数

当用户调用 imshow 函数显示图像时,将自动设置图形窗口、坐标轴和图像属性,以控制图像数据在 MATLAB 的解释方式。这些自动设置的属性包括图像对象的 CData 属性和 CDataMapping 属性、坐标轴对象的 CLim 属性、图像窗口对象的 Colormap 属性。

在 Matlab 中,imshow 函数的语法如下:

```
imshow(I,n)
imshow(I,[low high])
imshow(BW)
imshow(…,display _ option)
imshow(x,y,A,…)
imshow filename
h = imshow(…)
```

根据用户使用参数的不同和 MATLAB 工具箱的设置,imshow 函数在调用时除了完成前面提到的属性设置外,还可以:①设置其他的图形窗口对象和坐标轴对象的属性以定制显示效果。例如,可以通过设置隐藏坐标轴及其标示;②包含或隐藏图像边框;③调用函数以显示没有彩色渐变效果的图像。

(2)显示索引图像

利用 imshow 函数显示 MATLAB 的索引图像时,可以同时指定图像的数据矩阵和颜色映射表,形如:

```
imshow(X,map)
```

其中,对于 X 中的每个像素,imshow 都将其显示为存储在 map 映射表矩阵的相应的行所对应的颜色。另外,显示索引图像时,imshow 函数将同时设置下面的一些用以控制显示颜色的句柄图形的属性:①将图像的 CData 属性值设置为 X 矩阵中的数据;②将图像的 CDataMapping 属性值设置为 direct;③使坐标轴对象的属性失效,因为图像的 CDataMapping 属性值已经在前面被设置为 direct;④将图形窗口对象的 Colormap 属性值设置为 map 矩阵中的数据。

(3)显示灰度图像

调用 imshow 函数显示灰度图像的语法如下:

```
imshow(I)
imshow(I,N)
```

其中 I 为灰度图像的数据矩阵,N 为整数,用于指定对应于灰度颜色映射表中的索引数。

例如下面的代码:

```
I = imshow('windows. bmp');
imshow(I,64)
```

绘制出如图 3.21(a)所示的具有 64 个灰度等级的灰度图。

又如下面的代码:

```
I = imshow('windows. bmp');
imshow(I,2)
```

绘制出如图 3.21(b)所示的具有 2 个灰度等级的灰度图,即黑白图。

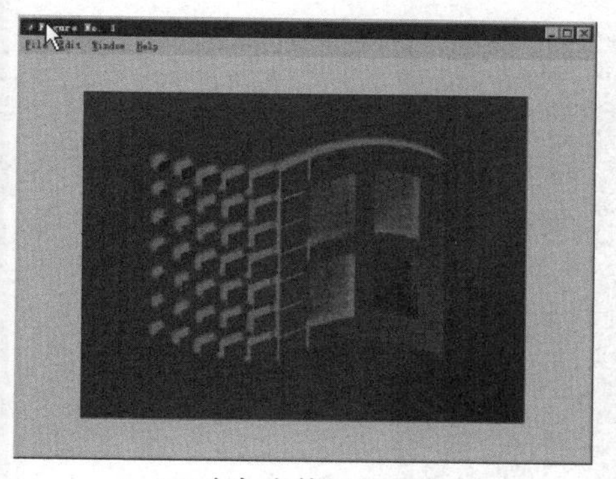

(a)64个灰度等级的灰度图

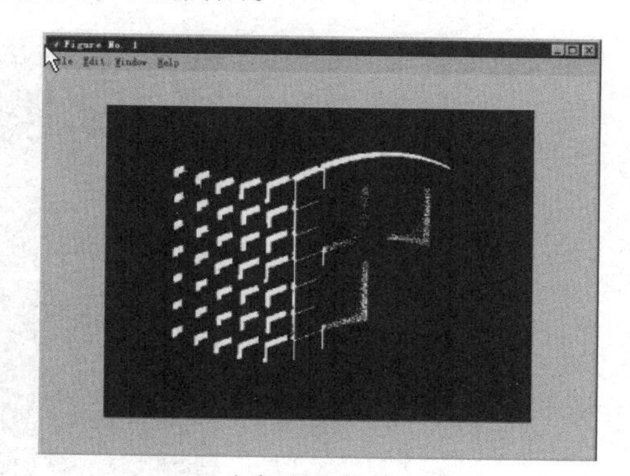

(b)2个灰度等级的灰度图

图 3.21　灰度图像显示示例

(4)显示二进制位图

imshow 函数显示二进制位图的语法如下:

```
imshow(BW)
```

如果该位图的图像矩阵属于类 double,则 imshow 函数将其视为灰度图来对待,同时将 CDataMapping 的属性值设置为 scaled;Clim 的属性值设置为[0 1];Colormap 颜色映射表属性设置为灰度颜色映射表。所以,在这种情况下,图像数据矩阵中值 0 所对应的像素显示为黑色,值 1 所对应的像素显示为白色。

(5) 显示 RGB 图像

RGB 图像即真彩图像。RGB 图像直接表征像素颜色,而不是像其他图像那样通过颜色映射表来指定像素颜色。显示 RGB 图像的语法如下:

imshow(RGB)

其中 RGB 为一个 $m \times n \times 3$ 的图像数据阵列。在 Matlab 中,该数据阵列属于类 double、类 uint8 或 uint16。数据阵列中元素的取值取决于该阵列所属的类型:①如果该数据阵列属于类 double,则其元素的取值范围是[0,1];②如果该数据阵列属于类 uint8,则其元素的取值范围是[0,255];③如果该数据阵列属于类 uint16,则其元素的取值范围是[0,65 535]。

(6) 显示图形文件中的图像

通常情况下,在显示图像时,该图像的对象数据保存在 MATLAB 运行内存中的一个或多个变量中。但是,如果用户将图像保存在可以通过 imread 函数读取的图形文件中,则可通过下面的语法直接将其显示出来:

imshow filename

如果图像是多帧的,那么 imshow 将仅仅显示第一帧,这种调用格式对于图像扫描非常有用。值得注意的是:在使用这种格式时,该图形文件必须在当前目录下,或在 MATLAB 目录下。如果图像数据没有保存在 MATLAB 工作平台中,可以通过使用 getimage 函数将从当前的句柄图形图像对象中获取图像数据。例如:

rgb = getimage;

下面的代码可以显示一幅小孩儿的图像:

imshow kids. tif;

显示的结果如图 3. 22 所示。

图 3. 22　imshow 函数显示图形文件中的图像示例

(7)显示非图像数据

有时,为了在 MATLAB 中以灰度图形显示有些非图像数据。这里所说的非图像数据,是指其数据矩阵的元素值落在“合法”范围之外。对于 double 数组来说,该范围是[0,1];对于 uint8 数组来说,该范围是[0,255];对于 uint16 数组来说,该范围是[0,65 535]。

例如,假设将一个灰度图进行过滤操作,则得到的结果数据可能在“合法”范围之外。此时显示该结果数据必须使用下面的语法:

```
imshow(I,[low high])
```

例如,下面的代码首先读取 testpat. tif 图形文件,然后对其进行过滤操作,再将结果数据显示出来:

```
I = imread('testpat. tif');
J = filter([1 2; -1  -2],I);
imshow(I);
figure,imshow(J,[  ]);
```

过滤操作前后的显示结果分别如图 3.23(a)、(b)所示。

(a)过滤操作前的显示图形

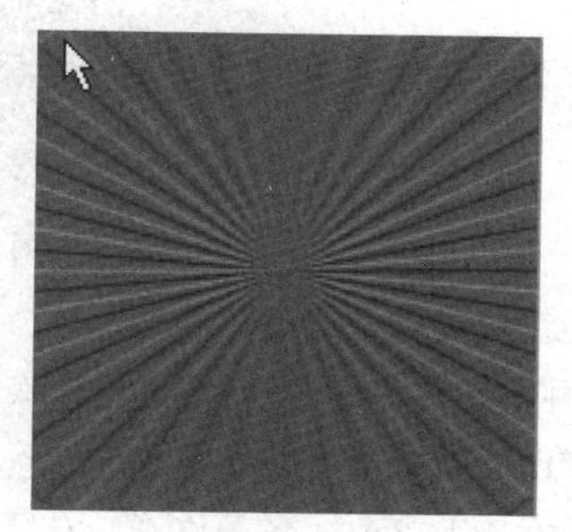

(b)过滤操作后的显示图形

图 3.23　非图像数据显示示例

3.3.2　特殊图像显示技术

在 MATLAB 的影像工具箱中,除了 imshow 函数外,还提供了一些实现特殊显示功能的函数。它们与 MATLAB 自身提供的图形函数相结合,为图像显示提供了各种特殊的显示技术,包括:

①图像显示中添加颜色条;

②显示多帧图像阵列;

③图像上的区域缩放;

④将图像纹理映射到表面对象上;

⑤显示多幅图像。

(1)添加颜色条

在 MATLAB 的图像显示中,可以利用 colorber 函数将颜色条添加到坐标轴对象中。如果该坐标轴对象包含一个图像对象,则添加的颜色条将指示出该图像中不同颜色的数据值。

例如,下面的代码将首先过滤一个类为 uint8 的图像,然后将其显示为灰度图,并添加颜色条:

```
I = imread('saturn. tif');
```

```
h=[1 2 1;0 0 0;-1 -2 -1];
J=filter2(h,I);
imshow(J,[ ]);
colorbar;
```

执行的结果如图 3.24 所示。从图中可以看出数值与颜色的对应关系。

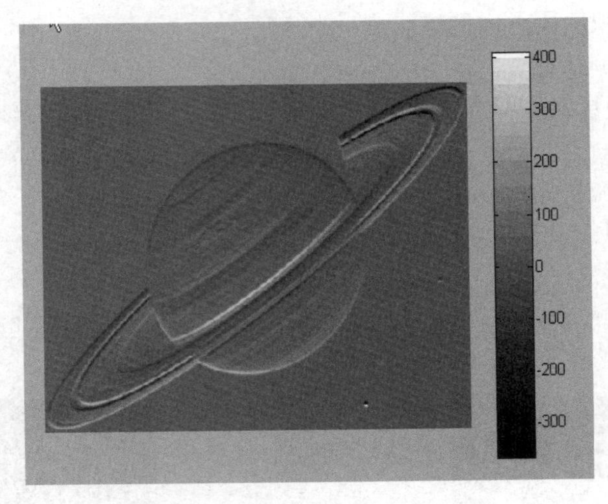

图 3.24　添加颜色条的灰度图

(2)显示多帧图像阵列

多帧图像上一个包含多个图像的图像文件。MATLAB 支持的多帧图像的文件格式包括 HDF 和 TIFF 两种。文件一旦被读入 MATLAB,多帧图像的显示帧数将由矩阵的第四维数值来决定。在多阵列中查看图像,有下面几种方式:

①独立显示每一帧,调用 imshow 函数;

②同时显示所有的帧,调用 montage 函数;

③将多帧阵列转换为动画电影,调用 immovie 函数。

1)单帧显示

利用 MATLAB 标准的索引方法指定帧号,调用 imshow 函数,就可独立显示特定的帧。例如:下面的代码

```
load mri
imshow(D(:,:,:,7));
```

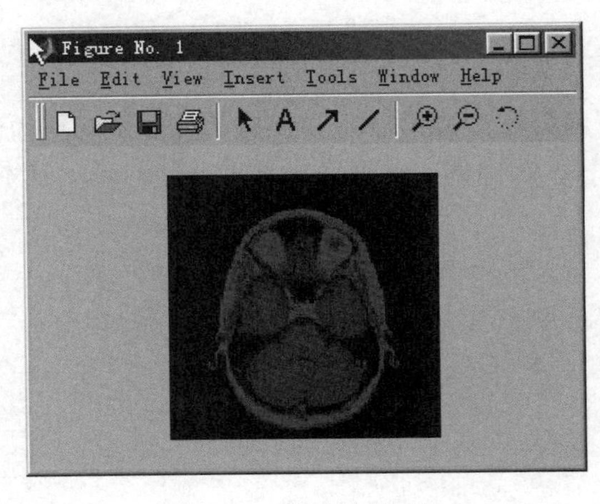

图 3.25　单帧显示示例

其运行结果如图 3.25 所示。其中,D 为 MRI(磁共振图像)中的多帧图像阵列,调用 imshow函数显示其中的第 7 帧。

2)多帧显示

调用 montage 函数可实现多帧显示,该函数的语法如下:

```
montage(I)
```

montage(BW)

montage(X,map)

h = montage(…)

例如,显示 MRI 的所有帧的代码如下:

load mri

montage(D,map);

其结果如图3.26所示。

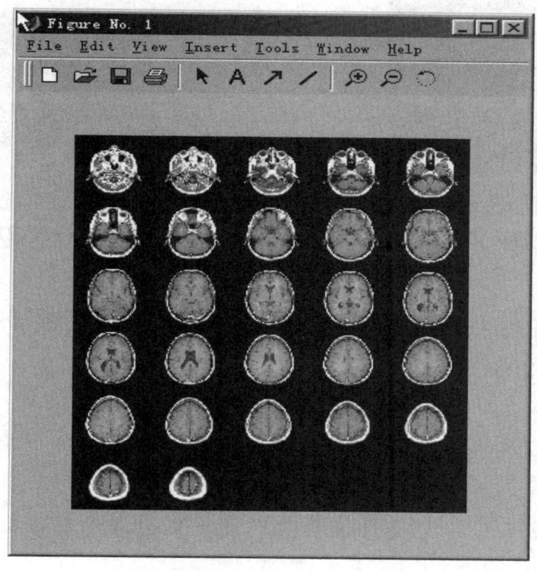

图3.26 多帧显示示例

3)动画显示

利用 immovie 函数,可以从多帧图像阵列中创建 Matlab 电影动画。值得提醒的是:该函数只能应用于索引图像,所以,如果希望将其他类型的图像阵列转换为电影动画,则首先必须将该图像类型转换为索引类型。

例如下面的代码:

mov = immovie(D,map);

colormap(map);

movie(mov)

将创建一个 MRI 的 matlab 电影动画。

(3)图像上的区域缩放

利用 zoom 命令可实现图像上的任意区域的缩放。

在命令行中输入下面的代码:

zoom on

回车执行后,matlab 的图形窗口对象进入区域缩放状态。此时,按下鼠标左键,拖动鼠标指示,则图形窗口中将出现如图3.27(a)所示的以虚框表示的选择矩形。松开鼠标键后,则该选中的区域将被放大到整个图形窗口的显示空间,如图3.27(b)所示。

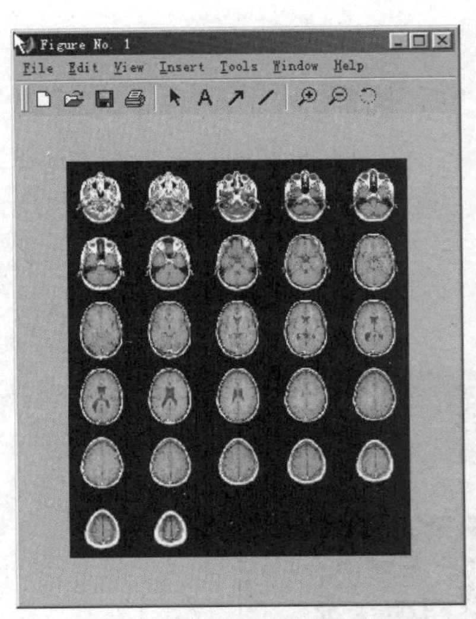

(a)虚框表示的选择图形

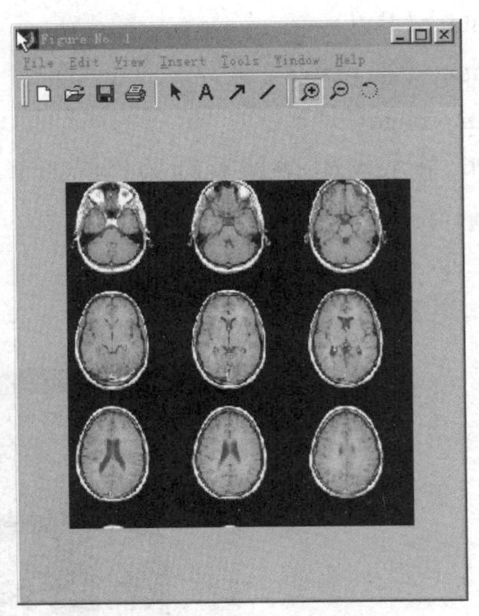

(b)选择区域放大后图形

图 3.27　图像上的区域缩放示例

在放大区域中单击鼠标右键可将刚刚放大的图形恢复到原来的状态。

如果命令行输入下面的代码：

```
zoom off
```

则可关闭图形窗口的缩放功能。

(4)纹理映射

在 Matlab 中，专门提供了一个对图像进行纹理映射处理函数 warp，使之显示在三维空间中。Warp 函数的语法格式如下：

```
warp(X,map)
warp(I,n)
warp(BW)
warp(RGB)
warp(z,...)
warp(x,y,z,...)
h = warp(...)
```

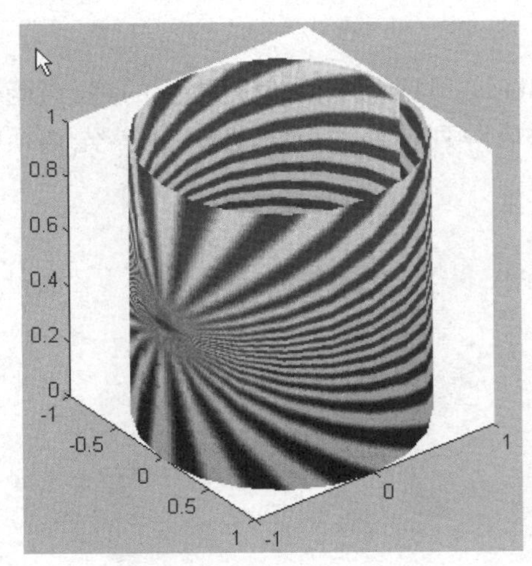

图 3.28　图像的纹理映射

在 Matlab 中，纹理映射是利用双线性渐变算法将图像映射到某个表面栅格上。例如下面的代码：

```
[x,y,z] = cylinder;
I = imread('testpat1.tif');
warp(x,y,z,I);
```

将 testpat1.tif(图 3.23)映射到圆柱体表面上，如图 3.28 所示。有时图像可能不是按照所期望的形式进行纹理映射的，此时可以对纹理映射的外观进行修改，其方法之一就是修改坐标轴的 Xdir、Ydir 和 Zdir 属性值。

(5)显示多幅图像

MATLAB 没有对用户想要同时显示的图像数目进行限制，然而，由于受到计算机硬件配置的影响,图像显示数目通常会存在一些系统限制。为此,本小节将介绍如何分别显示多个图形窗口或如何使用同一个窗口显示多幅图像的方法。

显示多幅图像最简单的方法就是在不同的图形窗口中显示它们。imshow 函数总是在当前窗口中显示一幅图像,如果想同时显示两幅图像,那么第二幅图像就会替代第一幅图像。为了避免图像在当前窗口中的覆盖现象,在调 imshow 函数显示下一幅图像之前可使用 figure 命令来创建一个新的空图形窗口。例如:

```
imshow(I)
figure,imshow(I2)
figure,imshow(I3)
```

当采用该方法时,创建的图形窗口初始化是空白的。如果使用的是 8 位显示系统,那么必须确保调色板入口的总数不超过 256。例如,如果试图显示三幅图像,每一幅都采用一个不同的 128 色调色板,那么至少有一幅图像将显示为错误的颜色(如果三幅图像的调色板是一致的,那么将不会产生问题,因为只有 128 个颜色通道被使用)。注意,灰度图像总是使用调色板来进行显示的,所以这些图像所使用的颜色通道总数不能超过 256。

为了避免产生同时显示图像的不正确的显示结果,可采用对调色板进行操作的方法,使之使用较少的颜色,另外,还可以采用其他一些方法,如:将图像转换为 RGB 格式再进行显示或使用 ind2rgb 函数将索引图像转换为 RGB 图像:

```
imshow(ind2rgb(X,map))
```

或者简单使用 cat 命令将一幅灰度图像显示为一幅 RGB 图像:

```
imshow(cat(3,I,I,I))
```

另外,可以采用两种方法将多幅图像显示在同一个单独的图形窗口中。其方法之一是:联合使用 imshow 函数和 subplot 函数;另一种是联合使用 subimage 函数和 subplot 函数。subplot 函数将一个图形窗口划分为多个显示区域,其语法格式为

```
subplot(m,n,p)
```

这种格式将图形窗口划分为 $m \times n$ 个矩形显示区域,并激活第 p 个显示区域。例如:如果希望并排显示两幅图像,可使用以下语句:

```
[X1,map1] = imread('forest. tif');
[X2,map2] = imread('trees. tif');
subplot(1,2,1),imshow(X1,map1);
subplot(1,2,2),imshow(X2,map2);
```

显示结果如图 3.29 所示。

图 3.29 使用 imshow 函数同时显示两幅图像的效果

若共享调色板出现的显示结果不令人满意,可以使用 subimage 函数来显示,也可以在装载图像时将所有图像映射到同一个调色板中,这个调色板不是共享调色板情况下所采用的某一幅图像的调色板,而是映射后包含所有图像调色板信息的一个新调色板。subimage 函数在显示图像之前首先将图像转换为 RGB 图像,因此不会出现调色板问题。该函数的语法格式为

subimage(X,map)

其功能是:在一个窗口里显示多个索引图像。

subimage(I)

其功能是:在一个窗口里显示多个灰度图像。

subimage(RGB)

其功能是:在一个窗口里显示多个真彩图像。

subimage(x,y,---)

其功能是:将图像按指定的坐标系(x,y)显示。

h = subimage(---)

其功能是:返回图像对象的句柄,其中输入的图像可以是 uint8 或 double 类型。

以下代码将显示与上面同样的两幅图像,其程序清单为

```
[X1,map1] = imread('forest.tif');
[X2,map2] = imread('trees.tif');
subplot(1,2,1),subimage(X1,map1);
subplot(1,2,2),subimage(X2,map2);
```

显示结果如图 3.30 所示。

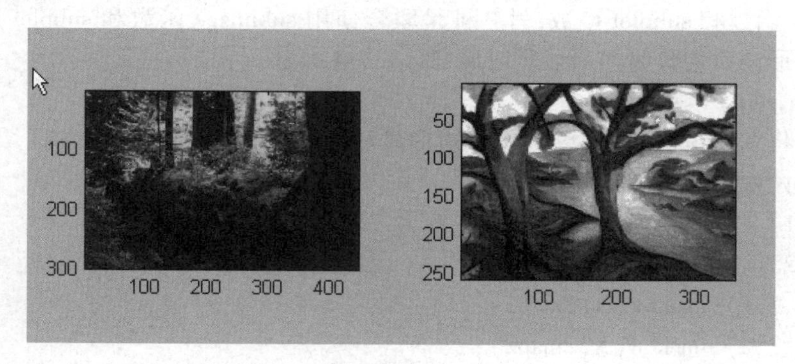

图 3.30　使用 subimage 函数同时显示两幅图像的效果

3.3.3　图像显示中的常见问题

(1)彩色图像显示为灰度图像

图像可能是一幅索引图像,这就意味着显示这幅图像需要一个调色板。产生这个问题的原因可能是在装载索引图像时函数的调用方法不正确,正确调用格式如下:

```
[X,map] = imread('filename.ext');
```

另外,还要注意使用 imshow 函数的正确形式:

```
imshow(X,map);
```

(2)二值图像显示为全黑图像

使用islogical或whos命令检查该图像矩阵的逻辑标志是否置为on。如果图像是逻辑的，那么whos命令将在类型头部单词array后面显示logical。如果二值图像是自己创建的，那么产生这个问题的原因可能是图像类型为uint8，记住unt8类型有灰度图像变化范围是[0,255]，而不是[0,1]。

(3)装载的是多帧图像，但是MATLAB却仅仅显示一帧图像

必须单独装载多帧图像的每一帧，可以使用一个for循环来实现。可以先调用imfinfo函数获知图像帧数和图像维数。

3.4 图像运算

3.4.1 图像的点运算

点运算，也称为对比度增强、对比度拉伸或灰度变换，是一种通过对图像中的每个像素(即像素点上的灰度值)进行计算，从而改善图像显示效果的操作。点运算常用于改变图像的灰度范围及分布，是图像数字化及图像显示的重要工具。在真正进行图像处理之前，有时可以用点运算来克服图像数字化设备的局限性。典型的点运算应用包括：

①光度学标定：通过对图像传感器的非线性特性做出补偿来反映某些物理特性，如光照强度、光密度等；

②对比度增强：调整图像的亮度、对比度，以便观察；

③显示标定：利用点运算使得图像在显示时能够突出所有用户感兴趣的特征；

④图像分割：为图像添加轮廓线，通常被用来辅助后续运算中的边界检测；

⑤图像裁剪：将输出图像的灰度级限制在可用范围。

MATLAB图像处理工具箱没有提供对图像进行直接点运算的函数，而将图像的点运算过程直接集成在某些图像处理函数组中(如：直方图均衡化函数histeq和imhist)。如果用户仅仅是希望对图像进行点运算处理，那么可充分利用MATLAB强大的矩阵运算能力，对图像数据矩阵调用各种MATLAB计算函数进行处理。

下面就是一个将灰度图像使用的灰度变换函数进行线性点运算的程序清单：

```
rice = imread('rice.tif');
I = double(rice);
J = I * 0.43 + 60;
rice2 = uint8(J);
subplot(1,2,1),imshow(rice);
subplot(1,2,2),imshow(rice2);
```

运行结果如图3.31所示。

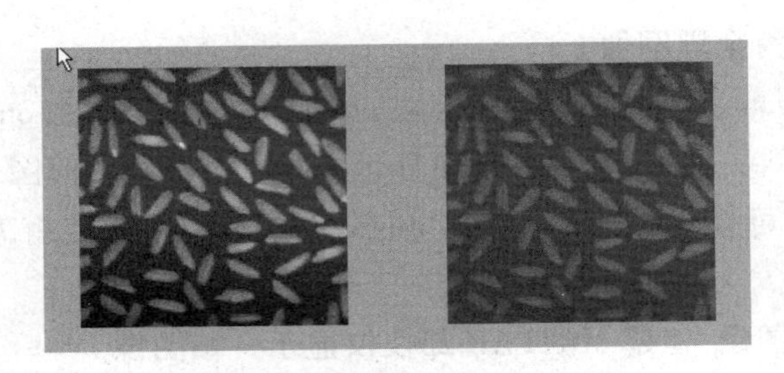

图 3.31　图像进行点运算前、后比较示例

3.4.2　图像的代数运算

图像的代数运算图像的标准算术操作的实现方法，是两幅输入图像之间进行点对点的加、减、乘、除运算后得到输出图像的过程。图像的代数运算在图像处理中有着广泛的应用，它除了可以实现自身所需要的算术操作，还能为许多复杂的图像处理提供准备。例如，图像减法就可以用来检测同一场景或物体生成的两幅或多幅图像的误差。

为了便于对图像进行操作，MATLAB 图像处理工具箱包含了一个能够实现所有非稀疏数值数据的算术操作的函数集合，表 3.1 列举了所有图像处理工具箱中的图像代数运算函数。

表 3.1　图像处理工具箱中的代数运算函数

函数名	功能描述
imabsdiff	两幅图像的绝对差值
imadd	两个图像的加法
imcomplment	补足一幅图像
imdivide	两个图像的除法
imlincomb	计算两幅图像的线形组合
immultiply	两个图像的乘法
imsubtract	两个图像的减法

使用图像处理工具箱中的图像代数运算函数无须再进行数据类型间的转换，这些函数能够接受 8 位无符号类型或 16 位无符号类型数据，并返回相同格式的图像结果。值得注意的是：无论进行哪一种代数运算都要保证两幅输入图像的大小相等，且类型相同。

针对代数运算的结果很容易超出数据类型允许的范围，图像的代数运算函数使用了以下截取规则使运算结果符合数据范围的要求：超出范围的整型数据将被截取为数据范围的极值，分数结果将被四舍五入。

(1)图像的加法运算

图像相加一般用于对同一场景的多幅图像求平均效果(平均是指效果而言，并非算术平均)，以便有效地降低具有叠加性质的随机噪声。直接采集的图像品质一般都较好，不需要进行加法运算处理，但对于那些经过长距离模拟通信方式传送的图像(如卫星图像)，这种运算是必不可少的。

MATLAB 中的 imadd 函数用于进行两幅图像的加法或给一幅图像加上一个常数。该函数

将某一幅输入图像的每一个像素值与另一幅图像相应的像素值相加,返回相应的像素之和作为输出图像。其调用格式为

```
Z = imadd(X,Y)
```

其中,X 和 Y 表示需要相加的两幅图像,返回值 Z 表示得到的加法操作结果。两幅图像的像素值相加时产生的结果很可能超过图像数据类型所支持的最大值(称为溢出),当数据发生溢出时,该函数将数据截取为数据类型所支持的最大值,这种截取效果称为饱和,为了避免这种现象出现,在进行加法计算前最好将图像类型转换为一种数据范围较宽的数据类型。下面是两幅图像叠加在一起的程序清单:

```
I = imread('rice.tif');
J = imread('cameraman.tif');
subplot(1,3,1),imshow(I);
subplot(1,3,2),imshow(J);
K = imadd(I,J);
subplot(1,3,3),imshow(K);
```

运行结果如图 3.32 所示。

图 3.32　两幅图像叠加后的图像效果

若不是两幅图像相加,而是给图像的每一个像素加上一个常数(使图像的亮度增加),同样可以采用 imadd 函数。下面是 RGB 图像增加亮度的程序清单:

```
RGB1 = imread('flowers.tif');
RGB2 = imadd(RGB1,50);
subplot(1,2,1),imshow(RGB1);
subplot(1,2,2),imshow(RGB2);
```

运行结果如图 3.33 所示。

(a)亮度增加前　　(b)亮度增加后

图 3.33　图像亮度增加前、后的显示效果比较

(2) **图像的减法运算**

图像减法也称为差分方法,是一种常用于检测图像变化及运动物体的图像处理方法。在 MATLAB 中,imsubtract 函数用来将一幅图像从另一幅图像中减去或从一幅图像中减去一个常数。该函数将一幅输入图像的像素值从另一幅输入图像相应的像素值中减去,再将相应的像素值之差作为输出图像相应的像素值。该函数的调用格式为

```
Z = imsubtract(X,Y)
```

其中,Z 是输入图像 X 与输入图像 Y 相减的结果。减法操作时有时会导致某些像素值变为一个负数,此时,该函数自动将这些负数截取为 0。为了避免差值产生负值及像素值运算结果之间产生差异,可以调用函数 imabsdiff 函数,该函数将计算两幅图像相应像素差值的绝对值,其调用格式与 imsubtract 函数类似。下面是一个根据原始图像生成其背景亮度图像,然后再从原始图像中将背景亮度图像减去的程序清单:

```
rice = imread('rice.tif');
background = imopen(rice,strel('disk',15));
rice2 = imsubtract(rice,background);
subplot(1,2,1),imshow(rice);
subplot(1,2,2),imshow(rice2);
```

运行结果如图 3.34 所示。

(a) 去除背景亮度前　　(b) 去除背景亮度后

图 3.34　减去背景亮度前、后图像显示效果比较

若希望从图像数据 I 的每一像素中减去一个常数,可以将上述调用格式中的 Y 替换为一个指定的常数值,如:

```
Z = imsubtract(I,50)
```

(3) **图像的乘法运算**

两幅图像进行乘法运算可以实现掩模操作,即屏蔽掉图像的某些部分。一幅图像乘以一个常数通常称为缩放。缩放通常将产生比简单添加像素偏移量自然得多的明暗效果。如果使用的缩放因数大于 1,那么将增强图像的亮度,如果因数小于 1,则会使图像变暗。在 MATLAB 中,使用 immultiply 函数实现两幅图形的乘法。该函数将两幅图像相应的像素值进行元素对元素的乘法,并将乘法的运算结果作为输出图像相应的像素值。其操作时将产生溢出现象,为了避免该现象产生,在执行前可将图像类型转换为一种数据范围较宽的数据类型。该函数的调用格式为

```
Z = immultiply(X,Y)
```

其中，$Z = X * Y$。下面是使用给定的缩放因数对 moon. tif 的图像进行缩放的程序清单：

```
I = imread('moon.tif');
J = immultiply(I,1.2);
subplot(1,2,1),imshow(I);
subplot(1,2,2),imshow(J);
```

运行结果如图 3.35(a)、(b)所示。

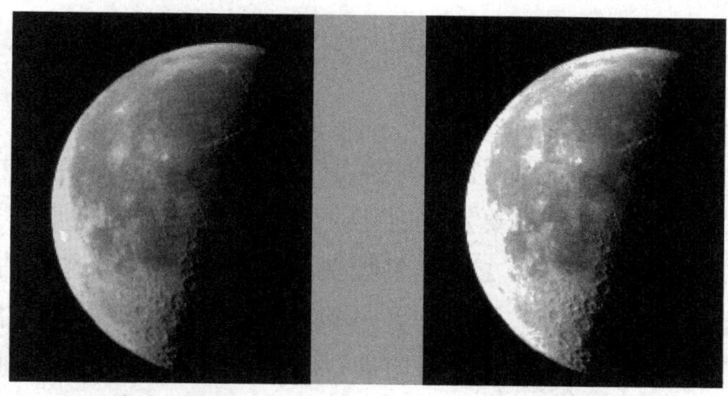

(a)缩放前图像　　(b)缩放后图像

图 3.35　图像进行乘法运算示例

(4)图像的除法运算

图像除法运算又称为比率变换，给出的是相应像素值的变化比率，而不是每个像素的绝对差异，可用于校正成像设备的非线性影响。在 MATLAB 中使用 imdivide 函数进行两幅图像的除法，该函数对两幅输入图像的所有相应像素执行元素对元素的除法操作，并将得到的结果作为输出图像的相应像素值。其调用格式为

```
Z = imdivide(X,Y)
```

其中，$Z = X/Y$。下面是一个将图 3.34 所示 rice. tif 的两幅图像进行除法运算的程序清单：

```
rice = imread('rice.tif');
background = imopen(rice,strel('disk',15));
rice2 = imsubtract(rice,background);
subplot(1,3,1),imshow(rice);
subplot(1,3,2),imshow(rice2);
Ip = imdivide(rice,rice2);
subplot(1,3,3),imshow(Ip);
```

运行结果如图 3.36 所示。

(5)图像的四则代数运算

执行图像四则代数运算操作较好的一个办法是使用函数 imlincomb，该函数按照双精度执行所有代数运算操作，而且仅对最后的输出结果进行截取，其调用格式为

```
Z = imlincomb(A,X,B,Y,C)
```

其中，$Z = A * X + B * Y + C$。MATLAB 会自动根据输入参数判断需要进行的运算。

(a)原图1　　(b)原图2　　(c)原图1除原图2的结果

图 3.36　图像除法运算的显示效果

3.4.3　图像几何运算

在处理图像的过程中，有时需要对图像的大小和几何关系进行调整，比如对图像进行缩放及旋转，这时图像中每个像素的值都要发生变化。数字图像的坐标是整数，经过这些变换之后的坐标不一定是整数，因此要对变换之后的整数坐标位置的像素值进行估计。MATLAB 提供了一些函数实现这些功能。本小节主要介绍 MATLAB 影像处理工具箱中的几何操作函数。这些函数支持所有的图像类型，可实现对图像进行缩放、旋转、剪裁等几何操作。

(1)图像的插值

插值是常用的数学运算，通常是利用曲线拟合的方法，通过离散的采样点建立一个连续函数来逼近真实曲线，用这个重建的函数便可求出任意的函数值。设已知函数值为 $w_1, w_2, \cdots$，则未知点 x 的函数值通过插值可以表示为

$$f(x) = \sum_{l=1}^{L} w_l h(x - x_l)$$

其中 $h(\cdot)$ 为插值核函数，w_l 为权系数。插值算法的数值精度及计算量与插值核函数有关，插值核函数的设计是插值算法的核心。MATLAB 中的 imresize 函数和 imrotate 函数用于二维图像的插值。MATLAB 影像处理工具箱提供了三种插值方法：

①最近邻插值(Nearest neighbor interpolation)；

②双线性插值(Bilinear interpolation)；

③双立方插值(Bicubic interpolation)。

1)最近邻插值　是最简单的插值，在这种算法中，每一个插值输出像素的值就是在输入图像中与其最临近的采样点的值。该算法的数学表示为

$$f(x) = f(x_k) \qquad \frac{1}{2}(x_{k-1} + x_k) < x < \frac{1}{2}(x_k + x_{k+1})$$

最近邻插值是工具箱函数默认使用的插值方法，而且这种插值方法的运算量非常小。对于索引图像来说，它是唯一可行的方法。不过，最近邻插值法的值核频域特性不好，从它的傅里叶谱上可以看出，它与理想低通滤波器的性质相差较大。当图像含有精细内容，也就是高频分量时，用这种方法实现倍数放大处理，在图像中可以明显看出块状效应。

2)双线性插值　该方法输出像素值是它在输入图像中 2 ×2 领域采样点的平均值，它根据某像素周围 4 个像素的灰度值在水平和垂直两个方向上对其插值。

设 $m<i'<m+1, n<j'<n+1, a=i'-m, b=j'-n, i', j'$ 是要插值点的坐标，则双线性插值的公式为

$$g(i',j') = (1-a)(1-b)g(m,n) + a(1-b)g(m+1,n) + (1-a)bg(m,n+1) + abg(m+1,n+1)$$

把按上式计算出来的值赋予图像的几何变换对应于(i',j')处的像素，即可实现双线性插值。

3）双立方插值　该种插值核为三次函数，其插值领域的大小为4×4。它的插值效果比较好，但相应的计算量较大。

这3种插值方法的运算方式基本类似。对于每一种来说，为了确定插值像素点的数值，必须在输入图像中查找到与输出像素相对应的点。这3种插值方法的区别在于其对像素点赋值的不同。其中，近邻插值输出像素的赋值为当前点的像素点；双线性插值输出像素的赋值为2×2矩阵所包含的有效点的加权平均值；双立方插值输出像素的赋值为4×4矩阵所包含的有效点的加权平均值。

（2）图像大小调整

利用imresize函数通过一种特定的插值方法可实现图像大小的调整。该函数的语法如下：

```
B = imresize(A,m,method)
B = imresize(A,[mrows ncols],method)
B = imresize(…,method,n)
B = imresize(…,method,h)
```

这里参数method用于指定插值的方法，可选的值为'nearest'、'bilinear'、'bicubic'，如果没有指定插值方法，则该函数将采用缺省的近邻插值(nearest)方法。

上述第一种语法返回图像大小等于A的大小乘以放大系数m，若放大系数m设置在0到1之间，则B比A小，即图像缩小；如果放大系数m设置在大于1，则图像放大。

第二种语法返回一个mrows行、ncols列的图像，若mrows和ncols定义的长度比原图不同，则图像会产生变形。

在使用bilinear和bicubic方法缩小图像时，为消除引入的高频成分，imresize使用一个前端平滑滤波器，默认的滤波器尺寸为11×11。也可以通过参数n指定滤波器的尺寸，即为上述第三种语法结构。对于nearest插值方法，imresize不使用前端滤波器，除非函数明确指定。

第四种语法结构是使用用户设计的插值核 h 进行插值，h 可以看作一个二维FIR滤波器。

下面是使用不同的插值方法对图像进行放大的程序清单：

```
load woman2
subplot(2,2,1),imshow(X,map);
X1 = imresize(X,2,'nearest');
subplot(2,2,2), imshow (X1,[ ]);
X2 = imresize(X,2,'bilinear');
subplot(2,2,3), imshow (X2,[ ]);
X3 = imresize(X,2,'bicubic');
```

```
subplot(2,2,4), imshow (X3,[ ]);
```

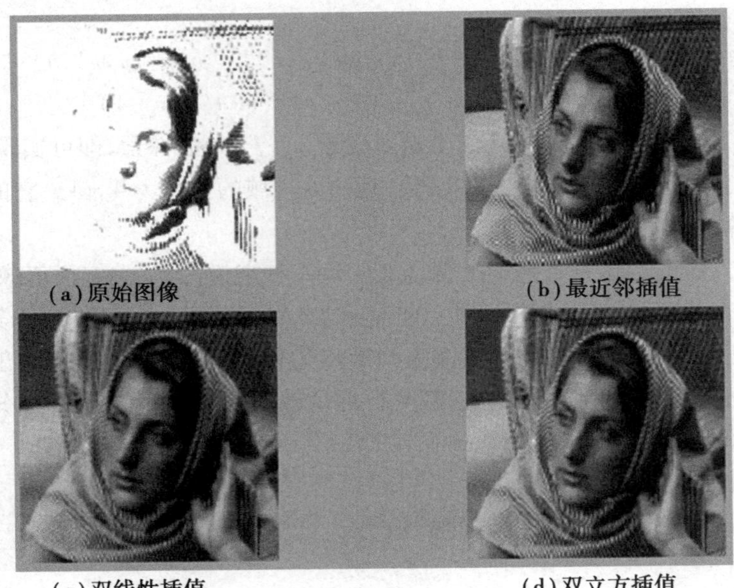

(a)原始图像 (b)最近邻插值 (c)双线性插值 (d)双立方插值

图 3.37　三种不同插值方法对图像进行放大示例

运行的结果如图 3.37(a)、(b)、(c)、(d)所示。由图可见，在进行小倍数放大时，最近邻插值方法的效果还可以，双线性插值方法的结果有些模糊，双立方插值效果最好。

(3)图像旋转

在对数字图像进行旋转的时候，各像素的坐标将会发生变化，使得旋转之后不能正好落在整数坐标处，需要进行插值。在工具箱中的函数 imrotate 可用上述 3 种方法对图像进行插值旋转，利用 imrotate 函数可以通过一种特定的插值方法来改变图像的显示角度。该函数的语法格式如下：

```
B = imrotate(A,angle,method)
```

使用指定的插值方法(同 imresize 函数中的插值方法)逆时针方向将图像 A 旋转 angle 角度。返回图像 B 通常大于 A，包含整个旋转图像。若对图像进行顺时针旋转，则 angle 取负值。一般来说，旋转后的图像会比原来图大，超出原来图像的部分值为 0，为了使返回的图像与原来图像大小相同，可采用如下的格式：

```
B = imrotate(A,angle,method,'crop')
```

其功能是：通过指定 crop 参数对旋转后的图像进行剪切(取图像的中间部分)，把图像进行 angle 角度旋转，然后返回和 A 大小相同的中间部分。

下面是将 flowers.tif 图像插值旋转 35°的程序清单：

```
I = imread('flowers.tif');
J = imrotate(I,35,'bilinear');
subplot(1,2,1),imshow(I);
subplot(1,2,2),imshow(J);
```

其运行结果如图 3.38(a)、(b)所示。

(a)原始图像　　(b)旋转插值后图像

图 3.38　对图像进行插值旋转示例

(4)图像剪裁

在图像处理过程中,有时只需要处理图像中的一部分,或者需要将某某部分取出,这样就要对图像进行剪切。工具箱中的 imcrop 函数将图像剪裁成指定矩形区域。该函数的语法如下:

I2 = imcrop(I)

X2 = imcrop(X,map)

RGB2 = imcrop(RGB)

其功能是:交互式地对灰度图像、索引图像和真彩图像进行剪切,显示图像,允许用鼠标指定剪裁矩形。

I2 = imcrop(I,rect)

X2 = imcrop(X,map,rect)

RGB2 = imcrop(RGB,rect)

其功能是:非交互式指定剪裁矩阵,按指定的矩阵框 rect 剪切图像,rect 为四元素向量[xmin ymin width height],分别表示矩形的左下角和长度及宽度,这些值在空间坐标中指定。

[---] = imcrop(x,y,---)

其功能是:在指定坐标系(x,y)中剪切图像。

[A,rect] = imcrop(---)

[x,y,A,rect] = imcrop(---)

其功能是:在用户交互剪切图像的同时返回剪切框的参数 rect。

下面是从 ic. tif 图像中剪取鼠标左键拖动选取的矩形区域,并以新的图形窗口显示程序清单:

```
imshow ic. tif;
I = imcrop;
imshow(I);
```

其运行结果如图 3.39(a)、(b)所示。

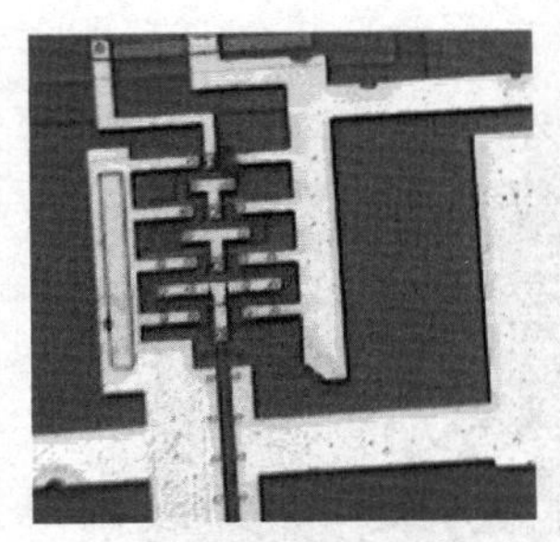

(a)选取剪切矩形

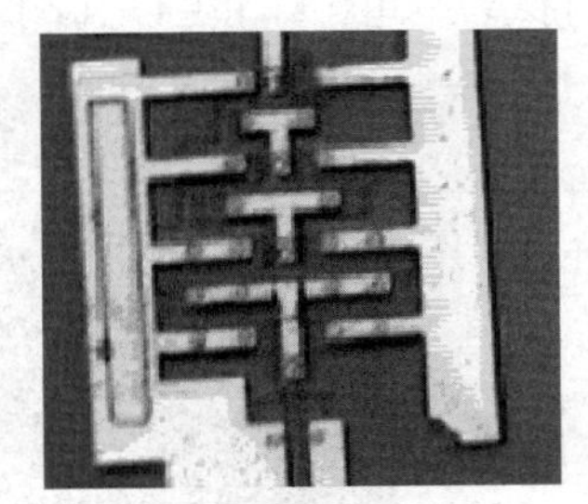

(a)剪切结果

图 3.39　图像进行剪切示例

3.4.4　图像邻域和块操作

输出图像中的每个像素值都是对应的输入像素及其某个邻域内的像素共同决定的，这种图像运算称为邻域运算。通常邻域是指一个远远小于图像尺寸的形状规则的像素块，例如，2×2、3×3、4×4 的正方形，或用来近似表示圆及椭圆等形状的多边形。一幅图像所定义的所有邻域应该具有相同的大小。邻域运算与点运算一起形成了最基本、最重要的图像处理方法，尤其是滑动邻域操作，经常被用于图像的线性滤波和二值形态操作。

领域操作包括滑动邻域操作和分离邻域操作（图像块操作）两种类型。在进行滑动邻域操作时，输入图像将以像素为单位进行处理，也就是说，对于输入图形的每一个像素，指定的操作将决定输出图像相应的像素值。分离邻域操作（图像块操作）是基于像素邻域的数值进行的，输入图像一次处理一个邻域，即图像被划分为矩阵邻域，分离邻域操作将分别对每一个邻域进行，求取相应输出邻域的像素值。

(1)滑动邻域操作

在 MATLAB 中，滑动邻域是一个像素集，像素集包含的元素由中心像素的位置决定。滑动邻域操作一次只处理一个图像像素。当操作从图像矩阵的一个位置移动到另一个位置时，滑动邻域也以相同的方向运动，其示意图如图 3.40 所示。

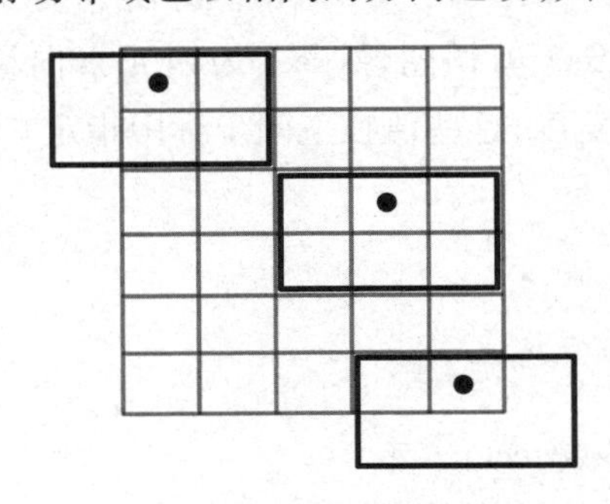

图 3.40　滑动邻域示意图

图中的滑动邻域为一个 2×3 的矩形块，黑点表示滑动邻域的中心像素。通常，对于 $m\times n$ 的滑动邻域来说，中心像素的计算方法如下：

$floor(([m,n]+1)/2)$

例如，上面图 3.40 中滑动邻域的中心像素为(1,2)，即滑动邻域中的第一行第二列。

在 MATLAB 进行滑动邻域操作的过程如下：

①选择像素；

②确定该像素的滑动邻域；

③调用适当的函数对滑动邻域中的元素进行计算；

④查找输出图像与输入图像对应处的像素，将该像素的数值设置为上一步中得到的返回值。即将计算结果作为输出图像中对应的像素的值；

⑤对输入图像的每一个像素点，重复 1）到 4）的操作。

MATLAB 提供了几种用于邻域操作函数，下面分别给予介绍。

1）colfilt 函数　该函数用于快速的邻域操作，其调用格式为

B = colfilt(A,[m n],block_type,fun)

其功能是：实现快速的邻域操作，图像块的尺寸为 $m \times n$，block_type 为指定块的移动方式，即：当为'distinct'时，图像块不重叠；当为'sliding'时，图像块滑动。fun 为运算函数，其形式为 $y = fun(x)$。

B = colfilt(A,[m n],block_type,fun,P1,P2,---)

其功能是：指定 fun 中除 x 以外的其他参数 P1、P2、---。

B = colfilt(A,[m n],[mblock nblock],block_type,fun,---)

其功能是：为节省内存按 mblock × nblock 的图像块对图像 A 进行块操作。

下面是一个对图像 alumgrns. tif 进行滑动平均操作程序清单：

```
I = imread('alumgrns. tif');
I2 = colfilt(I,[5 5],'sliding','mean');
imshow(I);
figure,imshow(I2,[ ]);
```

运行结果如图 3.41(a)、(b)所示。

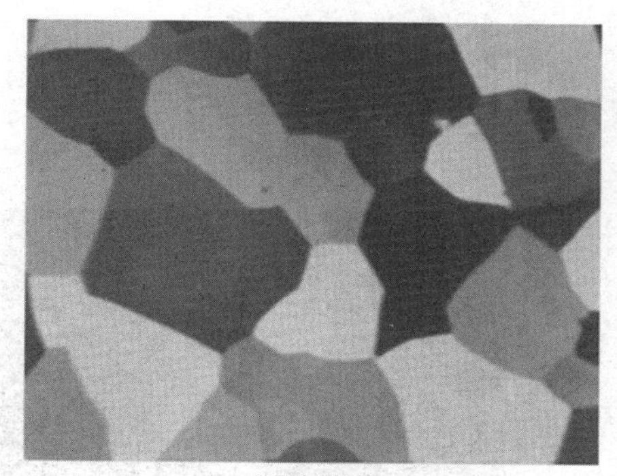

(a)原始图像

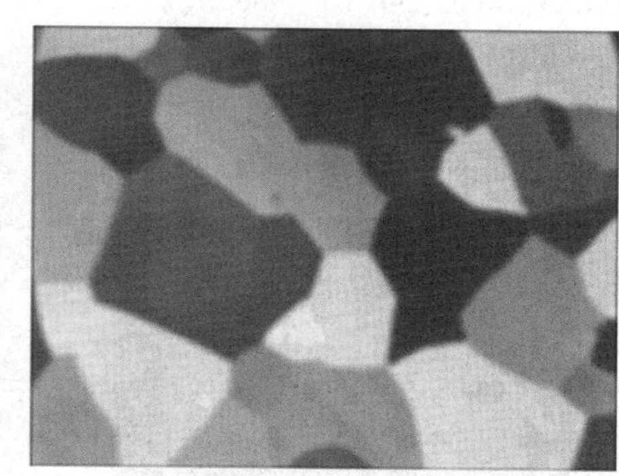

(b)滑动平均后的图像

图 3.41　图像进行滑动平均的结果

对于滑动邻域操作，colfilt 函数为图像中每个像素建立一个列向量，向量的各元素对应该像素的邻域的元素。图 3.42 显示了一个 6×5 的图像按照 2×3 的邻域进行处理的情况。colfilt 函数为图像建立了一个 30 列的矩阵，每列有 6 个元素。colfilt 函数可以根据需要对图像进行补零。例如图 3.42 中的图像右角的像素有两个 0 元素，这是因为对图像补零的结果。

colfilt 函数生成的临时矩阵被传递给自定义函数，自定义函数为矩阵的每一列返回一个单独的值。MATLAB 中很多函数具有这种功能（如：mean、std），返回值赋给输出图像中对应的像素。下面的例子是对输入图像处理，输出图像为每个像素邻域的最大值。

```
f = inline('max(x)');
J = colfilt(I,[8 8],'sliding',f);
```

colfilt 函数实际上也可以进行下面提到的图像块操作。对于图像块操作，colfilt 函数把每个图像块排列成一列，构成一个临时矩阵。如果需要，可以对图像进行补零。

图 3.43 显示了一个 6×16 的图像按照 4×6 的图像块进行处理的情况。图像首先被补零至 8×16 大小，构成 6 个 4×6 的图像块。然后每个图像块被排列成一列，形成了 24×6 的临

时矩阵。

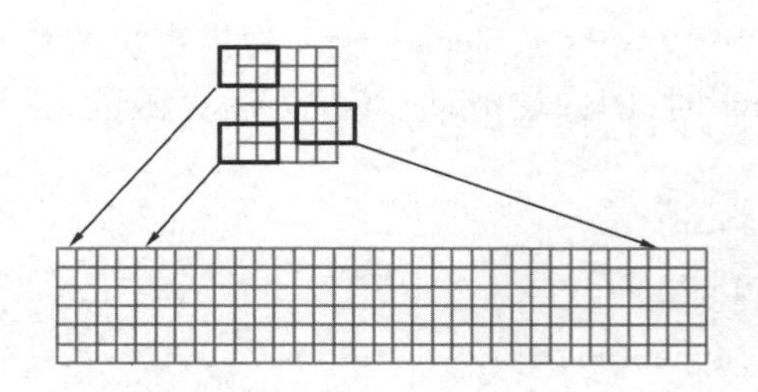

图 3.42 滑动邻域操作生成的临时矩阵

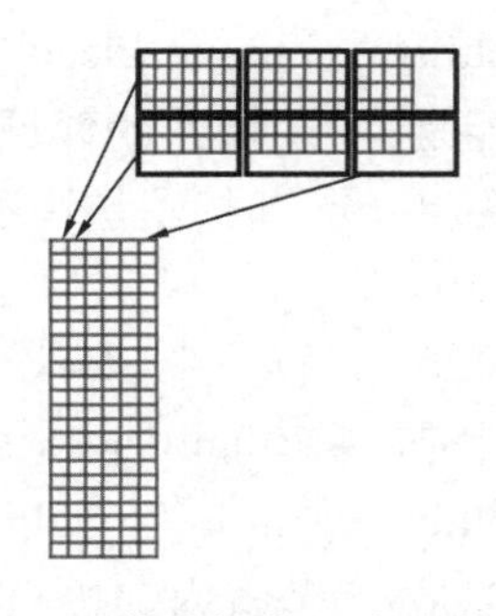

图 3.43 图像块操作生成的临时矩阵

colfilt 函数把原始图像排列成临时矩阵之后,将其传入自定义函数。自定义函数必须返回和临时矩阵大小相同的矩阵。然后 colfilt 函数再把结果重新排列成原始图像的格式。下面是利用 colfilt 函数把输入图像 8×8 的图像块的均值赋予图像块中所有元素的程序清单:

```
I = imread('saturn.tif');
imshow(I)
f = inline('ones(64,1) * mean(x)');
I2 = colfilt(I,[8 8],'distinct',f);
figure,imshow(I2,[ ])
```

运行结果如图 3.44(a)、(b)所示。

(a)原始图像

(b)求平均后图像

图 3.44 图像块操作求平均的结果

2)nlfilter 函数 该函数是通用的滑动窗操作函数,其语法格式为

B = nlfilter(A,[m n],fun)

它是一个通用的滑动窗操作,图像块的尺寸为 $m \times n$。

B = nlfilter(A,[m n],fun,P1,P2,---)

其中,A 表示输入图像,[m n]指定邻域大小,fun 是一个返回值为标量的计算函数,如果该计算函数需要参数,那么参数 P1、P2、---将紧跟在 fun 参数后。返回值 B 是一个与输入图像相同大小的图像矩阵。

B = nlfilter(A,'indexed',---)

它是用于对索引图像的滑动窗操作。

下面是一个调用 nlfilter 函数进行滑动操作程序清单:

```
I = imread('tire.tif');
f = inline('max(x(:))');
```

```
J = nlfilter(I,[3 3],f);
subplot(1,2,1),imshow(I);
subplot(1,2,2),imshow(J);
```

操作前后图像分别如图 3.45(a)、(b)所示。

(a)滑动邻域操作前图像　　(b)滑动邻域操作后图像

图 3.45 滑动邻域操作示例

(2)图像块操作

图像块操作是将图像的数据矩阵划分为同样大小的矩形区域的操作,它是图像分析和图像压缩的基础。同时由于图像划分为图像块后可以转化为矩阵或者向量运算,因此可以大大加快图像处理的速度。

MATLAB 中的图像块操作是将图像数据矩阵分别为 $m \times n$ 部分的矩阵区域,如图 3.46 所示。图中的灰线为数据矩阵(15×30),而黑色的矩阵则为显示块(4×8)。

MATLAB 进行图像块操作的函数有:

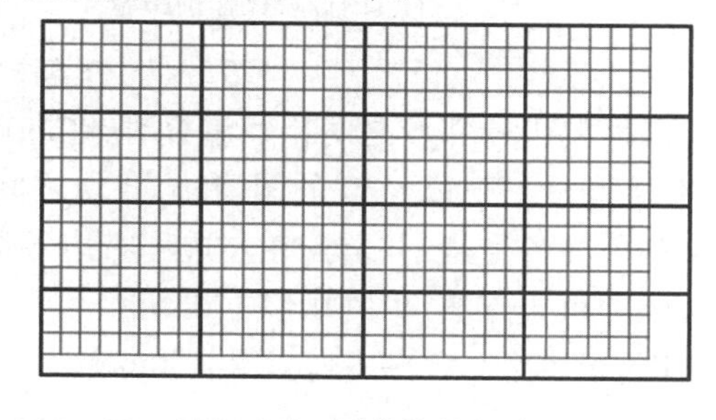

图 3.46 图像块的划分

1)blkproc 函数　该函数能够将每个显示块从影像中提取出来,然后将其作为参数传递给任何用户函数量(即用户指定的函数)。此外,blkproc 函数还将由用户函数返回的显示块进行组合,从而生成最后的输出图像。其语法格式如下:

B = blkproc(A,[m n],fun)

其功能是:对图像 A 的每个不同 $m \times n$ 块应用函数 fun 进行处理,必要时补加 0。fun 为运算函数,其形式为 $y = fun(x)$,可以是一个包含函数名的字符串,或表达式的字符串。另外,还可以将用户函数指定为一个嵌入式函数(即 inline 函数)。在这种情况下,出现在 blkproc 函数中的嵌入式函数不能带有任何引用标记。

B = blkproc(A,[m n],fun,P1,P2,---)

其功能是:指定 fun 中除 x 以外的其他参数 P1、P2、---。

B = blkproc(A,[m n],[mborder nborder],fun,---)

其功能是:指定图像块的扩展边界 mborder 和 nborder,实际图像块大小为(m + 2 × mborder) × (n + 2 × nborder)。允许进行图像块操作时,各图像块之间有重叠。也就是说,在对每个图像块进行操作时,可以为图像块增加额外的行和列。当图像块有重叠时,blkproc 函数把扩展的图像块传递给自定义的函数。

```
B = blkproc(A,'indexed',---)
```

它是用于对索引图像的块操作。

下面是一个计算图像 8×8 区域的局部标准差的程序清单：

```
I = imread('tire.tif');
f = inline('uint8(round(std2(x) * ones(size(x))))');
I2 = blkproc(I,[8 8],f);
subplot(1,2,1),imshow(I);
subplot(1,2,2),imshow(I2);
```

运行结果如图 3.47(a)、(b)所示。由图可见，由于同一个邻域中的像素取值都是一致的，所以很多细节内容都被删除了，图像的效果明显变差。从执行速度来看，图像块操作明显比滑动块操作快。

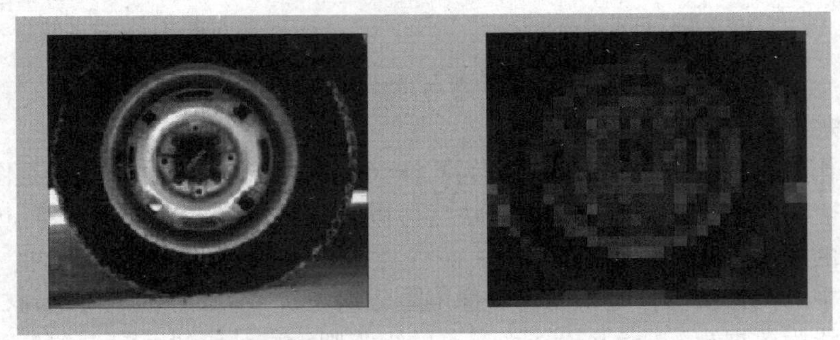

(a)图像块操作前图像　　(b)图像块操作后图像

图 3.47　计算图像块局部标准差的示例

当需要进行邻域之间相互重叠时，在进行邻域处理时要重点考虑重叠部分的像素值。图 3.48 显示了一个 15×30 的图像块，各块之间有 1×2 的重叠的情况。每个 4×8 的块，在它的上面和下面各重叠了一行，在左边和右边各重叠了一列，图像中重叠部分用阴影表示。为了实现上面的重叠方法，可利用以下语句：

```
B = blkproc(A,[4 8],[1 2],'fun')
```

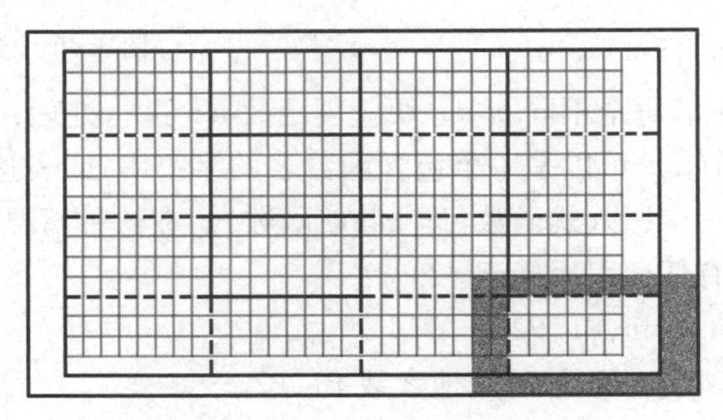

图 3.48　图像块的重叠划分

2)bestblk 函数　该函数用于选择图像块的尺寸，其语法格式为

```
siz = bestblk([m n],k)
```

其功能是：返回对尺寸为 $m \times n$ 的图像的块划分 siz，k 为图像块长度和宽度的最大值。

[mb,nb] = bestblk([m n],k)

其功能是:返回mb和nb分别为图像块的行数和列数。

3)col2im函数　该函数用于将向量重新排列成图像块,其作用在于提高其运算速度。但是处理完后还需将向量排列成矩阵。其语法格式为

B = col2im(A,[m n],[mm nn],block_type)

其功能是:将图像A的每一列重新排列成$m \times n$的图像块,block_type为指定排列的方式,即:当block_type为distinct时,图像块不重叠;当block_type为sliding时,图像块滑动。用这些图像块组合成$mm \times nn$的图像A。

4)im2col函数　该函数实现将图像块排列成向量的功能,其语法格式为

B = im2col(A,[m n],block_type)

其功能是:将图像A的每一个$m \times n$块转换成一列,重新组合成图像B。block_type为指定排列的方式,即:当block_type为distinct时,图像块不重叠;当block_type为sliding时,图像块滑动。

B = im2col(A,[m n])

B = im2col(A,'indexed',---)

它是用于对索引图像块排列成向量的操作。

3.5　图像分析

MATLAB的影像处理工具箱支持多种标准的图像处理操作,以方便用户对图像进行分析和调整。这些图像处理操作主要包括:

①获取像素值及其统计数据;

②分析图像,抽取其主要结构信息;

③调整图像,突出其某些特征或抑制噪声。

3.5.1　像素值及其统计

MATLAB的影像处理工具箱提供了多个函数以返回与构成图像的数据值相关的信息,这些函数能够以多种形式返回图像数据的信息,主要包括:

①选定像素的数据值(pixval函数和impixel函数);

②沿图像中某个路径的数据值(improfile函数);

③图像数据的轮廓图(imcontour函数);

④图像数据的柱状图(imhist函数);

⑤图像数据的摘要统计值(mean2函数、std2函数和corr2函数);

⑥图像区域的特征度量(imfeature函数)。

(1)像素选择

影像处理工具箱中包含两个函数可以返回用户指定的图像像素的颜色数据值。

1) pixval 函数

当光标在图像上移动时,该函数以交互的方式显示像素的数据值。另外,该函数还可以显示两个像素之间的 Euclidean 距离。

2) impixel 函数

impixel 函数可以返回选中像素或像素集的数据值。用户可以直接将像素坐标作为该函数的输入参数,或用鼠标选中像素。

图 3.49 impixel 函数的运行界面

例如,在下面的例子中,首先调用 impixel 函数,然后在显示的 canoe. tif 图像中用鼠标点中三个点,代码如下:

```
imshow canoe. tif;
vals = impixel
```

上面的代码运行后,得到如图 3.49 所示的运行界面。选中 5 个点后,按回车键,则命令行中得到的结果如下所示:

```
vals =
    0.2902    0.3882    0.2902
    0.5176    0.5176    0.3882
    0.2588    0.2902    0.2235
    0.2588    0.2235    0.1922
    0.3529    0.3216    0.2588
```

值得注意是:在所得的结果中,对应于第三个像素(该像素位于小船上)的值为纯红色,其绿色和蓝色成分均为 0;另外,对于索引图像,pixval 函数和 impixel 函数都将其显示为存储在颜色映像中的 RGB 值而不是索引值。

(2) 强度描述图

在 MATLAB 影像处理工具中,提供了 improfile 函数用于沿着图像中一条直线段路径或直线路径计算并绘制其强度(灰度)值。例如,下面的代码:

```
imshow debye1. tif
improfile
```

运行后,得到如图 3.50 所示的运行界面。确定直线段或直线路径(本例为直线路径)后,按回车键,则得到如图 3.51 所示的轨迹强度(灰度)图。

值得注意的是:图 3.51 中的峰值对应于图 3.50 中的黑色或白色。

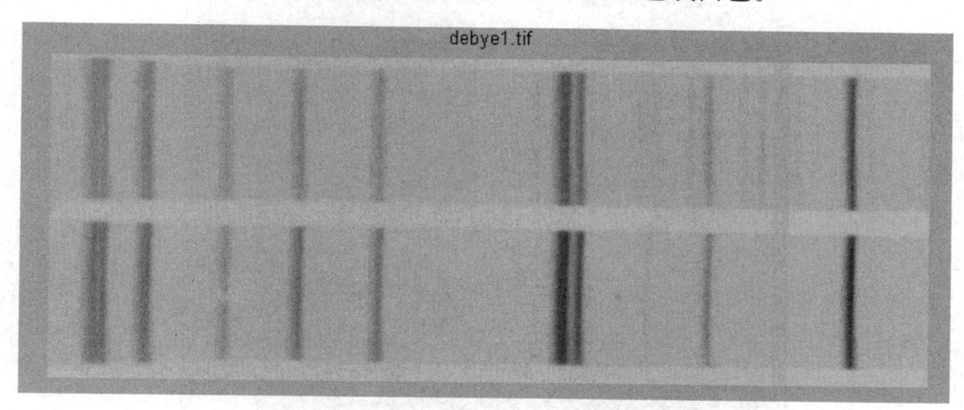

图 3.50　improfile 函数的运行界面(灰度图)

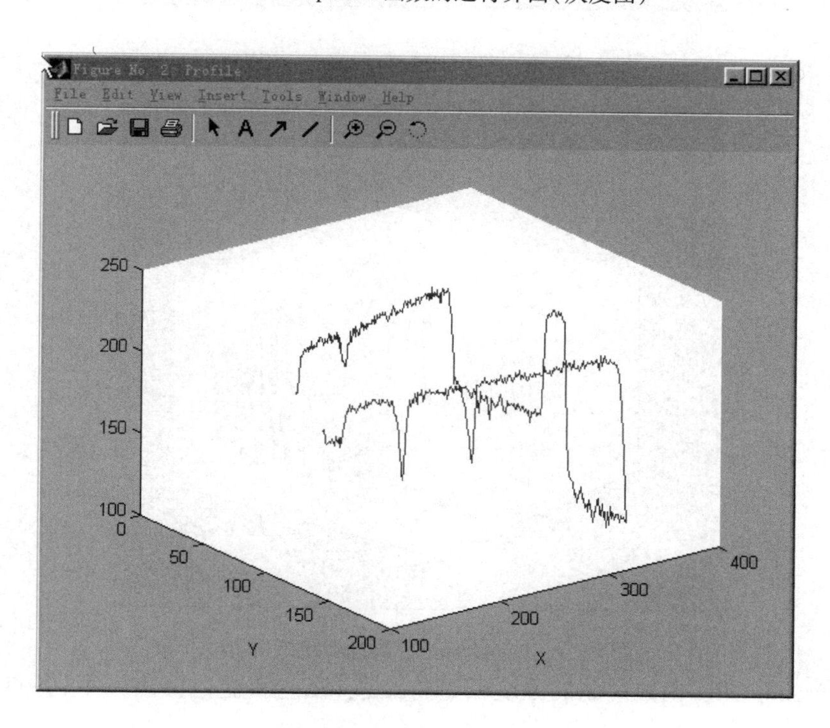

图 3.51　improfile 函数的运行结果(灰度图)

下面的代码:

```
RGB = imread('flowers. tif');
figure(1);
imshow(RGB);
improfile
```

运行后,得到如图 3.52 所示的运行界面。本例演示了 improfile 函数如何处理 RGB 图像。确定直线段或直线路径(本例为直线路径)后,按回车键,则得到如图 3.53 所示的轨迹强度图。

图 3.52　improfile 函数的运行界面(RGB)

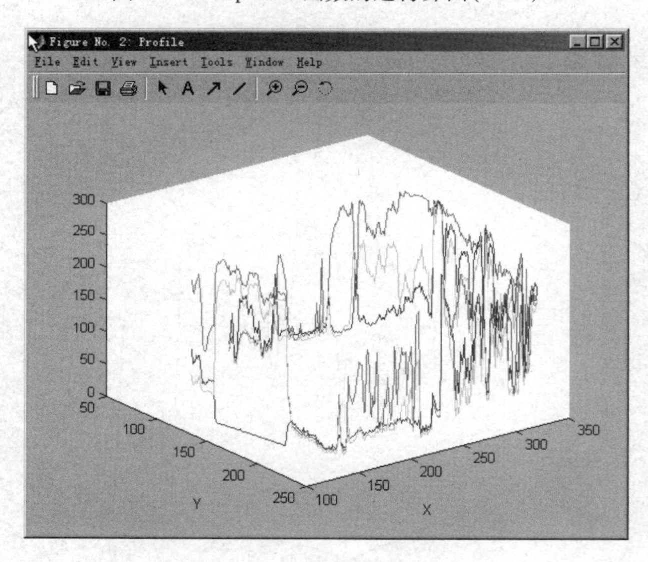

图 3.53　improfile 函数的运行结果(RGB)

由图可知,improfile 函数绘制的强度图是将红色、绿色和蓝色分离开了,各自均表达为独立的线条图形。

(3)图像轮廓图

在灰度图的轮廓图显示时,可利用 MATLAB 影像处理工具箱中的 imcontour 函数。该函数类似于 contour 函数,与 contour 函数相比,其功能更全。它能够自动设置坐标轴对象,从而使得其方向和纵横比能够与所显示的图形相匹配。

例如,下面代码:

```
I = imread('rice.tif');
imshow(I)
figure;
```

imcontour(I)

运行后,将创建了两个图形窗口对象,分别用于显示 rice. tif(大米)灰度图及其轮廓图,如图 3.54(a)、(b)所示。

(a)大米灰度图

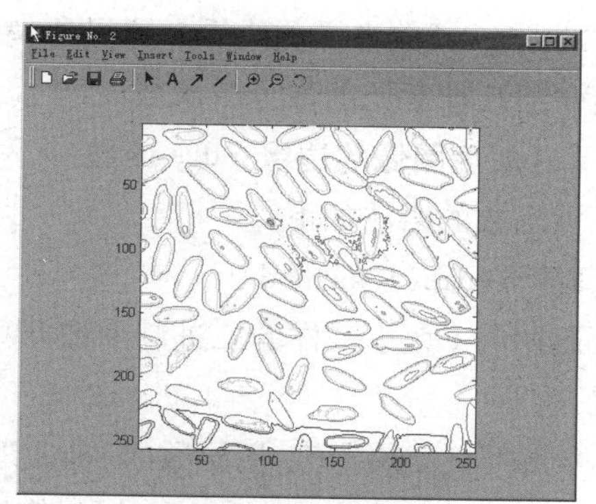

(b)大米灰度图的轮廓图

图 3.54　图像轮廓示例

(4)图像柱状图

图像柱状图可以用来显示索引图像或灰度图像中的灰度分布。可利用 MATLAB 影像处理工具箱中的 imhist 函数创建柱状图。下面,还是以前面介绍的大米灰度图为例来创建该图的柱状图。其代码如下:

```
I = imread('rice. tif');
imhist(I,64)
```

代码运行后的结果如图 3.55 所示。由此可见,柱状图的峰值出现在 100 附近,这是因为大米堆的背景色为深灰色所致。

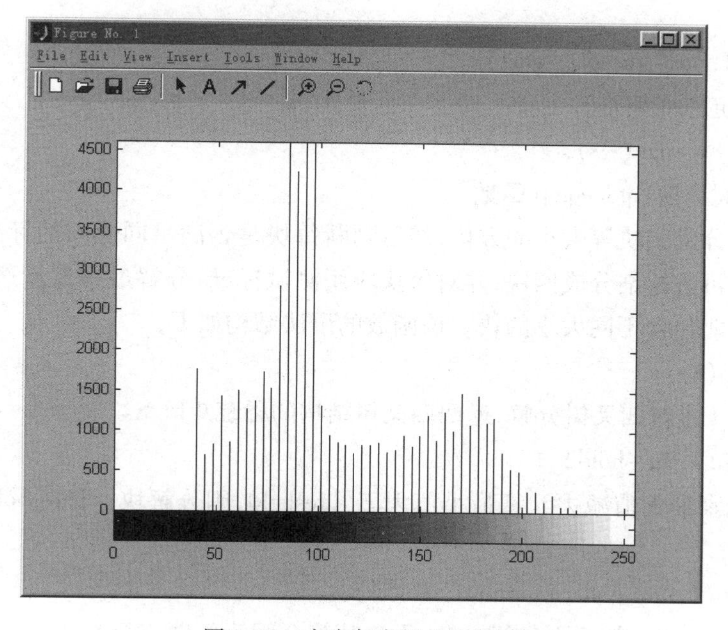

图 3.55　大米灰度图的柱状图

3.5.2 图像分析

Matlab 中的图像分析技术可以提取图像的结构信息。例如，可以利用影像处理工具箱中提供的 edge 函数来探测边界。这里所谓的边界，其实就是图像中包含的对象所对应的位置。下面介绍几种常见图像分析函数。

(1)灰度图像的边缘：edge 函数

该函数的语法如下：

BW = edge(I,method)

返回与 I 大小一样的二进制图像 BW，其中元素 1 为发现 I 中的边缘。Method 为下列字符串之一：

'sobel'　缺省值，用导数的 sobel 近似值检测边缘，那些梯度最大点返回边缘；

'prewitt'　用导数的 prewitt 近似值检测边缘，在那些梯度最大点返回边缘；

'roberts'　用导数的 roberts 近似值检测边缘，在那些梯度最大点返回边缘；

'log'　使用高斯滤波器的拉普拉斯运算对 I 进行滤波，通过寻找 0 相交检测边缘；

'zerocross'　使用指定的滤波器对 I 滤波后，寻找 0 相交检测边缘。

BW = edge(I,method,thresh)

用 thresh 指定灵敏度阈值，所有不强于 thresh 的边缘都被忽略。

BW = edge(I,method,thresh,direction)

对于'sobel'和'prewitt'方法指定方向；

direction 为字符串：'horizontal'表示水平方向，'vertical'表示垂直方向，'both'两个方向(缺省值)。

BW = edge(I,'log',thresh,sigma)

用 sigma 指定标准偏差。

[BW,thresh] = edge(…)。

(2)行四叉树分解：qtdecomp 函数

将一块图像分成四块等大小的方块，然后判断每块是否满足同性质的标准，如果满足，则不再分解，否则，再进行细分成四块，并对每块应用测试标准，分解过程重复迭代下去，直到满足标准。结果可能包含不同大小的块。该函数的语法结构如下：

S = qtdecomp(I)

对灰度图像 I 进行四叉树分解，返回四叉树结构的稀疏矩阵 S。

S = qtdecomp(I,threshold)

如果块中元素最大值减去元素最小值大于 threshold，则分解块。Threshold 为 0 到 1 之间的值。

S = qtdecomp(I,threshold,mindim)

如果块小于 mindim 就不再进行分解，无论其符合阈值条件与否

S = qtdecomp(I,threshold,[mindim maxdim])

如果块小于 mindim 或大于 maxdim 就不再进行分解。maxdim/mindim 必须为2的幂。

S = qtdecomp(I,FUN)

使用函数 FUN 确定是否分解块。

S = qtdecomp(I,FUN,P1,P2,…)。

(3)获取四叉树分解块值:qtdgetblk 函数

该函数的语法结构如下:

[VALS,R,C] = qtdgetblk(I,S,dim)

VALS 中对应 dim×dim 块的值取代 I 的四叉树分解中的每个 dim×dim 块。S 由 qtdecomp 函数返回的稀疏矩阵,包含四叉树结构;VALS 是 dim×dim×k 数组,k 是四叉树分解的 dim×dim 块的数量。如果没有指定大小的块,则返回一个空矩阵。R 和 C 为包含块左上角行列坐标的向量。

[VALS,IDX] = qtdgetblk(I,S,dim)

返回块左上角直线索引的向量 IDX。

(4)设置四叉树分解块值:qtsetblk 函数

J = qtsetblk(I,S,dim,VALS)

用 VALS 中对应 dim×dim 块的值取代 I 的四叉树分解中的每个 dim×dim 块。S 由 qtdecomp 函数返回的稀疏矩阵,包括四叉树结构;VALS 是 dim×dim×k 数组,k 是四叉树分解的 dim×dim 块的数量。

(5)实例

1)图像分析中的灰度边缘检测实例

```
%调入与显示 RGB 图像
RGB = imread('flowers.tif');
isrgb(RGB);
figure(1);
imshow(RGB);
%RGB 图转换为灰度图像
I = rgb2gray(RGB);
figure(2);
imshow(I);
colorbar('horiz');
isgray(I);
%边缘检测
ED = edge(I,'sobel',0.08);
figure(3);
imshow(ED);
```

运行结果如图3.56(a)、(b)、(c)所示。

(a) RGB图像

(b) 灰度图像

(c) 边缘测检

图 3.56　灰度边缘检测实例

2) Sobel 边界探测器和 Canny 边界探测器在图像分析中的应用实例

操作的对象仍以前面提到的 rice. tif 图像为例。其代码如下：

```
I = imread('rice.tif');
BW1 = edge(I,'sobel');
BW2 = edge(I,'canny');
figure(1),imshow(BW1);
figure(2),imshow(BW2);
```

运行结果分别如图 3.57(a)、(b)所示。

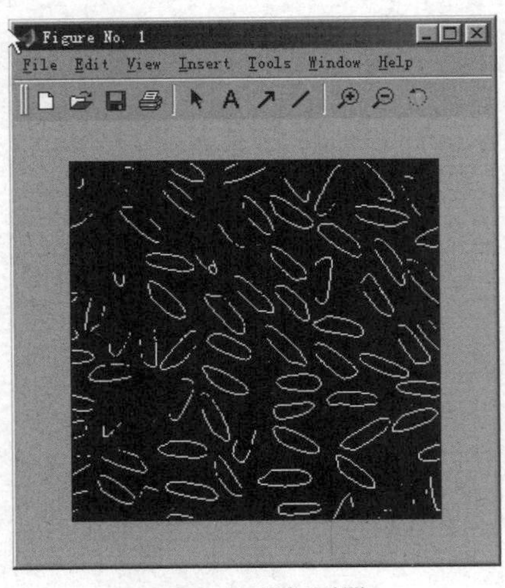

(a) Sobel 边界探测器

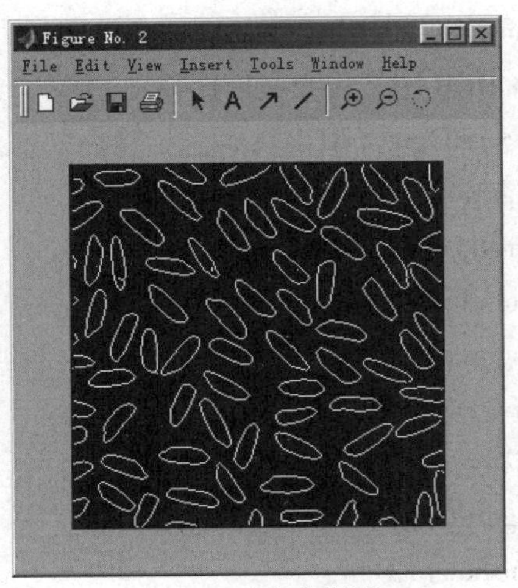

(b) Canny边界探测器

图 3.57　边界探测器在图像分析中应用示例

3.5.3　图像调整

MATLAB 中的图像高速技术用于图像的改善。此处的“改善”有两个方面的含义,即:客观方面,例如提高图像的信噪比;主观方面,例如通过修正图像的颜色和强度(灰度)使其某些特征更容易辨识。

(1)对比度增强

在 MATLAB 中,有关函数有:

1)对比度调整函数:imadjust 函数

该函数可用于调整灰度值或颜色图,其用法为

J = imadjust(I,[low high],[bottom top],gamma)

将灰度图像 I 转换为图像 J,使值从 low 到 high 与从 bottom 到 top 相匹配。值大于 high 或小于 low 的被剪去,即小于 low 的值与 bottom 相匹配,大于 high 的值与 top 相匹配。使用该函数时可将[low high]或[bottom top]指定为空矩阵[ ],此时缺省值为[0 1]。gamma 用来指定描述 I 和 J 值关系曲线的形状;gamma < 1,越亮输出值越加强;gamma > 1,越亮输出值越减弱;缺省 gamma = 1,表示线性变换。

newmap = imadjust(map,[low high],[bottom top],gamma)

对索引图像的颜色图进行变换。如果[low high]和[bottom top]均为 2 × 3 矩阵,则 gamma 为 1 × 3 向量,imadjust 函数分别调整红、绿、蓝成分,调整后的颜色图 newmap 大小与原来的 map 一样。

RGB = imadjust(RGB1,...)

对 RGB 图像 RGB1 的每个图像块进行调整。与调整颜色图一样,通过指定[low high]和[bottom top]均为 2 × 3 矩阵,gamma 为 1 × 3 向量,对每个图像块可以使用不同的参数值。如果 top < bottom,则图像颜色或灰度将倒置,即倒置变换,得到原图的底片。输入图像可以是 uint8 或双精度类型值,输出图像与输入图像值类型一致。

2)函数:brighten 函数

该函数的用法为

brighten(beta)

使现有颜色图变成更亮或更暗的图。如果 $0 < beta \leqslant 1$,则颜色图增亮;$-1 \leqslant beta < 0$,则颜色图变暗。brighten(beta)可以使用 brighten(- beta)还原。

MAP = brighten(beta)

返回当前使用的颜色图的更亮或更暗变换后的颜色图 MAP,但不改变现有的显示。

NEWMAP = brighten(MAP,beta)

返回指定颜色图 MAP 的更亮或更暗变换后的新颜色图 NEWMAP,但不改变显示。

brighten(FIG,beta)

增强图 FIG 的所有物体。

3)直方图调整法

在 MATLAB 中,histeq 函数用直方图均衡增强对比度。直方图均衡通过转换灰度图像亮

度值或索引图像的颜色图值来增强图像对比度,输出图像的直方图近似与给定的直方图相匹配。

J = histeq(I,hgram)

转换灰度图像 I,使输出图像 J 的直方图具有 length(hgram)个条,近似与 hgram 相匹配。向量 hgram 包含等间隔条灰度值的整数计数个数。

J = histeq(I,N)

将灰度图像 I 转换成具有 N 个离散灰度级的灰度图像 J,N 缺省值为 64。

[J,T] = histeq(I)

返回灰度级变换,使 J 的灰度级与 I 的灰度级相匹配。

NEWMAP = histeq(X,MAP,hgram)

变换索引图像 X 的颜色图,使索引图像(X,NEWMAP)的灰度级成分与 hgram 相匹配。返回变换后的颜色图 NEWMAP,length(hgram)必须与 size(MAP,1)一样。

输入图像可以是 uint8 或双精度类型。输出颜色图通常为双精度类型。输出 T 也是双精度类型。

(2)图像平滑

图像平滑主要用于由于受干扰而质量降低的图像,在 MATLAB 图像处理工具箱中有关图像噪声的函数有:

1)向图像增加噪声:imnoise 函数

该函数的用法为

J = imnoise(I,type,...)

向灰度图像 I 中增加 type 类型噪声。Type 为下列字符串之一:

'gaussian'　　增加 GAUSS 白噪声;

'salt & pepper'　　增加黑白像素点;

'speckle'　　增加乘法噪声。

根据类型再确定其他参数。

J = imnoise(I,'gaussian',M,V)

在图像 I 中加入均值为 M、方差为 V 的高斯白噪声。缺省均值为 0,方差为 0.01 的噪声。

J = imnoise(I,'salt & pepper',D)

在图像 I 中加入强度为 D 的“树盐”黑白像素点。其效果近似于:$D*prod(size(I))$像素。缺省强度为 0.05。

J = imnoise(I,'speckle',V)

使用公式 $J=I+n*I$,向图像 I 中加入乘法噪声,其中 n 是均值为 0、方差为 V 的均匀分布随机噪声。V 缺省值为 0.04。

图像 I 类型为 uint8 或双精度值,输出图像 J 与 I 类型一致。

2)二维中值滤波器:medfilt2 函数

B = medfilt2(A,[M N])

对矩阵 A 进行二维中值滤波。每个输出像素包含输入图像中相应像素周期的 $M\times N$ 邻域的中值。在图像边缘填加 0,因此边缘在[M N]/2 内的点可能发生扭曲。[M N]缺省值为[3 3]。

B = medfilt2(A,'indexed',...)

将 A 当作索引图像处理,如果 A 为 uint8 类,填补 0;如果 A 为双精度类则填补 1。

3)状态统计滤波器:ordfilt2 函数

Y = ordfilt2(X,order,domain)

由 domain 中非 0 元素指定邻域的排序集中的第 order 个元素代替 X 中的每个元素。domain 是一个仅包括 0 和 1 的矩阵,1 定义滤波运算的领域。

Y = ordfilt2(X,order,domain,S)

S 与 domain 一样大,用与 domain 的非 0 值相应的 S 的值作为附加补偿。

4)二维自适应除噪滤波器:wiener2 函数

wiener2 函数估计每个像素的局部均值与方差,该函数用法如下:

J = wiener(I,[M N],noise)

使用 $M \times N$ 大小邻域局部图像均值与偏差,采用像素式自适应滤波器对图像 I 进行滤波。

[J,noise] = wiener2(I,[M N])

滤波前还要估计附加噪声的能量。

3.6　特定区域处理

3.6.1　区域的指定

在进行图像处理时,有时只要对图像中某个特定区域进行处理,并不需要对整个图像进行处理。MATLAB 中对特定区域的处理是通过二值掩模来实现的,通过选定一个区域后会生成一个与原图大小相同的二值图像,选定的区域为白色,其余部分为黑色。通过掩模图像,就可以实现对特定区域的选择性处理。下面介绍创建区域的方法:

(1)多边形选择方法

roipoly 函数用于设定图像中的多边形区域,该函数返回与输入图像大小一致的二值图像 BW,选中的区域值为 1,其余的部分值为 0。其语法格式为

BW = roipoly(I,c,r)

其功能是:用向量 c、r 指定多边形各角点的 X、Y 轴的坐标。

BW = roipoly(I)

其功能是:是让用户交互选择多边形区域,通过点击鼠标设定多边形区域的角点,用空格键和 Del 键撤销选择,按 Enter 键确认选择,确认后该函数返回与输入图像大小一致的二值图像 BW,在多边形区域内像素值为 1,其余区域内像素值为 0。

BW = roipoly(x,y,I,xi,yi)

其功能是:是用矢量 x、y 建立非默认的坐标系,然后在指定的坐标系下选择由向量 xi、yi

指定的多边形区域。

[BW,xi,yi] = roipoly(---)

其功能是:交互选择多边形区域,并返回多边形角点的坐标。

[x,y,BW,xi,yi] = roipoly(---)

其功能是:交互选择多边形区域后,还返回多边形顶点在指定的坐标系 X—Y 下的坐标。

下面是一个根据指定的坐标选择一个六边形区域的程序清单:

```
I = imread('eight. tif');
c = [222 272 300 272 222 194];
r = [21 21 75 121 121 75];
BW = roipoly(I,c,r);
figure(1),imshow(I)
figure(2),imshow(BW)
```

运行的结果如图 3.58 所示。

图 3.58　根据指定的坐标选择六边形

(2)其他选择方法

另外,MATLAB 图像处理工具箱中提供了可以实现按灰度选择区域的函数 roicolor 函数,其语法格式为

BW = roicolor(A,low,high)

其功能是:按指定的灰度范围分割图像,返回二值掩模 BW,[low high]为所要选择区域的灰度范围。如果 low 大于 high,则返回为空矩阵。

BW = roicolor(A,v)

其功能是:按向量 v 中指定的灰度值来选择区域。

下面是一个按灰度分割图像中的目标的程序清单:

```
I = imread('rice. png');
BW = roicolor(I,128,255);% 选择图像灰度范围在 128 和 255 之间的像素。
```

```
figure(1),imshow(I)
figure(2),imshow(BW);
```

运行的结果如图 3.59 所示。

图 3.59　按照指定灰度范围选择图像区域示例

3.6.2　特定区域滤波

MATLAB 图像处理工具箱中提供的 roifilt2 函数用于对特定区域进行滤波,其语法格式为

J = roifilt2(h,I,BW)

其功能是:使用滤波器 h 对图像 I 中用二值掩模 BW 选中的区域滤波。

J = roifilt2(I,BW,fun)

J = roifilt2(I,BW,fun,P1,P2,---)

其功能是:对图像 I 中用二值掩模 BW 选中的区域作函数运算 fun,其中 fun 是描述函数运算的字符串,参数为 P1、P2、---。返回图像 J 在选中区域的像素为图像 I 经 fun 运算的结果,其余部分的像素值为 I 的原始值。

下面是一个对指定区域进行锐化滤波的程序清单:

```
I = imread('eight.tif');
c = [222 272 300 272 222 194];
r = [21 21 75 121 121 75];
BW = roipoly(I,c,r);
h = fspecial('unsharp');% 指定滤波算子为'unsharp'。
J = roifilt2(h,I,BW);
subplot(1,2,1),imshow(I)
subplot(1,2,2),imshow(J)
```

运行结果如图 3.60 所示。由图可知,右上角的硬币发生了变化,而其他硬币保持不变。

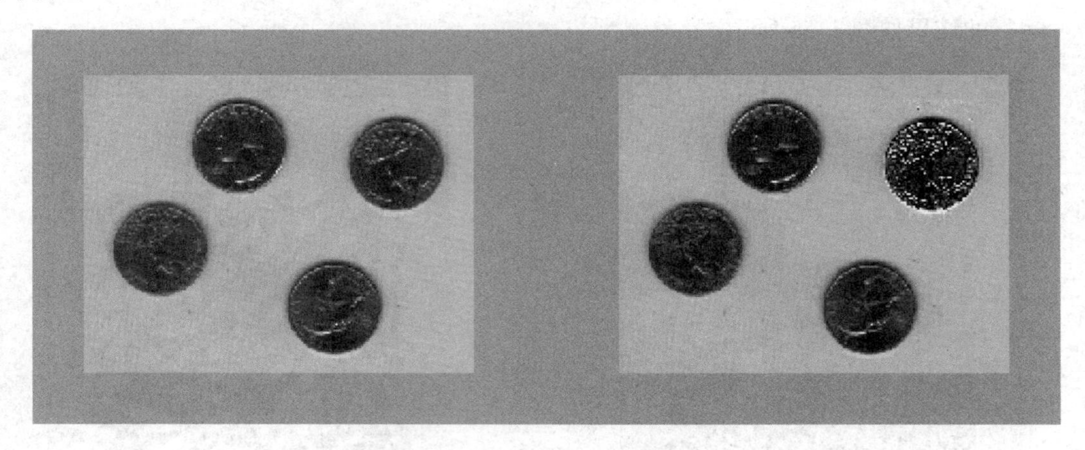

图 3.60　对选定区域进行滤波示例

3.6.3　特定区域填充

MATLAB 图像处理工具箱中提供的 roifill 函数用于对特定区域进行填充,其语法格式为

J = roifill(I,c,r)

其功能是:填充由向量 c、r 指定的多边形,c 和 r 分别为多边形各顶点的 X、Y 坐标。它是通过解边界的拉普拉斯方程,利用多边形边界的点的灰度平滑的插值得到多边形内部的点。通常可以利用对指定区域的填充来"擦"掉图像中的小块区域。

J = roifill(I)

其功能是:由户交互选取填充的区域。选择多边形的角点后,按 Enter 键确认选择,用空格键和 Del 键表示取消一个选择。

J = roifill(I,BW)

其功能是:用掩模图像 BW 选择区域。

[J,BW] = roifill(---)

其功能是:在填充区域的同时还返回掩模图像 BW。

J = roifill(x,y,I,xi,yi)

[x,y,J,BW,xi,yi] = roifill(---)

其功能是:在指定的坐标系 X—Y 下填充由向量 xi,yi 指定的多边形区域。

下面是一个为填充指定的区域程序清单:

```
I = imread('rice.png');
c = [52 72 300 270 221 194];
r = [71 21 75 121 121 75];
J = roifill(I,c,r);
subplot(1,2,1),imshow(I)
```

```
subplot(1,2,2),imshow(J)
```

运行结果如图 3.61 所示。

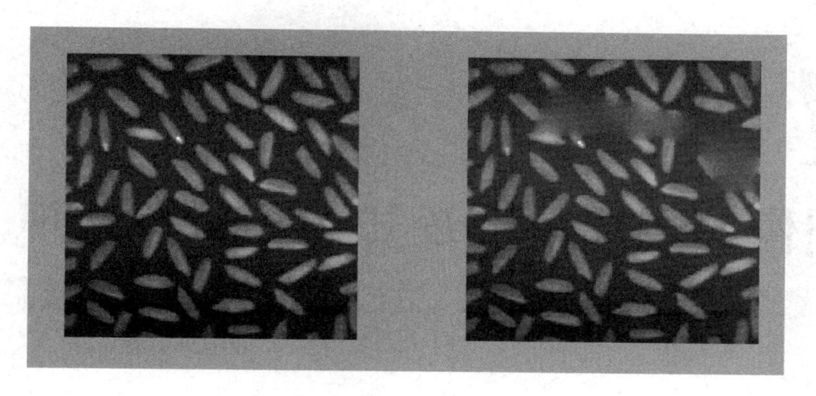

图 3.61　对指定区域进行填充示例

第 4 章 数字图像的变换技术及其 MATLAB 实现

为了有效地和快速地对图像进行处理和分析，常常需要将原定义在图像空间的图像以某种形式转换到另外一些空间，并利用在这些空间的特有的性质方便地进行一定的加工，最后再转换回图像空间以得到所需要的效果。这种使图像处理简化的方法通常是对图像进行变换。图像变换技术在图像增强、图像恢复和有效的减少图像数据、进行数据压缩以及特征抽取等方面都有着十分重要的作用。本章将对应用最多的傅里叶变换、离散余弦变换、小波变换及其 MATLAB 实现进行较详细的介绍。

4.1 数字图像的二维傅里叶变换

在图像处理的广泛领域中，傅里叶变换起着非常重要的作用，包括图像的效果增强、图像分析、图像复原和图像压缩等。在图像数据的数字处理中常用的是二维离散傅里叶变换，他能把空间域的图像转变到空间频域上进行研究，从而能很容易地了解到图像的各空间频域成分，进行相应处理。本节将描述其在图像处理中的应用及 MATLAB 实现。

4.1.1 二维傅里叶变换的概念

(1) 连续傅里叶变换

假设函数 $f(x)$ 为实变量 x 的连续函数，且在 $(-\infty, +\infty)$ 内绝对可积，则 $f(x)$ 的傅里叶变换定义如下：

$$F(u) = \int_{-\infty}^{+\infty} f(x) e^{-j2\pi ux} dx \quad (4.1.1)$$

假设 $F(u)$ 可积，求 $f(x)$ 的傅里叶反变换定义如下：

$$f(x) = \int_{-\infty}^{+\infty} F(u) e^{j2\pi ux} du \quad (4.1.2)$$

式(4.1.1)和式(4.1.2)称为傅里叶变换对。傅里叶变换前的变量域为时域(或空域)，变换后的变量域为频域。通常对这两个式子所做的假设在实际应用中都是成立的。一般 $f(x)$ 常是实函数，但 $F(u)$ 通常是自变量 u 的复函数，可以写成：

$$F(u) = R(u) + jI(u) \quad (4.1.3)$$

其中：$R(u)$和$I(u)$分别为$F(u)$的实部和虚部。上式也常写成指数形式

$$F(u) = |F(u)| \exp[i\theta(u)] \tag{4.1.4}$$

其中：$|F(u)|$称为$f(x)$的傅里叶频谱（频谱的平方称为$f(x)$的功率谱）、$\theta(u)$称为相位角，它们的值分别为

$$|F(u)| = [R^2(u) + I^2(u)]^{1/2} \qquad \theta(u) = \arctan[I(u)/R(u)] \tag{4.1.5}$$

傅里叶变换很容易推广到二维的情况，假设函数$f(x,y)$是连续可积的，且$F(u,v)$也可积，则存在如下的傅里叶变换对：

$$\begin{aligned} F(u,v) &= \int_{-\infty}^{\infty} f(x,y) e^{j2\pi(ux+vy)} \mathrm{d}x\mathrm{d}y \\ f(x,y) &= \int_{-\infty}^{\infty} F(u,v) e^{-j2\pi(ux+vy)} \mathrm{d}u\mathrm{d}v \end{aligned} \tag{4.1.6}$$

同样可以将二维函数的傅里叶变换写为如下的形式：

$$F(u,v) = R(u,v) + jI(u,v) \tag{4.1.7}$$

其频幅为：$|F(u,v)| = [R^2(u,v) + I^2(u,v)]^{1/2}$；相角为：$\theta(u,v) = \arctan[I(u,v)/R(u,v)]$。

(2) 离散傅里叶变换

在计算机上使用的傅里叶变换通常都是离散形式的，即离散傅里叶变换（DFT）。使用离散傅里叶变换的根本原因有：①DFT 的输入、输出均为离散形式的，有利于计算机处理；②计算 DFT 存在快速算法——快速傅里叶变换。

假设对函数$f(x)$在N个等间隔点进行采样，得到离散化的函数$f(n)(n=1,2,\cdots,N-1)$，定义一维傅里叶正反变换对形式如下：

$$F(k) = \sum_{n=0}^{N-1} f(n) e^{-\frac{j2\pi nk}{N}} \quad n,k = 0,1,\cdots,N-1 \tag{4.1.8}$$

$$f(n) = \frac{1}{N}\sum_{k=0}^{N-1} F(k) e^{\frac{j2\pi nk}{N}} \quad n,k = 0,1,\cdots,N-1 \tag{4.1.9}$$

类似于一维傅里叶变换，二维傅里叶变换公式如下：

$$F(u,v) = \sum_{x=0}^{M-1}\sum_{y=0}^{N-1} f(x,y) e^{-\frac{j2\pi ux}{M}-\frac{j2\pi vy}{N}} \quad u = 0,1,\cdots,M-1; v = 0,1,\cdots,N-1 \tag{4.1.10}$$

二维傅里叶反变换公式如下：

$$f(x,y) = \frac{1}{MN}\sum_{u=0}^{M-1}\sum_{v=0}^{N-1} F(u,v) e^{\frac{j2\pi ux}{M}+\frac{j2\pi vy}{N}} \quad u = 0,1,\cdots,M-1; v = 0,1,\cdots,N-1 \tag{4.1.11}$$

故式(4.1.10)与式(4.1.11)形成二维傅里叶变换对

$$f(x,y) \Leftrightarrow F(u,v)$$

其中 $e^{-[j2\pi(\frac{ux}{M}+\frac{vy}{N})]}$与 $e^{[j2\pi(\frac{ux}{M}+\frac{vy}{N})]}$分别是正反变换核。$x$、$y$为空间域采样值；$u$、$v$为频率域采样值；$F(u,v)$称为离散信号$f(x,y)$的频谱。

例如：设一图像如图 4.1(a)所示，其二维傅里叶变换显示如图 4.1(b)所示。将傅里叶变

换结果进行可视化的另一种常见方法是以图像的方式显示变换结果函数幅值的对数 $\log|F(\omega_1,\omega_2)|$,如图 4.1(c)所示。使用对数表示方式的好处是可以非常明显地分辨出函数 $F(\omega_1,\omega_2)$在 0 附近的点。

(a)原始图像

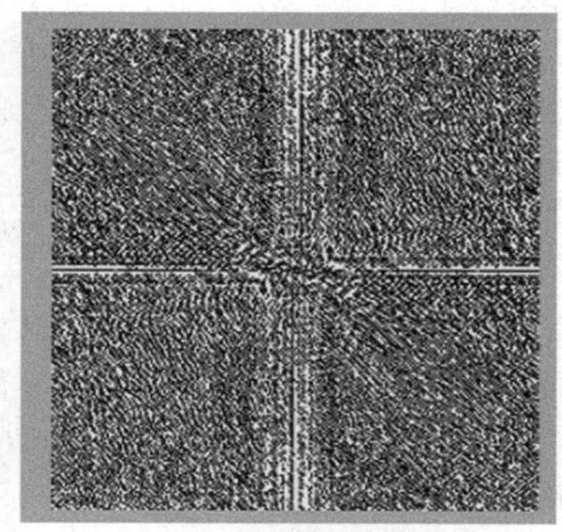

(b)二维傅里叶变换

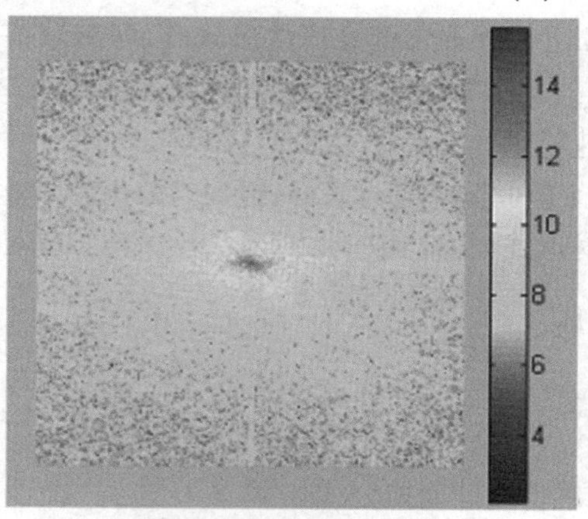

(c)二维傅里叶变换对数幅值图像

图 4.1　某图像的二维傅里叶变换实例

通常,在图像处理中,一般总是选择方形阵列,所以通常情况下总是 $M=N$。在这种情况下,二维离散傅里叶变换可简化为

$$F(u,v) = \sum_{x=0}^{M-1}\sum_{y=0}^{N-1} f(x,y)\mathrm{e}^{-\frac{j2\pi ux}{N}-\frac{j2\pi vy}{N}} \quad u,v = 0,1,\cdots,N-1 \tag{4.1.12}$$

$$f(x,y) = \frac{1}{N^2}\sum_{u=0}^{M-1}\sum_{v=0}^{N-1} F(u,v)\mathrm{e}^{\frac{j2\pi ux}{N}+\frac{j2\pi vy}{N}} \quad u,v = 0,1,\cdots,N-1 \tag{4.1.13}$$

4.1.2　二维离散傅里叶变换的性质

本节给出一些常用二维离散傅里叶变换的基本性质,掌握这些结果对于了解图像信号的变换与反变换以及图像信号与系统的分析与研究非常有用。

(1)二维傅里叶变换的二步算法——分离性

若给定一维傅里叶变换 O_{1F} 与反变换 O_{1F}^{-1}，则图像 $f(x,y)$ 的二维傅里叶变换 $F(u,v)$ 为

$$F(u,v) = O_F[f(x,y)] = O_{1Fx}\{O_{1Fy}[f(x,y)]\} = O_{1Fy}\{O_{1Fx}[f(x,y)]\} \tag{4.1.14}$$

其中，O_{1Fy} 与 O_{1Fx} 分别表示对 y 和 x 进行一维离散傅里叶变换。

此性质表明：二维离散傅里叶变换和反变换可用两组一维离散傅里叶变换和反变换来完成。

如果图像 $f(x,y)$ 是空间可分离的，那么

$$f(x,y) = f_1(x)\cdot f_2(y) \tag{4.1.15}$$

则其二维离散傅里叶变换可简单表示为

$$F(u,v) = O_F[f(x,y)] = O_{1F}[f_1(x)]\cdot O_{1F}[f_2(y)] \tag{4.1.16}$$

若 $F(u,v)$ 是空间频率域可分离的频谱，其傅里叶反变换的二步算法可表示为

$$f(x,y) = O_F^{-1}[F(u,v)] = O_{1F}^{-1}[F_1(u)]\cdot O_{1F}^{-1}[F_2(v)] \tag{4.1.17}$$

其中，

$$F(u,v) = F_1(u)\cdot F_2(v)$$

由此可知，空间(或空间频率)域可分离函数，若能将其分离，则其二维离散傅里叶变换(或反变换)可用相继两次一维离散傅里叶变换(或反变换)来完成。而且，若在一个域可分离，那么在另一个域里相应的函数也是可分离的。

(2)用二维离散傅里叶变换求其反变换

这里需要三个基本性质来完成此项工作。

1)图像函数共轭的二维离散傅里叶变换

若 $f(x,y)\Leftrightarrow F(u,v)$，则

$$f^*(x,y)\Leftrightarrow F^*(-u,-v) \tag{4.1.18}$$

2)互易定理

对图像函数 $f(x,y)$ 的频谱进行二维离散傅里叶变换，则

$$O_F[F(u,v)] = f(-x,-y) \tag{4.1.19}$$

值得提醒的是：$O_F[F(u,v)]$ 表示对 $F(u,v)$ 按 u、v 进行二维傅里叶变换。

3)刻度变换定理

若 a、b 为常数，则

$$O_F[f(ax,by)] = \frac{1}{|a|\cdot|b|}F\left(\frac{u}{a},\frac{v}{b}\right) \tag{4.1.20}$$

若 $a=-1,b=-1$ 时，由式(4.1.20)可得

$$f(-x,-y)\Leftrightarrow F(-u,-v) \tag{4.1.21}$$

由式(4.1.18)、(4.1.19)、(4.1.20)、(4.1.21)可得

$$f(x,y) = \{O_F[F^*(u,v)]\}^*$$

由此可知，二维离散傅里叶变换(反变换)均可由一维离散傅里叶变换来完成。故了解一维傅里叶变换的快速算法非常重要。

(3) 其他二维傅里叶变换一些重要性质(表 4.1)

表 4.1 傅里叶变换的性质及表达式

性 能	表达式
周期性	$F(u,v)=F(u+mM,v+nN)$
线性	$F[a_1 \; f_1(x,y)+a_2 \; f_2(x,y)]=a_1F[f_1(x,y)]+a_2F[f_2(x,y)]$
可分离性	$F(u,v)=F_x[F_y[f(x,y)]]=F_y[F_x[f(x,y)]]$
比例性质	$f(ax,by)\Leftrightarrow\frac{1}{\|ab\|}F\left(\frac{u}{a},\frac{v}{b}\right)$
位移性质	$f(x-x_0,y-y_0)\Leftrightarrow F(u,v)\mathrm{e}^{-2\pi(ux_0+vy_0)/N}$ $f(x,y)\mathrm{e}^{2\pi(u_0x+v_0y)/N}\Leftrightarrow F(u-u_0,v-v_0)$
对称性	$f(x,y)=f(-x,-y)\Rightarrow F(u,v)=F(-u,-v)$
共轭对称性	$f^*(x,y)\Leftrightarrow F^*(-u,-v)$
差分	$f(x,y)-f(x-1,y)\Leftrightarrow(1-\mathrm{e}^{-j2\pi n/N})F(u,v)$
积分	$f(x,y)+f(x-1,y)\Leftrightarrow(1+\mathrm{e}^{-j2\pi n/N})F(u,v)$
卷积	$f(x,y)*g(x,y)\Leftrightarrow F(u,v)G(u,v)$ $f(x,y)g(x,y)\Leftrightarrow F(u,v)*G(u,v)$
能量	$\sum_{x=0}^{M-1}\sum_{y=0}^{N-1}\|f(x,y)\|^2\Leftrightarrow\sum_{u=0}^{M-1}\sum_{v=0}^{N-1}\|F(u,v)\|^2$

4.1.3 MATLAB 提供的快速傅里叶变换函数

在 MATLAB 中,提供了 fft 函数、fft2 函数和 fftn 函数分别用于进行一维 DFT、二维 DFT 和 N 维 DFT 的快速傅里叶变换;ifft 函数、ifft2 函数和 ifftn 函数分别用于进行一维 DFT、二维 DFT 和 N 维 DFT 的快速傅里叶反变换。下面分别给予介绍。

(1) fft2 函数

该函数是用于计算二维快速傅里叶变换,其语法格式为

B = fft2(I)

其功能是:返回图像 I 的二维 fft 变换矩阵,输入图像 I 和输出图像 B 大小相同。

B = fft2(I,m,n)

其功能是:通过对图像 I 剪切或补零,按用户指定的点数计算 fft,返回矩阵 B 的大小为$m\times n$。很多 MATLAB 图像显示函数无法显示复数图像,为了观察图像傅里叶变换后的结果,应对变换后的结果求模,方法是对变换结果调用 abs 函数。

(2) fftn 函数

该函数用于 n 维傅里叶变换,其语法格式为

B = fftn(I)

其功能是:计算图像的 n 维傅里叶变换,输出图像 B 与输入图像 I 大小相同。

B = fftn(I,siz)

其功能是:函数通过对图像 I 剪切或补零,按 siz 指定的点数计算给定矩阵 n 维傅里叶变换,返回矩阵 B 的大小也是 siz。

(3) fftshift 函数

该函数是用于将变换后图像频谱中心从矩阵的原点移到矩阵的中心,其语法格式为

B = fftshift(I)

fftshift(I)可以用于调整 fft、fft2、和 fftn 的输出结果。对于向量,fftshift(I)将 I 的左右两半交换位置;对于矩阵 I,fftshift(I)将 I 的一、三象限和二、四象限进行互换;对于高维矢量,fftshift(I)将矩阵各维的两半进行互换。

(4) ifft2 函数

该函数用于计算图像的二维傅里叶反变换,其语法格式为

B = ifft2(I)

其功能是:返回图像 I 的二维傅里叶反变换矩阵,输入图像 I 和输出图像 B 大小相同。

B = ifft2(I,m,n)

其功能是:通过对图像 I 剪切或补零,按用户指定的点数计算二维傅里叶反变换,返回矩阵 B 的大小为 $m \times n$。通常输出矩阵 B 为复数矩阵,如果要求模,需调用 abs 函数。

(5) ifftn 函数

该函数用于计算 n 维傅立反叶变换,其语法格式为

B = ifftn(I)

其功能是:计算图像的 n 维傅立反叶变换,输出图像 B 与输入图像 I 大小相同。

B = fftn(I,siz)

其功能是:函数通过对图像 I 剪切或补零,按 siz 指定的点数计算给定矩阵 n 维傅里叶反变换,返回矩阵 B 的大小也是 siz。

4.1.4　二维傅里叶变换的 MATLAB 实现

下面,举例来说明傅里叶变换的实现语句 B = fft2(A),该语句执行对矩阵 A 有二维傅里叶变换。给出一幅图像(saturn2. tif),其傅里叶变换程序如下:

```
figure(1);
load imdemos saturn2;   %装入原始图像
imshow(saturn2);        %显示图像
figure(2);
B = fftshift(fft2(saturn2));   %进行傅里叶变换
imshow(log(abs(B)),[ ]),colormap(jet(64)),colorbar;   %显示变换后的系数分布
```

运算结果如图 4.2 所示。

(a)原始图像　　　　(b)二维傅里叶变换图

图 4.2　程序运算结果

4.1.5　快速傅里叶变换的应用

本小节主要介绍傅里叶变换在图像处理中的几个应用。

(1)滤波器频率响应

利用傅里叶变换可以得到线性滤波器的频率响应,其过程如下:首先求出滤波器的脉冲响应,然后利用快速傅里叶变换算法对滤波器的脉冲响应进行变换,得到的结果就是线性滤波器的频率响应。MATLAB 工具箱中提供的 freqz2 函数就是利用这个原理可以同时计算和显示滤波器的频率响应。

下面是一个利用 freqz2 函数得到的高斯滤波器的频率响应程序清单:

```
h = fspecial('gaussian');
freqz2(h)
```

运行结果如图 4.3 所示。

(2)快速卷积

傅里叶变换的另一个重要特性是能够实现快速卷积。由线性系统理论可知,两个函数卷积的傅里叶变换等于两个函数的傅里叶变换的乘积。该特性与快速傅里叶变换相结合,可以快速计算函数的卷积。假设 A 是一个 $M \times N$ 的矩阵,B 是一个 $P \times Q$ 的矩阵,则快速计算矩阵的方法如下:

①对 A 和 B 进行零填充,将 A 和 B 填充为 2 的幂次矩阵;

②使用 fft 计算 A 和 B 的二维 DFT;

③将两个 DFT 计算结果相乘;

④使用 ifft2 计算步骤(3)所得的二维 DFT 的反变换。

下面是一个计算魔方阵和个 1 矩阵的卷积的程序清单:

```
A = magic(3);
B = ones(3);
A(8,8) = 0;    %对 A 进行零填充,使之成为 8×8 矩阵
```

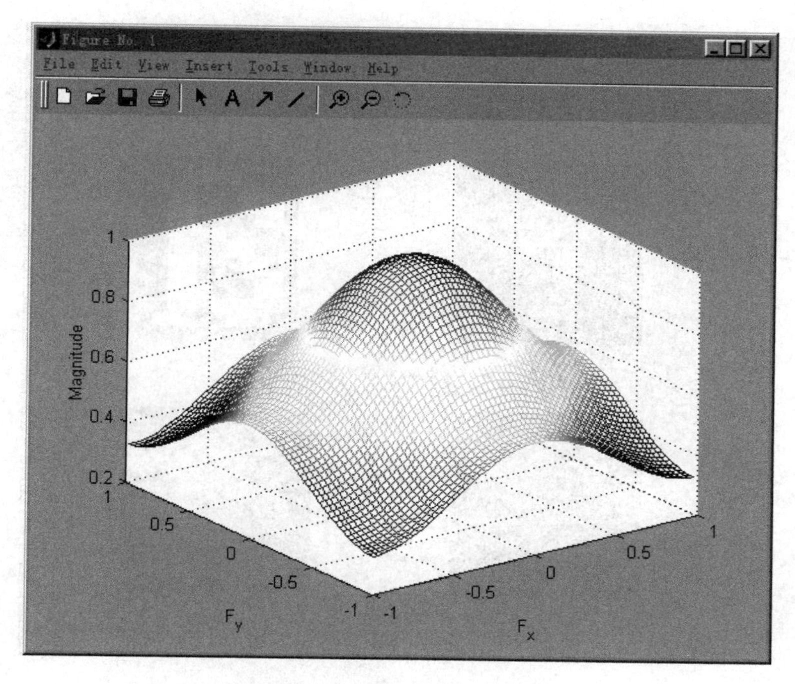

图 4.3　高斯低通滤波器

```
B(8,8) =0;  % 对 B 进行零填充,使之成为 8×8 矩阵
C = ifft2( fft2( A). * fft2( B) ) ;
C = C(1:5,1:5) ;  % 抽取矩阵中的非零部分
C = real( C)        % 去掉错误的,由四舍五入产生的虚部
```

运行结果如下：

```
C =

   8.0000    9.0000   15.0000    7.0000    6.0000
  11.0000   17.0000   30.0000   19.0000   13.0000
  15.0000   30.0000   45.0000   30.0000   15.0000
   7.0000   21.0000   30.0000   23.0000    9.0000
   4.0000   13.0000   15.0000   11.0000    2.0000
```

(3) 图像特征识别

傅里叶变换还能够用来分析两幅图像的相关性,相关性可以用来确定一幅图像的特征,在这个意义下,相关性通常被称为模板匹配。例如,假如我们希望在图像 text. tif 中定位字母"a",如图 4.4(a)所示,可以采用下面的方法定位。

将包含字母"a"的图像与 text. tif 图像进行相关运算,也就是首先将字母 a 和图像 text. tif 进行傅里叶变换,然后利用快速卷积的方法,计算字母 a 和图像 text. tif 的卷积(其结果如图 4.4(b)所示),提取卷积运算的峰值,如图 4.4(c)所示的白色亮点,即得到在图像 text. tif 中对字母"a"定位的结果。

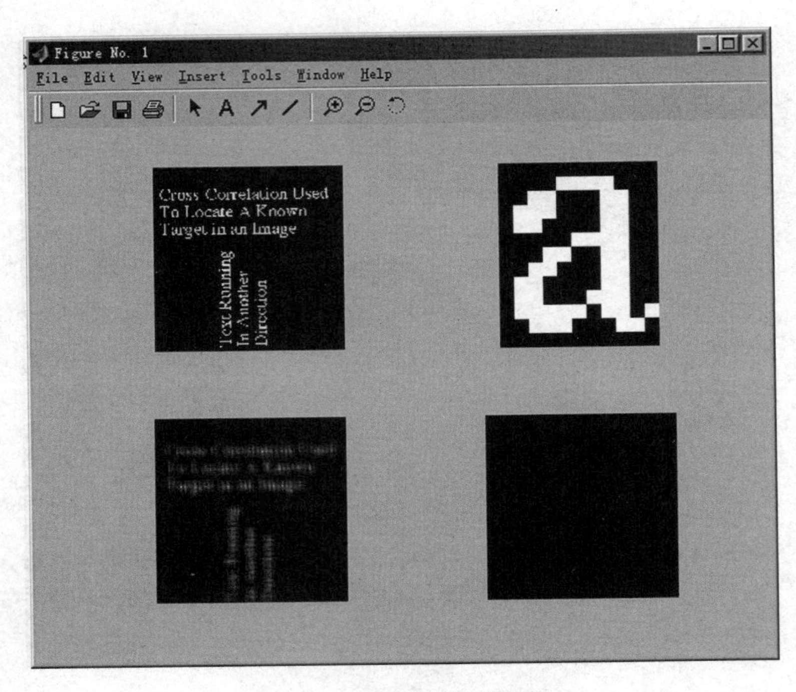

图 4.4　图像特征识别示例

(a)图像 text. tif 和字母“a”　(b)快速卷积结果　(c)对字母“a”定位的结果

程序代码如下：

```
I = imread('text. tif');              % 读入图像'text. tif'
a = I(59:71,81:91);                   % 从图像中抽取字母 a 的图像
subplot(2,2,1),imshow(I);
subplot(2,2,2),imshow(a);
C = real(ifft2(fft2(I). * fft2(rot90(a,2),256,256)));
subplot(2,2,3),imshow(C,[ ]);
thresh = max(C(:));                   % 找到 C 中的最大值,选择一个略小于该数的数值作为阈值
subplot(2,2,4),imshow(C > thresh);    % 显示像素值超过阈值
```

4.2　数字图像的离散余弦变换

离散余弦变换的变换核为余弦函数,计算速度较快,有利于图像压缩和其他处理。在大多数情况下,离散余弦变换(DCT)用于图像的压缩操作中。JPEG 图像格式的压缩算法采用的是 DCT。

4.2.1　离散余弦变换的定义

一维离散余弦正反变换公式如下

$$F(k) = 2\sum_{n=0}^{N-1} f(n)\cos\frac{\pi(2n+1)k}{2N} \quad n,k = 0,1,\cdots,N-1 \tag{4.2.1}$$

$$f(n) = \frac{1}{N}\sum_{k=0}^{N-1} F(k)\cos\frac{\pi(2n+1)k}{2N} \quad n,k = 0,1,\cdots,N-1 \tag{4.2.2}$$

类似于一维离散余弦变换,二维离散余弦正变公式为

$$F(u,v) = c(u)c(v)\sum_{x=0}^{M-1}\sum_{y=0}^{N-1} f(x,y)\cos\frac{\pi(2x+1)u}{2M}\cos\frac{\pi(2y+1)v}{2N}$$
$$u = 0,1,\cdots,M-1; v = 0,1,\cdots,N-1 \tag{4.2.3}$$

其中:

$$c(u) = \begin{cases}\sqrt{1/M} & u=0\\ \sqrt{2/M} & u=1,2,\cdots,M-1\end{cases}$$

$$c(v) = \begin{cases}\sqrt{1/N} & v=0\\ \sqrt{2/N} & v=1,2,\cdots,N-1\end{cases}$$

二维离散余弦反变换公式为

$$f(x,y) = \sum_{u=0}^{M-1}\sum_{v=0}^{N-1} c(u)c(v)F(u,v)\cos\frac{\pi(2x+1)u}{2M}\cos\frac{\pi(2y+1)v}{2N}$$
$$x = 0,1,\cdots,M-1; y = 0,1,\cdots,N-1 \tag{4.2.4}$$

其中 x,y 为空间域采样值;u,v 为频率域采样值。通常,数字图像用像素方阵表示,即 $M=N$。在这种情况下,二维离散余弦的正反变换可简化为

$$F(u,v) = c(u)c(v)\sum_{x=0}^{N-1}\sum_{y=0}^{N-1} f(x,y)\cos\frac{\pi(2x+1)u}{2N}\cos\frac{\pi(2y+1)v}{2N}$$
$$u,v = 0,1,\cdots,N-1 \tag{4.2.5}$$

$$f(x,y) = \sum_{u=0}^{N-1}\sum_{v=0}^{N-1} c(u)c(v)F(u,v)\cos\frac{\pi(2x+1)u}{2N}\cos\frac{\pi(2y+1)v}{2N}$$
$$x = 0,1,\cdots,N-1 \tag{4.2.6}$$

其中:$c(u)=c(v)=\begin{cases}1/\sqrt{2} & u=0 \text{ 或 } v=0\\ 1 & u,v=1,2,\cdots,N-1\end{cases}$

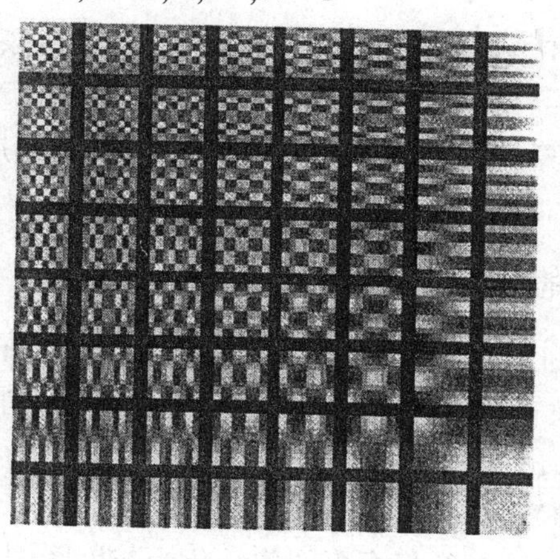

图4.5　8×8 矩阵的64个基础函数

在 MATLAB 中,$c(u)c(v)\cos\frac{\pi(2x+1)u}{2N}\cos\frac{\pi(2y+1)v}{2N}$称为离散余弦变换的基础函数。这样 DCT 系数 $F(u,v)$可看成每个基础函数的加权。例如,对于一个 8×8 矩阵,它的 64 个基础函数如图4.5 所示。在图中,这些基础函数的水平频率从左到右增长,垂直频率从上向下增

长。位于图像左上方的定值基础函数通常被称为 DC 基础函数,相应的 DCT 系数称为 DC 系数。

4.2.2 MATLAB 提供的 DCT 变换函数

(1) dct2 函数

该函数用于实现图像的二维离散余弦变换,其语法格式为

B = dct2(A)

其功能是:返回图像 A 的二维离散余弦变换值,它的大小与 A 相同,且各元素为离散余弦变换的系数 F(k1,k2)。

B = dct2(A,m,n)

B = dct2(A,[m n])

其功能是:在对图像 A 进行二维离散余弦变换之前,先将图像 A 补零至 $m \times n$ 。如果 m 和 n 比图像 A 小,则进行变换之前,将图像 A 剪切。

(2) idct2 函数

该函数可以实现图像的二维离散余弦变换反变换,其语法格式为

B = idct2(A)

其功能是:计算矩阵 A 的二维离散余弦变换反变换,返回图像 B 的大小与 A 相同。

B = idct2(A,m,n)

B = idct2(A,[m n])

其功能是:在对矩阵 A 进行二维离散余弦反变换之前,先将图像 A 补零至 $m \times n$。如果 m 和 n 比矩阵 A 小,则进行变换之前,将矩阵 A 进行剪切操作,返回图像大小为 $m \times n$。

(3) dctmtx 函数

该函数用于计算二维离散余弦变换矩阵,其语法格式为

D = dctmtx(n)

其功能是:返回 $n \times n$ 的 DCT 变换矩阵,如果矩阵 A 的大小为 $n \times n$,D * A 是 A 矩阵每一列的 DCT 变换值,D′ * A 是 A 每一列的 DCT 反变换值。如果矩阵 A 为 $n \times n$ 的方阵,则 A 的 DCT 变换可以用来 D * A * D′计算。特别是对于 A 很大的情况,比利用 dct2 计算二维离散 DCT 变换要快。

4.2.3 离散余弦变换的 MATLAB 实现

在 MATLAB 中,函数 dct2 和函数 idct2 分别用于进行二维 DCT 变换和二维 DCT 反变换。下面举例来说明该二维余弦正反变换在 MATLAB 中的实现。程序如下:

```
RGB = imread('autumn.tif'); %装入图像
figure(1),imshow(RGB);
I = rgb2gray(RGB);            %将真彩图像转化为灰度图像
figure(2),imshow(I);          %画出图像
J = dct2(I);                  %进行余弦变换
figure(3),imshow(log(abs(J)),[ ]),colormap(jet(64)),colorbar;
J(abs(J) <10) =0;              %将 DCT 变换值小于 10 的元素设为 0
```

```
K = idct2(J)/255;              % 进行余弦反变换
figure(4),imshow(K);
```

程序运行输出结果如图4.6所示。

(a)原始图像

(b)灰度图像

(c)余弦变换系数

(d)余弦反变换恢复图像

图4.6　余弦变换与反变换例图

4.2.4　离散余弦变换的应用

离散余弦变换在图像压缩中具有广泛的应用,下面仅介绍一个用DCT压缩的例子。

在JPEG图像压缩算法中,首先将输入图像分解为8×8或16×16的图像块,然后对每个图像块进行二维DCT变换,最后将变换得到的量化的DCT系数进行编码和传送,形成压缩后的图像格式。在按收端,将量化的DCT系数进行解码,并对每个8×8块或16×16块进行二维DCT反变换,最后将操作完成后的块组合成单个图像。至此,完成图像的压缩和解压过程。对于一幅典型的图像而言,大多数的DCT系数的值非常接近于0,如果舍弃这些接近于0的DCT系数值,在重构图像时并不会因此而带来画面质量的显著下降。故利用DCT进行图像压缩可以节约大量的存储空间。

下面是一个展示了如何把图4.7(a)所示的输入图像划分成8×8的图像块,计算它们的DCT系数,并且只保留64个DCT系数中的10个,然后对每个图像块利用这10个系数进行DCT反变换来重构图像的程序清单:

```
I = imread('cameraman.tif');
I1 = im2double(I);
T = dctmtx(8);                              % 产生二维DCT变换矩阵
B = blkproc(I1,[8 8],'P1 * x * P2',T,T');   % 计算二维DCT
```

```
mask = [1   1   1   1   0   0   0   0
        1   1   1   0   0   0   0   0
        1   1   0   0   0   0   0   0
        1   0   0   0   0   0   0   0
        0   0   0   0   0   0   0   0
        0   0   0   0   0   0   0   0
        0   0   0   0   0   0   0   0
        0   0   0   0   0   0   0   0];          %二值掩模,用来压缩 DCT 的系数
B2 = blkproc(B,[8 8],'P1. * x',mask);             %只保留 DCT 变换的 10 个系数
I2 = blkproc(B2,[8 8],'P1 * x * P2',T',T);        %DCT 反变换,用来重构图像
subplot(1,2,1),imshow(I1);
subplot(1,2,1),imshow(I2)
```

运行结果如图 4.7 所示。

图 4.7　离散余弦变换在图像压缩应用示例

4.3　沃尔什和哈达玛变换

4.3.1　离散沃尔什变换

上面介绍的傅里叶变换、DCT 变换都是由正弦或余弦等三角函数为基本的正交函数基，在快速算法中要用到复数乘法、三角函数乘法，占用时间仍然较多。在某些应用领域，需要有更为有效和便利的变换方法。沃尔什(Walsh)变换就是其中一种。它包括只有 +1 和 -1 两个数值所构成的完备正交基。由于沃尔什函数基就是二值正交基，与数字逻辑的二个状态相对应，因而更加适用于计算机处理。另外，与傅里叶变换相比，沃尔什变换减少了存储空间和提高了运算速度，这一点对图像处理来说是至关重要的。特别是在大量数据需要进行实时处理时，沃尔什变换更加显示出其优越性。

(1)一维离散沃尔什变换

一维沃尔什变换核为

$$g(x,u) = \frac{1}{N}\prod_{i=0}^{n-1}(-1)^{b_i(x)b_{n-1-i}(u)} \tag{4.3.1}$$

式中 $b_k(z)$ 是 z 的二进制表示的第 k 位值；或者是 0，或者是 1。如果 $z=6$，其二进制表示是 110，因此 $b_0(z)=0, b_1(z)=1, b_2(z)=1$。$N$ 是沃尔什变换的阶数，$N=2^n$；$u=0,1,2,\cdots,N-1$；$x=0,1,2,\cdots,N-1$。

因此，一维离散沃尔什变换可写成：

$$W(u) = \frac{1}{N}\sum_{x=0}^{N-1}f(x)\prod_{i=0}^{n-1}(-1)^{b_i(x)b_{n-1-i}(u)} \tag{4.3.2}$$

其中：$u=0,1,2,\cdots,N-1$；$x=0,1,2,\cdots,N-1$。

一维沃尔什反变换核为

$$h(x,u) = \prod_{i=0}^{n-1}(-1)^{b_i(x)b_{n-1-i}(u)} \tag{4.3.3}$$

相应的一维沃尔什反变换为

$$f(x) = \sum_{u=0}^{N-1}W(u)\prod_{i=0}^{n-1}(-1)^{b_i(x)b_{n-1-i}(u)} \tag{4.3.4}$$

其中：$u=0,1,2,\cdots,N-1$；$x=0,1,2,\cdots,N-1$。

一维沃尔什反变换除了与正变换系数有差别之外，其他与正变换相同。为了计算方便，对常用的 $b_k(z)$ 值列表如表 4.2 所示。

根据表 4.2 中 $b_k(z)$，很容易求得沃尔什变换核，其核是一个对称阵列，其行和列是正交的。同时，正、反变换核除了系数相差 $1/N$ 这个常数外，其他完全相同。因此，计算沃尔什变换的任何算法都可直接用来求其反变换。其变换核阵列见表 4.3，“+”表示 +1，“-”表示 -1，并忽略了系数 $1/N$。

表 4.2　$N=2$、4、8 时的 $b_k(z)$ 值

N, z 取值 Z, $b_k(z)$ 取值	$N=2$ $(n=1)$ $z\leqslant1$		$N=4(n=2)z\leqslant3$				$N=8(n=3)z\leqslant7$							
Z 的十进制值	0	1	0	1	2	3	0	1	2	3	4	5	6	7
Z 的二进制值	0	1	00	01	10	11	000	001	010	011	100	101	110	111
$b_0(z)$	0	1	0	1	0	1	0	1	0	1	0	1	0	1
$b_1(z)$			0	0	1	1	0	0	1	1	0	0	1	1
$b_2(z)$							0	0	0	0	1	1	1	1

表 4.3　$N=2$、4、8 时的沃尔什变换核

N / x / u		$N=2(n=1)$		$N=4(n=2)$				$N=8(n=3)$							
		0	1	0	1	2	3	0	1	2	3	4	5	6	7
u	0	+	+	+	+	+	+	+	+	+	+	+	+	+	+
	1	+	−	+	+	−	−	+	+	+	+	−	−	−	−
	2			+	−	+	−	+	+	−	−	+	+	−	−
	3			+	−	−	+	+	+	−	−	−	−	+	+
	4							+	−	+	−	+	−	+	−
	5							+	−	+	−	−	+	−	+
	6							+	−	−	+	+	−	−	+
	7							+	−	−	+	−	+	+	−

如当 $n=2,N=4$ 时沃尔什变换核为

$$G_4=\frac{1}{4}\begin{bmatrix}1&1&1&1\\1&1&-1&-1\\1&-1&1&-1\\1&-1&-1&1\end{bmatrix}\tag{4.3.5}$$

(2)二维离散沃尔什变换

将一维的情况推广到二维,可以得到二维沃尔什变换的正变换核为

$$g(x,y,u,v)=\frac{1}{N^2}\prod_{i=0}^{n-1}(-1)^{[b_i(x)b_{n-1-i}(u)+b_i(y)b_{n-1-i}(v)]}\tag{4.3.6}$$

它们也是可分离和对称的,二维沃尔什变换可以分成二步一维沃尔什变换来进行。相应

的二维沃尔什正变换为

$$W(u,v) = \frac{1}{N^2}\sum_{x=0}^{N-1}\sum_{y=0}^{N-1}f(x,y)\prod_{i=0}^{n-1}(-1)^{[b_i(x)b_{n-1-i}(u)+b_i(y)b_{n-1-i}(v)]} \tag{4.3.7}$$

其中：$u,v=0,1,2,\cdots,N-1$；$x,y=0,1,2,\cdots,N-1$。其矩阵表达式为

$$\mathrm{W} = \mathrm{G}f\mathrm{G} \tag{4.3.8}$$

其中 G 为 N 阶沃尔什反变换核矩阵。

二维沃尔什变换的反变换核为

$$h(x,y,u,v) = \prod_{i=0}^{n-1}(-1)^{[b_i(x)b_{n-1-i}(u)+b_i(y)b_{n-1-i}(v)]} \tag{4.3.9}$$

相应的二维沃尔什反变换为

$$f(x,y) = \sum_{u=0}^{N-1}\sum_{v=0}^{N-1}W(u,v)\prod_{i=0}^{n-1}(-1)^{[b_i(x)b_{n-1-i}(u)+b_i(y)b_{n-1-i}(v)]} \tag{4.3.10}$$

其中：$u,v=0,1,2,\cdots,N-1$；$x,y=0,1,2,\cdots,N-1$。其矩阵表达式为

$$f = \mathrm{HWH} \tag{4.3.11}$$

其中：H 为 N 阶沃尔什反变换核矩阵，与 G 只有系数之间的区别。因此，用于计算二维沃尔什正变换的任何算法不用修改也能够用来计算反变换。

4.3.2　离散哈达玛变换

哈达玛（Hadamard）变换本质上是一种特殊排序的沃尔什变换，哈达玛变换矩阵也是一个方阵，只包括 +1 和 −1 两个矩阵元素，各行或各列之间彼此是正交的，即任意二行相乘或二列相乘后的各数之和必定为零。哈达玛变换核矩阵与沃尔什变换不同之处仅仅是行的次序不同。哈达玛变换的最大优点在于他的变换核矩阵具有简单的递推关系，即高阶矩阵可以用两个低阶矩阵求得。这个特点使人们更愿意采用哈达玛变换，不少文献中常采用沃尔什—哈达玛变换这一术语。

(1)一维离散哈达玛变换

一维哈达玛变换核为

$$g(x,u) = \frac{1}{N}(-1)^{\sum_{i=0}^{N-1}b_i(x)b_i(u)} \tag{4.3.12}$$

其中：$N=2^n$；$u=0,1,2,\cdots,N-1$；$x=0,1,2,\cdots,N-1$；$b_k(z)$是 z 的二进制表示的第 k 位值。对应的一维哈达玛变换式为

$$H(u) = \frac{1}{N}\sum_{x=0}^{N-1}f(x)(-1)^{\sum_{i=0}^{N-1}b_i(x)b_i(u)} \tag{4.3.13}$$

哈达玛反变换与正变换除相差 $1/N$ 常数项外，其形式基本相同。一维哈达玛反变换核为

$$h(x,u) = (-1)^{\sum_{i=0}^{N-1}b_i(x)b_i(u)} \tag{4.3.14}$$

相应的一维哈达玛反变换为

$$f(x) = \frac{1}{N}\sum_{u=0}^{N-1}H(u)(-1)^{\sum_{i=0}^{N-1}b_i(x)b_i(u)} \tag{4.3.15}$$

其中：$N=2^n$；$u=0,1,2,\cdots,N-1$；$x=0,1,2,\cdots,N-1$。如 $N=2^n$，高、低阶哈达玛变换之间具有简单的递推关系。最低阶($N=2$)的哈达玛矩阵为

$$H_2=\begin{bmatrix}1 & 1\\ 1 & -1\end{bmatrix}$$

那么，$2N$ 阶哈达玛矩阵 H_{2N} 与 N 阶哈达玛矩阵 H_N 之间的递推关系可用下式表示

$$H_{2N}=\begin{bmatrix}H_N & H_N\\ H_N & -H_N\end{bmatrix} \tag{4.3.16}$$

(2)二维离散哈达玛变换

二维离散哈达玛变换对为

$$H(u,v)=\frac{1}{N^2}\sum_{x=0}^{N-1}\sum_{y=0}^{N-1}f(x,y)(-1)^{\sum_{i=0}^{n-1}[b_i(x)b_i(u)+b_i(y)b_i(v)]} \tag{4.3.17}$$

$$f(x,y)=\sum_{u=0}^{N-1}\sum_{v=0}^{N-1}H(u,v)(-1)^{\sum_{i=0}^{n-1}[b_i(x)b_i(u)+b_i(y)b_i(v)]} \tag{4.3.18}$$

其中：$u,v=0,1,2,\cdots,N-1$；$x,y=0,1,2,\cdots,N-1$。

4.3.3 哈达玛变换的 MATLAB 实现及应用

(1)MATLAB 提供的哈达玛变换函数

hadamard 是 MATLAB 提供的哈达玛变换矩阵函数，其语法格式为

H = hadamard(N)

其功能是：产生一个 n 阶 hadamard 矩阵。其中元素为 1 或 -1，各列正交。该矩阵 H 具有如下特性：$H'*H=n*I$ 其中 $[n\quad n]=size(H)$，$I=eye(n,n)$ 该矩阵只有当 n、$n/12$、$n/20$ 为 2 的幂时才存在。

(2)哈达玛变换的应用

下面用一个图像压缩的例子来介绍 MATLAB 如何实现哈达玛变换压缩。

以一幅 256×256 的图像为例。首先将其分割为 256 个 16×16 的子图像块后，然后对每个图像块进行变换得 256 个系数，再按照每个系数的方差来排次序，保留方差较大的系数，舍弃方差较小的系数。

下面是按照上述方法将一幅图像分成 16×16 的块，保留原系数的四分之一，即 64 个系数，进行 4∶1 的压缩程序清单：

```
sig = imread('lena.bmp');          % 调入图像
sig = double(sig)/255;             % 归一化图像
figure(1),imshow(sig);             % 显示图像
[m_sig,n_sig] = size(sig);         % 求出图像大小
sizi = 8;                          % 给出图像分块尺寸和保留系数的个数
Snum = 64;
T = hadamard(sizi);                % 分块和进行哈达玛变换
```

```
hdcoe = blkproc(sig,[sizi sizi],'P1 * x * P2',T,T');
coe = im2col(hdcoe,[sizi sizi],'distinct');   %重新排列系数
coe_temp = coe;
[Y,Ind] = sort(coe);
[m,n] = size(coe);                       %舍去具有较小方差的系数
Snum = m - Snum;
for i = 1:n
    coe_temp(Ind(1:Snum),i) = 0;
end
re_hdcoe = col2im(coe_temp,[sizi sizi],[m_sig n_sig],'distinct');   %重建图像
re_sig = blkproc(re_hdcoe,[sizi sizi],'P1 * x * P2',T',T);
figure(2),imshow(re_sig);          %显示重建图像
error = sig.^2 - re_sig.^2          %计算归一化图像的均方误差
MSE = sum(error(:))/prod(size(re_sig))
```

运行结果如图4.8(a)、(b)所示。若将压缩比减少到8∶1,则Snum应设置为32,压缩后的图像如图4.8(c)所示。

(a)原始图像

(b)压缩图像（4∶1）

(c)压缩图像（8∶1）

图4.8　哈达玛变换的应用示例

4.4 Radon 变换

4.4.1 Radon 变换

Radon 变换是计算图像在某一指定角度射线方向上投影的变换方法。我们知道,二维函数$f(x,y)$的投影是其在确定方向上的线积分。例如,$f(x,y)$在垂直方向上的二维线积分就是$f(x,y)$在x轴上的投影;$f(x,y)$在水平上的二维线积分就是$f(x,y)$在y轴上的投影。图 4.9 说明了一个简单二维函数的水平和垂直投影。

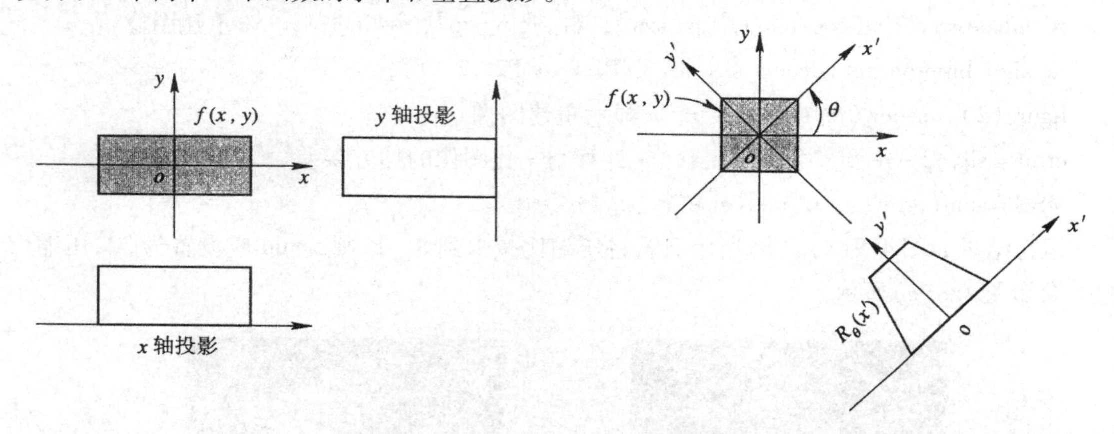

图 4.9 二维函数的水平投影和垂直投影示意图　　图 4.10 函数$f(x,y)$的 Radon 变换几何示意图

推而广之,可以沿任意角度θ对函数进行投影,即任意角度函数$f(x,y)$的 Radon 变换可以表达为

$$R_\theta(x') = \int_{-\infty}^{+\infty} f(x'\cos\theta - y'\sin\theta, x'\sin\theta + y'\cos\theta)\,\mathrm{d}y' \tag{4.4.1}$$

其中:

$$\begin{bmatrix} x' \\ y' \end{bmatrix} = \begin{bmatrix} \cos\theta & \sin\theta \\ -\sin\theta & \cos\theta \end{bmatrix} \begin{bmatrix} x \\ y \end{bmatrix}$$

函数$f(x,y)$的 Radon 变换几何示意图中图 4.10 所示。

4.4.2 Radon 变换的 MATLAB 的实现及应用

(1) MATLAB 提供的 Radon 变换函数

MATLAB 图像处理工具箱中的 radon 函数可用来计算图像在指定角度的 Radon 变换,其语法格式为

```
[R,xp] = radon(I,theta,N)
```

其中,I 表示需要变换的图像,theta 表示变换的角度。R 的各行返回 theta 中各方向上的 radon 变换值,xp 矢量表示沿x'轴相应的坐标轴。N 是一个可选参数,指定 Radon 变换将在 N 点上进行计算,缺省条件下投影点的数目由下式决定:

$$2*ceil(norm(size(I)-floor((size(I)-1)/2)-1))+3$$

如果指定参数 N,那么 R 将包含 N 个行向量。

Radon 逆变换可以根据投影数据重建图像,在 X 射线断层摄影分析中常常使用。MATLAB 图像处理工具箱函数 iradon 可以实现 Radon 逆变换,其语法格式为

IR = iradon(R,theta)

该函数是从平行光束投影中重构原始图像的。图 4.11 示意了如何将平行光束的几何理论应用于剖面图。需要注意的是:发射体和探测器的数目相同,每个探测器用于探测从相应的发射体中发射出来的射线。

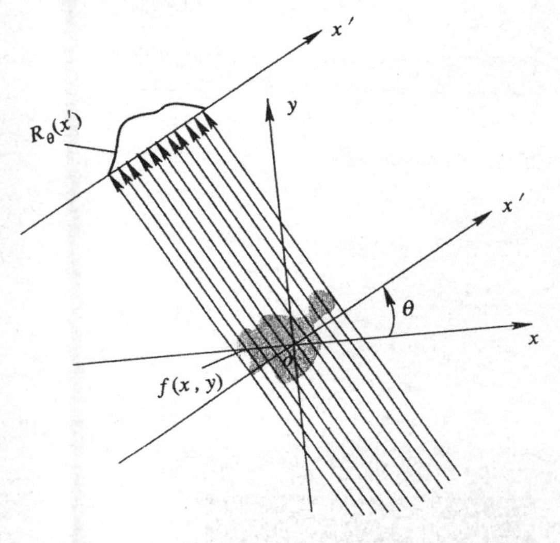

图 4.11　平行光束应用于剖面图

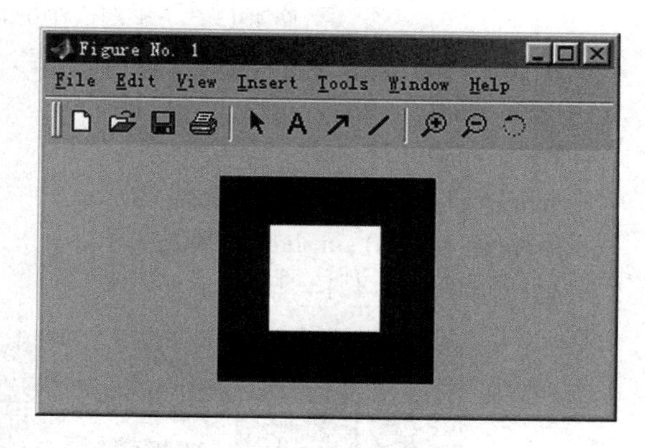

图 4.12　方框图像

下面是一个计算并画出如图 4.12 所示的含有正方形图像在 0°和 45°方向上的 radon 变换的程序清单:

```
I = zeros(100,100);
I(25:75,25:75) = 1;                         %产生一个正方形的黑框
figure(1),imshow(I)
[R,xp] = radon(I,[0 45]);                    %计算黑框的 radon 变换
figure(2),plot(xp,R(:,1)),title('R_{0^0}(x\prime)');  %显示黑框在 0°方向上的 radon 变换
figure(3),plot(xp,R(:,2)),title('R_{45^0}(x\prime)'); %显示黑框在 45°方向上的 radon 变换
```

运行结果如图 4.13 所示。

(2)Radon 变换的 MATLAB 的实现及应用

1)利用 Radon 变换检测图像直线

MATLAB 的 radon 函数变换与一个称为霍夫变换(Hough Transform)的通用视频操作有非常密切的联系。可以利用 radon 函数变换来实现特定形式的霍夫变换,即解析图像中的直线线条。其检测步骤为:

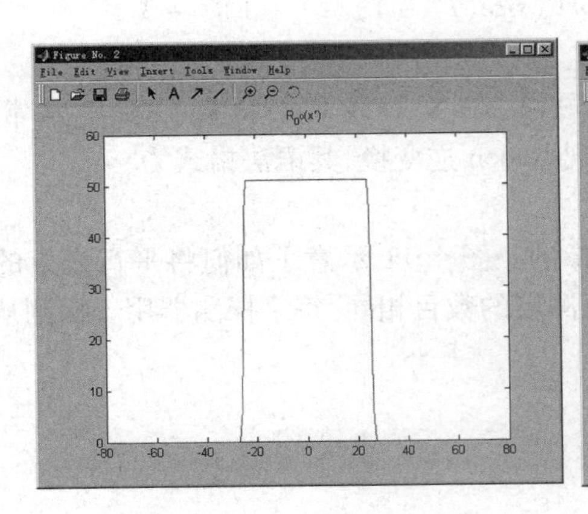

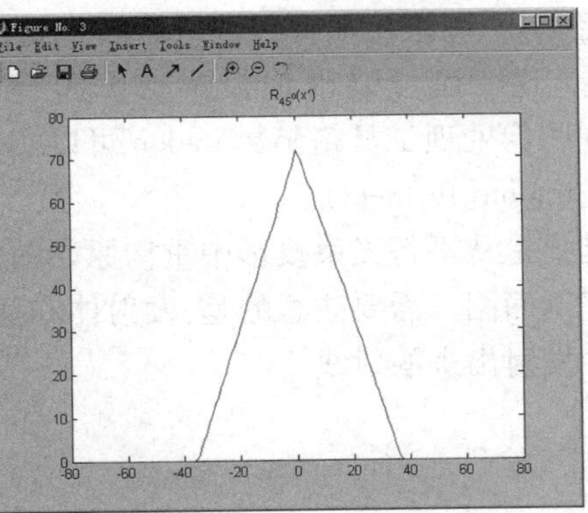

图 4.13　方框图像在 0°和 45°方向上的 radon 变换

①使用 edge 函数计算图像的二进制边界。

```
I = imread('ic.tif');
BW = edge(I);
subplot(1,2,1),imshow(I);
subplot(1,2,2),imshow(BW);
```

运行结果如图 4.14 所示。

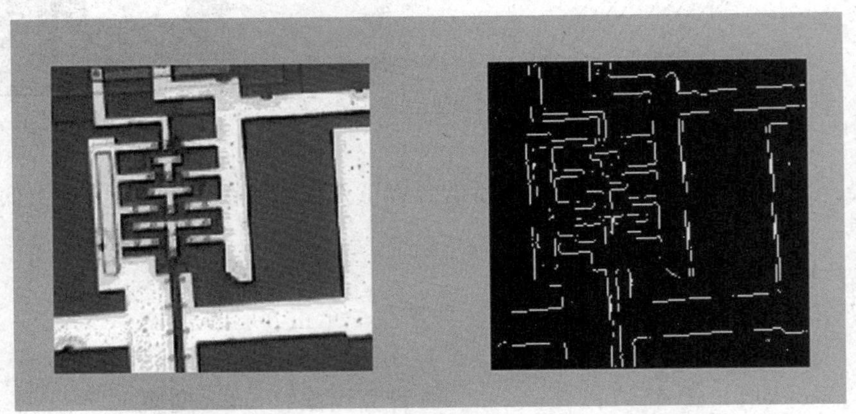

(a)原始图像　　　　(b)边缘图像

图 4.14　edge 函数计算图像的二进制边界

②计算边界图像的 Radon 变换。

```
I = imread('ic.tif');
BW = edge(I);
theta = 0:179;
[R,xp] = radon(BW,theta);
figure,imagesc(theta,xp,R),colormap(hot);
xlabel('x\theta(degrees)'),ylabel('x\prime');
title('R{\theta}(x\prime)');
```

colorbar;

运行结果如图4.15所示。

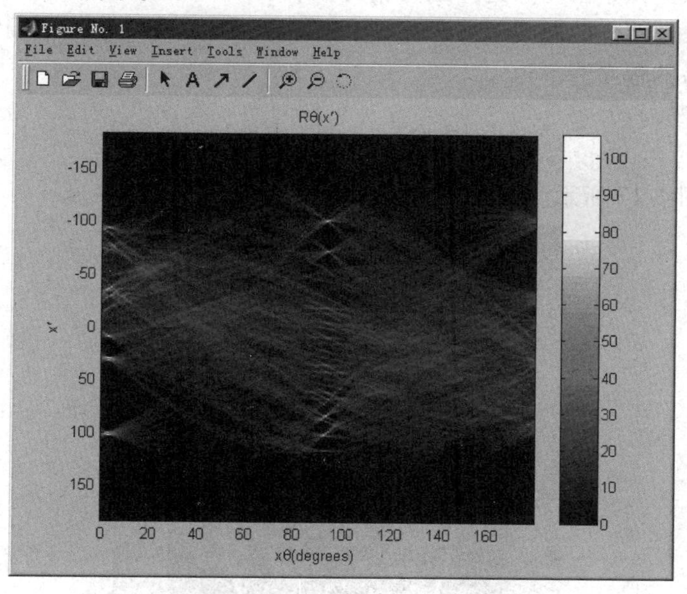

图4.15　边缘图像的radon变换

③计算出Radon变换矩阵中的峰值,即原始图像中的直线。

在上面例子中,变换矩阵R中最高峰对应于$\theta=94°$,$x'=-101$。位于该位置且与该角度正交的直线如图4.16所示。

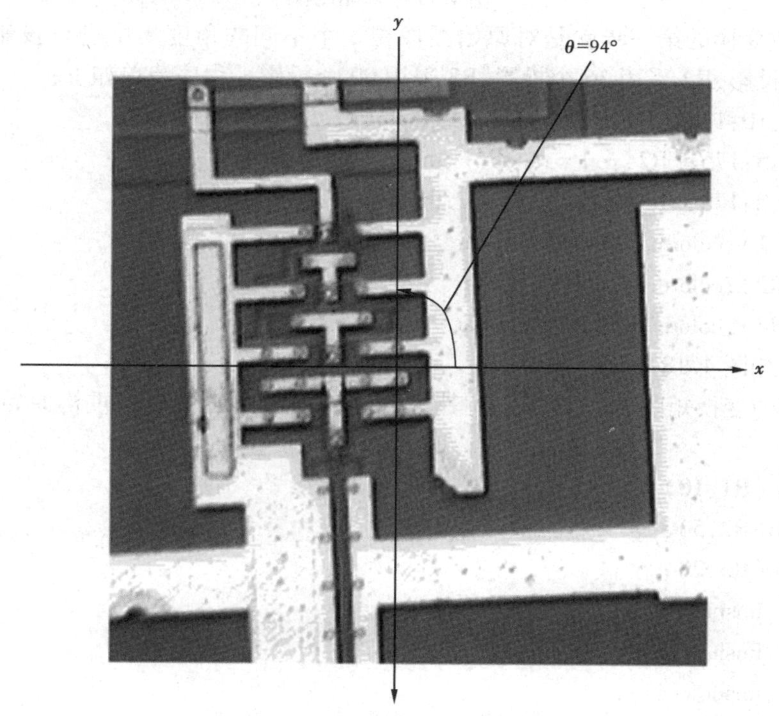

图4.16　变换矩阵R中的最高峰对应于原始图像中的位置

2)使用 radon 和 iradon 函数实现采样图像的投影构造以及图像重建

本例中的测试图像是由图像处理工具箱函数 phantom 创建的,该图像说明了许多人脑具备的特征,例如,外部明亮的椭圆形外壳类似于头骨,内部许多的椭圆类似于脑瘤。

创建原始图像的程序清单为

```
P = phantom(256);
imshow(P);
```

运动结果如图 4.17 所示。

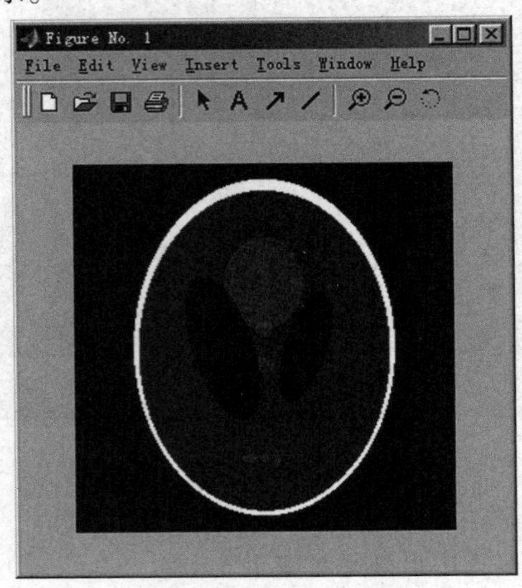

图 4.17　原始图像

radon 函数变换的第一步就是对原始图像在 3 个不同的角度集中进行投影计算。其中:R1 采用 18 个投影,R2 采用 36 个投影,R3 采用 90 个投影。程序清单如下:

```
theta1 = 0:10:170;[R1,xp] = radon(P,theta1);
theta2 = 0:5:175;[R2,xp] = radon(P,theta2);
theta3 = 0:2:178;[R3,xp] = radon(P,theta3);
imagesc(R1);colormap(hot);colorbar
imagesc(R2);colormap(hot);colorbar
imagesc(R3);colormap(hot);colorbar
```

运行结果如图 4.18 所示。

有了上面的变换矩阵 R1、R2、R3,对其进行 radon 反变换,则可以重构原始图像。程序清单为

```
I1 = iradon(R1,10);
I2 = iradon(R2,5);
I3 = iradon(R3,2);
figure(1),imshow(I1);
figure(2),imshow(I2);
figure(3),imshow(I3);
```

运行结果如图 4.19(a)、(b)、(c)所示。

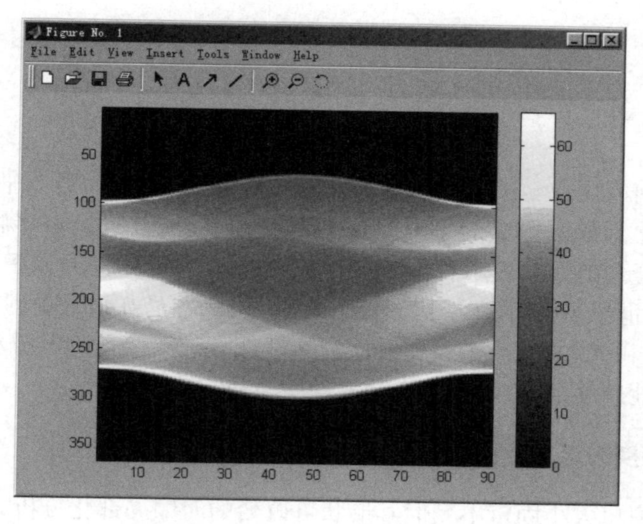

图 4.18　图像 radon 函数变换结果

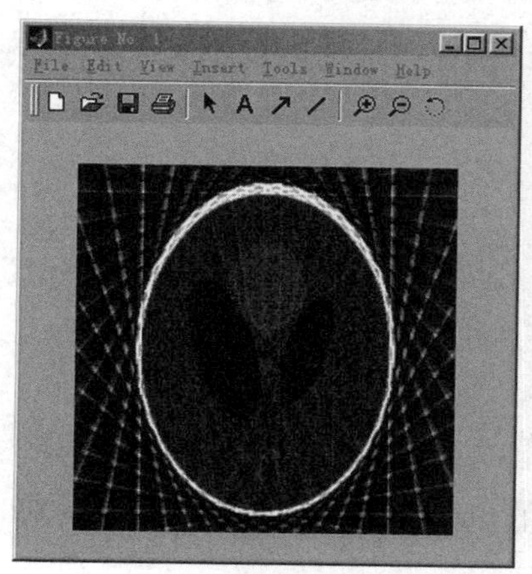

(a) R1重构的原始图像

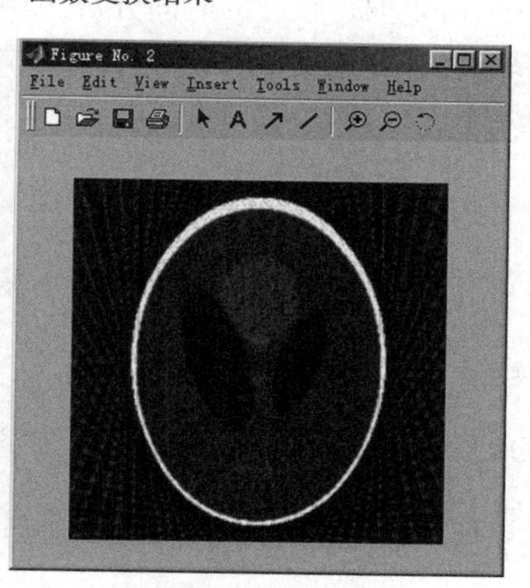

(b) R2重构的原始图像

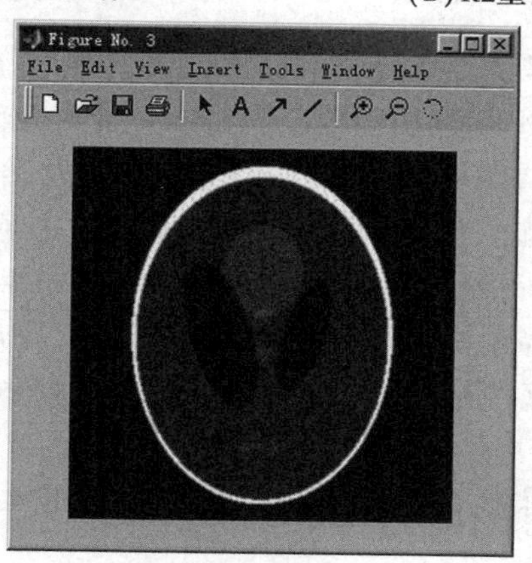

(c) R3重构的原始图像

图 4.19　经 radon 反变换的重构图像

4.5 数字图像的小波变换

小波变换是当前应用数学中一个迅速发展的领域,是分析和处理非平稳信号的一种有力工具。它是以局部化函数所形成的小波基作为基底而展开的,具有许多特殊的性能和优点。小波分析是一种更合理的时频表示和子带多分辨分析,对它的研究开始于 20 世纪 80 年代初,理论基础奠基于 20 世纪 80 年代末。经过十几年的发展,它已在信号处理与分析、地震信号处理、信号奇异性监测和谱古迹、计算机视觉、语音信号处理、图像处理与分析,尤其是图像编码等领域取得了突破性进展,成为一个研究开发的前沿热点。

4.5.1 小波变换的定义及性质

小波变换是一窗口大小固定不变但其形状可改变的时频局部化分析方法。小波变换在信号的高频部分,可以取得较好的时间分辨率;在信号的低频部分,可以取得较好的频率分辨率,从而能有效地从信号(语音、图像等)中提取信息。

设 $f(t)$ 是平方可积分函数,即 $f(t)\in L^2(R)$,则该连续函数的小波变换定义为

$$WT_f(a,b)=\frac{1}{\sqrt{|a|}}\int_{-\infty}^{\infty}f(t)\Psi^*\left(\frac{t-b}{a}\right)\mathrm{d}t\quad a\neq 0 \tag{4.5.1}$$

式中 $\frac{1}{\sqrt{|a|}}\Psi^*\left(\frac{t-b}{a}\right)=\Psi_{a,b}(t)$ 称为由母小波 $\Psi(t)$(基本小波)生成的位移和尺度伸缩,其中 a 为尺度参数,b 为平移参数。

连续小波变换有明确的物理意义,尺度参数 a 越大,则 $\Psi\left(\frac{t}{a}\right)$ 越宽,该函数的时间分辨率愈低。$\Psi_{ab}(t)$ 前增加因子 $1/\sqrt{|a|}$ 是为了使不同的 a 下的 $\Psi_{ab}(t)$ 能量相同。而 $WT_f(a,t)$ 在频域可以表示为:$WT(a,b)=\frac{\sqrt{a}}{2\pi}\int F(\omega)\Psi^*(\omega)\mathrm{e}^{j\omega b}\mathrm{d}\omega$。$\Psi(\omega)$ 是幅频特性比较集中的带通函数,小波变换具有表征分析信号 $F(\omega)$ 频域上局部性质的能力。采用不同的 a 值作处理时,$\Psi(\omega)$ 的中心频率和带宽都不同,但品质因数(中心频率/带宽)却不变。

多分辨分析是小波分析的基石,它是在 $L^2(R)$ 函数空间内,将函数描述为一系列近似函数的极根,每一个近似函数都是函数 f 的平滑逼近,而且具有越来越精细的近似函数。这些近似都是在不同分辨水平(尺度)上得到的,因此称为多分辨分析或多尺度分析。多分辨分析提供了寻求小波滤波器的基本思路:为了寻求 $L^2(R)$ 的一个基底,先从其某个子空间出发,构造它的基底,然后通过简单变换将之扩充至 $L^2(R)$ 中。下面介绍多分辨分析的基本概念。

多分辨分析的定义为:

$L^2(R)$ 一系列嵌套子空间函数 $V_j,j\in Z,\cdots\subset V_{-2}\subset V_{-1}\subset V_0\subset V_1\subset V_2\subset\cdots$,具有以下特点:

1)单调性(包容性)

$$V_j\subset V_{j-1}\qquad\forall j\in Z$$

即 $\cdots V_{-2}\subset V_{-1}\subset V_0\subset V_1\subset V_2\cdots$,在分辨率 2^{-j} 上对信号 $f(t)$ 的分析包含所有在 $2^{-(j-1)}$ 上对信号的分析信息。

2)逼近性

$$\bigcap_{j=-\infty}^{\infty} V_j = \{0\}, \qquad \bigcup_{j=-\infty}^{\infty} V_j = L^2(R)$$

3)伸缩性

$$\Phi(t) \in V_j \Leftrightarrow \Phi(2t) \in V_{j+1}$$

4)平移不变性

$$\Phi(t) \in V_j \Leftrightarrow \Phi(t-2^{-j}k) \in V_j, \qquad \forall k \in Z$$

5)Riesz基存在性

存在$g \in V_0$,使得$\{g(x-k),k \in Z\}$构成V_0的Riesz基。即对任何$u \in V_0$,存在惟一序列$\{a_k\} \in l^2$,使得$u(x) = \sum_{k \in Z} a_k g(x-k)$;反过来,任意序列$\{a_k\} \in l^2$,确定一个函数$g \in V_0$,且存在正数$A$和$B$,且$A \leqslant B$,使得$A\|u\|^2 \leqslant \sum_{k \in Z} |a_k|^2 \leqslant B\|u\|^2$,则称$V_j = \{\varphi_{j,k}(x)\}$为一个多分辨分析。

引入闭子空间$W_j, j \in Z$,构成V_j和V_{j+1}空间的正交补空间,即$V_{j+1} = V_j \oplus W_j$,$V_j \perp W_j$,$\Psi_{j,k}(x)$是$W_j, j \in Z$中的一组标准正交基。它的平移伸缩系为

$$\Psi_{j,k}(x) = 2^{j/2}\phi(2^j x - k) \tag{4.5.2}$$

由多分辨分析的性质可知,$\varphi(x)$与$\Psi(x)$之间的关系满足双尺度方程:

$$\begin{aligned}\varphi(x) &= \sum_{k \in Z} h_k \phi(2x-k) \\ \Psi(x) &= \sum_{k \in Z} g_k \phi(2x-k)\end{aligned} \tag{4.5.3}$$

为保证正交性,必须满足条件:$g_k = (-1)^k h_k$,其中$\varphi(x)$、$\Psi(x)$被分别称为尺度函数与小波函数。

继续将V_j空间进行分解,$V_{j_2+1} = V_{j_1} \oplus W_{j_1} \oplus W_{j_1+1} \oplus W_{j_1+2} \oplus \cdots \oplus W_{j_2}$,$(j_1, j_2 \in Z; j_1 \leqslant j_2)$因此$L^2(R) = \bigoplus_{j \in Z} W_j$。对于一个函数$f(x) \in L^2(R)$,$f(x)$在多分辨分析$\{V_j\}$下可以近似的表示为

$$f(x) \approx A_j f(x) = \sum_{k=-\infty}^{+\infty} C_{j,k}\varphi_{j,k}(x) \tag{4.5.4}$$

这里$C_{j,k} = \langle f(x), \varphi_{j,k} \rangle$,即每个$C_{j,k}$都要计算尺度函数与$f(x)$的内积,计算量非常大,因此要考虑小波变换的快速算法。

4.5.2　离散小波变换和Mallat算法

离散小波变换是对连续小波变换的尺度和位移按照2的幂次进行离散化得到的,又称二进制小波变换。离散小波变换可以表示为

$$W_k[f(x)] = \frac{1}{2^k}\int_{-\infty}^{+\infty} f(t)\Psi^*\left(\frac{x-t}{2^k}\right)\mathrm{d}t \tag{4.5.5}$$

其中$\Psi(t)$是小波母函数。

实际上,人们是在一定尺度上认识信号的,人的感官和物理仪器都有一定的分辨率,对于低于一定尺度的信号的细节是无法认识的,因此对低于一定尺度信号的研究也是没有意义的。为此应该将信号分解为对应不同尺度的近似分量和细节分量。小波分解的意义就在于能够在不同尺度上对信号进行分析,而且对不同尺度的选择可以根据不同的目的来确定。

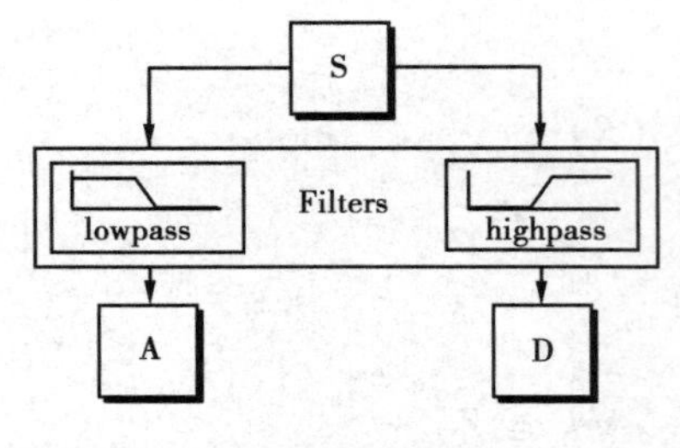

图 4.20　小波分解示意图

信号的近似分量一般为信号的低频分量，它的细节分量一般为信号的高频分量，因此对信号的小波分解可以等效于信号通过了一个滤波器组，其中一个滤波器为低通滤波器（用 L 表示），另一个为高通滤波器（用 H 表示），其示意图如图 4.20 所示。

Mallat 算法是小波分解的快速算法，与 FFT 在 Fourier 分析中的作用相似。只有在小波分解的快速算法出现之后，小波分析的实际意义才为人们所重视。

下面介绍一下 Mallat 算法的实现和小波分解的结构。

设$\{V_j\}$是一个给定的多分辨分析，$\varphi(x)$与$\Psi(x)$是尺度函数与小波函数，$f(x)$在尺度j上可以近似的表示为

$$f(x) \approx A_j f(x) = \sum_{k=-\infty}^{+\infty} C_{j,k}\varphi_{j,k}(x) =$$

$$A_{j-1} f(x) + D_{j-1} f(x) = \sum_{m=-\infty}^{+\infty} C_{j-1,m}\varphi_{j-1,k}(x) + \sum_{m=-\infty}^{+\infty} D_{j-1,m}\Psi_{j-1,k}(x) \quad (4.5.6)$$

这里$A_{j-1} f(x)$表示在第$j-1$尺度上对信号的近似，$D_{j-1} f(x)$表示在信号在第$j-1$尺度上的细节。

根据多分辨分析的双尺度方程

$$\begin{cases} \langle \varphi_{j,k}, \varphi_{j-1,m} \rangle = \tilde{h}_{k-2m} \\ \langle \varphi_{j,k}, \Psi_{j-1,m} \rangle = \tilde{g}_{k-2m} \end{cases} \quad (4.5.7)$$

可以求出

$$\begin{cases} C_{j-1,m} = \sum_{k=-\infty}^{+\infty} \tilde{h}_{k-2m} C_{j,m} \\ D_{j-1,m} = \sum_{k=-\infty}^{+\infty} \tilde{g}_{k-2m} C_{j,m} \end{cases} \quad (4.5.8)$$

引入无穷矩阵$H=(H_{m,k})$，$G=(G_{m,k})$，$H_{m,k}=\tilde{h}_{k-2m}$，$G_{m,k}=\tilde{g}_{k-2m}$，则上式的变换关系可以写成下面简单的形式

$$\begin{cases} C_{j-1} = HC_j \\ D_{j-1} = GC_j \end{cases} \quad (4.5.9)$$

一个 1 000 点的信号利用小波分解后的结果如图 4.21 所示。

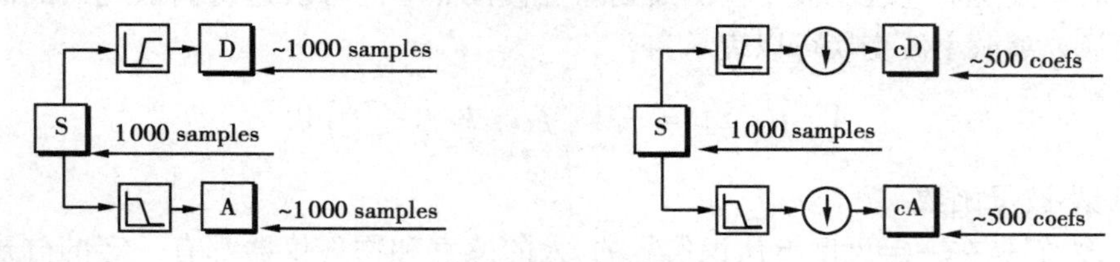

图 4.21　小波分解 1 000 点的信号结果

其中 A 为原始信号的近似信号，D 为细节信号。cA 是小波分解的近似分量的系数，cD 是细节分量的系数。使用中要注意区分近似信号和近似分量、细节信号和细节分量的区别。我

们一般称 cA 和 cD 为近似分量和细节分量，而称 A 和 D 为近似信号和细节信号。它们的关系为

$$A(t) = \sum_k cA_k \varphi_k(t) \quad D(t) = \sum_k cD_k \Psi_k(t) \tag{4.5.10}$$

上式是小波的分解算法，我们可以依次逐级分解下去，这样就构成了多重小波分解的递推形式，如图 4.22 所示。图中的 $c_k = \{c_{k,n}\}, d_k = \{d_{k,n}\}$。

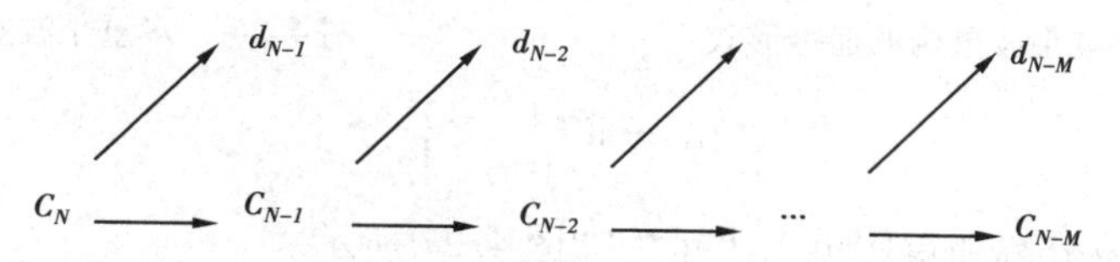

图 4.22　多重小波分解的递推形式

多层小波分解的示意图如图 4.23 所示。小波分解的意义在于，可以使我们在任意尺度上观察信号，只要使用的小波函数的尺度合适。小波分解将信号分解为分量和细节分量，它们在应用中分别有不同的特点。比如对于含噪信号，噪声分量的主要能量一般集中在小波分解的细节分量中，因此对细节分量进行阈值处理可以滤除噪声。

将信号的小波分解的分解进行处理后，一般根据需要把信号恢复出来，也就是利用信号的小波分解的分量重构出原来的信号或者所需要的信号。小波的重构算法如图 4.24 所示。

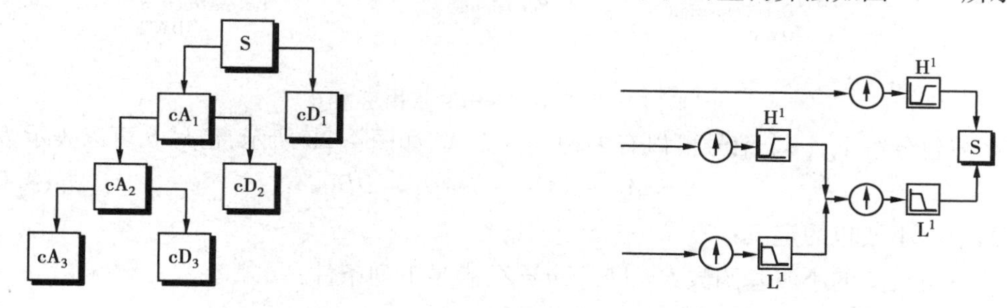

图 4.23　多层小波分解示意图　　　　图 4.24　小波重构算法示意图

对小波分解的式子两边用函数 $\varphi_{j,k}$ 作内积，得到小波的重构算法如下：

$$c_{j,k} = \sum_{m=-\infty}^{+\infty} h_{k-2m} c_{j-1,m} + \sum_{m=-\infty}^{+\infty} g_{k-2m} d_{j-1,m} \tag{4.5.11}$$

用数学式子表示为

$$C_{j,k} = H^* C_{j-2} + G^* D_{j-1} \tag{4.5.12}$$

其中 H^* 和 G^* 分别是 H 和 G 的共轭转置矩阵。

类似的，小波重构也可以推导出多重递推结构，如图 4.25 所示；多重小波重构如图 4.26 所示。

定义矩阵 $W = \begin{bmatrix} H \\ G \end{bmatrix}$，因此小波分解算法可以表示为

$$\begin{bmatrix} C_{j-1} \\ D_{j-1} \end{bmatrix} = WC_j$$

而重构算法可以表示为

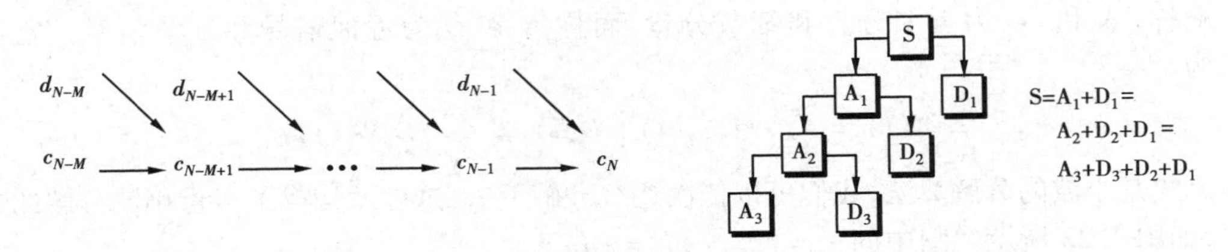

图 4. 25　多重小波重构的递推形式　　　　图 4. 26　多重小波重构示意图

$$C_j = W^* \begin{bmatrix} C_{j-1} \\ D_{j-1} \end{bmatrix}$$

信号的多层小波分解和重构可以表示为如图 4. 27 所示。

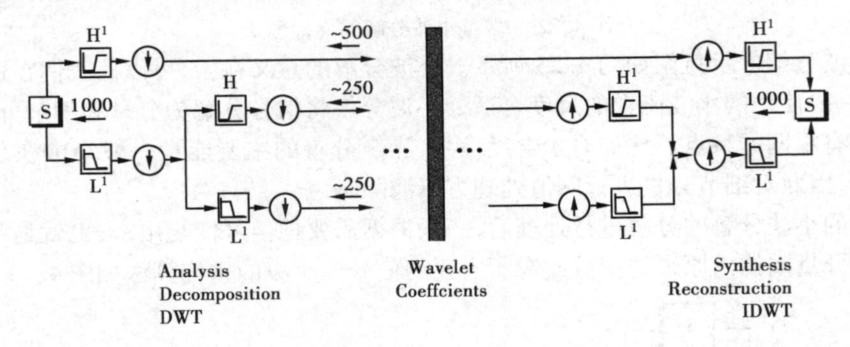

图 4. 27　多重小波分解和重构示意图

在小波包分解下,一个信号可以有多种表示方式,如图 4. 28 所示,信号 S 可以表示为

$$S = A_1 + AAD_3 + DAD_3 + DD_2 \tag{4. 5. 13}$$

下面给出小波包的定义:

对于一组正交的小波基函数 $h = \{h_n\}, n \in Z$,满足下列条件:

$$\sum h_{n-2k} h_{n-2l} = \delta_{kl}, \sum h_n = \sqrt{2} \tag{4. 5. 14}$$

令 $g_k = (-1)^k h_{1-k}$,用 $W_0(t)$ 表示多分辨分析的生成元 $\varphi(t)$,$W_1(t)$ 表示小波基函数 $\Psi(t)$,则定义 $\{W_n(t)\}, n \in Z$ 为由 $\varphi(t)$ 确定的小波包,其中 $W_n(t)$ 的递归定义为

$$\begin{cases} W_{2n}(t) = \sqrt{2} \sum h_k W_n(2t - k) \\ W_{2n+1}(t) = \sqrt{2} \sum g_k W_n(2t - k) \end{cases} \tag{4. 5. 15}$$

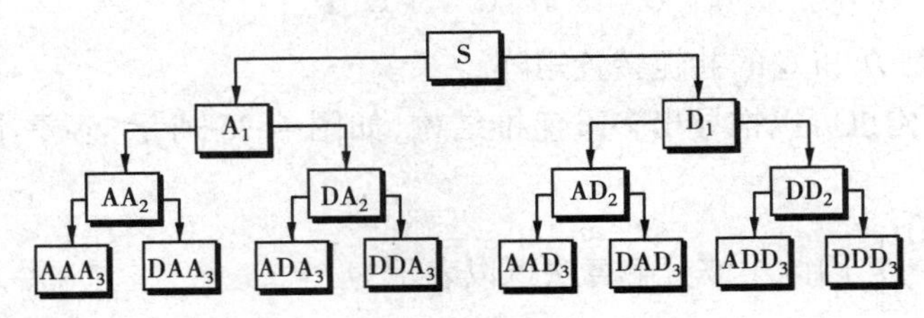

图 4. 28　信号的小波包分解

二维离散小波变换是一维离散小波变换的推广,应用张量的概念,很容易推出二维离散小波变换的定义和性质。

设$\{V_j\}_{j\in Z}$是$L^2(R)$空间中的闭子空间列，容易证明，对于张量空间$\{V_j^2\}_{j\in Z}$，其中：

$$V_j^2 = V_j \oplus V_j \tag{4.5.16}$$

构成$L^2(R)$空间中一个多分辨分析，当且仅当$\{V_j\}_{j\in Z}$是$L^2(R)$空间的一个多分辨分析，并且，二维多分辨分析$\{V_j\}_{j\in Z}$的尺度函数为

$$\Phi(x,y) = \varphi(x)\varphi(y) \tag{4.5.17}$$

其中φ是一维多分辨分析$\{V_j\}_{j\in Z}$的实值尺度函数。

因此二维离散小波变换也是将二维信号在不同的尺度上进行分解，得到信号的近似分量和细节分量。由于信号是二维的，所以分解也是二维的。分解结果为：近似分量cA，水平细节分量cH、垂直细节分量cV以及对角细节分量cD。同样也可以二维小波分解的结果在不同尺度上重构信号。二维小波分解和重构的示意图如图4.29所示。

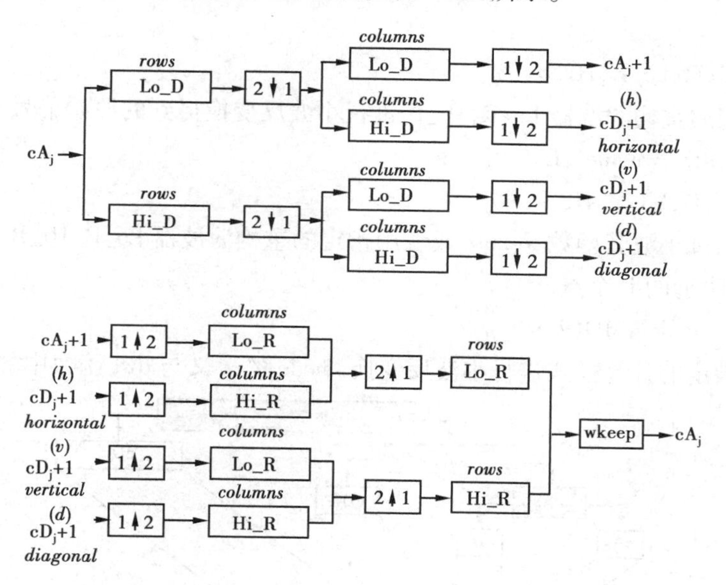

图4.29　二维小波分解和重构示意图

4.5.3　MATLAB提供的小波变换函数

MATLAB小波分析工具箱提供了很多用于小波分解、重构的函数，下面对重要的小波分析函数进行介绍。

(1)一维离散小波变换函数

1)dwt函数

该函数实现一维离散小波变换，其语法格式为

[cA,cD] = dwt(X,'wname')

其功能是：使用指定的小波基函数'wname'对信号X进行小波分解，cA和cD分别为分解得到的近似分量和细节分量。

[cA,cD] = dwt(X,Lo_D,Hi_D)

其功能是：使用指定的滤波器组Lo_D，Hi_D对信号进行分解。Lo_D是低通分解滤波器，用于

提取信号的近似分量,Hi_D 是高通分解滤波器,用于提取目标的细节分量。

[cA,cD] = dwt(X,'wname','mode',MODE)

[cA,cD] = dwt(X,Lo_D,Hi_D,'mode',MODE)

其功能是:按照指定的模式对信号进行小波分解。mode 的含义为:当 mode = 'zpd'时,按照边界补零的方式计算小波分解,为默认模式;当 mode = 'sym'时,按照边界缠绕的方式计算小波分解;当 mode = 'spd'时,按照边界平滑的方式计算小波分解。

2)idwt 函数

该函数可以实现一维离散小波反变换,其语法格式为

X = idwt(cA,cD,'wname')

其功能是:用计算分量 cA 和细节分量 cD 采用小波基函数 wname 进行小波反变换得到的原始信号。

X = idwt(cA,cD,Lo_R,Hi_R)

其功能是:用指定的重构滤波器 Lo_R,Hi_R 进行小波反变换得到的原始信号。

X = idwt(cA,cD,'wname',L)

X = idwt(cA,cD,Lo_R,Hi_R,L)

其功能是:返回经过小波其函数 wname 或者用指定的重构滤波器 Lo_R,Hi_R 小波反变换得到的原始信号中心附近的 L 个点。

X = idwt(…,'mode',MODE)

其功能是:按照指定的计算模式进行小波反变换,mode 的含义与 dwt 函数中的含义相同。

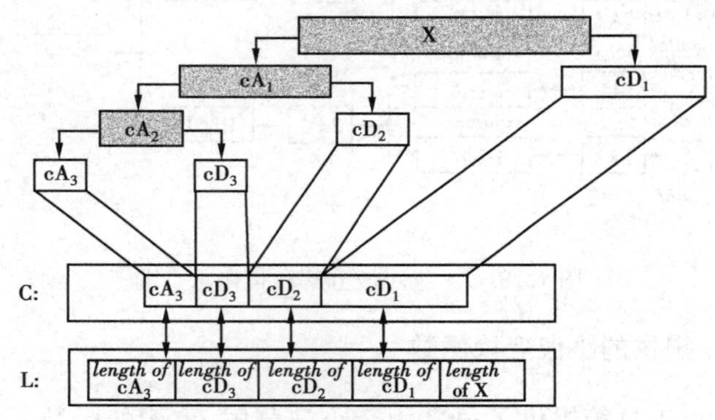

图 4.30　一维小波多层分解的数据结构

3)wavedec 函数

该函数是用于一维信号的多层小波分解,其语法格式为

[C,L] = wavedec(X,N,'wname')

其功能是:使用指定的小波基函数 wname 对信号 X 进行分解,N 指定分解的层数。

[C,L] = wavedec(X,N,'Lo_D,Hi_D')

其功能是:使用 N 指定分解的层次和滤波器组 Lo_D,Hi_D 对信号进行分解。Lo_D,Hi_D 含义与 dwt 函数中的含义相同。

C 和 L 的意义如图 4.30 所示。其中,向量 C 是按照图示的顺序存储信号小波分解的各层

的近似分量的系数和细节分量的系数,L 是各近似分量和细节分量系数的长度。

4)waverec 函数

该函数用于一维信号的多层重构,与 wavedec 函数互为逆函数,其语法格式为

X = waverec(C,L,'wname')

其功能是:利用 wavedec 函数产生的小波分解[C,L]重构原始信号 X,所用小波基函数由 wname 决定。

X = wavedec(C,L,'Lo_R,Hi_R')

其功能是:使用指定的重构滤波器组 Lo_R,Hi_R 重构原始信号 X。

5)appcoef 函数

该函数用来提取一维信号小波分解的细节分量,其语法格式为

A = appcoef(C,L,'wname')

A = appcoef(C,L,'wname',N)

其功能是:利用 wavedec 函数产生的多层小波分解结构[C,L]提取第 N 层的近似分量。wname 为指定的小波基函数的名称,N 必须满足 $0 \leqslant N \leqslant length(L)-2$。

A = appcoef(C,L,Lo_R,Hi_R,N)

A = appcoef(C,L,Lo_R,Hi_R)

其功能是:使用指定的重构滤波器组 Lo_R,Hi_R 提取第 N 层的近似分量,其中 N 是根据 L 的长度来确定提取细节分量的层数,$N = length(L)-2$。

6)detcoef 函数

该函数是用来提取一维信号小波分解的细节分量,其语法格式为

D = detcoef(C,L,N)

D = detcoef(C,L)

其功能是:利用 wavedec 函数产生的多层小波分解结构[C,L]提取第 N 层的近似分量。如果不指定 N,N 默认为 $N = length(L)-2$。

7)upcoef 函数

该函数是用来由一维小波分解重构近似分量和细节分量,其语法结构为

Y = upcoef(O,X,'wname')

Y = upcoef(O,X,'wname',N)

Y = upcoef(O,X,'wname',N,L)

其功能是:由一维离散小波变换系数重构原始信号的近似信号和细节信号,参数 O 指定所要重构的是近似信号还是细节信号,即:当 O = 'a'时,重构近似信号,相应的 X 是原始信号分解的近似分量;当 O = 'd'时,重构细节信号,相应的 X 是原始信号分解的细节分量。wname 是使用的小波基函数的名称,N 指定重构的次数。若 N 未指定,则其 N 是根据 L 的长度来确定提取的层数,$N = length(L)-2$。

Y = upcoef(O,X,Lo_R,Hi_R)

Y = upcoef(O,X,Lo_R,Hi_R,N)

Y = upcoef(O,X,Lo_R,Hi_R,N,L)

其功能与上面类同,只是使用指定的重构滤波器组 Lo_R,Hi_R 来重构原始信号的近似信号和细节信号。

8) wrcoef 函数

该函数是实现一维近似信号或者细节信号的小波重构,其语法格式为

X = wrcoef('type',C,L,'wname',N)

其功能是:利用 wavedec 函数产生的小波分解结构[C,L]重构第 N 层的近似信号或者细节信号,wname 为指定的小波基函数的名称。type 决定重构近似信号还是细节信号,当type = 'a'时,重构近似信号;当 type = 'd'时,重构细节信号。

X = wrcoef('type',C,L,Lo_R,Hi_R,N)

其功能是:使用指定的重构滤波器组 Lo_R,Hi_R 来重构信号,同样 N 指定重构信号的层数,type 决定重构近似信号还是细节信号。

X = wrcoef('type',C,L,'wname')

X = wrcoef('type',C,L, Lo_R,Hi_R)

其功能是:根据 L 的长度来确定重构信号的层数,$N = length(L) - 2$。

9) upwlev 函数

该函数用于重构一维小波分解结构,其语法格式为

[NC,NL,cA] = upwlev(C,L,'wname')

其功能是:利用 wavedec 函数产生的小波分解结构[C,L]重构上一层的分解结构[NC,NL]。同时还返回细节分解系数 cA,所用的小波基由 wname 为指定。

[NC,NL,cA] = upwlev(C,L,Lo_R,Hi_R)

其功能是:使用指定的重构滤波器组 Lo_R,Hi_R 来重构上一层小波分解结构[NC,NL],同时还返回细节分解系数 cA。

(2)二维函数小波变换函数

通常处理的图像很多为索引图像,图像矩阵各元素表示的是调色板中的序号。而小波分析是对数值进行分析的,因此要将索引图像进行编码,进行小波分析才有实际意义。MATLAB 提供了 wcodemat 函数来对图像进行编码和与一维小波变换的函数有着一一对应关系的二维离散小波变换函数,下面简单介绍如下:

1) wcodemat 函数

该函数用于对索引图像的数据矩阵进行编码,其语法格式为

Y = wcodemat(X,NB,OPT,ABSOL)

Y = wcodemat(X,NB,OPT)

Y = wcodemat(X,NB)

Y = wcodemat(X)

其功能是:对索引图像的数据矩阵 X 进行编码,Y 为编码返回值。NB 是最大编码值,决定了编码范围是 0 ~ NB,默认值为 16。OPT 指定编码方式,其含义为:当 OPT = 'row'时,对图像按

照行进行编码；当OPT='col'时，对图像按照列进行编码；当OPT='mat'时，对图像按照整个矩阵进行编码；OPT的默认值为'mat'。ABSOL决定返回矩阵的类型，当ABSOL=0时，返回编码矩阵；当ABSOL=1时，返回数据矩阵的绝对值ABS(X)。

2)dwt2函数

该函数实现二维离散小波变换，其语法格式为

[cA,cH,cV,cD]=dwt2(X,'wname')

其功能是：使用指定的小波基函数'wname'对图像X进行二维离散小波变换，cA,cH,cV,cD分别为图像分解的近似分量、水平分量、垂直分量和细节分量。

[cA,cH,cV,cD]=dwt2(X,Lo_D,Hi_D)

其功能是：使用指定的低通和高通滤波器组Lo_D,Hi_D对图像进行二维离散小波变换。

3)idwt2函数

该函数可以实现二维离散小波反变换，其语法格式为

X=idwt2(cA,cH,cV,cD,'wname')

其功能是：利用小波分解得到的cA,cH,cV,cD分量进行二维离散小波反变换得到原始图像，wname函数指定二维小波反变换采用的小波基函数。

X=idwt2(cA,cH,cV,cD,Lo_R,Hi_R)

其功能是：利用小波分解得到的cA,cH,cV,cD分量进行二维离散小波反变换得到原始图像，Lo_R,Hi_R为指定的重构滤波器组。

X=idwt2(cA,cH,cV,cD,'wname',S)

X=idwt2(cA,cH,cV,cD,Lo_R,Hi_R,S)

其功能是：返回二维离散小波反变换结果的中间附近S个点的值。

4)wavedec2函数

该函数是用于二维图像进行多层小波分解，其语法格式为

[C,S]=wavedec2(X,N,'wname')

其功能是：使用指定的小波基函数wname对图像X进行N层二维离散小波分解。

[C,S]=wavedec2(X,N,'Lo_D,Hi_D')

其功能是：使用指定的低通和高通滤波器组Lo_D,Hi_D对图像进行N层二维离散小波分解。

数据矩阵C和长度矩阵S的意义如图4.31所示。

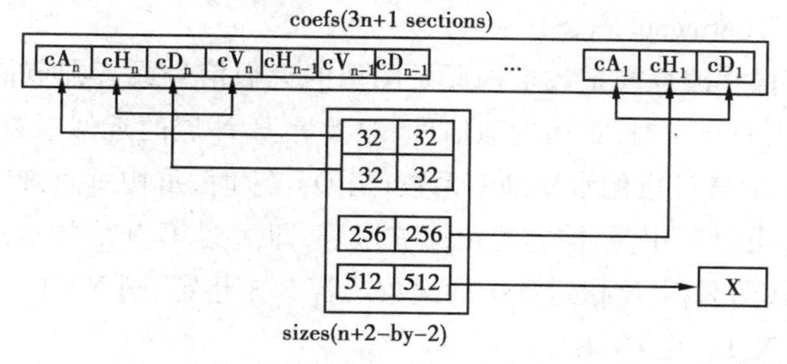

图4.31　数据矩阵和长度矩阵的意义

5) waverec2 函数

该函数用于二维图像的多层小波重构,其语法格式为

X = waverec2(C,S,'wname')

其功能是:利用二维小波分解得到的数据矩阵 C 和长度矢量 S 重构原始图像 X,所用小波基函数由 wname 决定。

X = wavedec2(C,S,'Lo_R,Hi_R')

其功能是:使用指定的重构滤波器组 Lo_R,Hi_R 重构原始图像 X。

6) appcoef2 函数

该函数用来提取二维图像小波分解的近似分量,其语法格式为

A = appcoef2(C,S,'wname')

A = appcoef2(C,S,'wname',N)

其功能是:利用二维离散小波分解 wavedec2 函数产生的多层小波分解结构 C 和 S 提取图像第 N 层的近似分量,wname 为指定的小波基函数的名称,N 的默认值为 $N = size(S(1,:)) - 2$,即为长度矩阵 S 的行数减去 2。

A = appcoef2(C,S,Lo_R,Hi_R,N)

A = appcoef2(C,S,Lo_R,Hi_R)

其功能是:使用指定的重构滤波器组 Lo_R,Hi_R 提取第 N 层的近似分量,其中参数的含义与上面语法格式相同。

7) detcoef2 函数

该函数是用来提取二维图像小波分解的细节分量,其语法格式为

D = detcoef2(O,C,S,N)

其功能是:利用 wavedec2 函数产生的多层小波分解结构 C 和 S 来提取图像第 N 层的近似分量。O 指定细节图像的类型,当 O = 'd'时,重构对角细节图像;当 O = 'h'时,重构水平细节图像;当 O = 'v'时,重构垂直细节图像。

8) upcoef2 函数

该函数是用于利用多层小波分解重构近似分量或细节分量,其语法结构为

Y = upcoef2(O,X,'wname')

Y = upcoef2(O,X,'wname',N)

Y = upcoef2(O,X,'wname',N,S)

其功能是:由二维离散小波变换系数重构原始图像的近似信号或者细节信号,参数 O 指定细节信号的类型,即:当 O = 'a'时,重构近似信号,即 X 是第 N 层的近似系数;当 O = 'h'时,重构水平细节图像,即 X 是第 N 层的水平细节系数;当 O = 'v'时,重构垂直细节图像,即 X 是第 N 层的垂直细节系数;当 O = 'd'时,重构对角细节信号,即 X 是第 N 层的对角细节系数。wname 是使用的小波基函数的名称,N 指定重构的次数。若 N 未指定,则 N = 1。

Y = upcoef2(O,X,Lo_R,Hi_R)

Y = upcoef2(O,X,Lo_R,Hi_R,N)

Y = upcoef2(O,X,Lo_R,Hi_R,N,S)

其功能与上面类同,只是使用指定的重构滤波器组 Lo_R,Hi_R 来重构原始信号的近似信号和细节信号。

9) wrcoef2 函数

该函数是实现由多层二维小波分解来重构某一层的分解图像,其语法格式为

X = wrcoef2('type',C,S,'wname',N)

X = wrcoef2('type',C,S,Lo_R,Hi_R,N)

其功能是:用多层小波分解得到的 C 和 S 重构第 N 层的分解图像,N 不指定时,采用 $N = size(S(1,:)) - 2$。经过重构,返回图像与原始图像大小相同。wname 为指定的小波基函数;Lo_R,Hi_R 为指定的滤波器组。

type 决定重构分量的类型,其含义是:当 type = 'a'时,重构近似信号;当 type = 'h'时,重构水平分量;当 type = 'v'时,重构垂直分量;当 type = 'd'时,重构细节分量。

X = wrcoef2('type',C,S,'wname')

X = wrcoef2('type',C,S, Lo_R,Hi_R)

其功能是与上面类同,只是 N 为缺省,采用 $N = size(S(1,:)) - 2$。

10) upwlev2 函数

该函数实现二维图像小波分解的单层重构,其语法格式为

[NC,NS,cA] = upwlev2(C,S,'wname')

其功能是:利用 wavedec2 函数产生的多层小波分解结构 C,S 来重构上一层的分解结构 NC,NS。同时还返回上一层的近似分量 cA,所用的小波基由 wname 为指定。

[NC,NS,cA] = upwlev2(C,S,Lo_R,Hi_R)

其功能是:使用指定的重构滤波器组 Lo_R,Hi_R 来重构上一层小波分解结构 NC,NS,同时还返回上一层近似分量 cA。

Matlab 小波工具箱提供了实现小波变换的一些函数,其他一些常用的函数参见表 4.4—表 4.11)。

表 4.4 一维小波分解函数

函 数	功 能
cwt	一维连续小波变换
dwt	单尺度一维离散小波变换
dwtper	单尺度一维离散小波变换(周期性)
wavedec	多尺度一维小波分解

表 4.5　一维小波重建函数

函　数	功　能
idwt	单尺度一维离散小波逆变换
idwtper	单尺度一维离散小波重构(周期性)
waverec	多尺度一维小波重构
upwlev	单尺度一维小波分解的重构
wrcoef	对一维小波系数进行单支重构
upcoef	一维系数的直接小波重构

表 4.6　一维小波分解结构应用函数

函　数	功　能
detcoef	提取一维小波变换高频系数
appcoef	提取一维小波变换低频系数

表 4.7　一维小波去噪和压缩函数

函　数	功　能
thselect	信号去噪的阈值选择
wthresh	进行软阈值或硬阈值处理
wthcoef	一维信号的小波系数阈值处理
wden	用小波进行一维信号的自动去噪
ddencmp	获取在去噪或压缩过程中的默认阈值、熵标准
wdencmp	用小波进行信号的去噪和压缩

表 4.8　二维小波分解函数

函　数	功　能
dwt2	单尺度(层)二维小波分解
dwtper2	单尺度二维离散小波变换(周期性)
wavedec2	多尺度(层)二维小波分解

表 4.9　二维小波重建函数

函　数	功　能
idwt2	单尺度二维小波重构
idwtper2	单尺度二维离散逆小波重构(周期性)
waverec2	多尺度二维小波重构
upwlev2	二维小波分解的单尺度重构
wrcoef2	二维小波分解系数单支重构
upcoef2	二维小波分解的直接重构

表 4.10　二维小波分解结构应用函数

函　数	功　能
detcoef2	提取二维小波变换高频系数
appcoef2	提取二维小波变换低频系数

表 4.11　二维小波去噪和压缩函数

函　数	功　能
wthresh	进行软阈值或硬阈值处理
wthcoef2	二维信号的小波系数阈值处理
ddencmp	获取在去噪或压缩过程中的默认阈值、熵标准
wdencmp	用小波进行信号的去噪和压缩

4.5.4　小波变换的 MATLAB 实现及应用

小波分析的应用领域十分广泛,其中包括数学分析、信号分析、图像处理、量子力学、理论物理、军事电子对抗与武器的智能化、计算机分类与识别、音乐与语言的人工合成、医学成像与诊断、地震勘探数据处理和大型机械的故障诊断等方面。例如,在数学方面,它已用于数值分析、构造快速数值方法、曲线曲面构造、微分方程求解、控制论等领域;在信号分析方面,它主要用于滤波、去噪声、压缩、传递等领域;在图像处理方面,它已应用于图像的压缩、分类、识别与诊断等领域;在医学成像方面,它已应用于减少 B 超、CT、核磁共振成像的时间,以及提高图像分辨率等领域。

(1) MATLAB 提供的一维离散小波变换函数的使用方法

下面以一个例子来讲解上面介绍的 MATLAB 提供的一维离散小波变换函数的使用方法和用途。这里采用 db1 小波。

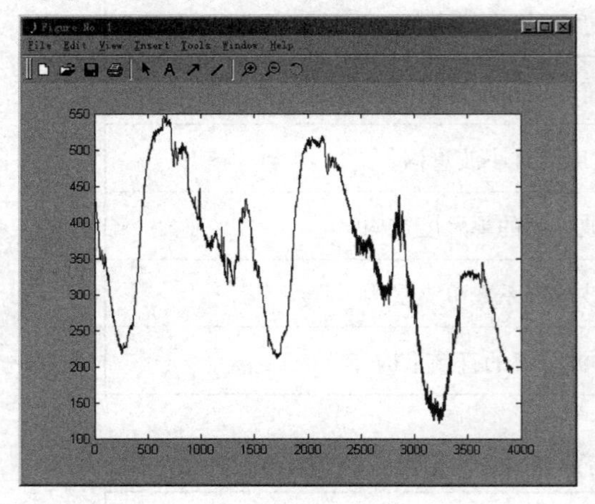

图 4.32　原始电源信号

1）首先读入预先存储的信号

```
load leleccum;
s = leleccum(1:3920);
ls = length(s);
figure,plot(s)
```

运行结果如图 4.32 所示。

2）用 dwt 函数对读入信号进行小波分解，得到第 1 层的近似分量和细节分量，程序清单为

```
[ca1,cd1] = dwt(s,'db1');
subplot(1,2,1),plot(ca1);
subplot(1,2,2),plot(cd1)
```

运行结果如图 4.33 所示。

3）利用得到的第 1 层的近似分量和细节分量采用 upcoef 重构近似信号和细节信号，程序清单为

```
a1 = upcoef('a',ca1,'db1',1,ls);
d1 = upcoef('d',cd1,'db1',1,ls);
subplot(1,2,1),plot(a1);
subplot(1,2,2),plot(d1);
```

运行结果如图 4.34 所示。

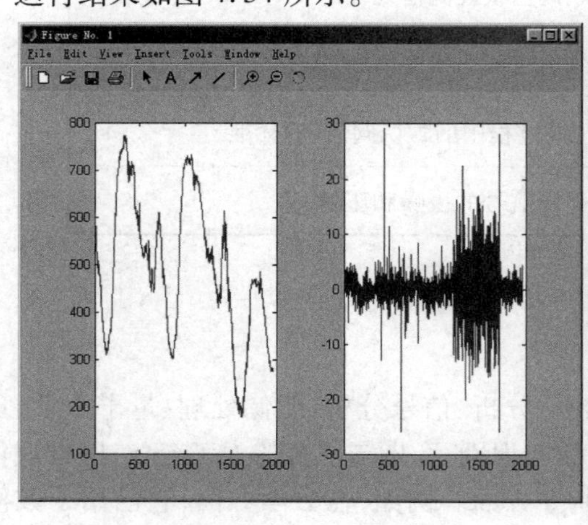

图 4.33　信号小波分解第一层的近似分量和细节分量

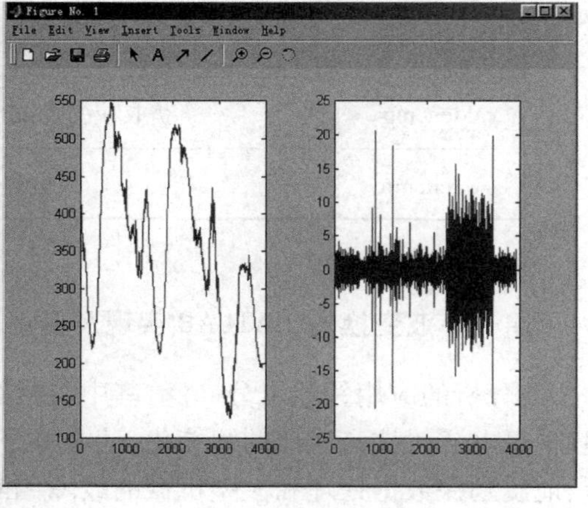

图 4.34　利用近似分量和细节分量重构得到的近似信号和细节信号

4）将重构的近似信号和细节信号相加，程序清单为：figure,plot(a1 + d1);

运行结果如图 4.35 所示。由图可知，与原始信号相比，重构效果较好。

5）利用 idwt 函数和分解得到的近似分量和细节分量重构原始信号，程序清单为

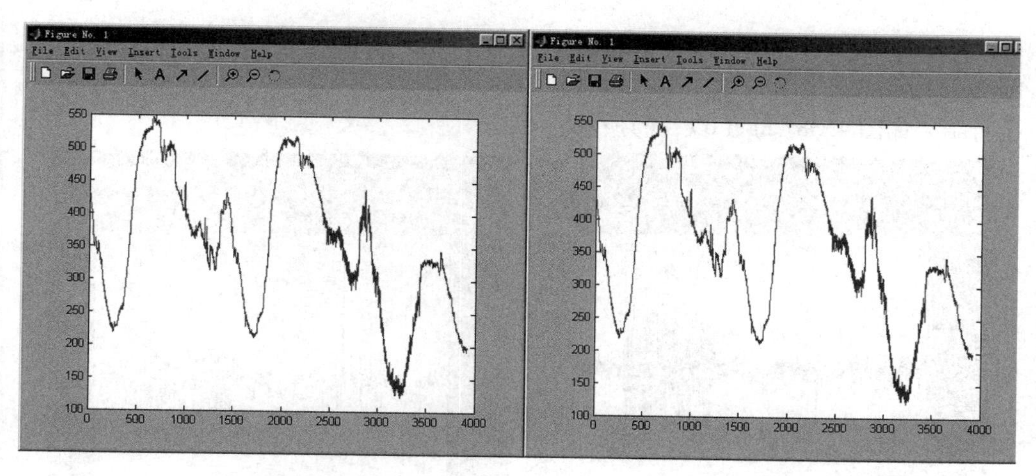

图 4.35　近似信号和细节信号之和　　　　图 4.36　小波反变换重构得到的信号

a0 = idwt(ca1 , cd1 , 'db1' , ls) ;

figure , plot(a0) ;

运行结果如图 4.36 所示。

6) 利用 wavedec 函数对信号进行第 3 层的小波分解,程序清单为

[C , L] = wavedec(s , 3 , 'db1') ;

7) 利用 appcoef 函数和分解结构[C , L]提取信号第 3 层的近似分量,程序清单为

ca3 = appcoef(C , L , 'db1' , 3) ;

figure , plot(ca3) ;

运行结果如图 4.37 所示,由图可见,近似分量已经有效地滤除了高频噪声。

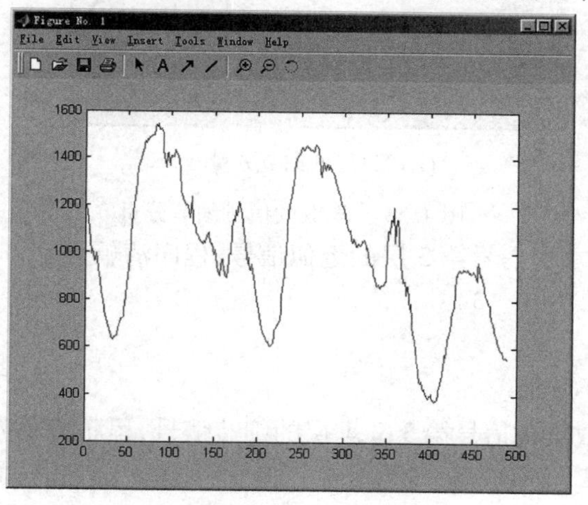

图 4.37　利用小波分解结构提取的信号近似分量

8) 利用 detcoef 函数提取信号第 3、2、1 层的细节分量,程序清单为

cd3 = detcoef(C , L , 3) ;

cd2 = detcoef(C , L , 2) ;

cd1 = detcoef(C , L , 1) ;

plot(cd3) ;

```
figure,plot(cd2);
figure,plot(cd1);
```

运行结果如图 4.38(a)、(b)、(c)所示。

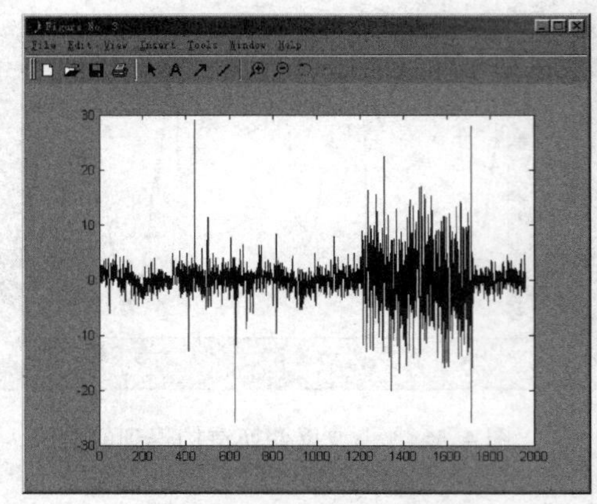

(a)第3层的细节分量

(b)第2层的细节分量

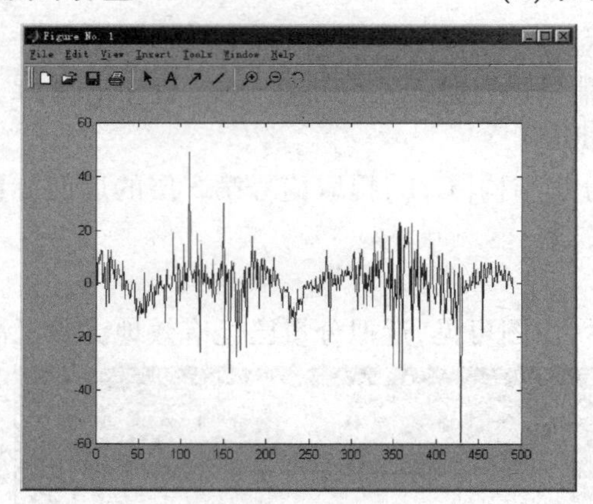

(c)第1层的细节分量

图 4.38　提取的信号细节分量

9)利用 wrcoef 函数重构信号第 3 层的近似信号,程序清单为

```
a3 = wrcoef('a',C,L,'db1',3);
figure,plot(a3);
```

运行结果如图 4.39 所示。

10)利用 wrcoef 函数重构信号第 3、2、1 层的细节信号,程序清单为

```
d3 = wrcoef('d',C,L,'db1',3);
d2 = wrcoef('d',C,L,'db1',2);
d1 = wrcoef('d',C,L,'db1',1);
plot(d3);
figure,plot(d2);
figure,plot(d1);
```

运行结果如图 4.40(a)、(b)、(c)所示。

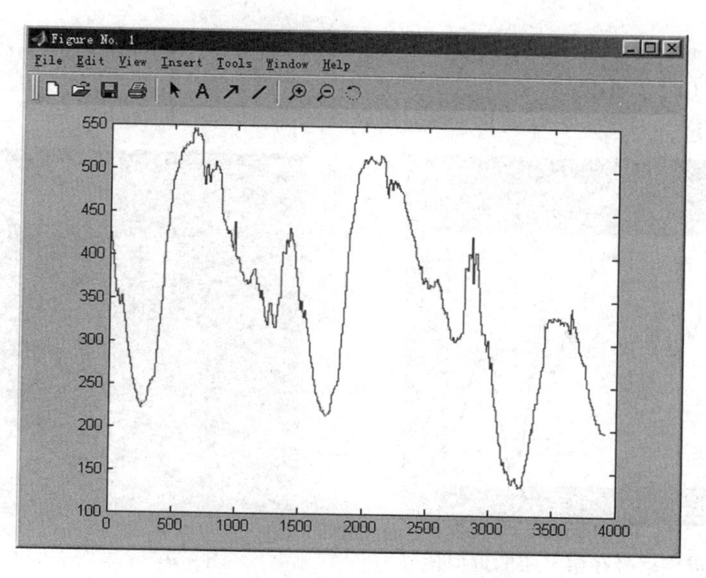

图 4.39　重构信号第 3 层的近似信号

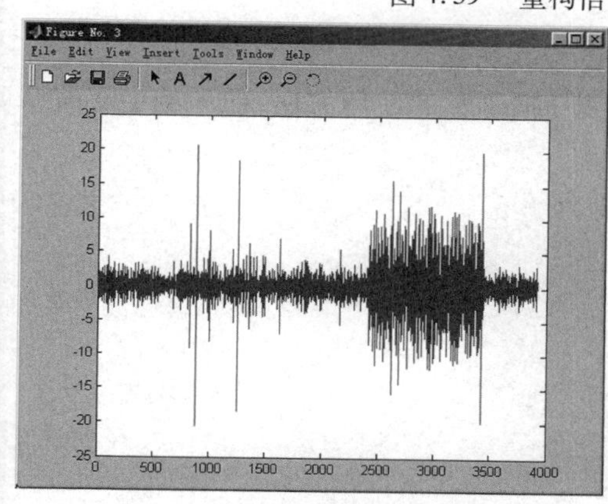

(a)第3层的细节信号

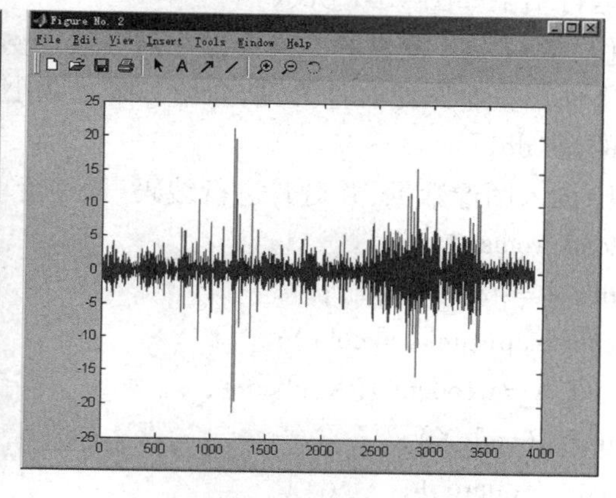

(b)第2层的细节信号

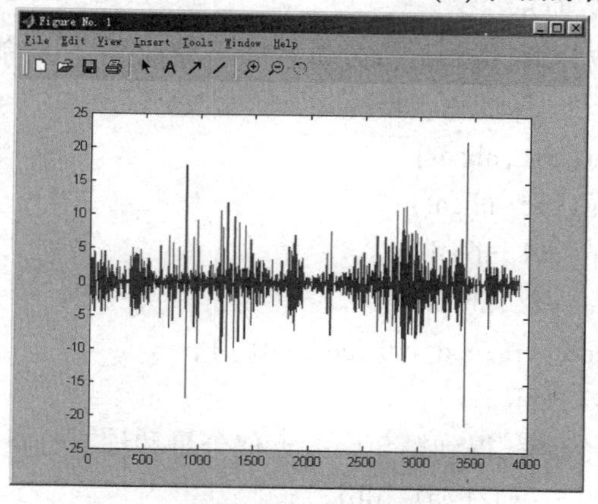

(c)第1层的细节信号

图 4.40　重构信号的细节信号

11)利用 waverec 函数和分解结构[C,L]重构信号在第 1 层的近似信号,程序清单为

```
a0 = waverec(C,L,'db1');
figure,plot(a0);
```

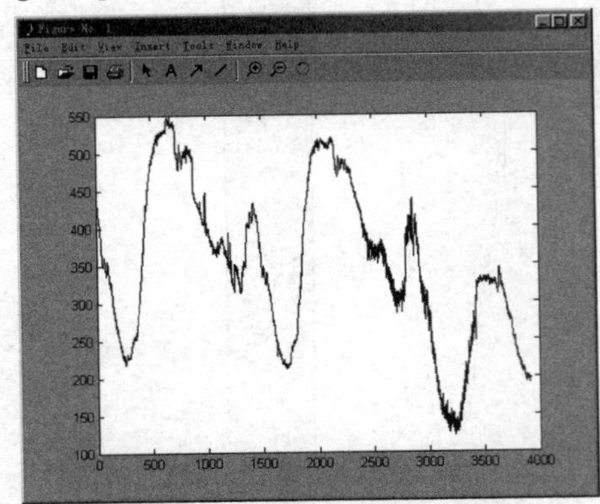

图 4.41　重构信号在第 1 层的近似信号

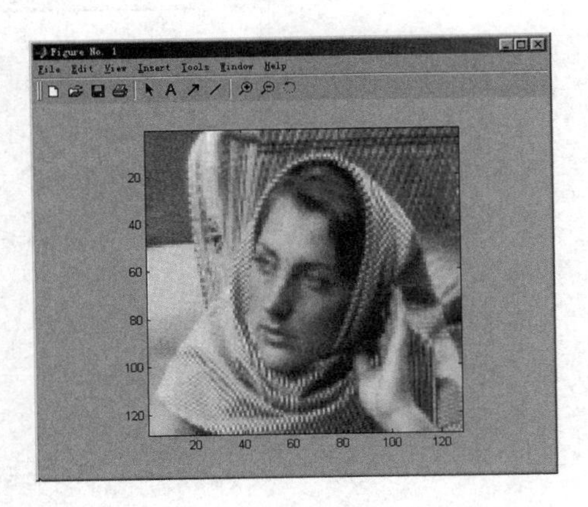

图 4.42　编码后的原始图像

运行结果如图 4.41 所示。

(2) MATLAB 提供的二维离散小波变换函数的使用方法

下面以一个图像文件为例,介绍二维离散小波变换函数的使用方法,在本例中小波基函数采用的是“db1”。

1)读入图像数据,并对其进行编码,程序清单为

```
load woman2
nbcol = size(map,1);
colormap(pink(nbcol));
cod_X = wcodemat(X,nbcol);
image(cod_X);
axis('square');
```

运行结果如图 4.42 所示。

2)对图像进行小波分解,得到近似分量和细节分量,程序清单为

```
[ca1,ch1,cv1,cd1] = dwt2(X,'db1');
cod_ca1 = wcodemat(ca1,nbcol);
cod_ch1 = wcodemat(ch1,nbcol);
cod_cv1 = wcodemat(cv1,nbcol);
cod_cd1 = wcodemat(cd1,nbcol);
image([cod_ca1,cod_ch1;cod_cv1,cod_cd1]);
```

运行结果如图 4.43 所示。

3)对图像进行二次分解,得到第 2 层的近似分量和细节分量,程序清单为

```
[ca2,ch2,cv2,cd2] = dwt2(ca1,'db1');
cod_ca2 = wcodemat(ca2,nbcol);
cod_ch2 = wcodemat(ch2,nbcol);
cod_cv2 = wcodemat(cv2,nbcol);
```

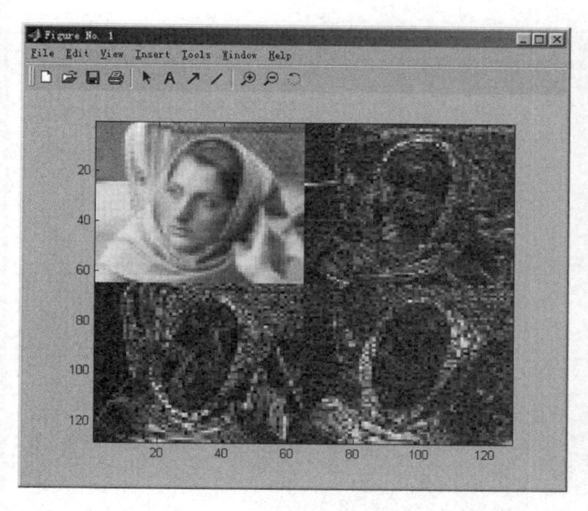

图 4.43　小波分解的近似分量和细节分量

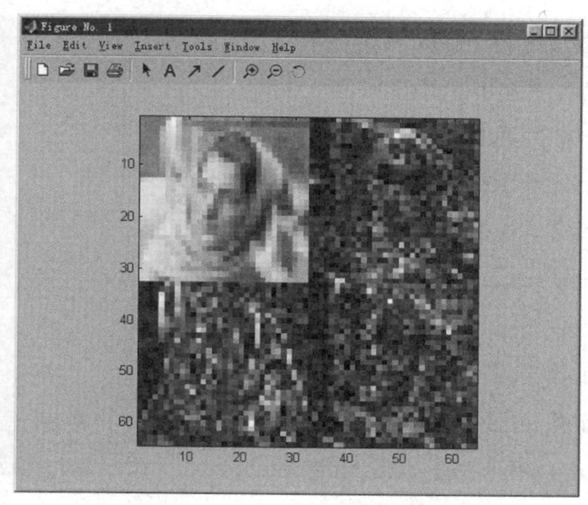

图 4.44　第 2 层的近似分量和细节分量

```
cod_cd2 = wcodemat(cd2,nbcol);
image([cod_ca2,cod_ch2;cod_cv2,cod_cd2]);
axis('square')
```

运行结果如图 4.44 所示。

4)利用 idwt2 函数在第 1 层重构近似信号,程序清单为

```
a0 = idwt2(ca1,ch1,cv1,cd1,'db1',size(X));
a0 = wcodemat(a0,nbcol);
image(a0);
axis('square');
```

运行结果如图 4.45 所示。

图 4.45　第 1 层重构的近似信号

5)利用 wavedec2 函数在第 2 层对图像进行分解,得到其分解结构[C,S],程序清单为

```
[C,S] = wavedec2(X,2,'db1');
```

6)利用函数 appcoef2 和分解得到的结构[C,S]提取图像第 2 层和第 1 层的近似分量和细

节分量,程序清单为

```
ca2 = appcoef2(C,S,'db1',2);
ch2 = detcoef2('h',C,S,2);
cv2 = detcoef2('v',C,S,2);
cd2 = detcoef2('d',C,S,2);
cod_ca2 = wcodemat(ca2,nbcol);
cod_ch2 = wcodemat(ch2,nbcol);
cod_cv2 = wcodemat(cv2,nbcol);
cod_cd2 = wcodemat(cd2,nbcol);
image([cod_ca2,cod_ch2;cod_cv2,cod_cd2])
axis( square')
ca1 = appcoef2(C,S,'db1',1);
ch1 = detcoef2('h',C,S,1);
cv1 = detcoef2('v',C,S,1);
cd1 = detcoef2('d',C,S,1);
cod_ca1 = wcodemat(ca1,nbcol);
cod_ch1 = wcodemat(ch1,nbcol);
cod_cv1 = wcodemat(cv1,nbcol);
cod_cd1 = wcodemat(cd1,nbcol);
image([cod_ca1,cod_ch1;cod_cv1,cod_cd1])
axis( square')
```

运行结果如图 4.46(a)、(b)所示。

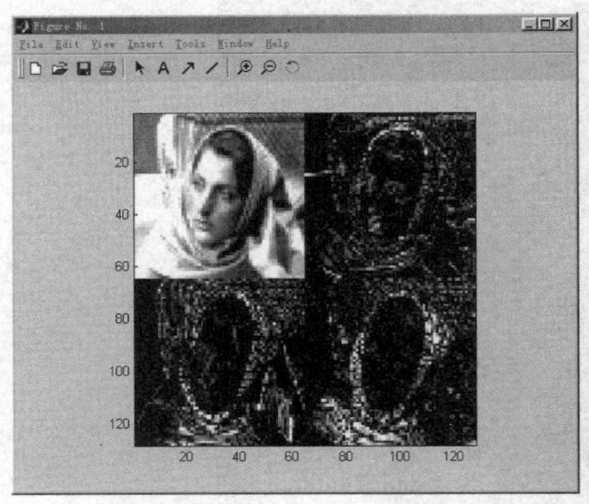

(a)第2层的近似分量和细节分量

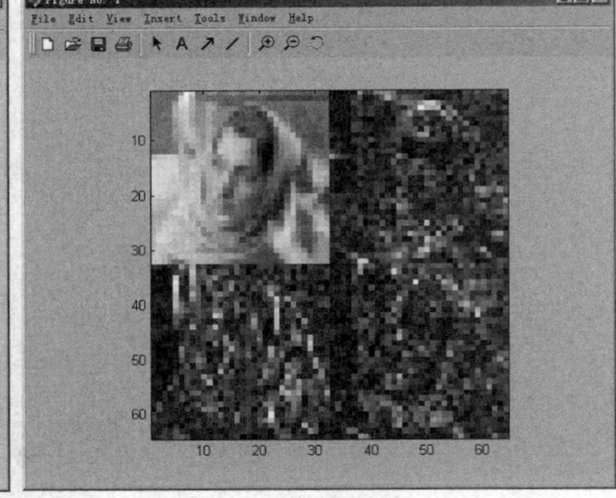

(b)第1层的近似分量和细节分量

图 4.46　提取图像的示例

7)利用 wrcoef2 函数在图像分解的第 2 层重构近似信号以及细节信号,程序清单为

```
a2 = wrcoef2('a',C,S,'db1',2);
cod_a2 = wcodemat(a2,nbcol);
subplot(2,2,1),image(cod_a2);
```

```
axis('square');
h2 = wrcoef2('h',C,S,'db1',2);
v2 = wrcoef2('v',C,S,'db1',2);
d2 = wrcoef2('d',C,S,'db1',2);
cod_h2 = wcodemat(h2,nbcol);
cod_v2 = wcodemat(v2,nbcol);
cod_d2 = wcodemat(d2,nbcol);
subplot(2,2,2),image(cod_h2);
axis('square');
subplot(2,2,3),image(cod_v2);
axis('square');
subplot(2,2,4),image(cod_d2);
axis('square');
```

运行结果如图 4.47 所示。

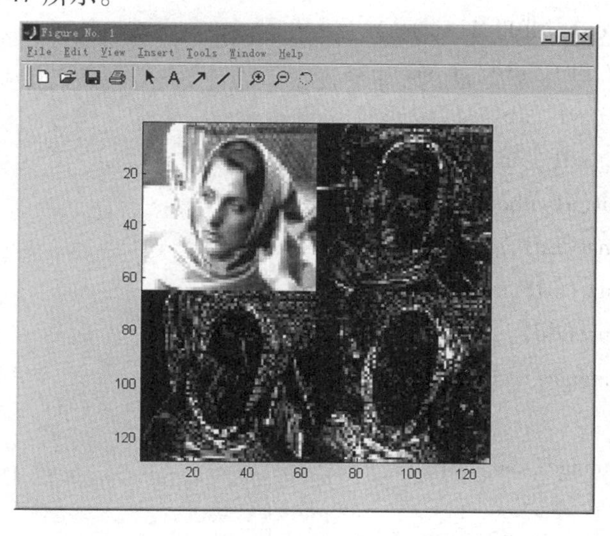

图 4.47　第 2 层重构得到的近似信号和细节信号

8)利用 upwlev2 来提取图像分解第 1 层的分解结构[C,S],程序清单为

```
[C,S] = upwlev2(C,S,'db1');
```

9)从分解得到的近似分量和细节分量的系数中重构近似信号和细节信号,要分为两步进行,即

①从分解结构[C,S]中提取系数

```
ca1 = appcoef2(C,S,'db1',1);
ch1 = detcoef2('h',C,S,1);
cv1 = detcoef2('v',C,S,1);
cd1 = detcoef2('d',C,S,1);
```

②重构

```
siz = S(size(S,1),:);
```

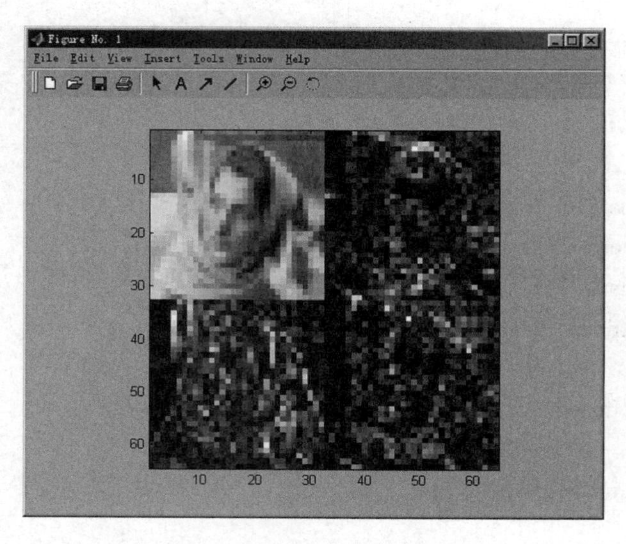

图 4.48　利用近似分量和细节分量的系数重构近似信号和细节信号

```
a1 = upcoef2('a',ca1,'db1',1,siz);
hd1 = upcoef2('h',ch1,'db1',1,siz);
vd1 = upcoef2('v',cv1,'db1',1,siz);
dd1 = upcoef2('d',cd1,'db1',1,siz);
cod_a1 = wcodemat(a1,nbcol);
cod_hd1 = wcodemat(hd1,nbcol);
cod_vd1 = wcodemat(vd1,nbcol);
cod_dd1 = wcodemat(dd1,nbcol);
subplot(2,2,1),image(cod_a1);
axis('square')
subplot(2,2,2),image(cod_hd1);
axis('square')
subplot(2,2,3),image(cod_vd1);
axis('square')
subplot(2,2,4),image(cod_dd1);
axis('square')
```

运行结果如图 4.48 所示。

10)从分解结构[C,S]中重构原始信号的近似分量,程序清单为

```
a0 = waverec2(C,S,'db1');
cod_a0 = wcodemat(a0,nbcol);
image(cod_a0)
axis('square')
```

运行结果如图 4.49 所示。

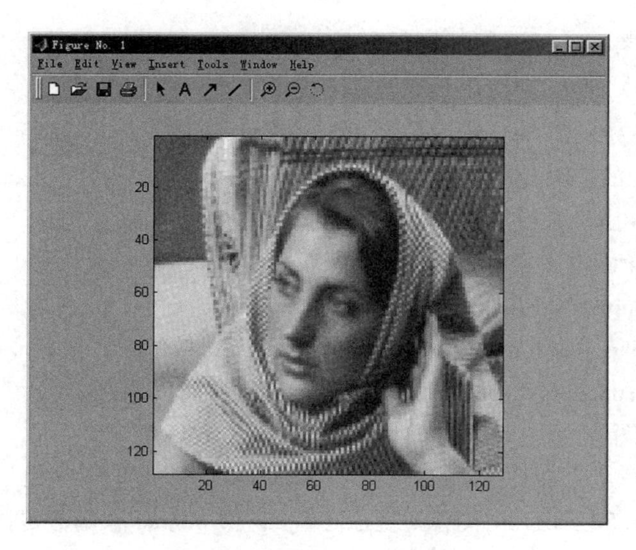

图 4.49　利用分解结构重构原始图像的近似分量

(3)小波分析在图像处理中的应用

1)利用小波变换消除图像噪声

下面以二维小波分析用于图像去噪为例。对于二维图像信号的去噪方法同样适用于一维信号,尤其是对于几何图像更适合。二维模型可以表示为

$$s(i,j)=f(i,j)+\sigma\cdot e(i,j)\qquad i,j=0,1,\cdots,m-1$$

其中,e 是标准偏差不变的高斯白噪声。二维信号用二维小波分析的去噪步骤如下:

①二维信号的小波分解。选择一个小波和小波分解的层次 N,然后计算信号 s 到第 N 层的分解。

②对高斯系当选进行阀值量化。对于从 1 到 N 的每一层,选择一个阀值,并对这一层的高频系数进行软阀值量化处理。

③二维小波的重构。根据小波分解的第 N 层的低频系数和经过修改的从第 1 层到第 N 层的各层高频系数计算二维信号的小波重构。

值得注意的是:重点是如何选取阀值和阀值的量化。下面给出一个二维信号(detfinger.mat),并利用小波分析对信号进行去噪处理。Matlab 的去噪函数有 ddendmp、wdencmp 等,其去噪程序清单如下:

```
load detfingr          %装入图像
init = 3718025452;    %下面进行噪声的产生
randn('seed',init);
Xnoise = X + 18 * (randn(size(X)));
colormap(map);      %显示原始图像及他的含噪声的图像
subplot(2,2,1);image(wcodemat(X,192));
title('原始图像 X');
axis square
subplot(2,2,2);image(wcodemat(Xnoise,192));
```

```
title('含噪声的图像 Xnoise');
axis square
[c,s] = wavedec2(X,2,'sym5');     % 用 sym5 小波对图像信号进行二层的小波分解
% 下面进行图像的去噪处理
% 使用 ddencmp 函数来计算机去噪的默认阀值和熵标准
% 使用 wdencmp 函数来实现图像的压缩
[thr,sorh,keepapp] = ddencmp('den','wv',Xnoise);
[Xdenoise,cxc,lxc,perf0,perf12] = wdencmp('gbl',c,s,'sym5',2,thr,sorh,keepapp);
subplot(2,2,3);image(Xdenoise);     % 显示去噪后的图像
title('去噪后的图像');
axis square
```

运行结果如图 4.50 所示,由图像可见,ddencmp 和 wdencmp 函数可以有效地进行去噪处理,小波变换能够有效地去除图像噪声。

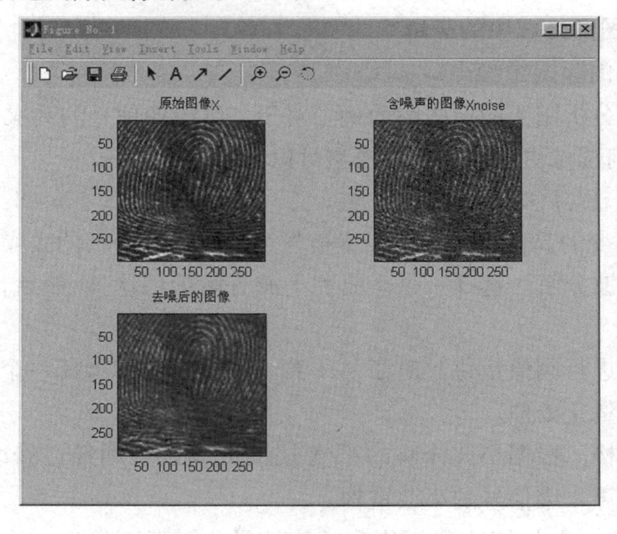

图 4.50　去噪声效果

2)利用小波变换进行图像压缩

下面给出一个图像信号(即一个二维信号,文件名为 wbarb. mat),利用二维小波变换对图像进行压缩。一个图像作小波分解后,可得到一系列不同分辨率的图像,不同分辨率的子图像对应的频率是不相同的。高分辨率(即高频)子图像上大部分点的数值都接近于 0,越是高频这种现象越明显。对一个图像来说,表现一个图像最主要的部分是低频部分,所以一个最简单的压缩方法是利用小波分解,去掉图像的高频部分而只保留低频部分。其图像压缩处理的程序清单如下:

```
X = imread('lena. bmp');% 调入图像
X = double(X)/255;      % 归一化处理
figure(1),subimage(X);% 显示图像
colormap(map)
```

```
[C,S] = wavedec2(X,2,'bior3.7'); % 对图像用'bior3.7'小波进行2层小波分解
thr = 20;                        % 设置小波系数阈值
ca1 = appcoef2(C,S,'bior3.7',1); % 提取小波分解结构中第1层的低频系数和高频系数
ch1 = detcoef2('h',C,S,1);
cv1 = detcoef2('v',C,S,1);
cd1 = detcoef2('d',C,S,1);
a1 = wrcoef2('a',C,S,'bior3.7',1);   % 分别对各频率成分进行重构
h1 = wrcoef2('h',C,S,'bior3.7',1);
v1 = wrcoef2('v',C,S,'bior3.7',1);
d1 = wrcoef2('d',C,S,'bior3.7',1);
c1 = [a1,h1;v1,d1];
% 进行图像压缩处理,保留小波分解第1层低频信息,进行图像的压缩
% 第1层的低频信息为ca1,显示第1层的低频信息
% 首先对第1层信息进行量化编码
ca1 = appcoef2(C,S,'bior3.7',1);
ca1 = wcodemat(ca1,440,'mat',0);
ca1 = 0.5 * ca1       % 改变图像的高度
figure(2),image(ca1); % 显示第一次压缩图像
colormap(map);
% 保留小波分解第2层低频信息,进行图像的压缩,此时压缩比更大
% 第2层的低频信息为ca2,显示第2层的低频信息
ca2 = appcoef2(C,S,'bior3.7',2);
% 首先对第2层信息进行量化编码
ca2 = wcodemat(ca2,440,'mat',0);
% 改变图像的高度
ca2 = 0.5 * ca2
% 显示第二次压缩图像
figure(3),image(ca2);
colormap(map);
```

运行结果如图4.51(a)、(b)、(c)所示。

3)利用小波变换进行边界扭曲

下面给出一个图像信号,利用二维小波变换对图像进行边界扭曲程序清单为

```
% 调入图像,设置DWT的填充模式为零填充,显示图像
load geometry;
subplot(2,2,1),image(X);title('a');
dwtmode('zpd');
% 利用sym4小波基,调用wavedec2函数对图像进行多级小波分解
```

(a)原始图像

(b)压缩图像1

(c)压缩图像2

图 4.51　图像压缩处理示例

```
lev =3,[C,S] = wavedec2(X,lev,'sym4');
% 调用 wrcoef2 函数根据一维变换系数进行单支重构
a1 = wrcoef2('a',C,S,'sym4',lev);
% 显示变换后图像
subplot(2,2,2),image(a1);title('b');
% 利用另一种边界填充技术——光滑填充方法
% 然后使用与上面同样的小波变换对填充图像进行变换,并且显示图像
dwtmode('spd');
[C,S] = wavedec2(X,lev,'sym4');
a3 = wrcoef2('a',C,S,'sym4',lev);
subplot(2,2,3),image(a3);title('c');
```

运行结果如图 4.52(a)、(b)、(c)所示。

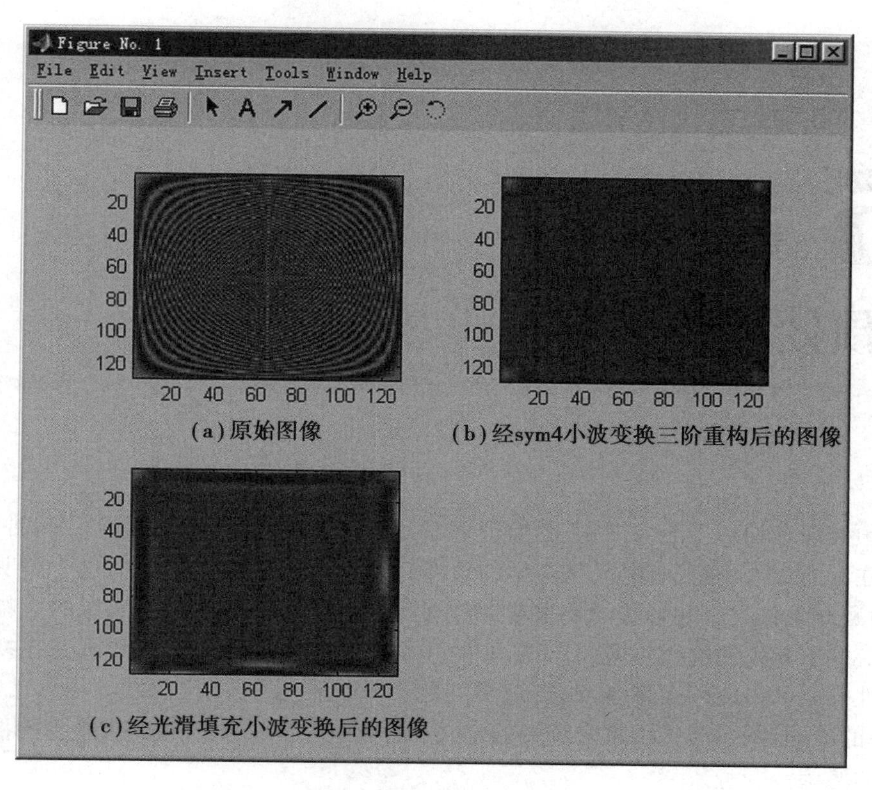

图 4.52　边界扭曲效果示例

第 5 章 图像预处理及 MATLAB 实现

图像预处理是相对于图像识别、图像理解而言的一种前期处理。不论采用何种装置,输入的图像往往不能令人满意。例如,从美学的角度会感到图像中物体的轮廓过于鲜明而显得不协调;按检测对象物大小和形状的要求看,图像的边缘过于模糊;在相当满意的一幅图像上会发现多了一些不知来源的黑点或白点;图像的失真、变形等。总之,输入的图像在视觉效果和识别方便性等方面可能存在诸多问题,这类问题不妨统称为“质量”问题。尽管由于目的、观点、爱好等的不同,图像质量很难有统一的定义和标准,但是,根据应用要求改善图像质量却是一个共同的愿望。

改善图像质量的处理称为图像预处理,主要是指按需要进行适当的变换突出某些有用的信息,去除或削弱无用的信息,如改变图像对比度,去除噪声或强调边缘的处理等。

本章主要介绍直方图修正、灰度变换等内容。除本章介绍的内容外,图像预处理基本方法还有:图像的频域特性(参见本书第 4 章)、直方图变换、灰度变换、图像平滑、图像锐化、伪彩色和假彩色处理(参见本书第 8 章)等就不在本章介绍了。

5.1 直方图修正

5.1.1 直方图

按照随机过程理论,图像可以看做是一个随机场,也具有相应的随机特性,其中最重要的就是灰度密度函数,但是一般讲,要精确得到图像的灰度密度函数是比较困难的,实际中用数字图像的直方图来代替。图像的直方图是图像的重要统计特征,是表示数字图像中每一灰度级与该灰度级出现的频数(该灰度像素的数目)间的统计关系。用横坐标表示灰度级,纵坐标表示频数(也有用相对频数即概率表示的)。按照直方图的定义可表示为

$$P(r_k) = \frac{n_k}{N} \tag{5.1.1}$$

式中 N 为一幅图像的总像素数,n_k 是第 k 级灰度的像素数,r_k 表示第 k 个灰度级,$P(r_k)$ 表示该灰度级出现的相对频数。

需要注意的是:直方图能给出该图像的大致描述,如图像的灰度范围、灰度级的分布、整幅图像的平均亮度等,但是仅从直方图不能完整地描述一幅图像,因为一幅图像对应于一个直方图,但是一个直方图不一定只对应一幅图像,几幅图像只要灰度分布密度相同,那么它们的直方图也是相同的。图 5.1 所示就是不同图像内容但具有相同直方图的实例。

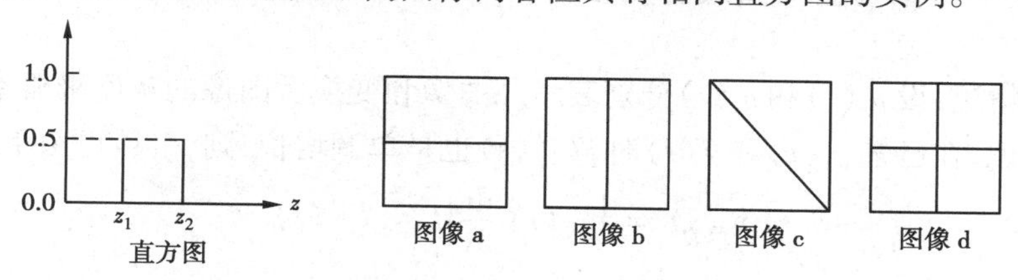

图 5.1　几个具有相同直方图的图像实例

尽管直方图不能表示出某灰度级的像素在什么位置,更不能直接反映出图像内容,但是具有统计特性的直方图却能描述该图像的灰度分布特性,使人们从中得到诸如总体明亮程度、对比度、对象物的可分性等与图像质量有关的灰度分布概貌,成为一些处理方法的重要依据;同时,对直方图进行分析可以得出图像的一些能反映出图像特点的有用特征。例如,当图像的对比度较小时,它的灰度直方图只在灰度轴上较小的一段区间上非零;较暗的图像由于较多像素的灰度值低,因此直方图的主体出现在低值灰度区间上,在高值灰度区间上的幅度较小或为零,而较亮的图像情况正好相反;看起来清晰柔和的图像,它的直方图分布比较均匀。通常一幅均匀量化的自然图像由于其灰度直方图分布集中在较窄的低值灰度区间,引起图像的细节看不清楚,为使图像变得清晰,可以通过变换使图像的灰度范围拉开或使灰度分布在动态范围内趋于均化,从而增加反差,使图像的细节清晰,达到图像增强的目的。事实证明,通过图像直方图修改进行图像增强是一种有效的方法。

5.1.2　直方图修正

直方图修正的应用非常广泛。例如:在医学上,为了改善 X 射线机操作人员的工作条件,可以采用低强度 X 射线曝光,但是这样获得的 X 光片灰度级集中在暗区,许多图像细节无法看清,判读困难,通过修正使灰度级分布在人眼合适的亮度区域,就可以使 X 光片中的细节,如筋骨、关节等清晰可见。另外还有一些非可见光成像的工业无损检测(如射线成像、红外成像等),军事公安侦察等照片的处理。

直方图修正通常有直方图均衡化和直方图规定化两大类。下面分别介绍如下:

(1)直方图均衡化

直方图均衡化也称为直方图均匀化,是一种常用的灰度增强算法,是将原图像的直方图经过变换函数修整为均匀直方图,然后按均衡后的直方图修整原图像。

为研究方便,首先将直方图归一化,即让原图像灰度范围$[Z_1,Z_k]$归一化为$[0,1]$。设其中任一灰度级 Z 归一化为 r,变换后图像的任一灰度级 Z'归一化为 s,显然 r,s 应当满足

$$0 \leqslant r \leqslant 1, \qquad 0 \leqslant s \leqslant 1 \tag{5.1.2}$$

因此直方图修正就是对下列公式的计算过程:

$$s = T(r) \quad 或 \quad r = T^{-1}(s) \tag{5.1.3}$$

式中 $T(r)$ 为变换函数,它必须满足下列条件:

①$T(r)$在$0\leqslant r\leqslant 1$区间内是单值函数，且单调增加；

②$T(r)$在$0\leqslant r\leqslant 1$内满足$0\leqslant T(r)\leqslant 1$。

条件①保证了灰度级从黑到白的次序，而条件②确保映射后的像素灰度级仍在允许的灰度级范围内，避免整个图像明显变亮或者变暗。$T^{-1}(s)$为反变换函数，也同样满足上述的两个条件。

对于连续情况，设$p_r(r)$和$p_s(s)$分别表示原图像和变换后图像的灰度级概率密度函数，根据概率论的知识，在已知$p_r(r)$和$T(r)$时，$T^{-1}(s)$也是单调增长，则$p_s(s)$可由下式求出：

$$p_s(s) = \left[p_r(r)\frac{\mathrm{d}r}{\mathrm{d}s}\right]_r = T^{-1}(s) \tag{5.1.4}$$

在直方图均衡化时，有$p_s(s)=\frac{1}{L}=$常数，这里L为均衡化后灰度变化范围，归一化表示时$L=1$，则$p_s(s)=1$，有$\mathrm{d}s=p_r(r)\mathrm{d}r$，即$\mathrm{d}s=\mathrm{d}T(r)=p_r(r)\mathrm{d}r$

两边取积分得

$$s = T(r) = \int_0^r p_r(r)\mathrm{d}r \tag{5.1.5}$$

式(5.1.5)就是所求的变换函数，表明变换函数$T(r)$是原图像的累计分布函数，是一个非负递增函数，因此只要知道原图像的概率密度，就能很容易地确定变换函数。

将上述结论推广到离散的情况。设一幅图像总像素为n，共分L个灰度级，n_k代表第k个灰度级r_k出现的频数(像素数)，则第k灰度级出现的概率为

$$p_r(r_k) = n_k/n, 0\leqslant r_k\leqslant 1 \qquad k=0,1,\cdots,L-1 \tag{5.1.6}$$

此时变换函数可以表示为

$$s_k = T(r_k) = \sum_{i=0}^{k} p_r(r_i) = \sum_{i=0}^{k} n_i/n \tag{5.1.7}$$

其反变换函数为

$$r_k = T^{-1}(s_k) \qquad 0\leqslant s_k\leqslant 1 \tag{5.1.8}$$

因此，根据原图像的直方图统计值就可算出均衡后各像素的灰度值。

下面通过一个例子来说明：假设有一幅图像，共有 64×64 个像素，8 个灰度级，各灰度级概率分布如表 5.1 所示，试将其直方图均匀化。

表 5.1　各灰度级对应的概率分布

灰度级 r_k	0	1/7	2/7	3/7	4/7	5/7	6/7	1
像素数 n_k	790	1 023	850	656	329	245	122	81
概率 $p_r(r_k)$	0.19	0.25	0.21	0.16	0.08	0.06	0.03	0.02

现将图像直方图均匀化过程扼要说明如下：根据表 5.1 数据得到此图像直方图如图 5.2(a)所示，应用式(5.1.7)可求得变换函数为

$$s_0 = T(r_0) = \sum_{i=0}^{0} P_r(r_i) = 0.19$$

$$s_1 = T(r_1) = \sum_{i=0}^{1} P_r(r_i) = P_r(r_0) + P_r(r_1) = 0.19 + 0.25 = 0.44$$

依此类推，即可得到：$s_2=0.65$，$s_3=0.81$，$s_4=0.89$，$s_5=0.95$，$s_6=0.98$，$s_7=1.00$

变换函数 s_k 与灰度级 r_k 之间的关系曲线如图 5.2(b) 所示。从表 5.1 中可以看出原图像给定的 r_k 是等间隔的(每个间隔为 1/7)，而经过 $T(r_k)$ 求得的 s_k 就不一定是等间隔的，从图 5.2(b) 中可以很清楚地看到，为了不改变原图像的量化值，必须对每一个变换的 s_k 取最靠近的量化值，表 5.2 中列出了重新量化后得到的新灰度 $s'_0, s'_1, s'_2, s'_3, s'_4$，将计算出来的 s_k 与量化级数相比较，即可得到

$$s_0 = 0.19 \to \frac{1}{7}, s_1 = 0.44 \to \frac{3}{7}, s_2 = 0.65 \to \frac{5}{7}, s_3 = 0.81 \to \frac{6}{7}, s_4 = 0.89 \to \frac{6}{7},$$

$$s_5 = 0.95 \to 1, s_6 = 0.98 \to 1, s_7 = 1 \to 1$$

表 5.2　直方图均匀化过程

原灰度级	变换函数值	原来量化级	原来像素数	新灰度级	新灰度级分布
$r_0 = 0$	$s_0 = T(r_0) = 0.19$	0	790		
$r_1 = 1/7$	$s_1 = T(r_1) = 0.44$	$1/7 = 0.14$	1 023	$s'_0(790)$	790/4 096 = 0.19
$r_2 = 2/7$	$s_2 = T(r_2) = 0.65$	$2/7 = 0.29$	850		
$r_3 = 3/7$	$s_3 = T(r_3) = 0.81$	$3/7 = 0.43$	656	$s'_1(1\ 023)$	1 023/4 096 = 0.25
$r_4 = 4/7$	$s_4 = T(r_4) = 0.89$	$4/7 = 0.57$	329		
$r_5 = 5/7$	$s_5 = T(r_5) = 0.95$	$5/7 = 0.71$	245	$s'_2(850)$	850/4 096 = 0.21
$r_6 = 6/7$	$s_6 = T(r_6) = 0.98$	$6/7 = 0.86$	122	$s'_3(985)$	985/4 096 = 0.24
$r_7 = 1$	$s_7 = T(r_7) = 1$	1.00	81	$s'_4(448)$	448/4 096 = 0.11

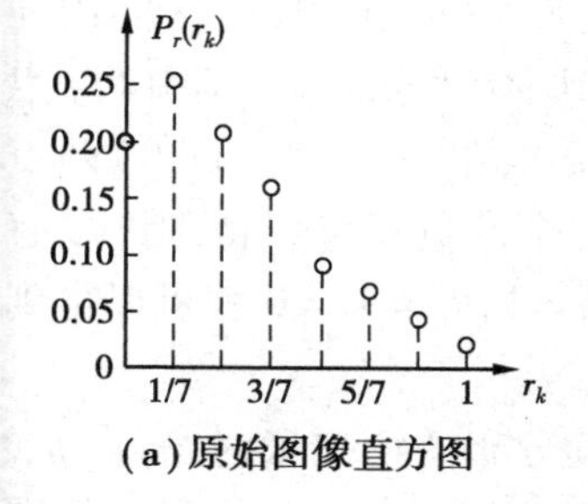

(a) 原始图像直方图

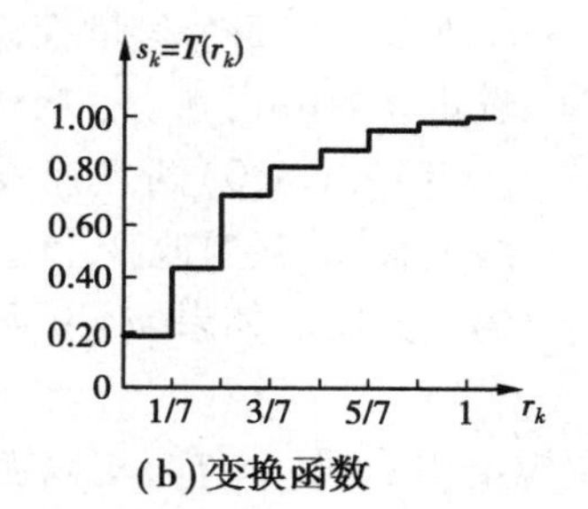

(b) 变换函数

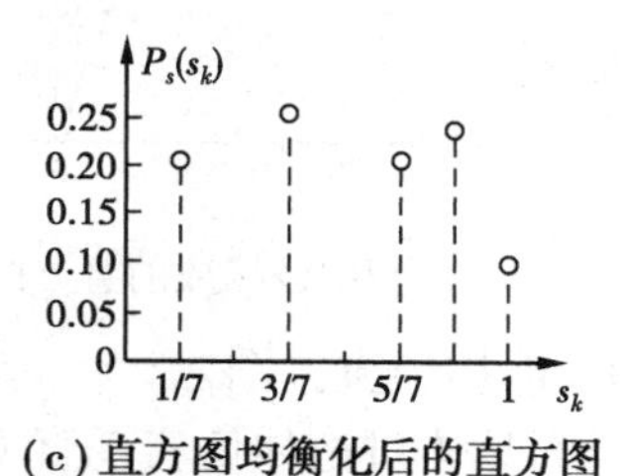

(c) 直方图均衡化后的直方图

图 5.2　图像直方图均衡化示例

将相同值的归并起来，即得直方图均衡化修正后的灰度级变换函数，它们是

$$s'_0 = \frac{1}{7}, s'_1 = \frac{3}{7}, s'_2 = \frac{5}{7}, s'_3 = \frac{6}{7}, s'_4 = 1$$

由此可知，经过变换后的灰度级不需要 8 个，只需要 5 个就可以了。把相应原灰度级的像素数相加得到新灰度级的像素数。均匀化以后的直方图如图 5.2(c) 所示，由图可见，均衡化后的直方图比原直方图均匀了，但它并不能完全均匀，这是由于在均衡化的过程中，原直方图上有几个像素数较少的灰度级归并到一个新的灰度级上，而像素较多的灰度级间隔被拉大了，这样有利于图像的分析和识别。这样做是减少图像的灰度等级以换取对比度的扩大。

(2) 直方图规定化

以上均匀化处理后的图像虽然增强了图像的对比度，但它并不一定适合有些应用场合，

如:有时人们希望增强后的图像,其灰度级的分布是不均匀的,而且是具有规定形状的直方图,这样可以突出感兴趣的灰度范围。此时可以采用直方图的规定化实现。直方图规定化有几种不同的方法,下面分别给予介绍:

直方图规定化方法之一是指用一个规定的概率函数来表示所需要的直方图,如表 5.3 所示。也就是将原来直方图变换成某一个规定概率密度函数的直方图,这种图像直方图规定化一般是按照式(5.1.1)来进行计算的。

表 5.3　几种给定形状的直方图修正变换函数

	修正后要求的概率密度函数	变换函数 $s = T(r)$
均匀分布	$P_s = 1/(s_{\max} - s_{\min})$　　$s_{\min} \leqslant s \leqslant s_{\max}$	$s = (s_{\max} - s_{\min})\int_0^r P_r(\omega)\mathrm{d}\omega$
指数分布	$P_s(s) = \alpha\exp[-\alpha(s - s_{\min})]$　　$s \geqslant s_{\min}$	$s = s_{\min} - \frac{1}{\alpha}\ln[1 - \int_0^r P_r(\omega)\mathrm{d}\omega]$
雷利分布	$P_s(s) = \frac{s - s_{\min}}{\alpha^2}\exp\left\{\frac{-(s - s_{\min})^2}{2\alpha^2}\right\}$	$s = s_{\min} + \left[2\alpha^2\ln\frac{1}{1 - \int_0^r P_r(\omega)\mathrm{d}\omega}\right]^{1/2}$
双曲分布	$P_s(s) = \frac{1}{s[\ln(s_{\max}) - \ln(s_{\min})]}$	$s = s_{\min}\left[\frac{s_{\max}}{s_{\min}}\right]^{\int_0^r P_r(\omega)\mathrm{d}\omega}$

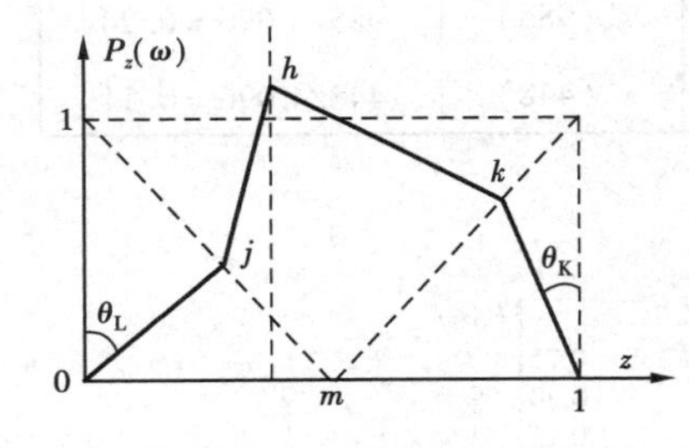

图 5.3　由直线段构成的直方图

直方图规定化处理的第二种方法是通过控制一组直线段来构成直方图,使其满足所希望的形状。然后再数字化并归一化。图 5.3 中的直线段构成的直方图形状受 m,h,θ_L,θ_K 四个参量控制,其中:m 在[0,1]区间内任意选定;$h \geqslant 0$;当 θ_L,θ_K 从 0°到 90°变化时,分别引起 j 点在(0,1)和(m,0)两点连线、k 点在(1,1)和(m,0)两点连线上移动,只要改变上述四个参量就可以得到许多有用的直方图。如果 $m=0.5,h=1,\theta_L=\theta_K=0$ 就可以得到一个矩形,即均匀直方图。

下面具体讨论如何实现直方图规定化处理。同样,先以连续分布的情况来讨论,设 $p_r(r)$ 为原始图像的灰度密度函数,$p_z(z)$ 为希望得到的增强图像的灰度密度函数。如果对原始图像 $p_r(r)$ 和期望图像 $p_z(z)$ 均进行直方图均衡化处理,即可得

$$s = T(r) - \int_0^r p_r(r)\mathrm{d}r \quad 0 \leqslant r \leqslant 1 \tag{5.1.9}$$

$$v = G(z) - \int_0^z p_z(z)\mathrm{d}z \quad 0 \leqslant z \leqslant 1 \tag{5.1.10}$$

经过上述变换后的灰度 s 及 v,其密度函数是相同的,可以通过直方图均衡,实现从 $p_r(r)$ 到 $p_z(z)$ 的转换,也就是实现直方图的规定化。

具体的方法就是利用 $s = T(r) = \int_0^r p_r(r)\mathrm{d}r, 0 \leqslant r \leqslant 1$,可将原图各点的灰度 r 变换为 s,然后根据 $s = v$ 及 $v = G(z) = \int_0^z p_z(z)\mathrm{d}z, 0 \leqslant z \leqslant 1, z = G^{-1}(v)$,就可以求出与每一个 r 相对应的灰度值 $z = G^{-1}(v)$。

对于离散的数字图像可进行类似的变换，即先对原图进行直方图均衡，求出与原图像中每一个灰度级 r_i 相对应的 s_i 值，然后对具有规定形状直方图的期望图像也进行类似的处理，求出与期望图像灰度 z_k 相对应的 v_k 值，再在 v_k 和 s_i 之间找出满足 $v_k \approx s_i$ 的点对，进而返回去找出与 r_i 相对应的 z_k，实现图像按规定形状直方图作增强。

现在，仍以前面的64×64个像素、8个灰度级图像为例，说明直方图规定化增强的过程。图5.4(a)是原图像直方图，图5.4(b)是期望图像的直方图。期望图像所对应的直方图的具体数值列于表5.3所示。

首先，重复前面的例子的均匀化过程，计算直方图均衡化原始图像灰度 r_i 对应的变换函数 s_i，8个灰度级合并为5个灰度级，其结果如下：

$s_0 = 1/7 \quad n_{s0} = 790 \quad P_s(s_0) = 0.19 \quad s_1 = 3/7 \quad n_{s1} = 1\,023 \quad P_s(s_1) = 0.25$

$s_2 = 5/7 \quad n_{s2} = 850 \quad P_s(s_2) = 0.21 \quad s_3 = 6/7 \quad n_{s3} = 985 \quad P_s(s_3) = 0.24$

$s_4 = 1 \quad n_{s4} = 448 \quad P_s(s_4) = 0.11$

第二步，对规定化的图像用同样的方法进行直方图均匀化处理(图5.4(c))，求出给定直方图对应的灰度级 $v_k = G(z_k) = \sum_{j=0}^{k} p_z(z_j)$；

$v_0 = 0.00 = G(z_0) \quad v_1 = 0.00 = G(z_1) \quad v_2 = 0.00 = G(z_2) \quad v_3 = 0.15 = G(z_3)$

$v_4 = 0.35 = G(z_4) \quad v_5 = 0.65 = G(z_5) \quad v_6 = 0.85 = G(z_6) \quad v_7 = 1 = G(z_7)$

第三步，使用与 v_k 靠近的 s_k 代替 v_k(由于是离散图像，所以采用"最靠近"原则)，得到的结果如下：

$s_0 = (1/7) \to v_3 \to G(z_3) \to z_3 = 3/7 \quad s_1 = (3/7) \to v_4 \to G(z_4) \to z_4 = 4/7$

$s_2 = (5/7) \to v_5 \to G(z_5) \to z_5 = 5/7 \quad s_4 = (6/7) \to v_6 \to G(z_6) \to z_6 = 6/7$

$s_4 = (1) \to v_7 \to G(z_7) \to z_7 = 1$

并用 $G^{-1}(s)$ 求逆变换即可得到 z'_k；

$G^{-1}(s_0) = z_3 = 3/7 \quad G^{-1}(s_1) = z_4 = 4/7 \quad G^{-1}(s_2) = z_5 = 5/7$

$G^{-1}(s_3) = z_6 = 6/7 \quad G^{-1}(s_4) = z_7 = 1$

第四步，图像总像素点为4 096，根据一系列 z'_k 求出相应的 $P_z(z_k)$(表5.4)，结果直方图如图5.4(d)所示。

表5.4　规定直方图和结果直方图

规定直方图		结果直方图	
z_k	$p_z(z_k)$	n_k	$p_z(z_k)$
0	0.00	0	0.00
1/7	0.00	0	0.00
2/7	0.00	0	0.00
3/7	0.15	790	0.19
4/7	0.20	1 023	0.25
5/7	0.30	850	0.21
6/7	0.20	985	0.24
1	0.15	448	0.11

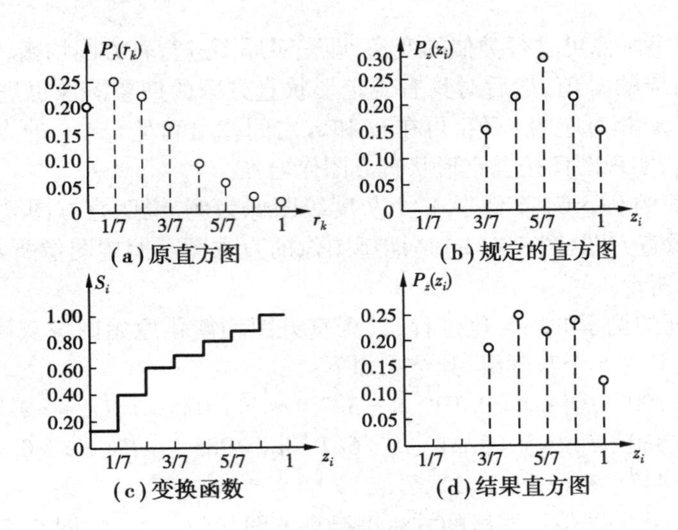

图 5.4 直方图规定化

综上所述,直方图规定化就是把直方图均衡化结果映射到设想的理想直方图上,使图像按人的意愿去变换。

5.1.3 MATLAB 提供的直方图修正函数及其应用

(1) imhist 函数

MATLAB 图像处理工具箱提供了 imhist 函数来计算和显示图像的直方图,其语法格式为

imhist(I,n)

其功能是:计算和显示灰度图像 I 的直方图,n 为指定的灰度级的数目,对于灰度图像其默认值是 256,对于黑白二值图像,n 的默认值是 2。

imhist(X,map)

其功能是:计算和显示索引色图像 X 的直方图,map 为调色板。

[counts,x] = imhist(…)

其功能是:返回直方图数据向量 counts 或相应的色彩值向量 x。

下面是一个实现图像 gray.bmp 的灰度直方图程序清单:

```
I = imread('gray.bmp');
imshow(I);
figure,imhist(I);
```

运行结果如图 5.5 所示。

(2) histeq 函数

MATLAB 图像处理工具箱提供了用于直方图均匀化的函数 histeq。histeq 函数的语法格式为

J = histeq(I,hgram)

其功能是:将原始图像 I 的直方图变成用户指定的向量 hgram,hgram 中的各元素值域为[0,1]。

J = histeq(I,n)

其功能是:指定直方图均匀化后的灰度级数 n,默认值为 64。

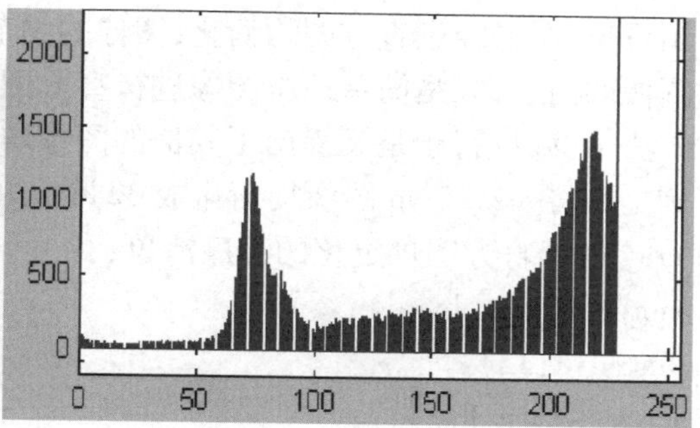

图 5.5　图像 gray. bmp 的原始图和灰度直方图

[J,T] = histeq(I,…)

其功能是:返回从能将图像 I 的灰度直方图变换成图像 J 的直方图的变换 T。

newmap = histeq(X,map,hgram)

newmap = histeq(X,map)

[newmap,T] = histeq(X, …)

其功能是:针对索引色图像调色板的直方图均匀化。其他与上面类同。

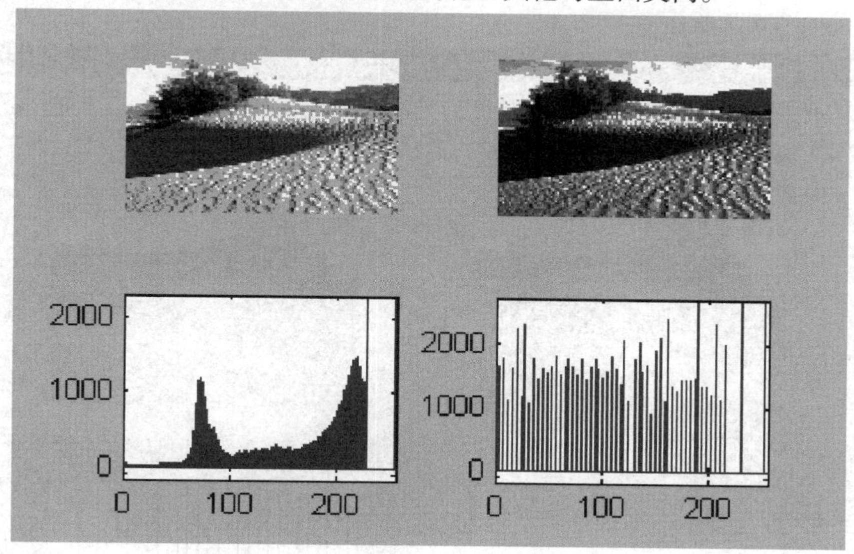

图 5.6　原始图像及直方图与直方图均匀化后的图像及直方图

下例是对图像 gray. bmp 进行直方图均匀化的程序清单:

```
I = imread('gray. bmp')
J = histeq(I)
subplot(2,2,1),imshow(I)
subplot(2,2,2),imshow(J)
subplot(2,2,3),imhist(I)
subplot(2,2,4),imhist(J)
```

运行结果如图 5.6 所示。

由图可见,图像经过直方图均衡化,图像的细节更加清楚了,但是由于直方图的均衡化没有考虑图像的内容,只是简单地将图像进行直方图均衡,使图像看起来亮度过高,也就是说直方图的方法不够灵活,于是又提出了其他的图像增强的方法。

下例是用将 gray. bmp 图像均衡化成 32 个灰度级的直方图作为原始图像的期望直方图,对图像 gray 进行直方图规定化的程序清单:

```
I = imread('gray. bmp');
J = histeq(I,32);
[counts,x] = imhist(J);
Q = imread('gray. bmp');
Figure,
subplot(2,2,1),imshow(Q);
subplot(2,2,3),imhist(Q);
M = histeq(Q,counts);
subplot(2,2,2),imshow(M);
subplot(2,2,4),imhist(M);
```

运行结果如图 5.7 所示。

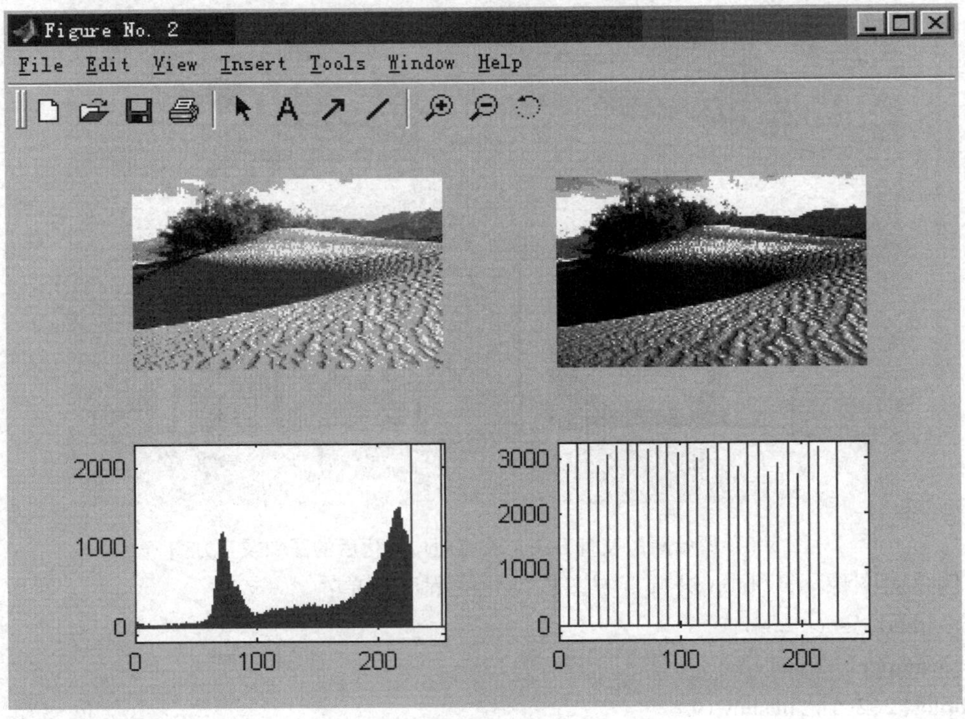

图 5.7　直方图规定化示例

5.2 灰度变换

灰度变换是图像增强的另一种重要手段,它可使图像动态范围加大,使图像对比度扩展,图像更加清晰,特征更加明显。本节主要介绍有关灰度变换的方法以及应用。

5.2.1 灰度级修正

图像在成像的过程中,往往由于光照、摄像以及光学系统的不均匀性而引起图像某些部分较暗或较亮,那么对图形逐点进行不同程度的灰度级校正,就能使整幅图像灰度均匀,从而获得满意的视觉效果。灰度级修正是对图像在空间域进行增强的一种简单而有效的方法,根据对图像不同的要求而采用不同的修正方法。灰度级修正也称为点运算,它不改变像素点的位置,只改变像素点的灰度值。

设原来的图像为$f(x,y)$,不均匀降质图像为$g(x,y)$,代表降质性质的函数为$e(x,y)$,则降质过程可以用下式表示:

$$g(x,y) = e(x,y)f(x,y) \tag{5.2.1}$$

由式(5.2.1)可知,只要获得降质函数$e(x,y)$,就可以通过降质图像$g(x,y)$来重建原始图像$f(x,y)$,但是降质函数$e(x,y)$往往是不知道的,需要根据图像降质系统的特性来计算或测量,最简单的方法是用一个已知灰度级全部为常数C的图像来标定这个降质系统的降质函数。设输入这个图像降质系统的图像为降质函数$f_C(x,y)=C$,那么可获得其输出图像为降质函数$g_C(x,y)$,那么

$$g_C(x,y) = e(x,y)f_C(x,y) \tag{5.2.2}$$

由此获得$e(x,y)$为

$$e(x,y) = \frac{g_C(x,y)}{f_C(x,y)} = \frac{g_C(x,y)}{C} \tag{5.2.3}$$

再将式(5.2.3)代入式(5.2.1),就可以由降质图像$g(x,y)$求出原始图像$f(x,y)$,即

$$f(x,y) = \frac{g(x,y)}{e(x,y)} = \frac{g(x,y)}{g_C(x,y)}C \tag{5.2.4}$$

应用灰度级校正的方法需要注意两点:

①按照式(5.2.2)对降质图像进行逐点灰度级校正所获得的图像,其中某些像素的灰度值有可能要超出记录器件或显示器输入灰度级的动态范围$[Z_1,Z_K]$。若要不失真的输入,需要采取其他的方法进一步地修正。最简单的方法是:令所有灰度值小于Z_1的像素的灰度值都等于Z_1;令所有灰度值大于Z_K的像素的灰度值都等于Z_K。或者用下面介绍的灰度变换方法来修正。

②降质图像在数字化时,各像素灰度值都被量化在$[Z_1,Z_K]$离散集合中的离散值上,但经过校正后的图像各像素的灰度值不一定在这些离散值上,因此必须对校正后的图像进行量化。

5.2.2 灰度变换

一般成像系统只具有一定的亮度响应范围,常出现对比度不足的弊病,使人眼观看图像时

视觉效果很差；另外，在某些情况下，需要将图像的灰度级整个范围或者其中的某一段扩展或压缩到记录器件输入灰度级动态范围之内。采用下面介绍的灰度变换方法可以充分利用记录器件灰度级的动态范围，记录显示出图像中需要的图像细节，从而大大改善人的视觉效果。灰度变换可分为线性、分段线性、非线性以及其他的灰度变换。

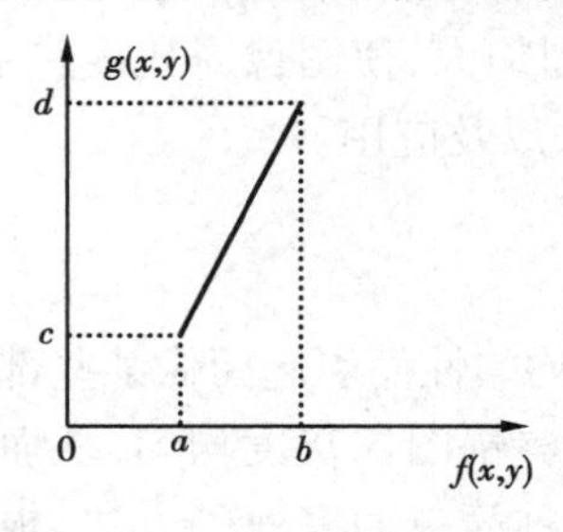

图 5.8　灰度范围的线性变换

(1)线性灰度变换

假定原图像 $f(x,y)$ 的灰度范围为 $[a,b]$，希望变换后的图像 $g(x,y)$ 的灰度扩展为 $[c,d]$，则采用下述线性变换来实现：

$$g(x,y) = \frac{d-c}{b-a}[f(x,y)-a]+c \tag{5.2.5}$$

上式的关系可以用图 5.8 表示。实际上使曝光不充分图像中黑的更黑，白的更白，从而提高图像灰度对比度。若 $c=0, d=255$，式(5.2.5)可以简化为

$$g(x,y) = \frac{255}{b-a}[f(x,y)-a]$$

若图像灰度在 $0 \sim M$ 范围内，其中大部分像素的灰度级分布在区间 $[a,b]$ 内，很小部分像素的灰度级超出了此区间。为改善增强效果，可令

$$g(x,y) = \begin{cases} c & 0 \leqslant f(x,y) \leqslant a \\ \dfrac{d-c}{b-a}[f(x,y)-a]+c & a < f(x,y) \leqslant b \\ d & b < f(x,y) \leqslant M \end{cases} \tag{5.2.6}$$

上式的关系用图 5.9 表示。

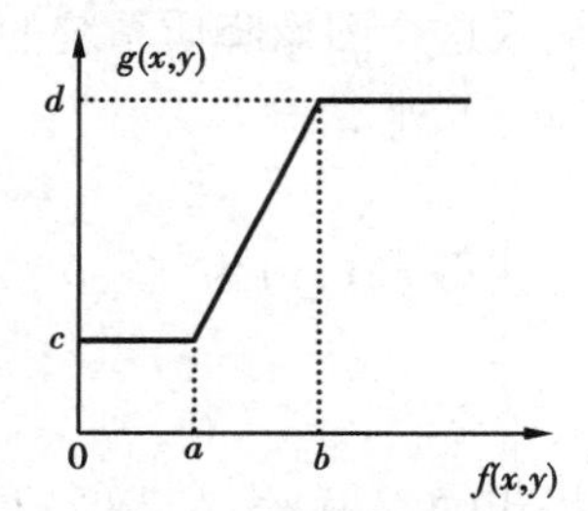

图 5.9　改善的线性变换

注意：这种变换扩展了 $[a,b]$ 区间灰度级，但是将小于 a 和大于 b 范围内的灰度级分别被压缩为 c 和 d，这样使图像灰度级在上述两个范围内的像素都各变成一个灰度级，使这二部分信息损失了。在某些实际应用场合下，只要合理选择 $[a,b]$，是可以允许这种失真存在的。比如在遥感图像分类技术中，那些过黑或者过白的像素往往对应的是玄武岩、冰、水和雪等，其中并不包括所需要的地貌特征，因此完全可以把它们压缩为一个灰度级。

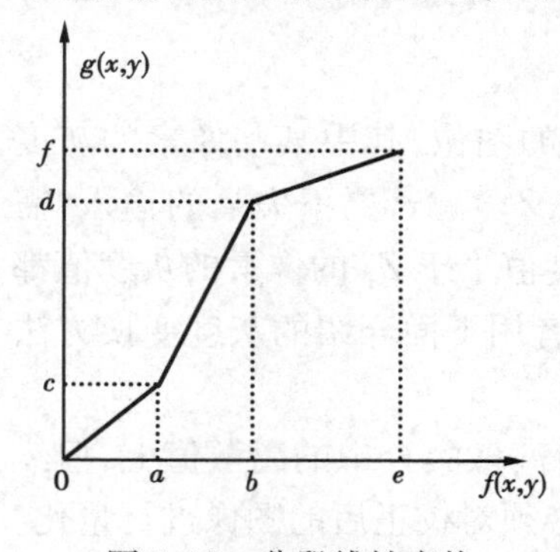

图 5.10　分段线性变换

有时为了保持 $f(x,y)$ 灰度低端和高端值不变，可以采用下面的形式：

$$g(x,y) = \begin{cases} \dfrac{d-c}{b-a}[f(x,y)-a]+c & a < f(x,y) \leqslant b \\ f(x,y) & \text{其他} \end{cases} \tag{5.2.7}$$

式中，a,b,c,d 这些分割点可根据用户的不同需要来确定。

(2)分段线性灰度变换

为了突出图像中感兴趣的目标或者灰度区间，相对抑制那些不感兴趣的灰度区域，而不惜牺牲其他灰度级上的细节，可以采用分段线性法，将需要的图像细节灰度级拉伸，增强对比度，不需要的细节灰度级压缩。常采用如图 5.10 所示的三段线性变换法，其数学表达式如下：

$$g(x,y)=\begin{cases}\dfrac{c}{a}f(x,y) & 0\leqslant f(x,y)\leqslant a\\[2mm] \dfrac{d-c}{b-a}[f(x,y)-a]+c & a<f(x,y)\leqslant b\\[2mm] \dfrac{f-d}{e-b}[f(x,y)-b]+d & b<f(x,y)\leqslant e\end{cases}\tag{5.2.8}$$

图中对灰度区间$[a,b]$进行了线性扩展,而灰度区间$[0,a]$和$[b,e]$受到了压缩。通过调整折线拐点的位置及控制分段直线的斜率,可对任一灰度区间进行扩展和压缩。

(3)非线性灰度变换

前面讨论的是分段折线式,也可以用数学上的非线性函数进行变换,如平方、指数、对数等,但是其中有实际意义的还是对数变换。

1)对数变换

对数变换的一般式为

$$g(x,y)=a+\frac{\ln[f(x,y)+1]}{b\ln c}\tag{5.2.9}$$

这里的 a、b、c 是为了调整曲线的位置和形状而引入的参数。对数变换常用来扩展低值灰度,压缩高值灰度,这样可使低值灰度的图像细节更容易看清。

2)指数变换

指数变换的一般式为

$$g(x,y)=b^{c[f(x,y)-a]}-1\tag{5.2.10}$$

这里的 a、b、c 也是为了调整曲线的位置和形状。指数变换可以扩展低值灰度,压缩高值灰度;也可以扩展高值灰度,压缩低值灰度。但由于与人的视觉特性不太相同,因此不常采用。

5.2.3　MATLAB 提供的灰度变换函数及其应用

MATLAB 图像处理工具箱中提供的 imadjust 函数,可以实现图像的灰度变换,使对比度增强。其语法格式为

J = imadjust(I,[low,high],[bottom,top],gamma)

其功能是:返回图像 I 经过直方图调整后的图像 J。[low,high]为原图像中要变换的灰度范围,[bottom,top]指定变换后的灰度范围,两者的默认值均为[0,1]。gamma 为矫正量,其取值决定了输入图像到输出图像的灰度映射方式,即决定了增强低灰度还是增强高灰度。如果 gamma 等于 1 时,为线性变换;如果 gamma 小于 1 时,那么映射将会对图像的像素值加权,使输出像素灰度值比原来大;如果 gamma 大于 1 时,那么映射加权后的灰度值比原来小。gamma 大于 1、等于 1 和小于 1 的映射方式如图 5.11 所示。

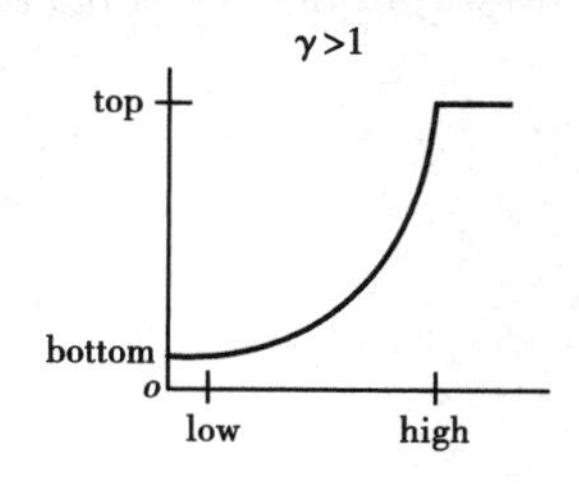

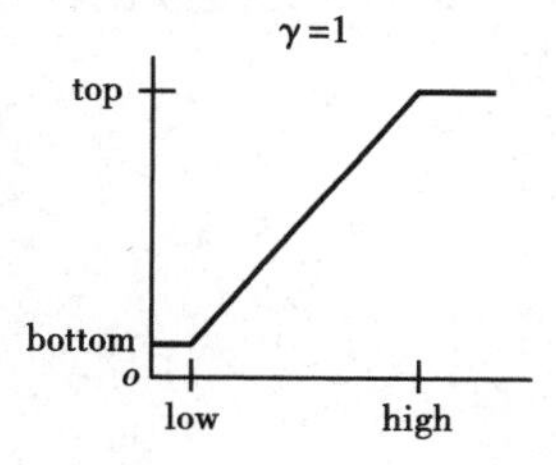

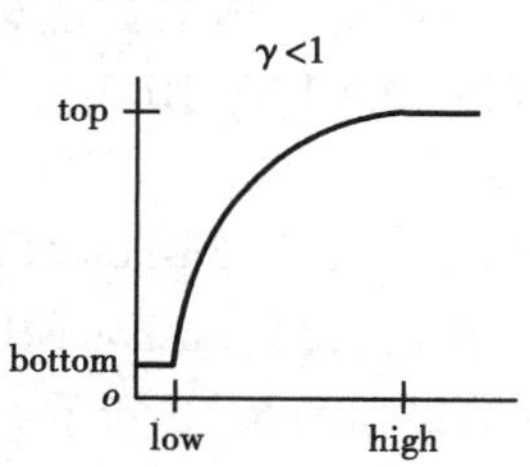

图 5.11　不同 gamma 对应的转移函数曲线

newmap = imadjust(map,[low,high],[bottom,top],gamma)

其功能是:调整索引色图像的调色板 map,此时若[low,high]和[bottom,top]都是 2×3 矩阵,则根据他们的值分别调整 R,G,B 这三个分量。

下面是一个调整图像的对比度的程序清单:

```
I = imread('gray. bmp')
J = imadjust(I,[0.3,0.7],[])
Figure,
subplot(2,2,1),imshow(I)
subplot(2,2,2),imshow(J)
subplot(2,2,3),imhist(I)
subplot(2,2,4),imhist(J)
```

运行结果如图 5.12 所示。

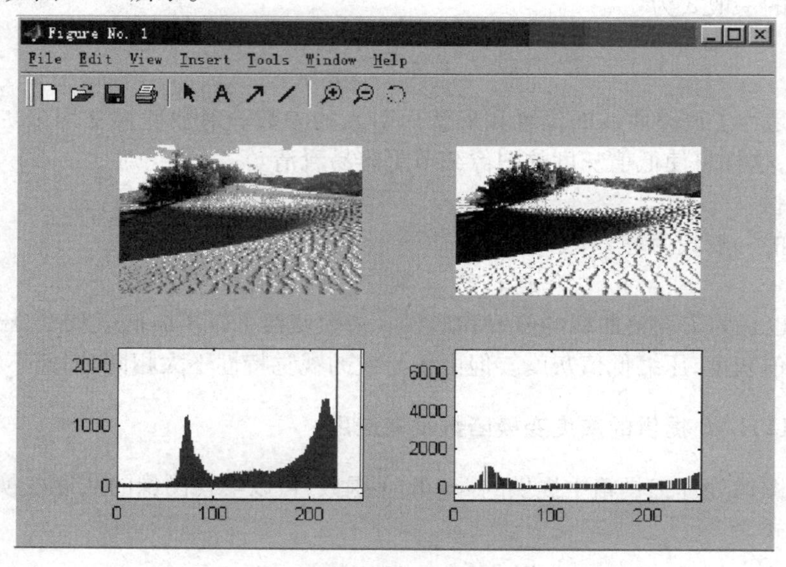

图 5.12　对比度调整前后的图像及其直方图

由前面分析可知,对数变换常用来扩展低值灰度,压缩高值灰度,这样可以使低值灰度的图像细节更容易看清。MATLAB 中对数变换的表达式为

$$g(x,y) = \log[f(x,y) + 1]$$

下面是对上面的一幅图像进行对数变换的程序清单:

```
I = imread('gray. bmp')
J = double(I)    %对数运算不支持 uint 8 类型数据,所以将图形矩阵转化为 double 类型
H = (log(J+1))/10
Figure,
subplot(1,2,1),imshow(I)
subplot(1,2,2),imshow(H)
```

运行结果如图 5.13 所示。

(a)

(b)

图 5.13　对数变换前后的图像

5.3　图像的锐化

图像在传输和变换过程中会受到各种干扰而退化，比较典型的就是图像模糊。图像锐化的目的就是使边缘和轮廓线模糊的图像变得清晰，并使其细节清晰。锐化技术可以在空间域中进行，常用的方法是对图像进行微分处理，也可以在频域中运用高通滤波技术处理。

5.3.1　图像模糊机理及解决方法

图像模糊是常见的图像降质问题。在图像提取、传输及处理过程中有许多因素可以使图像变模糊。如光的衍射、聚焦不良、景物和取像装置的相对运动都会使图像变模糊，电子系统高频性能不好也会损失图像高频分量，而使图像不清晰。在对图像进行数字化时，实际取样点总是有一定的面积，所得的样本是这个具有一定面积的区域的亮度平均值，若取样点正好在边界上，则使样本值降低，从而使数字图像的边界变得不清楚。

大量的研究表明，图像的模糊实质上就是受到了平均或积分运算，因此对其进行逆运算如微分运算、梯度运算，就可以使图像清晰。从频谱角度来分析，图像模糊的实质是其高频分量被衰减，因而可以用高频加重来使图像清晰。但要注意，能够进行锐化处理的图像必须要求有较高的信噪比，否则，图像锐化后，信噪比更低。因为锐化将使噪声受到比信号还强的增强，故必须小心处理。一般是先去除或减轻干扰噪声后，才能进行锐化处理。

5.3.2　微分法

从数学上看，图像模糊的实质就是图像受到平均或者积分运算，因此对其进行逆运算（如微分运算）就可以使图像清晰，因为微分运算是求信号的变化率，有加强高频分量的作用，从而使图像轮廓清晰。由于模糊图像的特征（如边缘的走向等）各不相同，为了把图像中间任何方向伸展的边缘和轮廓的模糊变清晰，那么要采用各向同性的、具有旋转不变的线性微分算子来锐化它们，梯度算子和拉普拉斯算子就是满足要求的线性微分算子，它们是常用的图像锐化运算方法。

(1) 梯度法

设图像为 $f(x,y)$，它在点 (x,y) 处的梯度是一个矢量 $G[f(x,y)]$，定义为

$$G[f(x,y)] = \begin{bmatrix} \frac{\partial f}{\partial x} \\ \frac{\partial f}{\partial y} \end{bmatrix} \tag{5.3.1}$$

梯度的幅度为梯度的模,若用 $G_M[f(x,y)]$ 表示,则

$$G_M[f(x,y)] = \sqrt{\left(\frac{\partial f}{\partial x}\right)^2 + \left(\frac{\partial f}{\partial y}\right)^2} \tag{5.3.2}$$

梯度的方向是在函数 $f(x,y)$ 最大变化率方向上,方向角 θ 可表示成

$$\theta = \arctan\left(\frac{\frac{\partial f}{\partial y}}{\frac{\partial f}{\partial x}}\right) \tag{5.3.3}$$

对一幅图像施加梯度模算子,可以增加灰度变化的幅度,因此可以采用梯度模算子作为图像的锐化算子,而且梯度算子具有方向同性和位移不变性。

对于数字图像 $f(i,j)$,也可以采用相似的概念,只是利用差分来代替微分,式(5.3.2)可改为

$$G_M[f(x,y)] = \{[f(i,j) - f(i+1,j)]^2 + [f(i,j) - f(i,j+1)]^2\}^{\frac{1}{2}} \tag{5.3.4}$$

对于数字图像而言,式(5.3.4)可以用近似形式:

$$G_M[f(x,y)] \approx |f(i,j) - f(i+1,j)| + |f(i,j) - f(i,j+1)| \tag{5.3.5}$$

以上梯度法又称为水平垂直差分法。另一种梯度法是将式(5.3.4)改为如下形式,称为罗伯特(Roberts)梯度算子:

$$G_M[f(x,y)] = \{[f(i,j) - f(i+1,j+1)]^2 + [f(i+1,j) - f(i,j+1)]^2\}^{\frac{1}{2}} \tag{5.3.6}$$

同样用下式近似:

$$G_M[f(x,y)] \approx |f(i,j) - f(i+1,j+1)| + |f(i+1,j) - f(i,j+1)| \tag{5.3.7}$$

以上两种梯度近似算法,无法求得图像最后一行和最后一列的像素的梯度,一般用其前一行或前一列的梯度值近似代替。

由式(5.3.5)和式(5.3.7)看出,梯度值和邻近像素灰度级值的差分成正比,因此图像中灰度变化较大的边沿区其梯度值大,而灰度变化平缓的区域或者微弱细节区其梯度值小,对于灰度均匀区梯度值为零。由此可见,图像经过梯度运算后,留下灰度值急剧变化的边沿处的点,这就是图像经过梯度运算后可使其细节清晰从而达到锐化目的的实质。

对于梯度计算,还有一种常用的形式——Sobel 算子,其表达式为

$$\begin{bmatrix} 1 & 2 & 1 \\ 0 & 0 & 0 \\ -1 & -2 & -1 \end{bmatrix} \quad \begin{bmatrix} 1 & 0 & -1 \\ 2 & 0 & -2 \\ 1 & 0 & -1 \end{bmatrix}$$

X 方向算子　　Y 方向算子

Sobel 算子的特点是对称的一阶差分,对中心加权,具有一定的平滑作用。

当梯度计算完之后,可以根据需要生成不同的梯度增强图像。

第 1 种是使各点的灰度 $g(x,y)$ 等于该点的梯度幅度,即

$$g(x,y) = G_M[f(x,y)] \tag{5.3.8}$$

此方法的缺点是增强的图像仅显示灰度变化比较陡的边缘轮廓，而灰度变化平缓的区域则呈黑色。

第 2 种增强的图像是使

$$g(x,y)=\begin{cases}G_M[f(x,y)] & G_M[f(x,y)]\geqslant T\\ f(x,y) & \text{其他}\end{cases} \tag{5.3.9}$$

式中 T 是一个非负的阈值，适当选取 T，既可使明显的边缘轮廓得到突出，又不会破坏原灰度变化比较平缓的背景。

第 3 种增强图像是使

$$g(x,y)=\begin{cases}L_G & G_M[f(x,y)]\geqslant T\\ f(x,y) & \text{其他}\end{cases} \tag{5.3.10}$$

式中 L_G 是根据需要指定的一个灰度级，它将明显边缘用一固定的灰度级 L_G 来实现。

第 4 种增强图像是使

$$g(x,y)=\begin{cases}G_M[f(x,y)] & G_M[f(x,y)]\geqslant T\\ L_G & \text{其他}\end{cases} \tag{5.3.11}$$

此方法将背景用一个固定灰度级 L_G 来实现，便于研究边缘灰度的变化。

第 5 种增强图像是使

$$g(x,y)=\begin{cases}L_G & G_M[f(x,y)]\geqslant T\\ L_B & \text{其他}\end{cases} \tag{5.3.12}$$

此方法是将明显边缘及背景分别用灰度级 L_G 和 L_B 表示，产生二值图像，便于研究边缘所在的位置。

(2)拉普拉斯算子法

拉普拉斯算子法比较适用于改善因为光线的漫反射造成的图像模糊。拉普拉斯算子法是常用的边缘增强处理算子，它是各向同性的二阶导数，设 $\nabla^2 f$ 为拉普拉斯算子，则

$$\nabla^2 f=\frac{\partial^2 f}{\partial x^2}+\frac{\partial^2 f}{\partial y^2} \tag{5.3.13}$$

通过拉普拉斯算子进行图像的锐化，也就是对图像进行拉普拉斯运算以达到图像清晰的目的，这主要由引起图像模糊的模型而定。对由于光线的漫反射造成的图像模糊，用下面的公式来锐化图像：

$$g=f-k\tau\nabla^2 f \tag{5.3.14}$$

式中 f,g 分别是锐化前后的图像，$k\tau$ 是与扩散效应有关的系数。

其原理是这样的：在摄影胶片记录图像的光化过程中，光点将光漫反射到其周围区域，这个过程满足扩散方程

$$\frac{\partial f(x,y,t)}{\partial t}=k\nabla^2 f(x,y,t) \tag{5.3.15}$$

将式(5.3.14)在 $t=\tau$ 附近用台劳级数展开，令：

①$g=f(x,y,0)$，即在 $t=0$ 时图像不模糊；

②$f=f(x,y,t)$，即在 $t>0$ 时图像模糊；

③τ 为扩展时间。

则

$$g=f(x,y,0)=f(x,y,\tau)-\tau\frac{\partial f(x,y,\tau)}{\partial t}+\frac{\tau^2}{2!}\frac{\partial^2 f(x,y,\tau)}{\partial t^2}+\cdots+\frac{(0-\tau)^n}{n!}\frac{\partial^n f(x,y,\tau)}{\partial t^n}+\cdots \tag{5.3.16}$$

略去式(5.3.16)中的高次项,由式(5.3.15)可用 $k\nabla^2 f(x,y,t)$ 代替 $\frac{\partial f(x,y,t)}{\partial t}$,则得

$$g\approx f-k\tau\nabla^2 f \tag{5.3.17}$$

式(5.3.17)表示模糊图像 f 经拉普拉斯算子锐化以后得到的不模糊图像为 g,即不模糊图像可以由模糊图像减去模糊图像拉普拉斯算子乘一个常系数 $k\tau$ 得到。这里对 $k\tau$ 的选择要合理,$k\tau$ 太大会使图像中轮廓边缘产生过冲;$k\tau$ 太小,锐化不明显。

对数字图像来说,图像 $f(i,j)$ 的拉普拉斯算子定义为

$$\nabla^2 f(i,j)=\Delta_x^2 f(i,j)+\Delta_y^2 f(i,j) \tag{5.3.18}$$

其中 $\Delta_x^2 f(i,j)$ 和 $\Delta_y^2 f(i,j)$ 是 $f(i,j)$ 在 x 方向和 y 方向的二阶差分,所以离散函数 $f(i,j)$ 的拉普拉斯算子的表达式为

$$\nabla^2 f(i,j)=f(i+1,j)+f(i-1,j)+f(i,j+1)+f(i,j-1)-4f(i,j) \tag{5.3.19}$$

拉普拉斯算子还可以用下面的模板来表示:

$$\begin{bmatrix}0 & 1 & 0\\ 1 & -4 & 1\\ 0 & 1 & 0\end{bmatrix}$$

但是,必须指出的是图像模糊过程符合扩散方程的模糊图像,用上述的拉普拉斯算法才能获得良好的锐化效果。如果不是扩散过程引起的模糊图像,效果并不一定很好。另外,同梯度算子进行锐化一样,拉普拉斯算子也增强了图像的噪声,但跟梯度法相比,拉普拉斯算子对噪声的作用较梯度法弱,故用拉普拉斯算子进行边缘检测时,有必要将图像进行平滑处理。

5.3.3 高通滤波

图像中的边缘或线条等细节部分与图像频谱中的高频成分相对应,因此采用高通滤波的方法让高频分量顺利通过,使低频分量受到抑制,就可以增强高频的成分,使图像的边缘或线条变得清晰,实现图像的锐化。高通滤波可用空间域或频域法来实现。

(1)空域高通滤波法

在空间域实现高通滤波通常是用离散卷积的方法,卷积的表达式是

$$g(m_1,m_2)=\sum_{n_1}\sum_{n_2}f(n_1,n_2)H(m_1-n_1+1,m_2-n_2+1) \tag{5.3.20}$$

式中输出图像 $g(m_1,m_2)$ 是 $M\times M$ 方阵,输入图像 $f(n_1,n_2)$ 是 $N\times N$ 方阵,冲击响应 H 是 $L\times L$ 方阵。几种常用的归一化高通滤波的方阵 H 如下:

$$H_1=\begin{bmatrix}0 & -1 & 0\\ -1 & 5 & -1\\ 0 & -1 & 0\end{bmatrix},H_2=\begin{bmatrix}-1 & -1 & -1\\ -1 & 9 & -1\\ -1 & -1 & -1\end{bmatrix},H_3=\begin{bmatrix}1 & -2 & 1\\ -2 & 5 & -2\\ 1 & -2 & 1\end{bmatrix},$$

$$H_4=\frac{1}{7}\begin{bmatrix}-1 & -2 & -1\\ -2 & 19 & -2\\ -1 & -2 & -1\end{bmatrix},H_5=\frac{1}{2}\begin{bmatrix}-2 & 1 & -2\\ 1 & 6 & 1\\ -2 & 1 & -2\end{bmatrix} \tag{5.3.21}$$

这些已经归一化的冲击方阵可以避免处理后的图像出现亮度偏移。其中的 H_1 等效于用 Laplacian 算子增强图像。若要增强具有方向性的边缘和线条，则应采用方向滤波，H 方阵可由方向模板组成。

(2)频域高通滤波法

因为边缘及灰度级中其他的急剧变化都与高频分量有关，在频域中用高通滤波器处理，能够获得图像尖锐化。高通滤波器衰减傅里叶变换中的低频分量，而无损傅里叶变换中的高频信息。

在频域中实现高通滤波，滤波的数学表达式是

$$G(u,v) = H(u,v)F(u,v) \tag{5.3.22}$$

其中 $F(u,v)$ 是原图像的傅里叶频谱，$G(u,v)$ 是锐化后图像的傅里叶频谱，$H(u,v)$ 是滤波器的转移函数(即频谱响应)。那么对高通滤波器而言，$H(u,v)$ 使高频分量通过，低频分量抑制。常用的高通滤波器有4种。

1)理想高通滤波器

一个二维理想高通滤波器(IHPF)的传递函数定义为

$$H(u,v) = \begin{cases} 0 & D(u,v) \leqslant D_0 \\ 1 & D(u,v) > D_0 \end{cases} \tag{5.3.23}$$

式中 $D(u,v) = (u^2+v^2)^{\frac{1}{2}}$ 是点 (u,v) 到频率平面原点的距离，D_0 是频率平面上从原点算起的截止距离即截止频率。

2)巴特沃斯高通滤波器

n 阶的具有 D_0 截止频率的巴特沃斯高通滤波器(BHPF)的传递函数定义为

$$H(u,v) = \frac{1}{1+\left[\dfrac{D_0}{D(u,v)}\right]^{2n}} \tag{5.3.24}$$

式中 $D(u,v) = (u^2+v^2)^{\frac{1}{2}}$ 是点 (u,v) 到频率平面原点的距离。值得注意的是：当 $D(u,v) = D_0$ 时，$H(u,v)$ 下降到最大值的1/2。通常是用这样的方法来选择截止频率的，使该点处的 $H(u,v)$ 下降到最大值的 $1/\sqrt{2}$。此式易于修改成使它本身满足这一约束条件，即利用下式：

$$H(u,v) = \frac{1}{1+[\sqrt{2}-1][D_0/D(u,v)]^{2n}} \tag{5.3.25}$$

3)指数型高通滤波器

具有 D_0 截止频率的指数型高通滤波器(EHPF)的传递函数定义为

$$H(u,v) = \mathrm{e}^{-\left[\frac{D_0}{D(u,v)}\right]^n} \tag{5.3.26}$$

参量 n 控制着从原点算起的距离函数 $H(u,v)$ 的增长率。当 $D(u,v) = D_0$ 时，上式经过简单的修改给出

$$H(u,v) = \mathrm{e}^{\ln(1/\sqrt{2})[D_0/D(u,v)]^n} \tag{5.3.27}$$

它使 $H(u,v)$ 在截止频率时等于最大值的 $1/\sqrt{2}$。

4)梯形高通滤波器

梯形高通滤波器(THPF)的传递函数定义为

$$H(u,v)=\begin{cases}0 & D(u,v)<D_1\\ \dfrac{D(u,v)-D_1}{D_0-D_1} & D_1\leqslant D(u,v)\leqslant D_2\\ 1 & D(u,v)>D_2\end{cases}\tag{5.3.28}$$

式中 D_0,D_1 是规定的，并假定 $D_0>D_1$。通常为了实现方便，定义截止频率在 D_0，而不是在半径上使 $H(u,v)$ 为最大值的 $1/\sqrt{2}$ 的那个点，第 2 个变量 D_1 是任意的，只要它小于 D_0 就行。

5.3.4 图像的锐化 MATLAB 的实现及其应用

(1) 梯度法中 5 种图像锐化方法的 MATLAB 的实现

下面给出的是梯度法图像锐化的 MATLAB 程序，实现了前面所介绍的 5 种锐化方法。

```
clc;
[I,map] = imread('gray.bmp');
Figure
subplot(3,2,1),imshow(I,map);
I = double(I);
[IX,IY] = gradient(I);
GM = sqrt(IX.*IX + IY.*IY);
OUT1 = GM;
subplot(3,2,2),imshow(OUT1,map);
OUT2 = I;
J = find(GM >=10);
OUT2(J) = GM(J);
subplot(3,2,3),imshow(OUT2,map);
OUT3 = I;
J = find(GM >=10);
OUT3(J) =255;
subplot(3,2,4),imshow(OUT3,map);
OUT4 = I;
J = find(GM <=10);
OUT4(J) =255;
subplot(3,2,5),imshow(OUT4,map);
OUT5 = I;
J = find(GM >=10);
OUT5(J) =255;
Q = find(GM <10);
OUT5(Q) =0;
subplot(3,2,6),imshow(OUT5,map);
```

运行结果如图 5.14 所示。

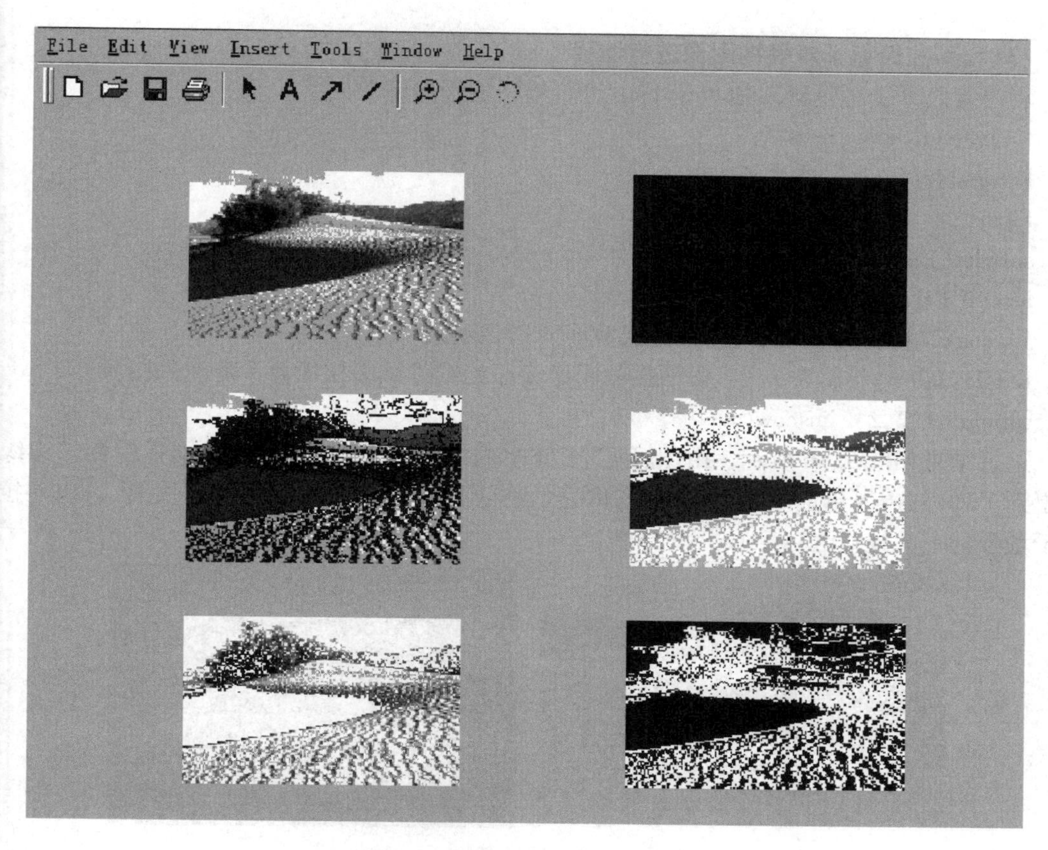

图5.14　梯度法图像锐化示例

(2)利用 Sobel 算子对图像滤波

利用 Sobel 算子对图像 gray. bmp 滤波的程序清单如下：

```
I = imread('gray. bmp')
H = fspecial('sobel')
Figure,
subplot(1,2,1),imshow(I)
J = filter2(H,I)
subplot(1,2,2),imshow(J)
```

运行结果如图 5.15 所示。

图5.15　Sobel 算子对图像锐化结果

(3) 利用拉氏算子对模糊图像进行增强

利用拉氏算子对模糊图像 gray. bmp 进行增强的程序清单如下：

```
I = imread('gray. bmp');
I = double(I);
Figure,
subplot(1,2,1),imshow(I,[])
h = [0 1 0,1 -4 1,0 1 0];
J = conv2(I,h,'same');   %用拉氏算子对图像滤波
K = I - J;               %增强的图像为原始图像减去拉氏算子滤波的图像
subplot(1,2,2),imshow(K,[])
```

运行结果如图 5.16 所示。由图可见，图像模糊的部分得到了锐化，特别是模糊的边缘部分得到了增强，边界更加明显。但是，图像显示清楚的地方，经滤波后发生了失真，这也是拉氏算子增强的一大缺点。

图 5.16　拉氏算子对模糊图像进行增强

(4) 空域高通滤波法对图像进行增强

下面是利用空域高通滤波法的 H_2，H_3，H_4 几个方阵来做图像锐化的程序清单：

```
I = imread('gray. bmp');
J = im2double(I);          %转换图像矩阵为双精度型
Figure,
subplot(2,2,1),imshow(J,[])
h2 = [ -1 -1 -1, -1 9 -1, -1 -1 -1];
h3 = [1 -2 1, -2 5 -2,1 -2 1];
h4 = 1/7. * [ -1 -2 -1, -2 19 -2, -1 -2 -1];
A = conv2(J,h2,'same');    %进行二维卷积操作
subplot(2,2,2),imshow(A,[])
B = conv2(J,h3,'same');
subplot(2,2,3),imshow(B,[])
C = conv2(J,h4,'same');
subplot(2,2,4),imshow(C,[])
```

运行的结果如图 5.17 所示。

(5) 频域高通滤波法对图像进行增强

下面给出了各种频率高通滤波器对 gray. bmp 图像增强的 MATLAB 程序清单：

(a)原图像　　(b)H_2算子

(c)H_3算子　　(d)H_4算子

图 5.17　空域高通滤波法举例

```
clc;
[I,map] = imread('gray.bmp');
noisy = imnoise(I,'gaussian',0.01);            %原图中加入高斯噪声
[M N] = size(I);
F = fft2(noisy);
fftshift(F);
Dcut = 100;
D0 = 250;
D1 = 150;
for u = 1:M
    for v = 1:N
 D(u,v) = sqrt(u^2 + v^2);
 BUTTERH(u,v) = 1/(1 + (sqrt(2) - 1) * (Dcut/D(u,v))^2);
 EXPOTH(u,v) = exp(log(1/sqrt(2)) * (Dcut/D(u,v))^2);
      if D(u,v) < D1
        THPFH(u,v) = 0;
      elseif D(u,v) < = D0
        THPFH(u,v) = (D(u,v) - D1)/(D0 - D1);
      else
        THPFH(u,v) = 1;
      end
 end
end
```

```
BUTTERG = BUTTERH. * F;
BUTTERfiltered = ifft2(BUTTERG);
EXPOTG = EXPOTH. * F;
EXPOTfiltered = ifft2(EXPOTG);
THPFG = THPFH. * F;
THPFfiltered = ifft2(THPFG);
Figure,
subplot(2,2,1),imshow(noisy)                  % 显示加入高斯噪声的图像
subplot(2,2,2),imshow(BUTTERfiltered)         % 显示经过巴特沃斯高通滤波器后的图像
subplot(2,2,3),imshow(EXPOTfiltered)          % 显示经过指数高通滤波器后的图像
subplot(2,2,4),imshow(THPFfiltered)           % 显示经过梯形高通滤波器后的图像
```

运行结果如图 5.18 所示。

(a)加入高斯噪声后的图像

(b)巴特沃斯高通滤波后的图像

(c)指数高通滤波后的图像

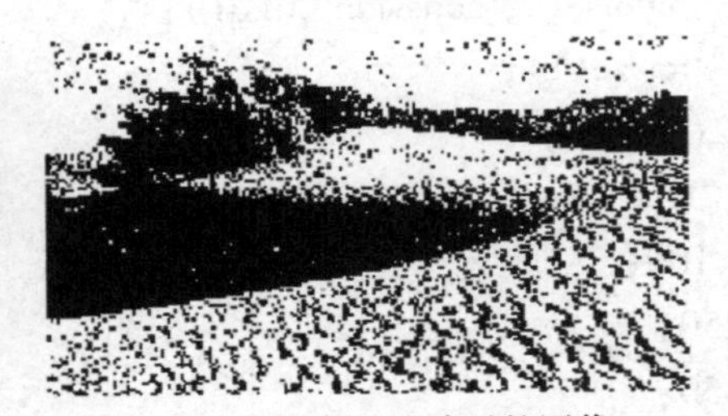

(d)梯形高通滤波后的图像

图 5.18　频域高通滤波法举例

5.4　图像的平滑

图像平滑(smoothing)主要目的是减少图像噪声。图像噪声来自于多方面,有来自于系统外部的干扰(如电磁波或经电源窜进系统内部的外部噪声),也有来自于系统内部的干扰(如摄像机的热噪声,电器机械运动而产生的抖动噪声等内部噪声)。实际获得的图像都因受到干扰而含有噪声,噪声产生的原因决定了噪声分布的特性及与图像信号的关系。减少噪声的方法可以在空间域或在频率域处理,即在空间域中进行时,基本方法就是求像素的平均值或中值;在频域中则运用低通滤波技术。

一般图像处理技术中常见的噪声有:

①加性噪声。加性噪声和图像信号强度是不相关的，如图像传输过程中引进的“信道噪声”、电视摄像机扫描图像的噪声等。这种情况下含噪图像$f(x,y)$表示为

$$f(x,y) = g(x,y) + n(x,y)$$

②乘性噪声。乘性噪声和图像信号相关，分两种情况：一种是某像素处的噪声只与该像素的图像信号有关，另一种是某像素处的噪声与该像素点及其邻域的图像信号有关。例如飞点扫描图像中的噪声、电视扫描光栅、胶片颗粒噪声等，如果噪声和信号成正比，则含噪图像$f(x,y)$表示为

$$f(x,y) = g(x,y) + n(x,y)g(x,y) = (1 + n(x,y))g(x,y) = n_1(x,y)g(x,y)$$

③量化噪声。量化噪声是数字图像的主要噪声源，其大小显示出数字图像和原始图像的差异。减少这种噪声的最好方法就是采用按灰度级概率密度函数选择量化级的最优量化措施。

④“盐和胡椒”噪声。此类噪声如图像切割引起的黑图像上的白点，白图像上的黑点噪声；在变换域引入的误差，使图像反变换后造成的变换噪声等。

图像中的噪声往往是和信号交织在一起的，尤其是乘性噪声，如果平滑不当，就会使图像本身的细节如边缘轮廓、线条等模糊不清，从而使图像降质。图像平滑总是要以一定的细节模糊为代价，因此如何尽量平滑掉图像的噪声，又尽量保持图像细节，这是图像平滑研究的主要问题之一。

5.4.1　邻域平均

邻域平均法是一种局部空间域处理的算法，就是对含有噪声的原始图像$f(x,y)$的每个像素点取一个邻域S，计算S中所有像素灰度级的平均值，作为空间域平均处理后图像$g(x,y)$的像素值，即

$$g(x,y) = \frac{1}{M}\sum_{(x,y)\in S} f(x,y) \tag{5.4.1}$$

式中$f(x,y)$为$N \times N$的阵列；$x,y=0,1,2,\cdots,N-1$；S是以(x,y)点为中心的邻域的集合，M为邻域S中的像素点数，S邻域可取四点邻域、八点邻域（如图5.19）。

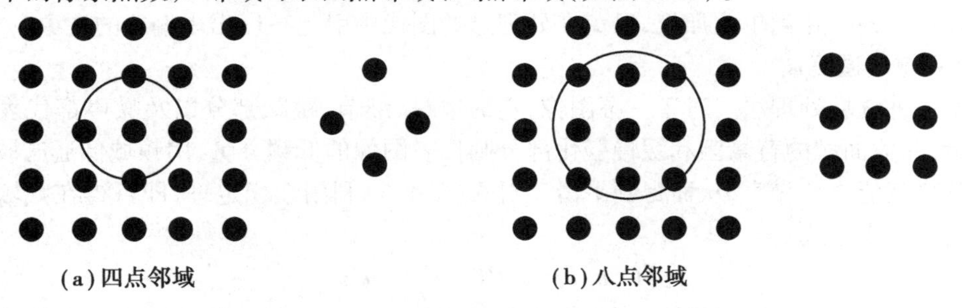

图5.19　图像邻域平均法

图像邻域平均法的平滑效果与所用的邻域半径有关。半径愈大，则图像的模糊程度越大。另外，图像邻域平均法算法简单，计算速度快，但是它的主要缺点是在降低噪声的同时使图像产生模糊，特别在边沿和细节处。邻域越大，模糊程度越厉害。为了减少这种效应，对上述算法稍加改进，可导出一种超限像素平滑法（阈值法）：

$$g(x,y)=\begin{cases}\frac{1}{M}\sum_{(x,y)\in S}f(x,y) & \left|f(x,y)-\frac{1}{M}\sum_{(x,y)\in S}f(x,y)\right|>T\\ f(x,y) & \text{其他}\end{cases}\tag{5.4.2}$$

式中 T 为选定的一个非负阈值。对于一个给定的半径,利用阈值方法可以减少由于邻域平均所产生的模糊效应,即当某像素点值与邻域平均值之差超过 T,就用平均值代替,进行平均处理,否则仍保留原值,不进行平均运算。这种算法对抑制椒盐噪声比较有效,对保护仅有微小灰度差的细节及纹理也有效。

为了克服简单局部平均的弊病,目前已提出许多保留边沿细节的局部平滑算法,其重点都在如何选择邻域的大小、形状和方向,如何选择参加平均的点数以及邻域各点的权重系数等。它们有:灰度最相近的 K 个邻点平均法,梯度倒数加权平滑,最大均匀性平滑,小斜面模型平滑等等。有关这些方法请参阅相关参考文献。

5.4.2 低通滤波

图像经过傅里叶变换以后,噪声频谱一般位于空间频率较高的区域,而图像本身的频率分量则处于空间频率较低的区域内,因此可以通过低通滤波的方法,使高频成分受到抑制,而使低频成分顺利通过,从而实现图像的平滑。低通滤波可以在空间域和频域中进行。

(1)空间域低通滤波

在空间域中实现低通滤波是采用离散卷积,与高通滤波所用卷积表达式相同,即为

$$g(m_1,m_2)=\sum_{n_1}\sum_{n_2}f(n_1,n_2)H(m_1-n_1+1,m_2-n_2+1)\tag{5.4.3}$$

式中输出图像 $g(m_1,m_2)$ 是 $M\times M$ 方阵,输入图像 $f(n_1,n_2)$ 是 $N\times N$ 方阵,冲击响应 H 是 $L\times L$ 方阵。低通滤波与高通滤波不同的是冲击响应方阵 H,下面列出几种用于平滑噪声的低通形式的算子阵列 H:

$$H_1=\frac{1}{9}\begin{bmatrix}1&1&1\\1&1&1\\1&1&1\end{bmatrix},H_2=\frac{1}{10}\begin{bmatrix}1&1&1\\1&2&1\\1&1&1\end{bmatrix},H_3=\frac{1}{16}\begin{bmatrix}1&2&1\\2&4&2\\1&2&1\end{bmatrix}\tag{5.4.4}$$

这些方阵都被归一化到单位加权,以免在处理过的图像中引起亮度出现偏置的现象。

(2)频域低通滤波

这是一种频域处理法。对于一幅图像,它的边缘、细节、跳跃部分以及噪声都代表图像的高频分量,而大面积的背景区和缓慢变化部分则代表图像的低频分量,用频域低通滤波法除去其高频分量就能去掉噪声,从而得到平滑。对式(5.4.3)利用卷积定理,即可得在频域实现低通滤波的数学表达式:

$$G(u,v)=H(u,v)F(u,v)\tag{5.4.5}$$

式(5.4.5)中,$F(u,v)$ 是含有噪声原始图像的傅里叶变换,$G(u,v)$ 是平滑后图像的傅里叶变换,$H(u,v)$ 是滤波器的转移函数(即频谱响应)。常用的低通滤波器有 4 种,下面分别介绍:

1)理想低通滤波器(ILPF)

一个理想的低通滤波器的传递函数由下式来确定:

$$H(u,v)=\begin{cases}1 & D(u,v)\le D_0\\0 & D(u,v)>D_0\end{cases}\tag{5.4.6}$$

式中 $D(u,v)=(u^2+v^2)^{\frac{1}{2}}$ 是从点 (u,v) 到频率平面的原点的距离；D_0 是一个规定非负的量，称为理想低通滤波器的截止频率。理想低通滤波器虽然有陡峭的截止特性，却不能产生良好的效果，图像由于高频分量的滤除而变得模糊，同时还产生振铃效应。正是由于理想低通滤波存在此"振铃"现象，才使其平滑效果下降。

2）巴特沃斯低通滤波器（BLPF）

巴特沃斯低通滤波器又称为最大平坦滤波器。与 ILPF 不同，它的通带与阻带之间没有明显的不连续性，因此它的空域响应没有"振铃"现象发生，模糊程度减少。一个 n 阶巴特沃斯低通滤波器的传递函数为

$$H(u,v)=\frac{1}{1+\left[\frac{D(u,v)}{D_0}\right]^{2n}} \tag{5.4.7}$$

或

$$H(u,v)=\frac{1}{1+[\sqrt{2}-1][D(u,v)/D_0]^{2n}} \tag{5.4.8}$$

式中 D_0 是截止频率；n 为阶数，取正整数，控制曲线的形状。由于巴特沃斯滤波器转移曲线较平滑，没有振铃效应，故图像的模糊将减少。从它的传递函数特性可见，在它的尾部保留有较多的高频，所以对噪声的平滑效果不如 ILPE。一般情况下，常采用下降到 $H(u,v)$ 最大值的 $1/\sqrt{2}$ 那一点为低通滤波器的截止频率点。对式(5.4.7)，当 $D(u,v)=D_0$ 和 $n=1$ 时，$H(u,v)$ 降为最大值的 1/2；而对于式(5.4.8)，$H(u,v)=1/\sqrt{2}$，这说明 $H(u,v)$ 具有不同的衰减特性，可以视需要来确定。

3）指数型低通滤波器（ELPF）

指数型低通滤波器（ELPF）的传递函数为

$$H(u,v)=\mathrm{e}^{-\left[\frac{D(u,v)}{D_0}\right]^n} \tag{5.4.9}$$

或

$$H(u,v)=\mathrm{e}^{\ln(1/\sqrt{2})[D_0/D(u,v)]^n} \tag{5.4.10}$$

式中 D_0 是截止频率，n 为阶数。当 $D(u,v)=D_0$ 和 $n=1$ 时，对式(5.4.9)，$H(u,v)$ 降为最大值的 $1/e$；对于式(5.4.10)，$H(u,v)$ 降为最大值的 $1/\sqrt{2}$，所以两者的衰减特性仍有不同。由于 ELPF 具有比较平滑的过滤带，经此平滑后的图像没有"振铃"现象，而与巴特沃斯滤波相比，它具有更快的衰减特性，处理的图像稍微模糊一些。

4）梯形低通滤波器（TLPF）

梯形低通滤波器（TLPF）的传递函数为

$$H(u,v)=\begin{cases}1 & D(u,v)<D_1\\ \dfrac{D(u,v)-D_1}{D_0-D_1} & D_1\leqslant D(u,v)\leqslant D_2\\ 0 & D(u,v)>D_2\end{cases} \tag{5.4.11}$$

式中 D_1 和 D_2 按要求预先指定，截止频率 $D_0<D_1$。它的性能介于理想低通滤波器与完全平滑滤波器之间，对图像有一定的模糊和振铃效应。

5.4.3　中值滤波

中值滤波是一种非线性信号处理方法，与其对应的中值滤波器也就是一种非线性滤波器。

中值滤波器是在 1971 年由 J. W. Jukey 首先提出并应用在一维信号处理技术中(时间序列分析),后来应用于二维图像平滑中。在一定的条件下可以克服线性滤波器如最小均方滤波、平均值滤波(平滑滤波)等所带来的图像细节模糊,而且对滤除脉冲干扰及图像扫描噪声最为有效。在实际运算中不需要图像的统计特性,这带来很多的方便,但是对一些细节多,特别是点、线、尖顶细节多的图像不宜采用中值滤波方法。

中值滤波就是用一个有奇数点的滑动窗口,将窗口中心点的值用窗口内各点的中值代替。设有一个一维序列$f_1,f_2,\cdots,f_n$,取窗口长度(点数)为 m(m 为奇数),对此一维序列进行中值滤波,就是从输入序列中相继抽出 m 个数$f_{i-v},\cdots,f_{i-1},f_i,f_{i+1},\cdots,f_{i+v}$,其中$f_i$ 为窗口中心点值,$v=\dfrac{m-1}{2}$。再将这 m 个点值按其数值大小排序,取其序号为中心点的那个数作为滤波输出,用数学公式表示为

$$y_i = \mathrm{Med}\{f_{i-v},\cdots,f_i,\cdots,f_{i+v}\} \quad i \in Z, v = \frac{m-1}{2} \tag{5.4.12}$$

例如:有一个序列为{0,3,4,0,7},则中值滤波为重新排序后的序列{0,0,3,4,7}的中间值为 3。此例若用平均滤波,窗口也是 5,那么平均滤波输出为(0+3+4+0+7)/5=2.8。又例如,若一个窗口内各像素的灰度是 5,6,35,10 和 15,它们的灰度中值是 10,中心像素点原灰度值是 35,滤波后变为 10,如果 35 是一个脉冲干扰,中值滤波后被有效抑制。相反 35 若是有用的信号,则滤波后也会受到抑制。

二维中值滤波可由下式表示:

$$y_{ij} = \underset{A}{\mathrm{Med}}\{f_{ij}\} \tag{5.4.13}$$

其中 A 为窗口,$\{f_{ij}\}$为二维数据序列。二维中值滤波的窗口形状和尺寸对滤波效果影响较大,不同的图像内容和不同的应用要求,往往采用不同的窗口形状和尺寸。常见的二维中值滤波窗口形状有线状、方形、圆形、十字形及圆环形等,其中心点一般位于被处理点上,窗口尺寸一般先用 3 再取 5 逐点增大,直到其滤波效果满意为止。一般来说,对于有缓变的较长轮廓线物体的图像,采用方形或者圆形窗口为宜,对于包含有尖顶角物体的图像,适用十字形窗口,而窗口的大小则以不超过图像中最小有效物体的尺寸为宜。使用二维中值滤波最值得注意的问题就是要保持图像中有效的细线状物体,如果含有点、线、尖角细节较多的图像不宜采用中值滤波方法。

5.4.4 MATLAB 提供的图像平滑函数及其应用

(1) imnoise 函数

MATLAB 图像处理工具箱提供了模拟噪声生成的函数 imnoise,它可以对图像添加一些典型的噪声,其语法格式为

J = imnoise(I,type)

J = imnoise(I,type,parameters)

其功能是:返回对原图像 I 添加典型噪声的含噪图像 J,参数 type 和 parameters 用于确定噪声的类型和相应的参数。type 为噪声类型,共有三种:若 type ='gaussian'时,为高斯噪声;若 type ='salt&pepper'时,为椒盐噪声;若 type ='speckle'时,为乘法性噪声。

(2) medfilt2 函数

在 MATLAB 图像处理工具箱中,提供了 medfilt2 函数用于实现中值滤波。medfilt2 函数语

法格式为

```
B = medfilt2(A)
```

其功能是：用 3×3 的滤波窗口对图像 A 进行中值滤波。

```
B = medfilt2(A,[m,n])
```

其功能是：用指定大小为 m×n 的窗口对图像 A 进行中值滤波。

```
B = medfilt2(A,'indexed',…)
```

其功能是：对索引色图像 A 进行中值滤波。上面所有的图像 A 的数据类型可以是 double 型，也可以是 uint 8 型。

(3) ordfilt2 函数

在 MATLAB 图像处理工具箱中还提供了二维统计顺序滤波函数 ordfilt2 函数。二维统计顺序滤波是中值滤波的推广，对于给定的 n 个数值{a1,a2,…,an}，将它们按大小顺序排列，将处于第 k 个位置的元素作为图像滤波输出，即序号为 k 的二维统计滤波。ordfilt2 函数语法格式为

```
Y = ordfilt2(X,order,domain)
Y = ordfilt2(X,order,domain,S)
```

其功能是：对图像 X 作顺序统计滤波，order 为滤波器输出的顺序值，domain 为滤波窗口。S 是与 domain 大小相同的矩阵，它是对应 domain 中非零值位置的输出偏置，这在图形形态学中是很有用的。例如：

Y = ordfilt2(X,5,ones(3,3))，相当于 3×3 的中值滤波

Y = ordfilt2(X,1,ones(3,3))，相当于 3×3 的最小值滤波

Y = ordfilt2(X,9,ones(3,3,))，相当于 3×3 的最大值滤波

Y = ordfilt2(X,1,[0 1 0;1 0 1;0 1 0])，输出的是每个像素的东、西、南、北 4 个方向相邻像素灰度的最小值。

(4) MATLAB 实现图像平滑

下面给出对一张受污染的图，分别以低通滤波及中值滤波的方法去处理，比较其结果的程序清单：

```
I = imread('gray.bmp');
I1 = imnoise(I,'salt & pepper',0.06);
I2 = double(I1)/255;
h1 = [1/9 1/9 1/9;1/9 1/9 1/9;1/9 1/9 1/9];
J1 = conv2(I2,h1,'same');
J2 = medfilt2(I2,[3 3]);
figure,imshow(I)
figure,imshow(I1)
figure,imshow(J1)
figure,imshow(J2)
```

运行结果如图 5.20 所示。

(5) 各种频域低通滤波器的 MATLAB 实现

下面给出了各种频率低通滤波器对 gray.bmp 图像的增强的 MATLAB 程序清单：

(a)原始图像　(b)加入椒盐噪声后的图像　(c)低通滤波后的图像　(d)中值滤波后的图像

图 5.20　对图像进行低通滤波和中值滤波示例

```
clc;
[I,map] = imread('gray.bmp');
noisy = imnoise(I,'gaussian',0.01);
imshow(noisy,map);
[M N] = size(I);
F = fft2(noisy);
fftshift(F);
Dcut = 100;
D0 = 150;
D1 = 250;
for u = 1:M
    for v = 1:N
  D(u,v) = sqrt(u^2 + v^2);
  BUTTERH(u,v) = 1/(1 + (sqrt(2) - 1) * (D(u,v)/Dcut)^2);
  EXPOTH(u,v) = exp(log(1/sqrt(2)) * (D(u,v)/Dcut)^2);
            if  D(u,v) < D0
         TRAPEH(u,v) = 1;
      elseif  D(u,v) < = D1
         TRAPEH(u,v) = (D(u,v) - D1)/(D0 - D1);
      else
         TRAPEH(u,v) = 0;
```

```
        end
    end
end
BUTTERG = BUTTERH. * F;
BUTTERfiltered = ifft2(BUTTERG);
EXPOTG = EXPOTH. * F;
EXPOTfiltered = ifft2(EXPOTG);
TRAPEG = TRAPEH. * F;
TRAPEfiltered = ifft2(TRAPEG);
subplot(2,2,1),imshow(noisy)
subplot(2,2,2),imshow(BUTTERfiltered)
subplot(2,2,3),imshow(EXPOTfiltered)
subplot(2,2,4),imshow(TRAPEfiltered)
```

运行结果如图 5.21 所示。

(a)　(b)　(c)　(d)

图 5.21　频域低通滤波法举例

5.5　几何变换

图像在生成过程中，由于成像系统本身具有的非线性或者摄像时视角的不同，都会使生成的图像产生几何失真。典型的几何失真如图 5.22 所示。任何有几何畸变的图像不但视觉效果不好，而且从图像中提取的数据也不准确，如图像中两点之间的距离，某一部分的面积等。例如从卫星或者其他飞行器上获得的大地图像，由于飞行器的姿态变化或光学系统、电子扫描系统失真而引起的斜视畸变、枕形、桶形畸变等，都可能使图像产生几何特性失真。遥感图像最容易产生几何畸变，这是由于遥感图像的获取存在许多不稳定因素。一般分为非系统畸变和系统畸变两类:①非系统畸变是指因航天器姿态、高度和速度变化及地球的自转引起的不稳定和不可预测的几何畸变。非线性失真是随机的,这类畸变一般要根据航天器的跟踪资料和地面设置控制点的方法来进行校正。②系统畸变是指由扫描仪畸变、扫描仪摆动速度变化、扫描歪斜等产生的畸变。这类畸变一般是有规律的,能预测。例如扫描仪畸变,一般情况下是在扫描线上以等时间间隔取样,但是地面实际间隔长度是与扫描角正切成正比,因此在扫描线两端对应地面距离要长些,中间要短些。

在进行图像分析的时候,如果需要进行定量分析,例如对于地理制图、土地利用和资源调查等,就一定要对失真的图像先进行精确的几何校正。在图像处理中,有时也需要以一幅图像为基准,去校准另一幅图像的几何形状。几何校正通常分两步做,第一步是图像空间坐标的变换,第二步是重新确定在校正空间中各像素点的取值(内插)。

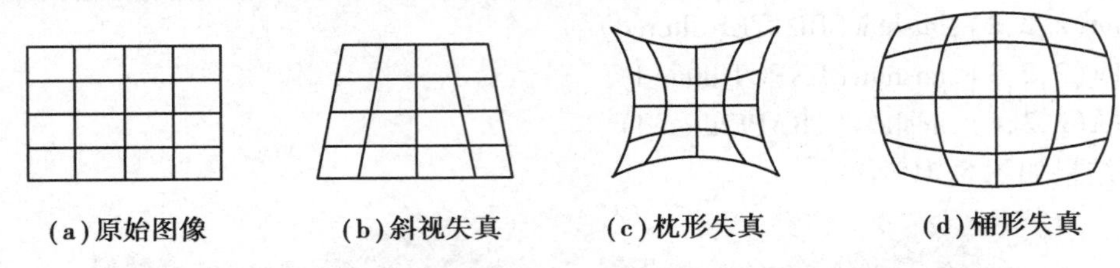

图 5.22　几种典型的几何失真

5.5.1　空间几何坐标变换

图像的空间几何坐标变换是指按照一幅标准图像 $g(u,v)$ 或一组基准点去校正另一幅几何失真图像 $f(x,y)$。根据两幅图像中的一些已知对应点对,建立函数关系式,将失真图像的坐标系 (x,y) 变换到标准图像坐标系 (u,v),从而实现失真图像按标准图像的几何位置校正,使 $f(x,y)$ 中的每一个像点都可以在 $g(u,v)$ 中找到对应的像点。通常采用的方法有两种:三角形线性法与二元多项式法。

(1)三角形线性法

图像的几何失真一般讲是非线性的,但是在一个局部的小区域内可以近似的认为是线性的,那么基于这样的假设,将标准图像和被校正的图像之间的对应点对划分成一系列小三角区域,三角形顶点为 3 个控制点,在三角形区域内满足以下的线性关系:

$$\begin{cases} x = au + bv + c \\ y = du + ev + f \end{cases} \tag{5.5.1}$$

若 3 对控制点在两个坐标系中的位置分别是 (x_1,y_1)、(x_2,y_2)、(x_3,y_3) 和 (u_1,v_1)、(u_2,v_2)、(u_3,v_3),则可建立两组方程式:

$$\begin{cases} x_1 = au_1 + bv_1 + c \\ x_2 = au_2 + bv_2 + c \\ x_3 = au_3 + bv_3 + c \end{cases} \tag{5.5.2}$$

$$\begin{cases} y_1 = du_1 + ev_1 + f \\ y_2 = du_2 + ev_2 + f \\ y_3 = du_3 + ev_3 + f \end{cases} \tag{5.5.3}$$

由这两个方程组可以求出 a,b,c,d,e,f 6 个系数,再利用式(5.5.1)实现三角形区内其他像点的坐标变换。对于不同的三角形,这 6 个系数的值是不相同的。

这个算法(又称为三角形线性法)算法简单,能够满足一定的精度要求。但是由于它是以许多小范围内的线性失真去处理大范围内的非线性失真,所以要求控制点尽量覆盖整个待校正区域,控制点的位置要找准确。选择的控制点对越多,分布越均匀,三角形区域的面积越小,则变换的精度越高。但控制点多又会导致计算量增加,两者之间要折中考虑。

(2)二元多项式

该方法是将标准图像的空间坐标 (u,v) 和被校正图像的空间坐标 (x,y) 之间的关系用一个二元多项式来确定,即为

$$x = \sum_{i=0}^{n}\sum_{j=0}^{n-i} a_{ij}u^i v^j \quad 和 \quad y = \sum_{i=0}^{n}\sum_{j=0}^{n-i} b_{ij}u^i v^j \tag{5.5.4}$$

例如,当 $n=2$ 时,

$$x = a_{00} + a_{01}v + a_{02}v^2 + a_{10}u + a_{11}uv + a_{20}u^2$$

$$y = b_{00} + b_{01}v + b_{02}v^2 + b_{10}u + b_{11}uv + b_{20}u^2$$

式中 a_{ij},b_{ij} 为待定常数,它可以采用已知的控制点对,用曲线面拟合方法,按最小二乘方准则求出。如果使拟合误差平方和 (ε) 为最小,即使

$$\varepsilon = \sum_{e=1}^{L}\left(x_e - \sum_{i=0}^{n}\sum_{j=0}^{n-i} a_{ij}u_e^i v_e^j\right)^2 = \min \tag{5.5.5}$$

则需要满足

$$\frac{\partial \varepsilon}{\partial a_{st}} = \sum_{e=1}^{L} 2\left(\sum_{i=0}^{n}\sum_{j=0}^{n-i} a_{ij}u_e^i v_e^j - x_e\right)u_e^s v_e^t = 0 \tag{5.5.6}$$

即可求得

$$\sum_{e=1}^{L}\left(\sum_{i=0}^{n}\sum_{j=0}^{n-i} a_{ij}u_e^i v_e^j\right)u_e^s v_e^t = \sum_{e=1}^{L} x_e u_e^s v_e^t \tag{5.5.7}$$

同理可得

$$\sum_{e=1}^{L}\left(\sum_{i=0}^{n}\sum_{j=0}^{n-i} b_{ij}u_e^i v_e^j\right)u_e^s v_e^t = \sum_{e=1}^{L} y_e u_e^s v_e^t \tag{5.5.8}$$

式中 L 为控制点对的个数,$s=0,1,2,\cdots,n$;$t=0,1,\cdots,n-s$;$s+t\leqslant n$;x_e,y_e,u_e,v_e 为控制点对应的坐标值。式(5.5.7)和式(5.5.8)为两组由 M 个方程式组成的线性方程组,每个方程组包含 M 个未知数,$M=[(n+1)(n+2)]/2$;通过求解上述两个方程组即可求得 a_{ij},b_{ij},将它们代入式(5.5.4)即得两个坐标系之间的变换关系。

二元多项式方法简单有效,精度较高。精度与所用校正多项式次数有关,多项式次数愈高,位置拟合误差越小。但 n 增加,所需要控制点对的数目急剧增加,计算时间也急剧增加。通常用二元二次多项式,控制点对 $L\geqslant a$,这时找最小二乘方解。

5.5.2　像素点灰度值的确定

图像经过几何校正以后,会出现两种情况。一种情况是校正空间上的坐标点 (u_0,v_0) 被校正后刚好落在原来图像空间上的网格点 (x_0,y_0),则点 (u_0,v_0) 的灰度值就用 (x_0,y_0) 的灰度值来代替。即

$$g(u_0,v_0) = f(x_0,y_0) \tag{5.5.9}$$

另一种情况是校正空间上的坐标点(u_0,v_0)被校正后不是刚好落在原来图像空间上的网格点(x_0,y_0)，有些像素点挤压在一起，另一些则分散开，使校正后的像素点不落在坐标点上。怎么样决定$g(u_0,v_0)$呢？一般常采用内插的方法来求得这些像素点的灰度值，常用的方法有3种。

(1)最近邻插值

最近邻插值是最简单的插值，在这种算法中，每一个插值输出像素的值就是在输入图像中与其最临近的采样点的值。该算法的数学表达式为

$$f(x) = f(x_k) \quad \frac{1}{2}(x_{k-1}+x_k) < x < \frac{1}{2}(x_k+x_{k+1}) \tag{5.5.10}$$

最近邻插值是工具箱函数默认使用的插值方法，而且这种插值方法的运算量非常小。对于索引图像来说，它是惟一可行的方法。不过，最近邻插值法的值频域特性不好，从它的傅里叶谱上可以看出，它与理想低通滤波器的性质相差较大。当图像含有精细内容，也就是高频分量时，用这种方法实现倍数放大处理，在图像中可以明显看出块状效应。这种方法是取像点周围4个邻点中距离最近的邻点灰度作为这点的灰度，方法计算简单，有一定的精度，但是校正后图像的亮度有明显的不连续性。

(2)双线性插值

该方法输出的像素值是它在输入图像中2×2领域采样点的平均值，它根据某像素周围4个像素的灰度值在水平和垂直两个方向上对其插值。

设$m<i'<m+1, n<j'<n+1, a=i'-m, b=j'-n$，$i', j'$是要插值点的坐标，则双线性插值的公式为

$$g(i',j') = (1-a)(1-b)g(m,n) + a(1-b)g(m+1,n) + (1-a)bg(m,n+1) + abg(m+1,n+1) \tag{5.5.11}$$

把按式(5.5.11)计算出来的值赋予图像的几何变换对应于(i',j')处的像素，即可实现双线性插值。它的算法比最近邻点法复杂，计算量大，但是结果令人满意，没有灰度不连续的缺点。双线性内插法具有低通滤波的特性，使高频分量受损，图像轮廓模糊。

(3)三次卷积法

这种方法利用三次多项式$S(\omega)$来逼近理论上的最佳插值函数$\mathrm{sinc}(\omega)$函数$\left(\mathrm{sinc}(\omega)=\frac{\sin\omega}{\omega}\right)$。其数学表达式：

$$S(\omega) = \begin{cases} 1-2|\omega|^2+|\omega|^3 & |\omega|<1 \\ 4-8|\omega|+5|\omega|^2-|\omega|^3 & 1\leqslant|\omega|<2 \\ 0 & |\omega|\geqslant 2 \end{cases} \tag{5.5.12}$$

计算时利用周围16个邻点的灰度值用下式进行内插：

$$f(x,y) = [A][B][C], [A] = \begin{bmatrix} S(1+v) \\ S(v) \\ S(1-v) \\ S(2-v) \end{bmatrix}, [C] = \begin{bmatrix} S(1+u) \\ S(u) \\ S(1-u) \\ S(2-u) \end{bmatrix},$$

$$[B]=\begin{bmatrix} f(i-1,j-1) & f(i-1,j) & f(i-1,j+1) & f(i-1,j+2) \\ f(i,j-1) & f(i,j) & f(i,j+1) & f(i,j+2) \\ f(i+1,j-1) & f(i+1,j) & f(i+1,j+1) & f(i+1,j+2) \\ f(i+2,j-1) & f(i+2,j) & f(i+2,j+2) & f(i+2,j+2) \end{bmatrix} \tag{5.5.13}$$

其中 $S(\bullet)$ 函数用式(5.5.12)来计算。这种方法的计算量大,但是可以克服前面两种方法的缺点,而且精度高。

5.5.3　MATLAB 提供的几何变换函数及其简单应用(参见本书第3章)

5.6　图像线性滤波复原

图像中通常存在不同的畸变,校正这些畸变的处理过程称为图像复原。图像在形成、传输和记录的过程中,由于成像系统、传输介质和记录设备的不完善,都会使图像的质量下降,或者称为退化。这种图像质量的下降在许多实际应用中都会遇到,如宇航卫星、航空测绘、遥感、天文学中所得到的图片,由于大气湍流、光学系统的像差及摄像机与物体之间的相对运动都会使图像质量降低;X 射线成像系统由于 X 射线散布会使医学上所得到的射线照片的分辨率和对比度下降;电子透镜的球面像差往往会降低电子显微相片的质量;等等。

图像复原和前面讨论的图像增强的目的都是改善图像质量,但改善的方法和评价的标准则不同。图像增强是突出图像中感兴趣的特征,衰减那些不需要的信息,因此它不考虑图像退化的真实物理过程,增强后的图像也不一定去逼近原始图像;而图像复原则是针对图像的退化原因设法进行补偿,这就需要对图像的退化过程有一定的先验知识,利用图像退化的逆过程去恢复原始图像,使复原后的图像尽可能地接近原图像,因此图像复原应有一个客观的质量标准,以指导实际复原接近最佳。

图像恢复又称为图像复原,就是要尽可能恢复被退化图像的本来面目,这就要求对图像降质的原因有一定的了解,根据图像降质过程的某些先验知识,建立数学模型(“降质”模型),再沿着图像降质的逆过程恢复图像。由于引起降质的因素众多而且性质不同,目前又没有统一的恢复方法,许多人根据不同的物理模型,采用不同的“降质”模型、处理技巧和估计准则,从而导出了多种的恢复方法。

本节先介绍图像降质及数学模型,然后重点介绍常用的线性滤波复原的方法,如逆滤波、最小二乘滤波(维纳滤波)等。

5.6.1　图像降质模型

图像复原处理一定是建立在图像退化的数学模型基础上的,这个退化数学模型应该能够反映图像退化的原因。由于图像的退化因素较多,而且比较复杂,不便于逐个分析和建立模型,所以图像处理过程中通常把退化原因作为线性系统退化的一个因素来对等,从而建立系统退化模型来近似描述图像函数的退化模型。将图像的降质过程模型化为一个降质系统(或算子),用函数 $h(x,y)$ 综

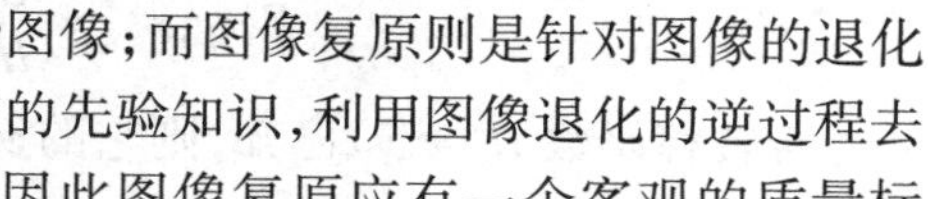

图 5.23　图像降质模型

合所有退化因素，$h(x,y)$ 称为成像系统的冲击响应或点扩展函数。假设输入原始图像为 $f(x,y)$，经降质系统作用后输出的降质图像为 $g(x,y)$，在降质过程中引进的随机噪声为加性噪声 $n(x,y)$，若不是加性噪声，是乘性噪声，可以用对数转换方式转化为相加形式。则降质过程的模型如图 5.23 所示，其一般表达式为

$$g(x,y) = h(x,y) * f(x,y) + n(x,y) \tag{5.6.1}$$

一般说，如果图像降质系统为线性时不变系统，且噪声是加法性类型时，可以在一个统一的线性代数范畴内，将其用公式表示成为一种类型的图像复原问题，这是复原的代数方法，其思想核心是：由给定的降质图像 $g(x,y)$、有关降质系统的点扩展函数 $h(x,y)$ 的先验知识（也可以没有先验知识，这时的恢复工作更难）和有关噪声的一些统计特性，寻找原图 $f(x,y)$ 的最优估计值 $\hat{f}(x,y)$，使事先确定的最优准则为最小。如果最优准则采用最常用的最小二乘方准则函数，则推导出下面介绍的逆滤波（反向滤波）、维纳滤波等图像复原方法。同时也可以看出，这些滤波方法本质上都是采用线性滤波的方法进行图像复原，故也称为线性滤波复原方法。

5.6.2 逆滤波图像复原

最简单的图像恢复方法是逆滤波法。对式(5.6.1)两边作二维傅里叶变换，得到

$$G(u,v) = H(u,v)F(u,v) + N(u,v) \tag{5.6.2}$$

式中 $G(u,v)$、$H(u,v)$、$F(u,v)$ 和 $N(u,v)$ 分别是 $g(x,y)$、$h(x,y)$、$f(x,y)$ 和 $n(x,y)$ 的傅里叶变换，$H(u,v)$ 称为成像系统的转移函数。则估算得到的恢复图像的傅里叶变换 $\hat{F}(u,v)$ 为

$$\hat{F}(u,v) = \frac{G(u,v)}{H(u,v)} = F(u,v) + \frac{N(u,v)}{H(u,v)} \tag{5.6.3}$$

若转移函数 $H(u,v)$ 已知，则它的逆函数 $H^{-1}(u,v)$ 乘退化图像的傅里叶变换 $G(u,v)$，就可以得到恢复图像的傅里叶变换 $\hat{F}(u,v)$，对它再取反变换即得到恢复图像 $\hat{f}(x,y)$，即

$$\hat{f}(x,y) = F^{-1}[G(u,v)H^{-1}(u,v)] = F^{-1}[F(u,v)] + F^{-1}[N(u,v)H^{-1}(u,v)] \tag{5.6.4}$$

这种退化和恢复的全过程可用图 5.24 表示。

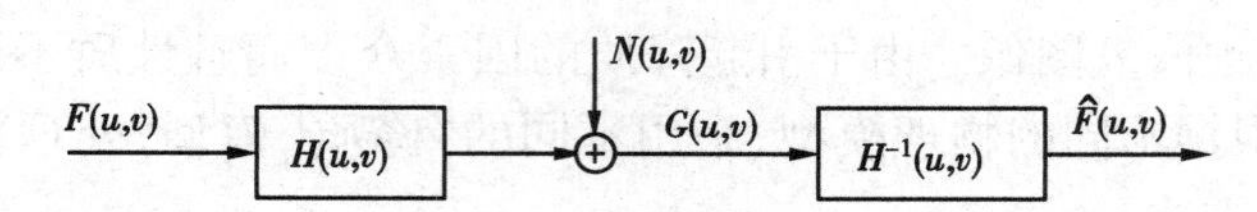

图 5.24 频域上图像降质及恢复过程

逆滤波恢复法会出现病态性，即在频谱域中对图像信号的那些频谱点上，若 $H(u,v)=0$，而噪声 $N(u,v)\neq 0$，则 $N(u,v)/H(u,v)$ 比 $F(u,v)$ 大很多，使恢复出来 $\hat{f}(x,y)$ 与 $f(x,y)$ 相差很大，甚至面目全非，则 $\hat{F}(u,v)$ 在这些频谱点上无定义。

一种改进的方法是在 $H(u,v)=0$ 的那些频谱点及其附近，人为仔细设置 $H^{-1}(u,v)$ 的值，使得在这些频谱点附近，$N(u,v)/H(u,v)$ 不会对 $\hat{F}(u,v)$ 产生太大的影响。

另一种改进是考虑到降质系统的转移函数 $H(u,v)$ 的带宽比噪声的带宽要窄得多，其频率特性也具有低通性质，因此可令逆滤波器的转移函数 $H_I(u,v)$ 为

$$H_I(u,v) = \begin{cases} 1/H(u,v) & (u^2+v^2)^{\frac{1}{2}} \leqslant D_0 \\ 0 & (u^2+v^2)^{\frac{1}{2}} > D_0 \end{cases} \tag{5.6.5}$$

式中 D_0 是逆滤波器的空间截止频率。一般选择 D_0 位于 $H(u,v)$ 通带内某一适当位置，使恢复图像的信噪比较大。

5.6.3　维纳滤波图像复原

逆滤波法比较简单，但是有可能带来噪声放大的问题，而维纳滤波对逆滤波的噪声放大有抑制作用。维纳滤波是寻找一个滤波器，使得复原后图像 $\hat{f}(x,y)$ 与原始图像 $f(x,y)$ 的方差最小，即

$$E\{[f(x,y)-\hat{f}(x,y)]^2\} = \min \tag{5.6.6}$$

式中 $E\{\bullet\}$ 为数学期望算子。如果图像 $f(x,y)$ 和噪声 $n(x,y)$ 不相关，且 $h(x,y)$ 有零均值，则由上述条件可以推导出维纳滤波器的传递函数为

$$H_W(u,v) = \frac{H^*(u,v)}{|H(u,v)|^2 + \dfrac{P_n(u,v)}{P_f(u,v)}} \tag{5.6.7}$$

式中 $H^*(u,v)$ 为退化系统传递函数 $H(u,v)$ 的复共轭，$P_f(u,v)$ 和 $P_n(u,v)$ 分别为原始图像和噪声的功率谱。由式(5.6.7)可得

$$\hat{F}(u,v) = H_W(u,v)G(u,v) = \frac{H^*(u,v)}{|H(u,v)|^2 + \dfrac{P_n(u,v)}{P_f(u,v)}}G(u,v) \tag{5.6.8}$$

现对式讨论如下：

1）维纳滤波能够实现自动抑制噪声放大，当 $H(u,v)=0$，由于 $P_f(u,v)$ 和 $P_n(u,v)$ 项的存在，分母不为零，不会出现被零除的情形，同时分子含有 $H^*(u,v)$ 项，在任何 $H(u,v)=0$ 处，滤波器的增益衡等于零。

2）如果信噪比比较高，即 $P_f(u,v) \gg P_n(u,v)$，则 $P_n(u,v)/P_f(u,v)$ 很小，因此 $H_W(u,v) \to 1/H(u,v)$，即维纳滤波器变成了逆滤波器，所以说逆滤波器是维纳滤波器的一种特殊情况；反之，$P_n(u,v) \gg P_f(u,v)$，则 $H_W(u,v) \to 0$，即维纳滤波器避免了逆滤波器过于放大噪声的问题。

3）维纳滤波的关键是要知道原图像和噪声的功率谱 $P_f(u,v)$ 和 $P_n(u,v)$，实际上 $P_f(u,v)$ 和 $P_n(u,v)$ 往往是未知的，这时常用一个常数 K 来近似代替 $P_n(u,v)/P_f(u,v)$，所以式(5.6.8)变为

$$H_W(u,v) = \frac{H^*(u,v)}{|H(u,v)|^2 + K} \tag{5.6.9}$$

维纳滤波复原法在大多数情况下都可以获得满意的结果，但是在信噪比比较低的情况下，往往不能获得满意的效果，这可能是由于维纳滤波是基于平稳随机过程模型，且假设退化模型为线性时不变系统的原因，这与实际情况存在一定的差距，另外最小均方误差准则与人的视觉准则不一定匹配。

举一个例子，模拟一个因为照相机水平晃动而模糊且加有噪声的图像，然后用 Wiener（维纳）滤波器来恢复。长度 $2d$ 的水平晃动模糊用下式表示：

$$h(m,n)=\begin{cases}0 & n\neq 0,\ -\infty<m<\infty\\ \dfrac{1}{2d} & n=0,\ -d\leqslant m\leqslant d\end{cases} \tag{5.6.10}$$

式(5.6.10)经过离散傅里叶变换,可以得到图像因为水平晃动而被模糊的转移函数 $H(k,l)$,再用最小平方(Wiener)滤波器恢复法公式,调整适当的 K 值将模糊图像恢复。

5.6.4 约束最小平方滤波图像复原

约束最小平方滤波复原是以函数平滑为基础导出的,用内积来考察函数的平滑性,即

$$\alpha(f,f)=\int_{-\infty}^{\infty}\int f(x,y)f(x,y)\mathrm{d}x\mathrm{d}y \tag{5.6.11}$$

前面已经导出图像的退化模型为 $g(x,y)=h(x,y)*f(x,y)+n(x,y)$,如果将复原的结果 $\hat{f}(x,y)$ 反代回上式,则可求得如下的余差函数,即

$$\gamma(x,y)=g(x,y)-h(x,y)*\hat{f}(x,y) \tag{5.6.12}$$

那么 $\gamma(x,y)$ 的内积为

$$\alpha(\gamma,\gamma)=\int_{-\infty}^{\infty}\int\gamma(x,y)\gamma(x,y)\mathrm{d}x\mathrm{d}y \tag{5.6.13}$$

对于一幅 $N\times N$ 的图像,内积 $\alpha(\gamma,\gamma)$ 可以写成如下的形式

$$\alpha(\gamma,\gamma)=\sum_{x=0}^{N-1}\sum_{y=0}^{N-1}[g_e(x,y)-h_e(x,y)*\hat{f}_e(x,y)]^2=\sum_{x=0}^{N-1}\sum_{y=0}^{N-1}n_e^2(x,y) \tag{5.6.14}$$

而图像噪声的均值 μ_n 和方差 σ_n^2 分别为

$$\mu_n=E\{n(x,y)\}=\frac{1}{N^2}\sum_{x=0}^{N-1}\sum_{y=0}^{N-1}n_e(x,y) \tag{5.6.15}$$

$$\sigma_n^2=E\{[n(x,y)-\mu_n]^2\}=E\{n^2(x,y)\}-\mu_n^2=\frac{1}{N^2}\sum_{x=0}^{N-1}\sum_{y=0}^{N-1}n_e^2(x,y)-\mu_n^2 \tag{5.6.16}$$

因此

$$\sum_{x=0}^{N-1}\sum_{y=0}^{N-1}n_e^2(x,y)=N^2(\sigma_n^2+\mu_n^2) \tag{5.6.17}$$

由式得到约束条件为

$$\|g-H\hat{f}\|^2=N^2(\sigma_n^2+\mu_n^2) \tag{5.6.18}$$

其中 $\|g-H\hat{f}\|^2=(g-H\hat{f})^T(g-H\hat{f})$,经推导可得出约束最小平方滤波器的传递函数为

$$H_C(u,v)=\frac{H^*(u,v)}{|H(u,v)|^2+\delta} \tag{5.6.19}$$

式中 $H^*(u,v)$ 是 $H(u,v)$ 的复共轭,δ 是一个待定参量,可由迭代的方法求得。

约束最小二乘复原需要对待定参量反复迭代才能完成。首先选择一个初始参数 δ,求出 $H_C(u,v)$ 和 $\hat{f}(x,y)$,然后代入式(5.6.18),验证是否满足约束条件,如果不满足则改变 δ 值,重新计算 $H_C(u,v)$ 和 $\hat{f}(x,y)$,直到所要求的精度满足式(5.6.18)为止。由于这样的迭代一般要进行若干次,因此计算量常常较大。式(5.6.19)类似于式(5.6.9)维纳滤波的形式。事实上,只要对式(5.6.9)的内积选取适当的加权函数,就可以导致(5.6.19)与维纳滤波有相同的形式。

5.6.5　图像复原的 MATLAB 实现方法

(1) MATLAB 提供的图像复原函数

MATLAB 的图像处理工具箱包含 4 个图像复原函数,下面仅介绍其中的两种函数:

1) deconvwnr 函数

通过调用 deconvwnr 函数可以利用维纳滤波方法对图像进行复原处理。当图像的频率特性和噪声已知(至少部分已知)时,维纳滤波效果非常好。其调用格式为

J = DECONVWNR(I,PSF,NCORR,ICORR)

J = DECONVMNR(I,PSF,NSR)

其功能是:I 表示输入图像,PSF 表示点扩散函数,NSR(缺省值为 0)、NCORR 和 ICORR 都是可选参数,分别表示信噪比、噪声的自相关函数、原始图像的自相关函数。输出参数 J 表示复原后的图像。

2) deconvreg 函数

通过调用 deconvreg 函数可以利用约束最小二乘方滤波对图像进行复原。约束最小二乘滤波方法可以在噪声信号所知有限的条件下很好地使用。其调用格式为

[J LRANGE] = DECONVREG(I,PSF,NP,LRANGE,REGOP)

其功能是:I 表示输入图像,PSF 表示点扩散函数。NP、LRANGE(输入)和 REGOP 是可选参数,分别表示图像的噪声强度、拉氏算子的搜索范围(该函数可以在指定的范围内搜索最优的拉氏算子)和约束算子,这三个参数的缺省值分别为 0、$[10^{-9},10^{9}]$ 和平滑约束拉氏算子。返回值 J 表示复原后的输出图像,返回值 LRANGE 表示函数执行时最终使用的拉氏算子。

(2) 模糊及噪声

为了说明 MATLAB 图像复原函数的效果,针对每一个例子中的复原或噪声图像都给出了其原始图像 F,用来表示在图像获取状态完美无缺的情况下所应该具有的性质(F 实际上并不存在)。这样就可以将复原后的图像与原始图像相比较,从而看出复原的效果如何。事实上例子中给出的模糊或噪声图像都是通过对原始图像人为添加运动模糊和各种噪声而形成的。基于以上原因,这里首先对 MATLAB 图像模糊化和添加噪声的函数作以简单介绍。

下面通过几个实例来给予介绍。

1) 创建一个仿真运动模糊的 PSF 来模糊如图 5.25(a)所示的图像,指定运动位移为 31 个像素,运动角度为 11°。

首先要使用 fspecial 函数创建 PSF,然后调用 imfilter 函数使用 PSF 对原始图像 I 进行卷积,其程序清单为

```
I = imread('flowers.tif');
I = I(10 + [1:256],222 + [1:256],:);
subplot(1,2,1),imshow(I);
LEN = 31;
THETA = 11;
PSF = fspecial('motion',LEN,THETA);
Blurred = imfilter(I,PSF,'circular','conv');
subplot(1,2,2),imshow(Blurred);
```

运动结果如图 5.25 所示,该图即为模糊化的图像。

(a)模糊前　　(b)模糊后

图 5.25　模糊化前、后图像显示效果比较

2)对图 5.25(a)所示的图像分别采用运动 PSF 和均值滤波 PSF 进行模糊。

其程序清单如下:

```
I = imread('flowers.tif');
I = I(10 + [1:256],222 + [1:256],:);
H = fspecial('motion',50,45);
MotionBlur = imfilter(I,H);
subplot(1,2,1),imshow(MotionBlur);
H = fspecial('disk',10);
Blurred = imfilter(I,H);
subplot(1,2,2),imshow(Blurred);
```

运行结果如图 5.26(a)、(b)所示。

3)给图 5.25(a)所示的图像分别添加均值为 0,方差为 0.02 的高斯噪声和随机噪声。对图像添加噪声的函数参见本章第 4 节,下面列举一例子,其程序清单为

```
I = imread('flowers.tif');
I = I(10 + [1:256],222 + [1:256],:);
V = .02;
noise1 = imnoise(I,'gaussian',0,V);        %添加高斯噪声
subplot(1,2,1),imshow(noise1);
noise2 = 0.1 * randn(size(I));              %添加随机噪声
noise3 = imadd(I,im2uint8(noise2));
subplot(1,2,2),imshow(noise3);
```

运行结果如图 5.27(a)、(b)所示。

(a)运动PSF的模糊图像　　(b)均值滤波PSF的模糊图像

图5.26　运动 PSF 和均值滤波 PSF 产生的模糊图像效果比较

(a)添加高斯噪声后的图像　　(b)添加随机噪声后的图像

图5.27　图像添加噪声的效果

(3)维纳滤波复原 MATLAB 的实现

1)利用 deconvwnr 函数对图5.25(b)所示无噪声模糊图像进行复原重建

其程序清单为

```
I = imread('Blurred.tig');
LEN = 31;                                    % 真实的 PSF 是已知
THETA = 11;
PSF = fspecial('motion',LEN,THETA);
wnr1 = deconvwnr(Blurred,PSF);
subplot(1,3,1),imshow(wnr1);
wnr2 = deconvwnr(Blurred,fspecial('motion',2 * LEN,THETA)); % 使用较长 PSF
subplot(1,3,2),imshow(wnr2);
wnr3 = deconvwnr(Blurred,fspecial('motion',LEN,2 * THETA)); % 使用较"陡峭"PSF
subplot(1,3,3),imshow(wnr3);
```

运动结果如图 5.28(a)、(b)、(c)所示。

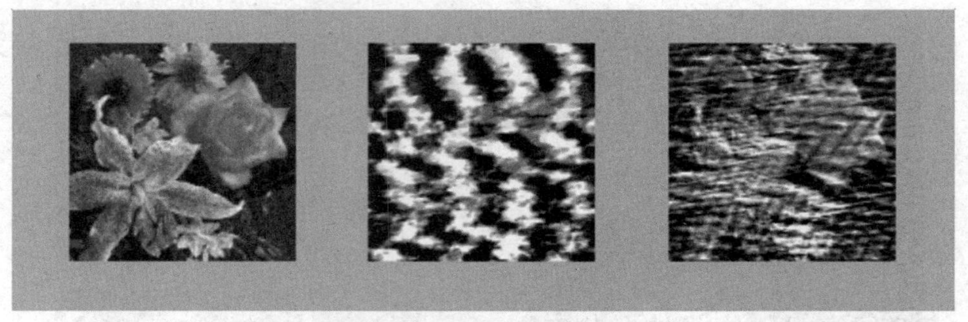

(a)使用真实的PSF复原　(b)使用较“长”的PSF复原　(c)使用较“陡峭”的PSF复原

图 5.28　不同 PSF 产生的复原效果比较

2)利用 deconvwnr 函数对有噪声模糊图像进行复原重建

```
I = imread('flowers.tif');
I = I([1:256],50 + [1:256],:);
subplot(3,3,1),imshow(I);
LEN = 31;
THETA = 11;
PSF = fspecial('motion',LEN,THETA);
Blurred = imfilter(I,PSF,'circular','conv');
subplot(3,3,2),imshow(Blurred);
wnr1 = deconvwnr(Blurred,PSF);
subplot(3,3,3),imshow(wnr1);
noise = 0.1 * randn(size(Blurred));          % 添加随机噪声
noise1 = imadd(Blurred,im2uint8(noise));
subplot(3,3,4),imshow(noise1);
wnr2 = deconvwnr(Blurred,PSF);               % 调用 deconvwnr 函数直接对一幅有噪声的图像
                                             % 进行复原
subplot(3,3,5),imshow(wnr2);
NSR = sum(noise(:).^2)/sum(im2double(Blurred(:)).^2);
wnr3 = deconvwnr(noise1,PSF,NSR);
subplot(3,3,6);imshow(wnr3);
NP = abs(fftn(noise)).^2;
NCORR = fftshift(real(ifftn(NP)));           % 噪声自相关函数
IP = abs(fftn(im2double(Blurred))).^2;
ICORR = fftshift(real(ifftn(IP)));           % 图像自相关函数
wnr4 = deconvwnr(noise1,PSF,NCORR,ICORR);
subplot(3,3,7);imshow(wnr4);
```

运行结果如图 5.29 所示。

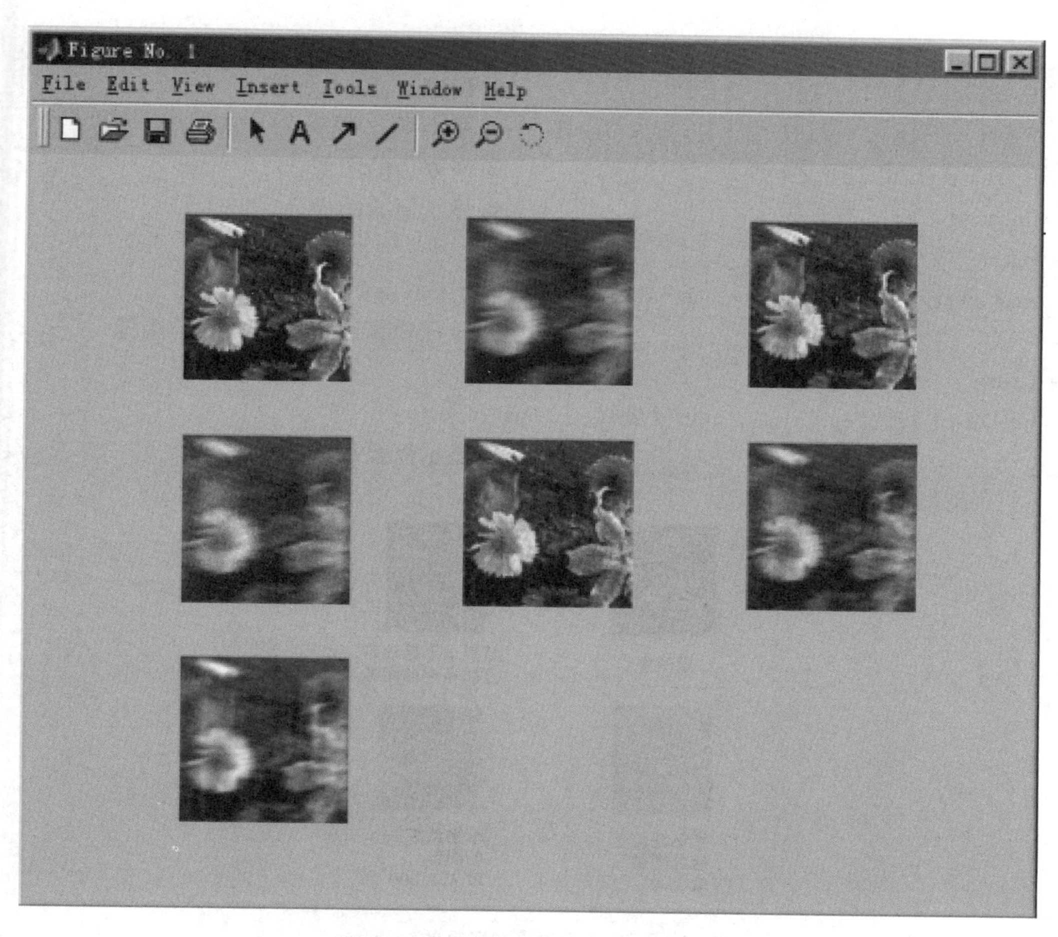

图 5.29　含噪声的模糊图像恢复示例

3)利用其他方法实现的维纳滤波图像复原

程序及结果如下所示：

```
clear                                  % 清除变量
d = 15                                 % 设定长度
h = zeros(2 * d + 1,2 * d + 1)
h(d + 1,1:2 * d + 1) = 1/(2 * d);      % 函数 h
f = imread('a1.bmp')                   % 读取图像
[m,n] = size(f)                        % 图像大小
fe = zeros(m + 2 * d,n + 2 * d)        % 扩增 f
fe(1:m,1:n) = f
he = zeros(m + 2 * d,n + 2 * d)        % 扩增 h
he(1:2 * d + 1,1:2 * d + 1) = h;
F = fft2(fe)
H = fft2(he)
ns = 5 * rand(m + 2 * d,n + 2 * d)     % 产生噪声
g = ifft2(F. * H) + ns                 % 被模糊化且加有噪声的图像
```

```
G = fft2(g)
K = 0                                        % 设定 K 值,另外取 K = 0.000 1
F_est = ((H.^2)./(H.^2 + K)). * G./H         % 最小平方(Wiener)滤波恢复公式
f_est = real(ifft2(F_est))                   % 恢复后的图像
imshow(f)                                    % 显示原始图像
figure
imshow(g(d+1:m+d,d+1:n+d),[min(g(:)) max(g(:))])
                                             % 显示模糊后再加了噪声的图像
figure
imshow(f_est(1:m,1:n),[min(f_est(:)) max(f_est(:))])
                                             % 显示恢复后的图像
```

运行结果如图 5.30 所示。

原图像

模拟水平晃动后再加噪声的图像

维纳滤波后的图像取 $K=0$

维纳滤波后的图像取 $K=0.000\ 1$

图 5.30　维纳滤波恢复的结果

第 6 章 图像压缩与编码及 MATLAB 实现

近年来,随着计算机通信技术的迅速发展,特别是多媒体网络技术的兴起,图像压缩与编码已受到了人们越来越多的关注。

图像压缩与编码从本质上来说就是对要处理的图像按一定的规则进行变换和组合,从而达到以尽可能少的代码(符号)来表示尽可能多的数据信息。压缩通过编码来实现,或者说编码带来压缩的效果。因此,一般把此项处理称为压缩编码。

本章主要介绍图像编码的基本原理、无损编码、有损编码及图像压缩国际标准等内容。

6.1 图像压缩与编码概述

6.1.1 图像压缩与编码概念

随着信息技术的发展,数字图像系统在天文学、遥感、医学、摄影、图形艺术等各个领域中都获得了广泛应用。产生了大量的图片、气象云图、遥感图像等静止图像,以及可视电话、广播电视等各类活动图像。尽管数字图像存在很多优点,但要表示它们,则需要大量比特数。例如,一张 A4(210 mm×297 mm)幅面的照片,若用中等分辨率(300dpi)的扫描仪按真彩扫描,其数据量为有(300×210/25.4)×(300×297/25.4)个像素,每个像素占 3 个字节,其数据量为 26 M 字节。这么大的数据量,若不进行压缩处理,则很难在计算机及其网络上存储、处理和传输。

处于信息高速流通时代,不仅要求大量存储和传输图像,而且往往要求在保证质量的前提下以较小的空间存储图像和较少的比特率传输图像。为了利用有限的存储容量存储更多的图像,或者为了以最短的时间传递尽可能多的图像,就要研究怎样才能最大限度地压缩图像数据,并保证解压后的图像是用户能够接受的,这就是图像压缩编码所要解决的问题。另外,在研究图像数据压缩编码的过程中,还要考虑的一个重要问题是重建后图像的质量问题。如果一幅图像的编码率很低,但是重建后效果却不能让人满意,那么这种编码就是毫无意义的。

图像数据的压缩是基于这样两个特点:其一,图像信息存在着很大的冗余度,数据之间存在着相关性,如相邻像素之间色彩的相关性等。通常,数字图像的冗余度有以下三种:①空间冗余度,它是由相邻像素值间的相关性造成的;②频谱冗余度,它是由不同彩色平面(例如,在RGB 彩色图像中,红,绿、蓝彩色平面)或频谱带之间的相关性造成的;③时间冗余度,它是由活动图像中图像序列不同帧的相关性造成的。其二,由于人眼是图像信息的接收端,所以可利用视觉对于边缘急剧变化不敏感(视觉掩盖效应),以及对图像的亮度信息敏感、对颜色分辨率弱等特点来实现对图像的高压缩比,使得解压后的图像信号仍有着满意的质量。

6.1.2 图像压缩编码的分类

图像压缩目的就在于,通过消除这些冗余度来减少表示图像所需的比特数。由此发展而来的数据压缩基本方法有两类:其一,将相同的或相似的数据或数据特征归类,使用较少的数据量描述原始数据,以达到减少数据量的目的,这种压缩一般称为无损压缩;其二,利用人眼的视觉特性有针对性地简化不重要的数据,以减少总的数据量,这种压缩被称为有损压缩。

无损压缩是对图像文件本身的压缩,是对文件的数据存储方式进行优化,采用某种算法表示重复的数据信息,文件可以完全还原,不会影响文件内容,对于图像而言,也就不会使图像细节有任何损失。由于无损压缩只是对数据本身进行优化,所以压缩比例有限,压缩比一般为2∶1 至5∶1 。这类方法广泛用于文本数据、程序和特殊应用场合的图像数据(如指纹图像、医学图像等)的压缩。由于受到压缩比的限制,因而仅使用无损压缩方法是不可能解决图像和数字视频的存储和传输问题的。

有损压缩是对图像本身的改变。例如,我们知道图像色彩用 HSB 色系表示时有三个要素:亮度(B)、色相(H)和色纯度(S),而人眼对于亮度的敏感程度远远高于其他二者,也就是说,只要亮度不变,稍微改变色相和色纯度,人们难以察觉,因此可以在保存图像时保留较多的亮度信息,而将色相和色纯度的信息和周围的像素进行合并,合并的比例不同,压缩的比例也不同,由于信息量减少了,所以压缩比可以很高。JPEG 就是这种压缩方式。用有损压缩的方法压缩后的图像解压后不能完全还原原始信息,但只要适当地选择压缩比,解压后的图像也是可以接受的。有损压缩方式被广泛应用于语音、图像和视频等的数据压缩中。

数据压缩技术的一般的处理框图如图 6.1 所示。其中的原始数据(又称源数据)经过压缩处理,得到的输出即是被压缩的数据。当这些数据所占的存储空间和传输中所用的时间小于原始数据时,即实现了数据压缩。在需要使用这些数据时,只要经过还原(或称释放)处理即可。实现方式可用软件,也可用专用硬件设备来实现。

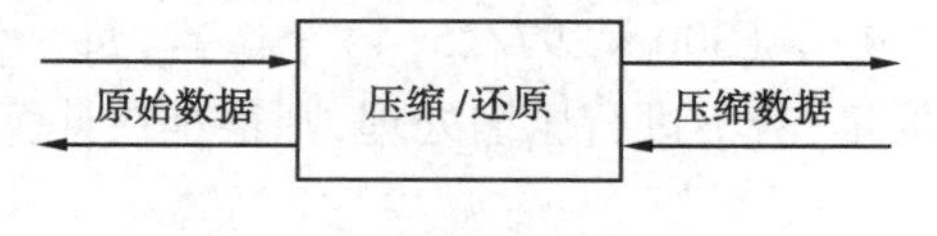

图 6.1 压缩处理示意图

6.1.3 图像压缩的国际标准

信息技术的突破特点是互操作性和全球联网。随着全球范围内的信息传输和交换越来越重要。统一的压缩标准成为实现全球范围信息传输的交换的关键。

有关图像压缩编码的国际标准有:H. 261 建议、JPEG 标准、MPEG-1、MPEG-2 标准和H. 263建议标准等。涉及二值图像传真、静态图像传输、可视电话、会议电视、VCD、DVD、常规数字电视、高清晰度电视、多媒体可视通信、多媒体视频点播与传输等广泛应用领域。下面简要介绍有关图像编码的若干国际标准。

(1)二进制图像压缩标准

二值图像压缩标准主要有 G3/G4 和 JBIG 两种。G3 和 G4 这两种二进制图像压缩标准最初是由 CCITT 的两个小组为图像传真应用而设计的,现在也应用于其他方面。G3 标准主要采用一维行程编码技术或二维行程编码技术;G4 仅采用二维行程编码技术,它是 G3 的一个简化。G3 对文字或少量图像的压缩比约为 15 : 1 ,G4 比 G3 的压缩比提高近一倍;JBIG 主要是针对 G3 和 G4 压缩中出现的半调灰度图像的扩展问题而制定的,采用自适应技术解决图像扩散问题,因而提高了 G3 和 G4 标准的编码效率,尤其是对于半调灰度图像,压缩比能够提高 2 ~ 30倍。

(2)静止图像压缩标准

JPEG 是 ISO 和 CCITT 于 1986 年成立的联合图片专家组(Joint Photographic Expert Group),1991 年 3 月提出的多灰度静止图像的数字压缩编码,1992 年作为静止图像压缩算法的国际标准正式推出。它适用于各种不同类型、不同分辨率要求的彩色和黑白静止图像,有多种编码模式和数据格式。主要应用于彩色传真、静止图像、可视通信、印刷出版、新闻图片、医学和卫星图像的传输、检索和存储。

基本 JPEG 算法的操作可分成三个步骤:首先通过 DCT 去除数据冗余,然后使用量化表对 DCT 系数进行量化,最后对量化后的 DCT 系数进行编码使其熵达到最小,熵编码采用 Huffman 可变长编码。

目前,JPEG 专家组正在研究 JPEG2000 这一新的国际标准——采用小波变换的编码技术,并且将添加诸如提高压缩质量、码流随机存储、结构开放、向下兼容等功能。

(3)运动图像压缩标准

运动图像的国际压缩标准主要有 H. 261、MPEG-1、MPEG-2、MPEG-4、MPEG-7 和 H. 263 这几种。下面给予简单介绍。

1)H. 261

H. 261 建议是 CCITT(ITU-T 的前身)于 1990 年 12 月通过的有关图像(视频)压缩编码的第一个国际标准化建议,其中文名称为“$p \times 64$kbits/s 声像服务用的视频编解码器”。其主要对象是 $p \times 64$kbits/s 和 $p \times 384$kbits/s 两类码率。当时主要用于可视电话和会议电视,其图像质量的要求不很高,能在 ISDN 的 $p \times 64$kbits/s($1 \leqslant p \leqslant 30$)信道上进行可视电话、会议电视等声像服务。其技术方案的基本框架和主要内容成为后来许多视像国际标准的基础。采用了预测、变换、熵编码,集中了它们各自优势,同时充分利用视觉特性。

2)MPEG-1

MPEG 是活动图像专家组 Moving Picture Expert Group 的简称。MPEG-1 的全称是 ISO/IEC CD11172,Coding of Moving Picture and Associated Audio for digital storage media at up to 15Mbits/s。中文名称为“用于数字存储媒体码率约为 1. 5Mbit/s”。MPEG-1 包括系统(Part1:System,11172-1)、视频(Part2:Video 11172-2)、音频(Part3:Video 11172-3)以及测试和软件实现等。它主要面向数字存储媒体,应用于多媒体计算机,教育与训练,演示与咨询服务,创作与娱乐,电子出版物,数字视听系统 VCD 以及 VOD,交互式电话 ITV 等广阔领域。

3)MPEG-2

MPEG-2 的全称是 ISO/IEC DIS 13818,Generic Coding of Moving Pictures and Associated

Audio Information。中文名称为“活动图像及其伴音信息的通用编码(标准)”。主要包括系统、视频、音频、测试等几部分内容。

4)MPEG-4、MPEG-7

MPEG-4 的目标是交互式的多媒体应用。其主要特点有:基于内容的交互性、高效的压缩算法、自然的与合成的图像编码及其混合编码、通用的可接入性。

MPEG-7 的全称为“多媒体信息内容的描述接口”。其将对所有不同类型的多媒体信息作标准的描述。采用基于对象的编码方法,其主要应用包括:数字化图书馆(图像库,音乐字典等)、多媒体目录服务、广播式媒体选择、多媒体编辑。

5)H. 263

H. 263 的全称是:ITU-T Recommendation H. 263, Video Coding for Low Bitrate Communication。其面向低码率多媒体通信,原来的目标为在 PSTN 上运行于 64 kbits/s 以下码率的新的视频压缩标准。由于低码率下实现多媒体通信,在技术上更为困难和复杂,因此H. 263采用了多种先进技术以降低码率,提供各种业务服务。最近又推出了 H. 263 + 和 H. 263 ++ 。

6.1.4 图像压缩编码术语简介

(1)图像熵与平均码字长度

设图像像素灰度级集合为$\{d_1, d_2, \cdots, d_m\}$,其对应的概率分别为$p(d_1), p(d_2), \cdots, p(d_m)$,则图像熵为

$$H(d) = -\sum_{i=1}^{m} p(d_i)\log_2 p(d_i) \tag{6.1.1}$$

其单位为比特/字节。图像熵表示图像灰度级集合的比特数均值,或者说描述了图像信源的平均信息量。

借助于熵的概念可以定义量度任何特定码的性能的准则:平均码长度 l

$$l = \sum_{i=1}^{m} l_i p(d_i) \tag{6.1.2}$$

其中 l_i 为灰度级 d_i 所对应的码字的长度。显然,l 的单位是比特/字符。

(2)编码效率

编码效率通常用下式表示:

$$\eta = \frac{H(d)}{l}(\%) \tag{6.1.3}$$

由式可知,若 l 与 $H(d)$ 相等,编码效果最佳;l 接近 $H(d)$,编码效果为佳;l 远大于 $H(d)$,编码效果差。

(3)压缩比

压缩比是衡量数据压缩程度的指标之一,目前,常用下式来描述:

$$P_r = \frac{L_s - L_d}{L_s} \times 100\% \tag{6.1.4}$$

其中,L_s 为源代码长度;L_d 为压缩后代码长度。由此式可知,压缩比的物理意义是被压缩掉的数据占原数据的百分比。当压缩比 P_r 接近 100% 时,压缩效果最理想。

6.2 无损压缩技术

6.2.1 无损压缩技术概述

无损压缩算法可以分为两大类:一种是基于字典的编码方法;另一种是基于统计的编码方法。

基于字典的编码方法生成的压缩文件包含的是定长码,即采用相同的位数对数据进行编码。大多数存储数字信息的编码系统都采用定长码。例如,常用的ASCII码就是定长码,其码长为1,汉字国标码也是定长码,其码长为2。该种方法所生成的每个码都代表原文件中数据的一个特定序列,常用的压缩方法有行程编码和LZW编码等。

基于统计方法生成的压缩文件包含的是变长码,即采用不相同的位数对数据进行编码,以节省存储空间。不同的字符或汉字出现的概率是不同的,有的字符出现的概率非常高,有的则非常低。例如,英文字母E使用的概率为18%,而Z字母仅为0.08%。另外,因在图像中常含有大面积的单色的图块和颜色出现频繁不同,故在进行数据编码时,就可以通过对那些经常出现的数据指定较少的位数来表示,而对那些不常出现的数据指定较多的位数来表示,从而节省了存储空间。在实际中,最常用的统计编码方法是霍夫曼编码和算术编码方法等。

下面分别给予介绍这几种常用方法的应用及其原理。

6.2.2 霍夫曼(huffman)编码

(1) huffman编码的基本原理

在无损压缩的编码方法中,Huffman编码是一种较有效的编码方法。Huffman编码是一种长度不均匀的、平均码率可以接近信息源熵值的一种编码。它的编码基本思想是对于出现概率大的信息,采用短字长的码,对于出现概率小的信号用长字长的码,以达到缩短平均码长,从而实现数据的压缩。

Huffman编码过程如下:

1)将信源符号按其出现概率的大小顺序排列,然后把出现概率最小的两个符号的概率值相加,得到一个新的概率。

2)把这个新概率看成是一个新符号的概率,和其他符号再按概率大小排列,再把最后两个概率相加。

3)重复上述步骤1)和步骤2)做法,直到最后只剩下两个符号的概率为止。

4)完成以上概率相加作顺序排列后,再反过来逐步向前进行编码,每一步有两个分支各赋予一个二进制码,可以对概率大的赋码元0,对概率小的赋码元1,亦可对概率大的赋码元1,对概率小的赋码元0。

Huffman编码在变字长编码方法中是最佳的,其码字平均长度很接近信息符号的熵值。Huffman编码的最高压缩效率可以达到8∶1,但是在一般实施过程中,很难达到这种压缩比例。若图像文件中存在许多拥有长行程的字节值时,使用行程编码压缩算法可能更好。

(2) huffman 编码过程举例

例如,对下面这串出现了 5 种字符的信息(40 个字符长):

cabcedeacacdeddaaabaababaaabbacdebaceada

5 种字符的出现次数分别:a－16,b－7,c－6,d－6,e－5。由此可得各个消息出现的概率分别:0.4　0.175　0.15　0.15　0.125

Huffman 编码过程如图 6.2 所示。

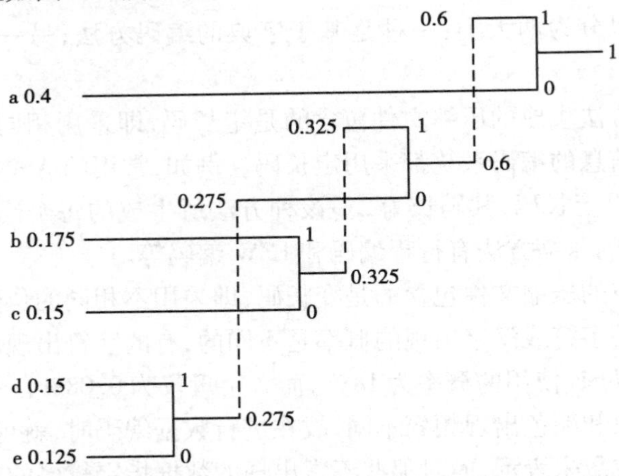

图 6.2　Huffman 编码过程示意图

由此,可以建立如下的编码表:a－0　b－111　c－110　d－101　e－100

对例子中信息的编码为

cabcedeacacdeddaaabaababaaabbacdebaceada

110　0 111　110　100　101　100　0 110　0 110　……

码长共 88 位。让我们回顾一下熵的知识,使用我们在前面学到的计算方法,上面的例子中,每个字符的熵为

$Ea = -\log_2(16 / 40) = 1.322$

$Eb = -\log_2(7 / 40) = 2.515$

$Ec = -\log_2(6 / 40) = 2.737$

$Ed = -\log_2(6 / 40) = 2.737$

$Ee = -\log_2(5 / 40) = 3.000$

信息的熵为

$E = Ea * 16 + Eb * 7 + Ec * 6 + Ed * 6 + Ee * 5 = 86.601$

也就是说,表示该条信息最少需要 86.601 位。由此可知,Huffman 编码已经比较接近该信息的熵值了;同时,Huffman 编码只能用近似的整数位来表示单个符号,而不是理想的小数位。这就是 Huffman 这样的整数位编码方式无法达到最理想的压缩效果的原因。

6.2.3　算术编码

(1) 算术编码的基本原理

当使用 Huffman 编码时,若信源中各个符号的概率比较接近时,其编码结果将趋于定长码,为提高编码效率高,建议使用算术编码。算术编码方法与 Huffman 编码方法相似,都是利

用比较短的代码取代图像数据中出现比较频繁的数据,而利用比较长的代码取代图像数据中使用频率比较低的数据从而达到数据压缩的目的。其基本思想是将输入序列中的各个符号按照出现频率映像到0和1之间的相应数字区域内,该区域表示成可以改变精度的二进制小数,其中出现频率越低的数据利用精度越高的小数进行表示。算术压缩算法中两个基本的要素为源数据出现的频率以及其对应的编码区间。其中,源数据的出现频率决定该算法的压缩效果,同时也决定编码过程中源数据对应的区间范围,而编码区间则决定算术压缩算法最终的输出数据。算术压缩算法可以大幅度地减小文件长度,甚至可以达到100∶1的压缩比例,针对不同的图像文件,其压缩比例主要是与源文件的数据分布及其所采用标准模式的精度有关。事实上,JPEG成员测试过,对于许多实际图像,算术编码的压缩效果优于Huffman编码5%～10%。在JPEG的扩展系统中,已经用算术编码取代了Huffman编码。

(2)算术编码举例

设输入数据为“aabbc”,其出现概率和所设定的取值范围如下:

字符	概率	范围
a	0.4	[0.0,0.4]
b	0.4	[0.4,0.8]
c	0.2	[0.8,1.0]

范围给出了字符的赋值区间,这个区间是根据字符发生的概率来划分的,具体把字符a,b,c分在哪个区间中,对编码本身并没有影响,只要保证在编码端和解码端对字符的概率区间有相同的定义即可。

按上述区间的定义,在编码时,输入的第一个字符为“a”,由字符概率取值区间的定义可知编码输出的实际取值范围在[0.0,0.4],也即输入序列的第一个字符决定了编码输出的最高有效位的取值范围。然后,继续对后续字符进行编码,每输入一个字符,编码输出的取值范围就进一步缩小。

读入第二个字符“a”,“a”的取值范围在[0.0,0.4],但由于第一个字符已经将取值区间限制在[0.0,0.4],因此,第二个字符“a”的实际取值范围应在当前范围[0.0,0.4]内的[0.0,0.4]处,也即第二个字符“a”将编码输出进一步限制在区间[0.0,0.16]。也就是说,每输入一个符号,都将按事先对概率范围的定义,在当前取值范围内确定新的上、下限。读入新字符后的上、下限可按下式计算:

$$\text{High} = \text{Low} + \text{Range} * \text{High\_range}(\text{char}) \tag{6.2.1}$$

$$\text{Low} = \text{Low} + \text{Range} * \text{Low\_range}(\text{char}) \tag{6.2.2}$$

式中,High、Low分别表示当前取值区间的上、下限,Range为上、下限之差,High_range(char)、Low_range(char)分别表示新输入字符概率的上、下限。

重复上述编码过程,直到输入序列结束为止。具体的编码过程如下:

输入字符	Low	High	Range
a	0	0.4	0.4
a	0	0.16	0.16
b	0.064	0.128	0.064
b	0.0896	0.1152	0.0256
c	0.1108	0.1152	

由上述编码过程可以看出,随着字符的输入,编码输出的取值范围越来越小。当输入序列被全部编码后,编码输出被映射成区间[0.1108,0.1152]内的一个小数,我们可以取这个区间的下限0.1108 作为输入序列“aabbc”的编码输出。算术编码的解码非常简单,具体的解码过程为:

1)由于输入序列被映射成小数0.1108,由概率分布区间可知,输入序列的第一个符号必定是'a'。

2)去掉第一个符号对编码输出的影响,即用0.1108 减去已译码字符'a'的概率分布区间[0,0.4]的下限0,得0.1108,再除以范围0.4(0.4,0),得0.277,由概率分布区间的定义可知,第二个符号应是'a'。

3)继续按上述方法译码,如果代码处理完毕,则结束。

由上面的描述可以看出,编码时是用新加入的符号来缩小输出代码的范围,而解码过程和编码过程正好相反,是用已译码的符号来扩大输出代码的范围。

6.2.4 跳过白色块编码(WBS)

跳过白色块编码是二值图像压缩编码方法之一。二值图像是指仅有黑(国际建议规定用“1”代表)、白(用“0”代表)两个灰度级的图像。例如,经扫描仪得到的气象图、工程图、地图、线路图以及由文字组成的文件图像等。由于二值图像只有两个灰度级,因此统计特性和灰度图像不同,针对它们本身的统计特点,研究一些编码方法就很有必要。

对二值图像编码时,如果每一个像素用一位二进制(0 或 1)代表,这种编码方法称为直接编码。显然,此时表示图像的比特数,就是图像的像素数,对图像并没有进行压缩。单位长度上的像素数称为分辨率,分辨率越高,图像的质量越好,但表示一幅图像所需的比特数也就越多。实际情况中,究竟需要多少分辨率才适宜,要视图像种类及应用要求而定。表 6.1 列出了几种图片的常用分辨率。

表 6.1 几种图片的常用分辨率

图片种类	所需要的分辨率
英文文件	4
新闻报纸文字部分	16
新闻报纸图像部分	27 ~ 40
气象图片	5 ~ 10
地图	10
指纹卡片	10 ~ 20
4 号印刷中文文件	5

直接编码一幅图像所需总比特数是由图片的幅面大小及分辨率决定的。如幅面为 A_4(210mm × 297mm)中文文件,若取分辨率为 5 点/mm,直接编码所需比特数为:$210 \times 297 \times 5^2 \times 1 \approx 1.6$Mbit。对这一文件,若用我国现在常用的速率为 2.4kbit/s 传真机传送,约需 11 min 才能送完。可见研究二值图像的编码是很有必要的。

许多研究表明，图像具有统计学本质，就是说它们由大量白色的区域组成，其中分布着代表文本、线和填充区的黑像素，黑像素只占图像像素总数的一小部分，因此若能跳过白色区域，只对黑色像素进行编码，这样就能减少表示图像所需的总比特数，这就是跳过白色块编码（WBS）的基本原理。

(1)一维 WBS 编码

将图像的每条扫描线分成若干段，每段有 N 个像素，对全部是白色的一段像素用1位“0”表示。对于至少有一个黑色像素的像素段用 $N+1$ 个位编码，即第一位人为地规定为1，其余的 N 位采用直接编码（白色为“0”，黑色为“1”）。如 $N=8$，当某一段为“白黑黑白白黑白白”时，就可以用“10110010”表示。之所以要在非全白像素段码字前加一个“1”码元，是为了构成非续长代码，使得一连串码字可以惟一地区分开来。虽然非全白段码字增加了一位，但由于全白像素段出现的概率大，而所用的码字却只有一位，因而表示图像所需的总比特数减少了，这样就达到了压缩的目的。

一维 WBS 编码平均码字长度 L_N 为

$$L_N = \frac{1}{N}[P_N \times 1 + (1 - P_N) \times (N + 1)] \tag{6.2.3}$$

式中，P_N 是段长为 N 像素段为全白像素的概率。显然，段长 N 不同，概率 P_N 也就不同。为了获得最短平均码长，对给定的二值图像应有一个最佳 N 值。

(2)二维 WBS 编码

一维 WBS 编码可以方便地推广到二维，此时像素段变为像素块。假设像素块的大小为 $M \times N$，同一维 WBS 编码类似，对全白的像素块用1位“0”表示，非全白像素块用（$M \times N + 1$）位表示。其中第一位规定为“1”，其余 $M \times N$ 位采用直接编码。

6.2.5　行程编码

行程编码是一种相当简单的编码技术，常用（run length encoding，RLE）表示。它是沿扫描线统计具有相同颜色值的像素个数，然后用两个数值来表示具有相同颜色值的这些像素：(n,m)，n 表示像素值，m 表示像素的个数，称为行程长度。

某些图像，特别是计算机生成的图像往往包含有许多颜色相同的块。在这些块中，许多连续的扫描行或者同一扫描行上有许多连续的像素都具有相同的颜色值。在这些情况下就不需要存储每一个像素的颜色值，而是仅仅存储一个像素值以及相同颜色的像素数。假定一幅灰度图像，第 n 行的像素值为

80 80 80 150 150 150 150 128 128 128 128 128 128 128 180 180 180 180 180

用 RLE 编码方法得到的代码为：**80** 3 **150** 4 **128** 7 **180** 5。代码中用黑体表示的数字代表像素的颜色值，黑体字后面的数字是行程长度。对比 RLE 编码前后的代码数可以发现，在编码前要用19个代码表示这一行的数据，而编码后只要用8个代码表示，压缩前后的数据量之比为19∶8。RLE 所能获得的压缩主要是取决于图像本身的特点。如果图像中具有相同颜色的图像块越大，图像块数目越少，获得的压缩比就越高。反之，压缩比就越小。

译码时按照与编码时采用的相同规则进行，还原后得到的数据与压缩前的数据完全相同。因此，RLE 是无损压缩技术。RLE 压缩编码尤其适用于计算机生成的图像，对减少图像文件的存储空间非常有效。然而，RLE 对颜色丰富的自然图像直接进行编码，效果并不理想。由

于自然图像五光十色，在同一行上具有相同颜色的连续像素往往很少，而连续几行都具有相同颜色值的连续行数就更少，如果仍然直接使用 RLE 编码方法，不仅不能压缩图像数据，反而可能使原来的图像数据变得更大。因此对复杂的图像都不能单纯地采用 RLE 进行编码，需要和其他的压缩编码技术联合应用。

6.2.6　方块编码(BTC)

(1)方块编码的基本原理

在方块编码(BTC)中，将图像分成 $n\times n$ 无重叠的子块(通常 4×4 为典型块)，并为子块单独设计 2 电平量化器。量化门限和二个重建电平随一个子块的局部统计特征而变化，因此该编码实际上是一个局部处理过程。量化后子块用一个 $n\times n$ 位映像所表示，该 $n\times n$ 位代表了有关各像素的重建电平和确定两个重建电平的附加信息，而译码是个简单的处理过程，它在各像素的映像位置，选定一个合适的重建电平而完成译码。下面就以一个 4×4 像素子块为例来说明方块编码的基本原理。

$$X=\begin{bmatrix}128 & 134 & 152 & 160\\ 80 & 100 & 116 & 122\\ 85 & 90 & 99 & 104\\ 92 & 96 & 102 & 110\end{bmatrix} \tag{6.2.4}$$

现在为该子块设计量化器，设其门限为整个块的均值 $\overline{X}$，两个重建电平分别为 a,b，并等于由门限分成两段的各段均值，由上述矩阵可知，$\overline{X}=94$，以此均值作为门限，将大于该门限的像素用 1 来表示，小于该门限的像素用 0 表示，则该子块被映像为

$$B=\begin{bmatrix}1 & 1 & 1 & 1\\ 0 & 1 & 1 & 1\\ 0 & 0 & 1 & 1\\ 0 & 1 & 1 & 1\end{bmatrix} \tag{6.2.5}$$

然后求出“1”所代表的段的均值，及“0”所代表的段的均值，其结果取最靠近它的整数，则可求得两个重建电平分别为：$a=119$，$b=87$。这两个重建电平同比特映像一起发送，则解码时的重建块为

$$\hat{X}=\begin{bmatrix}119 & 119 & 119 & 119\\ 87 & 119 & 119 & 119\\ 87 & 87 & 119 & 119\\ 87 & 119 & 119 & 119\end{bmatrix} \tag{6.2.6}$$

原图像子块需用 16 个字节来表示，用 BTC 方法编码后仅需 16 个比特再另加 2 个字节的重建电平，显然图像的数据量得到了压缩。BTC 编码方法中主要解决的问题是：量化器的设计和为了减少比特率的比特映像的附加信息编码和重建电平。

(2)自适应方块编码

自适应方块编码能使图像子块的大小随局部信号统计特征而改变，可以改善重建图像的质量。下列步骤概括了自适应方块编码的过程：

1)将图像分割为 4×4 数据块；

2)按照一定公式计算重建电平 a,b；

3）根据 a,b 的计算值，将各数据块进行分类，并利用三种运算模式：

模式 A：给出一个合适的门限 T_1，如果 $|a-b|<T_1$，则不用对该数据块进行比特映像，且仅发送 4×4 图块的平均值。这种模式适用于可由信号灰度电平表示的不变区或相对平滑区域。

模式 B：给出合适的门限 T_2 和 T_3，如果 $T_1<|a-b|<T_2$，且

$$\left[\sum_{\forall x_i<\bar{X}}|x_i-a|+\sum_{\forall x_i>\bar{X}}|x_i-b|\right]\leqslant T_3 \tag{6.2.7}$$

上式中，x_i 为 4×4 图块中的各像素值，$\bar{X}$为该图块的均值。若满足上述两个条件，则发送重建电平与 4×4 图块的比特映像。门限 T_3 保证重建的绝对误差在该门限之下。

模式 C：若模式 A 和 B 都不满足，则再将 4×4 图块分成 2×2 子块，对各 2×2 子块进行编码，对各子块发送重建电平与比特映像。这种模式适用于活动性强的图像区。

还必须发送附加信息，以表明各编码图块所选的运算模式。综上所述，自适应方块编码能在一定程度上改善图像的质量，但发送比特率相应也增大。

6.2.7　无损编码技术的 MATLAB 实现

MATLAB 的图像处理工具箱并没有提供直接进行图像编码的函数或命令，这是因为 MATLAB 的图像输入、输出和读、写函数能够识别各种压缩图像格式文件，利用这些函数就可以间接地实现图像压缩。下面仅介绍其中两种编码方法的实现。

（1）行程编码的 MATLAB 实现

行程编码是最简单、最容易实现的。进行行程编码的方法可以是多种多样的，下面的程序是将一个不同行程（即不同颜色的像素块）的起始坐标和灰度值都记录下来。

```
I = imread('code.gif');
[m,n] = size(I);
c = I(1,1);E(1,1) = 1;E(1,2) = 1;E(1,3) = c;
t1 = 2;
for k = 1:m
    for j = 1:n
        if(not(and(k == 1,j == 1)))
            if(not(I(k,j) == c))
                E(t1,1) = k;E(t1,2) = j;E(t1,3) = I(k,j);
                c = I(k,j);
                t1 = t1 + 1;
            end
        end
    end
end
```

（2）霍夫曼编码的 MATLAB 实现

进行霍夫曼编码首先要统计图像中各种颜色值出现的概率，然后再进行排序编码。这种编码方法较为复杂，但是相对于行程编码方法而言，其效果要好得多。下面是其 MATLAB 实

现的程序清单:

```
I = imread('code.gif');
[m,n] = size(I);
p1 = 1;s = m * n;
for k = 1:m
       for  L = 1:n
            f = 0;
            for b = 1:p1 - 1
               if(c(b,1) == I(k,L)) f = 1;break;end
            end
            if(f == 0) c(p1,1) = I(k,L);p1 = p1 + 1;end
       end
end
```

上面这段程序将图像的不同颜色统计在数组 c 的第一列中。

```
for g = 1:p1 - 1
    p(g) = 0;c(g,2) = 0;
    for k = 1:m
      for L = 1:n
            if(c(g,1) == I(k,L))p(g) = p(g) + 1;end
      end
    end
    p(g) = p(g)/s;
end
```

这段程序将相同颜色的像素数占图像总数的比例统计在数组 p 中

```
pn = 0;po = 1;
while(1)
      if(pn >= 1.0) break;
      else
            [pm,p2] = min(p(1:p1 - 1));p(p2) = 1.1;
            [pm2,p3] = min(p(1:p1 - 1));p(p3) = 1.1;
            pn = pm + pm2;p(p1) = pn;
            tree(po,1) = p2;tree(po,2) = p3;
            po = po + 1;p1 = p1 + 1;
      end
end
```

这段程序在数组 p(相同颜色的像素数占图像总数的比例)中找出两个最小的概率,将它们加在一起,然后继续进行该过程,直到两概率之和为 1 时止。每次查找两个最小概率时,将找到的最小概率的序号保存在数组 tree 的第一列中,将次小概率的序号保存在第二列中,将两个概率之和放在数组 p 继像素比例之后。

```
for k = 1:po - 1
    tt = k;m1 = 1;
    if(or(tree(k,1) < g,tree(k,2) < g))
        if(tree(k,1) < g)
            c(tree(k,1),2) = c(tree(k,1),2) + m1;
            m2 = 1;
            while(tt < po - 1)
                m1 = m1 * 2;
                for L = tt:po - 1
                    if(tree(L,1) == tt + g)
                        c(tree(k,1),2) = c(tree(k,1),2) + m1;
                        m2 = m2 + 1;tt = L;break;
                    elseif(tree(L,2) == tt + g)
                        m2 = m2 + 1;tt = L;break;
                    end
                end
            end
        c(tree(k,1),3) = m2;
        end
        tt = k;m1 = 1;
        if(tree(k,2) < g)
            m2 = 1;
            while(tt < po - 1)
                m1 = m1 * 2;
                for L = tt:po - 1
                    if(tree(L,1) == tt + g)
                        c(tree(k,2),2) = c(tree(k,2),2) + m1;
                        m2 = m2 + 1;tt = L;break;
                    elseif(tree(L,2) == tt + g)
                        m2 = m2 + 1;tt = L;break;
                    end
                end
            end
            c(tree(k,2),3) = m2;
        end
    end
end
```

以上代码中的输出数组C的第一维表示颜色值,第二维表示代码的数值大小,第三维表示该代码的位数,将这三个参数作为码表在压缩文件头部,则其以下的数据将按照这三个参数记录图像中的所有像素颜色值,于是就可以得到霍夫曼编码的压缩文件。值得注意的是:由于 MATLAB 不支持对某一位(bit)的读和写,所以利用该码表生成的每一个码字实际上还是 8 位的,最好使用其他软件(例如,C 语言等)进行改写,以实现真正的压缩,事实上 MATLAB 将图像写成 JPEG 文件也是用 C 语言实现的。

6.3　有损压缩技术

6.3.1　预测编码

预测编码方式,是目前应用比较广泛的编码技术之一。常见的 DPCM、ADPCM、ΔM 等都属于预测编码方式的编码技术。通常,图像的相邻像素值具有较强的相关性,观察一个像素的相邻像素就可以得到关于该像素的大量信息。这种性质导致了预测编码技术。

采用预测编码时,传输的不是图像的实际像素值(色度值或亮度值),而是实际像素值和预测像素值之差,即预测误差。预测编码分为无失真预测编码和有失真预测编码。无失真预测编码是指对预测误差不进行量化,所以不会丢失任何信息。有失真编码要对预测误差进行量化处理,而量化必然要产生一定的误差。

(1)差分脉冲编码调制(DPCM)

最常用的预测编码方法就是差分脉冲编码调制,即 DPCM(Differential Pulse Code Modulation)。图像的相邻像素之间有很强的相关性,利用这些相关性对当前的像素进行预测,对样本实际值与预测值之差进行编码,这样在很大的程度上降低了图像的空间冗余度,可达到压缩信息的目的。计算证明差值的相关性很小,某种情况下甚至为零。

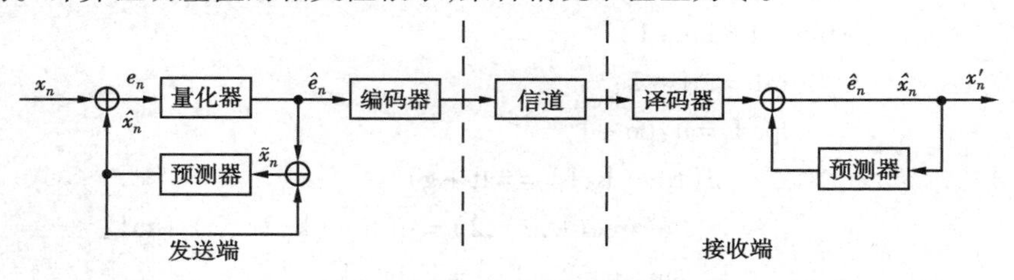

图 6.3　DPCM 系统框图

DPCM 的基本原理如图 6.3 所示。在 DPCM 编码方案中,用当前像素的因果性邻近范围内的 k 个像素来产生该像素的预测值。先于当前像素 x_n 的前 k 个像素用来构成预测值,并以 $\hat{x}_n$ 表示,则有 $\hat{x}_n = f(x'_1, x'_2, \cdots, x'_k)$。DPCM 系统工作时,发送端先发送一个起始像素值 x_0,接着就只发送预测误差值 $e_n = x_n - \hat{x}_n$。接收端把接收到的量化误差 $\hat{e}_n$ 与本地算出的预测值相加,即得恢复信号 x'_n,如果传输中没有误码,且接收端和发端两个预测器在相同条件下工作,则接收端恢复信号 x'_n 与发送端原始信号 x_n 之间的误差为

$$x_n - x'_n = x_n - (\hat{x}_n + \hat{e}_n) = (x_n - \hat{x}_n) - \hat{e}_n = e_n - \hat{e}_n = q_n \tag{6.3.1}$$

这正是发送端量化器造成的量化误差,即整个预测编码系统的失真完全由量化器产生,不会再产生其他附加误差。如果在图 6.3 的 DPCM 系统框图中,当 x_n 已经是数字信号时,去掉量化器,则有 $\hat{e}_n = e_n$,结果可以做到 $x_n - x'_n = 0$。这就表明:不带量化器的 DPCM 系统可以完全不失

真地恢复原始信号 x_n,成为信息保持型编译码系统;带有量化器($q_n \neq 0$)的系统,则成信息非保持型编译码系统。

(2)线性预测编码

DPCM 系统的设计包括预测器和量化器的设计,预测器的设计是 DPCM 系统的核心。预测器设计得越好,差值就越集中分布在零附近,压缩率就能越高。最简单的预测器是线性预测器,即

$$\hat{x}_n = \sum_{i=1}^{k} a_i x_i \tag{6.3.2}$$

式中,a_i 为固定不变的常数,称为预测系数。用于预测器的像素数 k 称为预测阶数,它对预测器性能有直接影响,一般而言,高阶预测器的性能优于低阶预测器。对全部图像,预测系数集合可以固定(整体预测),也可以随图像的局部统计特性而改变(自适应预测)。为了避免预测误差和量化误差之间的复杂的相互依从关系,设计时应当进行理想的联合最佳化,通常按均方误差最小化准则分别对两者进行设计,这种处理能很好地接近联合最佳的情况。

均方误差定义为

$$E\{(x_n - \hat{x}_n)^2\} = E\{e_n{}^2\} \tag{6.3.3}$$

预测值 $\hat{x}_n$ 的定义见式(6.3.2)。所谓均方误差意义下的最佳设计,就是希望上式中的均方误差 $E\{e_n{}^2\}$ 最小。显然,当预测阶数 k 给定后,$E\{e_n{}^2\}$ 是依赖于所有预测系数 a_i 的函数。令 $E\{e_n{}^2\}$ 对各个 a_i 的偏导数为零,就可求出 $E\{e_n{}^2\}$ 为最小值时的各预测系数 a_i。即

$$\frac{\partial E\{e_n{}^2\}}{\partial a_i} = \frac{\partial E\{[x_n - (a_1x_1 + a_2x_2 + \cdots + a_kx_k)]^2\}}{\partial a_i} = \\ -2E\{[x_n - (a_1x_1 + a_2x_2 + \cdots + a_kx_k)x_i]\} \tag{6.3.4}$$

这里 $i = 1,2,\cdots k$,令 $\frac{\partial E\{e_n{}^2\}}{\partial a_i} = 0$,总共可得 k 个方程组。由上式可知,最小误差$(x_n - \hat{x}_n)$必须与预测采用的所有数据正交,这就是正交性原理或希尔伯特(Hilbert)空间映射定理。定义数据的自相关函数

$$R(i,j) = E\{x_i x_j\} \tag{6.3.5}$$

得到

$$R(n,i) = E\{x_n x_i\} = E\{(a_1x_1 + a_2x_2 + \cdots + a_kx_k)x_i\} = \\ \sum_{j=1}^{k} a_i E\{x_j x_i\} = \sum_{j=1}^{k} a_i R(j,i) \tag{6.3.6}$$

当 x_n 广义平稳时又有

$$R(n, n-i) = R(i) \tag{6.3.7}$$

将式(6.3.6)用矩阵表示即为

$$\begin{bmatrix} R(0) & R(1) & \cdots & R(k-1) \\ R(1) & R(0) & \cdots & R(k-2) \\ \vdots & \vdots & & \vdots \\ R(k-1) & R(k-2) & \cdots & R(0) \end{bmatrix} \begin{bmatrix} a_1 \\ a_2 \\ \vdots \\ a_n \end{bmatrix} = \begin{bmatrix} R(1) \\ R(2) \\ \vdots \\ R(K) \end{bmatrix} \tag{6.3.8}$$

上式左边的矩阵是个实对称的 Toeplitz 矩阵,因其正定,故可逆。只要 x_n 的 $k+1$ 个相关函数值 $R(0), R(1), \cdots, R(K)$ 已知,即可解出 k 个预测系数使均方误差最小。

注意:预测阶数 k 并不是越大越好。如果当某一个阶数已能使均方误差最小,这时即使再增加预测阶数,压缩效果也不可能再提高了。若图像是 k 阶的马尔可夫序列,则 k 阶线性预测器就是在均方误差意义下最佳的预测器。

(3)预测方案

在上面的讨论中,对用来预测的像素 $x_1,x_2,\cdots,x_k$ 没做具体规定。若用 x 代表当前像素,实际应用中,常用的预测器有下述几种方案。

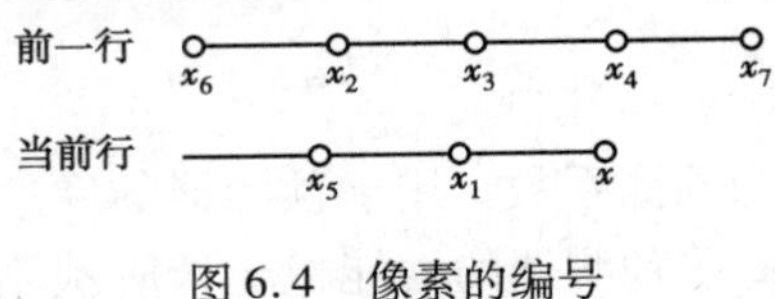

图 6.4　像素的编号

1)前值预测

当前像素的预测值 $\hat{x}$ 用与当前像素最邻近的像素 x_1 来表示,即

$$\hat{x} = x_1$$

2)一维预测

用同一行中的前若干点($x_1,x_5\cdots$)来预测 x。

3)二维预测

预测时不但用当前像素同一行中的前若干个点,还要采用前几行中的像素来预测 x。这是帧内 DPCM 预测中最常用的一种方案,通常选用(x_1,x_2,x_3,x_4)四点作预测。在美国国际电话电报公司(ITT)生产的数字电视机芯片中有一个视频存储控制器芯片 VMC2260 就用了二维预测编码,预测器用了三个像素作为下一个像素的预测值,即预测值等于 1/2 前一像素加 1/4 上一行相应像素再加上 1/4 上一行相应的前一像素。这样不仅利用了前一像素的相关性,也利用了上一行相应像素的相关性。

4)三维预测

预测时不但要用到同一行和前几行的像素值,而且还要利用上一帧或前几帧的邻近像素值作预测。

(4)自适应预测编码(ADPCM)

上述最佳线性预测编码是在原图像为一平稳的随机过程、其相关函数与像素位置无关的前提下得出的结论,这样所得到的最佳预测系数也是一组与位置无关的常数。然而实际图像虽然在总体上一般可以看做是平稳的,但在局部范围内一般是不平稳的。因此采用自适应预测编码(Adaptive Differential Pulse Code Modulation)的方法,便可以充分利用图像统计特性及其变化,尽量使预测系数和图像的局部特性相匹配,以尽可能地提高压缩比。

ADPCM 是利用样本与样本之间的高度相关性和量化阶自适应来压缩数据的一种波形编码技术,CCITT 为此制定了 G.721 推荐标准,这个标准叫作 32 kb/s 自适应差分脉冲编码调制。ADPCM 的核心思想是:利用自适应的思想改变量化阶的大小,即使用小的量化阶(step-size)去编码小的差值,使用大的量化阶去编码大的差值,使用过去的样本值估算下一个输入样本的预测值,使实际样本值和预测值之间的差值总是最小。

6.3.2　变换编码

(1)变换编码的原理

图像变化编码的研究已有相当的历史,但由于其硬件实现较复杂,故以往只被应用于空间地球资源卫星或其他空间遥感装置中。20 世纪 80 年代以来,由于大规模集成电路技术的发展,图像变换编码开始应用于电视、会议电视、电视电话等领域,对图像变换编码的研究也越来越透彻。

变换编码是将图像光强矩阵(时域信号)变换到系数空间(频域)上进行处理的方法。在空间上具有很强相关的信息,在频域上反映出在某些特定的区域内能量常常被集中在一起或者是系数矩阵的分布具有某些规律,从而可以利用这些规律分配频域上的量化比特数而达到压缩的目的。变换编码的目的在于去掉帧内或帧间图像内容的相关性,它对变换后的系数进行编码,而不是对图像的原始像素进行编码。变换编码的原理框图见图 6.5。

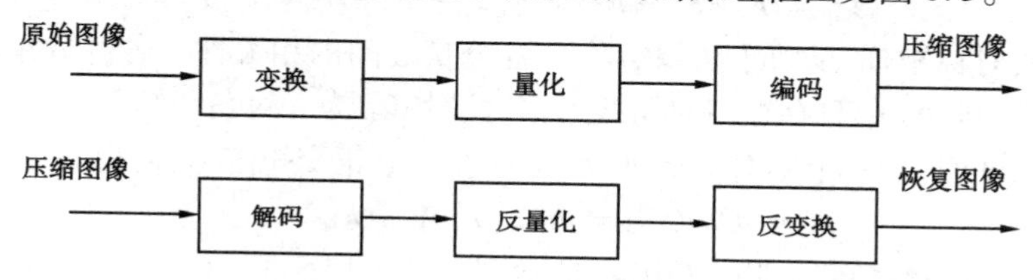

图 6.5　变换编码框图

变换编码系统中压缩数据有 3 个步骤:变换、量化和编码。变换本身并不进行数据压缩,它只是把数据映射到另一个域上,使数据在变换域里更容易压缩,变换编码中用得较多的是正交变换。图像经正交变换后,一般数值较大的方差总是集中在少数系数中。多数图像的统计特性表明,大幅值的系数往往集中在低频区内,这样通过给那些小幅值的系数分配很少的比特数或不分配而达到图像压缩的目的。

离散变换可以用矩阵表示,设图像为一个 $N \times N$ 的矩阵 X,变换矩阵为 T,经过某种变换后得到输出图像 Y,则有

$$Y = TX \tag{6.3.9}$$

如果所用的变换是正交变换,则 T 为正交矩阵,即

$$TT^{-1} = I \tag{6.3.10}$$

其中,T^{-1}就是 T 的转置矩阵,I 是单位矩阵。由于存在量化器,量化前后的数据之间就必然有量化误差,对解码后的数据进行反变换后,不可能完全恢复原图像数据,因此变换编码是一种有损压缩。对整个系统而言,压缩效果的好坏主要取决于量化器,设计时应选择适当的量化器使恢复图像的保真度达到最大。

(2)各种变换编码比较

一个最佳的变换应该以最少的数据位得到最好的图像。常见的变换编码方法有 K-L 变换(Karhunen-Loeve Transform),离散傅里叶变换 DFT(Discrete Fourier Transform),离散余弦变换 DCT(Discrete Cosine Transform),Walsh-Hadamad 变换等。Walsh-Hadamad 变换的计算比 K-L变换和 DCT 简单方便,它只做加法,不需要做乘法,硬件实现容易一些。离散傅里叶变换 DFT 的计算工作量并不比 DCT 简单。K-L 变换是图像统计特性下的最佳正交变换,但 K-L 变换在实时处理中有一定的难度,目前还没有相关的快速算法,在图像压缩编码中,K-L 变换只

做理论分析用。DCT 是一种准最佳变换,它在性能上最接近 K-L 变换,且易于实现。本节重点介绍 K-L 变换和 DCT 变换的基本原理。

1)K-L 变换

在式(6.3.9)中,用正交矩阵对图像进行变换时,选择变换矩阵的一个最主要的要求就是:应尽可能地去除数据相关性,以使数码率尽可能地接近压缩的理论极限,从而得到最大限度的数据压缩。而呈现相关性的统计特征是图像 X 的协方差矩阵 $\boldsymbol{\Phi}_X$,它定义为

$$\boldsymbol{\Phi}_X = E\{[X - E(X)][X - E(X)]^T\} = \begin{bmatrix} \boldsymbol{\Phi}_{11} & \boldsymbol{\Phi}_{12} & \cdots & \boldsymbol{\Phi}_{1N} \\ \boldsymbol{\Phi}_{21} & \boldsymbol{\Phi}_{22} & \cdots & \boldsymbol{\Phi}_{2N} \\ \vdots & \vdots & \ddots & \vdots \\ \boldsymbol{\Phi}_{N1} & \boldsymbol{\Phi}_{N2} & \cdots & \boldsymbol{\Phi}_{NN} \end{bmatrix} \tag{6.3.11}$$

其中

$$\boldsymbol{\Phi}_{ij} = E\{[x_i - E(x_i)][x_j - E(x_j)]\} = \boldsymbol{\Phi}_{ji}$$

因此,$\boldsymbol{\Phi}_X$ 是个实对称矩阵,反映了图像矩阵 X 各分量之间的相关性。若各分量之间互不相关($\boldsymbol{\Phi}_{ij}=0$ 当 $i \neq j$),则 $\boldsymbol{\Phi}_X$ 中只存在主对角线元素,此时 $\boldsymbol{\Phi}_X$ 为一对角线矩阵。

矩阵代数已证明,对一个实对称矩阵 $\boldsymbol{\Phi}$,必存在一个正交矩阵 Q,使得

$$Q\boldsymbol{\Phi}Q^{-1} = diag[\lambda_1\ \lambda_2 \cdots \lambda_N] \tag{6.3.12}$$

$diag[\lambda_1\ \lambda_2 \cdots \lambda_N]$为一对角线矩阵,其中 λ_i 是 $\boldsymbol{\Phi}$ 的第 i 个特征根,矩阵 $Q^T = [q_1\ q_2 \cdots q_N]^T$ 的第 i 个列向量,是 $\boldsymbol{\Phi}$ 的第 i 个特征根 λ_i 所对应的满足归一化正交条件的特征向量,即 $q_i = [q_{i1}\ q_{i2} \cdots q_{iN}]^T$ 应满足关系:

$$\boldsymbol{\Phi} q_i = \lambda_i q_i$$

$${q_i}^T q_j = \begin{cases} 1, i = j \\ 0, i \neq j \end{cases} \tag{6.3.13}$$

因此,只要选正交矩阵 Q 作为式(6.3.9)中的变换矩阵 T,其行向量是图像矩阵 X 的协方差矩阵 $\boldsymbol{\Phi}_X$ 的特征向量的转置,则变换后得到的矩阵 Y 的协方差矩阵 $\boldsymbol{\Phi}_Y$ 为

$$\begin{aligned}\boldsymbol{\Phi}_Y = E\{[Y - E(Y)][Y - E(Y)]^T\} = E\{[QX - E(QX)][QX - E(QX)]^T\} = \\ QE\{[X - E(X)][X - E(X)]^T\}Q^T = Q\boldsymbol{\Phi}_X Q^T = diag[\lambda_1\ \lambda_2 \cdots \lambda_N]\end{aligned} \tag{6.3.14}$$

变换后的矩阵 Y 为一对角阵,这表明原图像 X 各分量间的相关性被全部去除。以图像 X 的协方差矩阵 $\boldsymbol{\Phi}_X$ 的归一化正交特征向量所构成的正交矩阵 Q,对 X 所做的正交变换

$$Y = QX \tag{6.3.15}$$

上式称作 Karhunen-Loeve 变换,简称 K-L 变换。

由上述讨论可知,K-L 变换是在均方误差准则下,失真最小的一种变换,故又称最佳变换。K-L 变换虽具有均方误差意义下的最佳性能,但需要先知道图像的协方差矩阵并求出特征值及特征向量。当矩阵维数较高时,求特征值与特征向量并非易事,即使借助于计算机求解,也很难满足实时处理的要求,而且 K-L 变换还没有快速算法,鉴于这些严重缺点,限制了它在图像压缩中的应用。

2)DCT 变换

DCT 变换是图像变换编码中最常用的变换方法,其性能接近 K-L 变换且易于实现。

①一维 DCT 的定义与计算

N 点 DCT 可写成失量矩阵：

$$Y = C_N X \tag{6.3.16}$$

式中，C_N 是 $N \times N$ 的变换矩阵，称为 DCT 核矩阵，可以验证 C_N 是一个正交矩阵；X 是图像中 N 点像素组成的失量；Y 是变换后的失量。核矩阵 C_N 定义为

$$C_N = \left[\sqrt{\frac{2}{N}} c(k) \cos\frac{(2n+1)k\pi}{2N}\right]_{N\times N} \quad k \text{ 行、} n \text{ 列} (k, n = 0, 1, 2, \cdots N-1) \tag{6.3.17}$$

$$c(k) = \begin{cases} \dfrac{1}{\sqrt{2}} & k = 0 \\ 1 & k = 1, 2, \cdots, N-1 \end{cases} \tag{6.3.18}$$

若将整幅 $M \times M$ 像素的图像分成 $(M/N)^2$ 块个 $N \times N$ 的子图像，再对子图像进行变换，则 N 取得越小，计算工作量越小，用硬件实现实时处理时装置规模也越小。但 N 越小，在同样的允许失真度下，压缩比也越小。因此在允许平均比特率下，N 取得越大，图像质量越好。然而，图像像素一般只在相邻 20 个像素之间存在相关性，用计算机模拟也证明，$N > 16$ 后，再增加 N 值，对改善图像质量没有多少好处、而会增加计算的复杂度。考虑到图像传输时误码影响应小，子图像也应取得大一些好，这样可以把某些系数误码引起的噪声，分散到整个子图像去，人看起来的感觉比集中在小的子图像要好一些。如果想简化硬件设计，N 取 8 时比较适宜。此时核矩阵 C_N 为

$$C_8 = \begin{bmatrix} 0.354 & 0.354 & 0.354 & 0.354 & 0.354 & 0.354 & 0.354 & 0.354 \\ 0.490 & 0.416 & 0.278 & 0.098 & -0.098 & -0.278 & -0.416 & -0.490 \\ 0.462 & 0.191 & -0.191 & -0.462 & -0.462 & -0.191 & 0.191 & 0.462 \\ 0.416 & -0.098 & -0.490 & -0.278 & 0.278 & 0.490 & 0.098 & -0.416 \\ 0.354 & -0.354 & -0.354 & 0.354 & 0.354 & -0.354 & -0.354 & 0.354 \\ 0.278 & -0.490 & -0.098 & 0.416 & -0.416 & -0.098 & 0.490 & -0.278 \\ 0.191 & -0.462 & -0.462 & -0.191 & -0.191 & -0.191 & 0.462 & 0.191 \\ 0.098 & -0.278 & -0.416 & -0.490 & 0.490 & -0.416 & 0.278 & -0.098 \end{bmatrix} \tag{6.3.19}$$

式(6.3.17)的反变换(IDCT)矩阵根据正交性可得

$$C_N^{-1} = C_N^T = \left[\sqrt{\frac{2}{N}} c(k) \cos\frac{(2n+1)k\pi}{2N}\right]_{N\times N} \quad n \text{ 行、} k \text{ 列} (k, n = 0, 1, 2, \cdots N-1) \tag{6.3.20}$$

反变换的矩阵形式为

$$X = C_N^T Y \tag{6.3.21}$$

②二维 DCT 的定义与计算

用矩阵形式定义的二维 DCT 为

$$Y = C_N X C_N^T \tag{6.3.22}$$

式中，X 为 $N \times N$ 的图像子块，Y 为变换后的矢量，核矩阵 C_N 的定义同一维完全一样。二维

DCT 也可以分离为两个一维的 DCT:先逐行、再逐列用一维 DCT 直接变换,这一般称为行列分离法。

用矩阵形式定义的二维 IDCT 为

$$X = C_N^T Y C_N \tag{6.3.23}$$

DCT 有快速算法,它既可以化成离散 Fourier 变换(DFT)用 FFT 进行计算,也可以直接进行快速 DCT 计算。二维 DCT 变换编码压缩和解压缩的框图可以表示如下:
式(6.3.22)和式(6.3.23)就是对应图 6.6 框图中的"二维 DCT"和"二维 IDCT"两个模块。当然,从图中也可以看出变换编码也还包括量化、编码等步骤。将几者结合起来,才能实现 DCT 变换图像压缩编码。

为了实现数据的压缩目的,还需对 DCT 变换后的系数进行量化。量化就是通过减少精确度来减少存储数据所需比特数的过程。图像经过 DCT 变换压缩后,离原点(0,0)越远的元素对图像的贡献越小,因而也就越不关心此处取值的精确性。表 6.2 和表 6.3 分别是 JPEG 标准中采用的亮度量化表和色度量化表。从量化表中可以看出,各变换系数的量化间隔是不一样的。对低频分量,量化间隔小,量化误差也小,因而精度较高;而频率越高,量化间隔越大,精度也越低。这是因为高频分量只会影响图像的细节,从整体上说,没有低频分量重要。量化处理是一个多到一的映射,它是造成 DCT 编码和解码信息损失的根源。

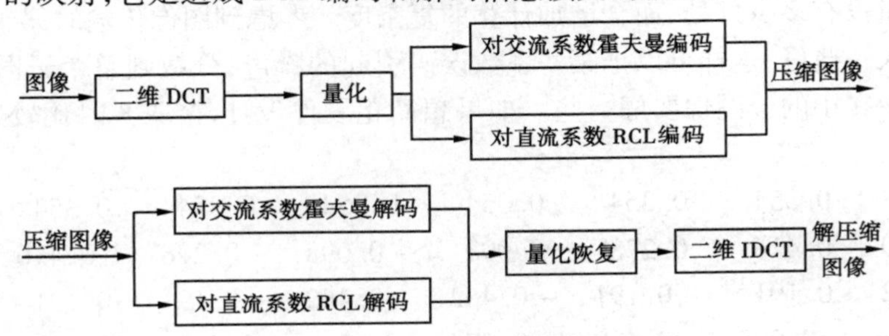

图 6.6　二维 DCT 变换编码压缩解压缩框图

表 6.2　JPEG 标准中的亮度量化表

16	11	10	16	24	40	51	61
12	12	14	19	26	58	60	55
14	13	16	24	40	57	69	56
14	17	22	29	51	87	80	62
18	22	37	56	68	109	103	77
24	35	55	64	81	104	113	92
49	64	78	87	103	121	120	101
72	92	95	98	112	100	103	99

表6.3　JPEG标准中的色度量化表

17	18	24	47	99	99	99	99
18	21	26	66	99	99	99	99
24	26	56	99	99	99	99	99
47	66	99	99	99	99	99	99
99	99	99	99	99	99	99	99
99	99	99	99	99	99	99	99
99	99	99	99	99	99	99	99
99	99	99	99	99	99	99	99

对量化后的系数进行曲徊排序,曲徊排序的路线如下图所示,然后将排序结果进行统计编码,一般都采用huffman编码方法。

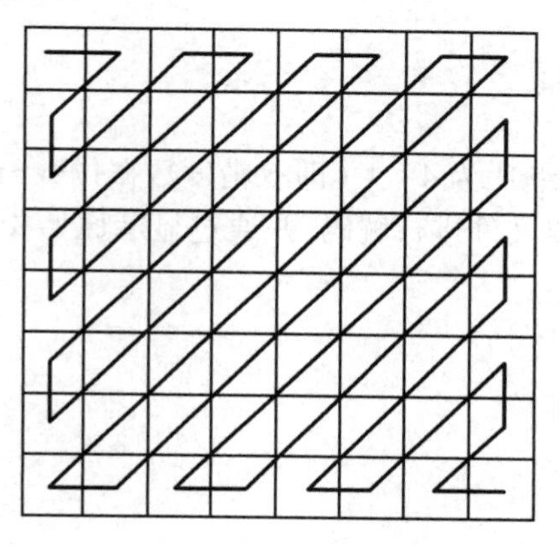

图6.7　DCT编码的曲徊排序路线

在变换编码中,K-L变换(简称卡-洛变换)具有最好的压缩能力,但是它的变换计算复杂,而DCT变换在压缩效率方面与K-L变换相差不多,而且能用类似FFT的算法实现快速变换,因此,尽管DCT在压缩效率上略逊于K-L变换,但因其压缩比高、误码影响小等明显优点,使它已经成为CCITT建议的一种图像压缩方式。近年来陆续推出的一些关于图像编码的国际标准如静止图像的JPEG标准、会议电视和电视电话的H261建议以及关于活动图像及伴音在数字存储媒体上的数字编码表示的MPEG标准等都采用了DCT技术,DCT编码与预测编码一起成为图像压缩编码中不可缺少的基本技术。

6.3.3　有损压缩的MATLAB实现方法

下面的程序清单是使用简单预测公式进行线性预测编码。这里以灰度图像为例,通过使用MATLAB的文件读写函数fopen、fwrite和fclose,将计算所得的误差以最小的位深度(在MATLAB中为8位)写入文件中。对于真彩色图像,只需对三个颜色通道调用以下代码即可:

```
I = imread('Lena256.bmp');
I2 = I;
```

```
I = double(I);
fid = fopen('mydata.dat','w');
[m n] = size(I);
J = ones(m,n);
J(1:m,1) = I(1:m,1);
J(1,1:n) = I(1,1:n);
J(1:m,n) = I(1:m,n);
J(m,1:n) = I(m,1:n);
for k = 2:m - 1
    for L = 2:n - 1
        J(k,L) = I(k,L) - (I(k,L-1)/2 + I(k-1,L)/4 + I(k-1,L-1)/8 + I(k-1,L+1)/8);
    end
end
J = round(J);
cont = fwrite(fid,J,'int8');
cc = fclose(fid);
```

显然,以上代码实现的压缩比为 4∶1(即双精度数据位数与 8 位符号整数位数的比值)。调用以下代码对以上预测编码文件进行解码,并通过显示原始文件和解压后的文件来比较压缩效果:

```
fid = fopen('mydata.dat','r');
I1 = fread(fid,cont,'int8');
tt = 1;
for L = 1:n
    for k = 1:m
        I(k,L) = I1(tt);
        tt = tt + 1;
    end
end
I = double(I);
J = ones(m,n);
J(1:m,1) = I(1:m,1);
J(1,1:n) = I(1,1:n);
J(1:m,n) = I(1:m,n);
J(m,1:n) = J(m,1:n);
for k = 2:m - 1
    for L = 2:n - 1
        J(k,L) = I(k,L) + (J(k,L-1)/2 + J(k-1,L)/4 + J(k-1,L-1)/8 + J(k-1,L+1)/8);
    end
end
```

```
cc = fclose(fid);
J = uint8(J);
subplot(1,2,1),imshow(I2);
subplot(1,2,2),imshow(J);
```

运行结果如图6.8(a),(b)所示。

(a)编码前

(b)编码后

图6.8　图像预测编码前、后显示效果比较

下面的程序清单是以真彩色图像为例进行图像编码的变换编码:

```
I = imread('sea.bmp');
yiq = rgb2ntsc(I);
my = [16  11  10  16  24  40  51  61;  12  12  14  19  26  58  60  55;
      14  13  16  24  40  57  69  56;  14  17  22  29  51  87  80  62;
      18  22  37  56  68  109 103 77;  24  35  55  64  81  104 113 92;
      49  64  78  87  103 121 120 101; 72  92  95  98  112 100 103 99];

miq = [17  18  24  47  99  99  99  99;  18  21  26  66  99  99  99  99;
       24  26  56  99  99  99  99  99;  47  66  99  99  99  99  99  99;
       99  99  99  99  99  99  99  99;  99  99  99  99  99  99  99  99;
       99  99  99  99  99  99  99  99;  99  99  99  99  99  99  99  99];

I1 = yiq(:,:,1);I2 = yiq(:,:,2);
[m n] = size(I1);
t1 = 8;  ti1 = 1;
while(t1 < m)
    t1 = t1 + 8;ti1 = ti1 + 1;
end
t2 = 8;ti2 = 1;
while(t2 < n)
    t2 = t2 + 8;ti2 = ti2 + 1;
end
times = 0;
```

```
for k = 0:ti1 - 2
    for L = 0:ti2 - 2
          dct8x8(I1(k * 8 + 1:k * 8 + 8,L * 8 + 1:L * 8 + 8),my,times * 64 + 1);
          dct8x8(I2(k * 8 + 1:k * 8 + 8,L * 8 + 1:L * 8 + 8),miq,times * 64 + 1);
          times = times + 1;
    end
    blkproc(I2(k * 8 + 1:k * 8 + 8,L * 8 + 1:t2),[8 8],T);
end
for L = 0:ti - 2
    dct8x8(I1(k * 8 + 1:t1,L * 8 + 1:L * 8 + 8),times * 64 + 1);
    times = times + 1;
end
dct8x8(I1(k * 8 + 1:t1,L * 8 + 1:t2),times * 64 + 1);

function dct8x8(I,m,s)
    T = inline('dctmtx(8)');
    y = blkproc(I,[8 8],T);
    y = round(y./m);
    p = 0;te = 1
        while(p < =64)
          for q = 1:te
              y1(s + p) = y(te - q + 1,q);p = p + 1;
          end
          te = te + 1;
          for q = te: - 1:1
             y1(s + p) = y(te - q + 1,q);p = p + 1;
         end
         te = te + 1;
       end
        f = haffman(y1);
        c(s:s + 64,1) = f(:,1);c(s:s + 64,2) = f(:,2);c(s:s + 64,3) = f(:,3)
function c = haffman(I)
……
```

6.4　混合编码

6.4.1　子带编码(SBC)

子带编码(Subband Coding)的基本思想是:使用一组带通滤波器(Band-Pass Filter,BPF)把输入图像的傅里叶频谱分成若干个连续的频段,每个频段称为子带。对每个子带中的图像信号采用单独的编码方案去编码。也就是说:子带编码是把图像信号通过一组带通滤波器分解成不同频带内的分量,然后在每个独立的子带中对信号进行降率采样和单独编码。在信道上传送时,将每个子带的代码复合起来。在接收端译码时,将每个子带的代码单独译码,然后把它们组合起来,还原成原来的图像信号。子带编码的方块图如图 6.9 所示,图中的编码/译码器,可以采用 ADPCM,PCM 等。

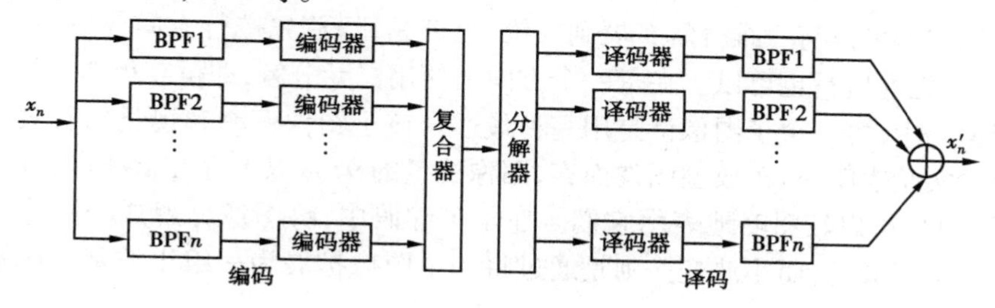

图 6.9　子带编码方框图

采用对每个子带分别编码优点是:第一,对每个子带信号分别进行自适应控制,量化阶(quantization step)的大小可以按照每个子带的能量电平加以调节。具有较高能量电平的子带用大的量化阶去量化,以减少总的量化噪声。第二,可根据每个子带信号在感觉上的重要性,对每个子带分配不同的位数,用来表示每个样本值。例如,在低频子带中,为了保护图像的边缘及轮廓结构,就要求用较小的量化阶、较多的量化级数,即分配较多的位数来表示样本值。而图像中的噪声及图像的细节,通常出现在高频子带中,对它分配较少的位数。第三,各子带的量化噪声都局限在本子带内,即使某个子带内的信号能量较小,也不会被其他子带的量化噪声掩盖掉。

频带的分割可以用树型结构的式样进行划分。首先把整个图像信号带宽分成两个相等带宽的子带:高频子带和低频子带。然后对这两个子带用同样的方法划分,形成 4 个子带。这个过程可按需要重复下去,以产生 2^K 个子带,K 为分割的次数。用这种办法可以产生等带宽的子带,也可以生成倍频程子带。下面介绍图像子带编码的详细过程。

设一个给定限带信号为 $f(t)$,以采样间隔 Δt 来采样这个信号:

$$f(i\Delta t) \quad i=0,1,2,\cdots,N-1 \tag{6.4.1}$$

$$s=\frac{1}{\Delta t}\geqslant 2s_{\max} \tag{6.4.2}$$

式(6.4.2)中,s 为采样频率,$s_{\max}$ 为信号的截止频率。考虑将信号分割成两个大小相等的子带的简单情况。这两个子带称作低频带(Low)和高频带(High),对于二叉分解,理论上需要一个理想的低通滤波器 $h_L(i\Delta t)$ 和一个理想的高通滤波器 $h_H(i\Delta t)$,其脉冲响应分别为

$$h_L(t) = \mathrm{sinc}(\pi \frac{t}{2\Delta t})$$

$$h_H(t) = \delta(t) - \mathrm{sinc}(\pi \frac{t}{2\Delta t}) \tag{6.4.3}$$

其中,$\mathrm{sinc}(x)=\frac{\sin(x)}{x}$。双通道子带编码只需用 $h_L(i\Delta t)$ 和 $h_H(i\Delta t)$ 对 $f(i\Delta t)$ 滤波,再间隔抽样每个输出。它产生两个半长度的子带信号:

$$g_L(k\Delta t) = \sum_i f(i\Delta t) h_L[(2k-i)\Delta t]$$

$$g_H(k\Delta t) = \sum_i f(i\Delta t) h_H[(2k-i)\Delta t] \tag{6.4.4}$$

重建则通过对低半带和高半带信号的增频采样,分别用 $2h_L(i\Delta t)$ 和 $2h_H(i\Delta t)$ 内插它们,再将它们相加而实现。这可由下式得到:

$$f(i\Delta t) = 2\sum g_L\{(k\Delta t)h_L[(2k-i)\Delta t]\} + g_H\{(k\Delta t)h_H[(2k-i)\Delta t]\} \tag{6.4.5}$$

使用可分离滤波器可以将一维分解扩展到二维,也就是说,首先按行方向分解图像,然后再按列方向分解,或先列后行也可以。在每一个方向上使用二元分解,即可获得四个子带。

在子带编码中,每一个子图像都是用一种最适合该子图像概率和视觉的有效方法和比特率进行编码。实验表明,对于典型图像而言,图像能量的95%以上存在低频段,其他段中包含高频(剩余)信息,可以较粗略地表示它们。在子带编码中,将图像分解成子图像一般是用理想重构滤波器来完成的,而小波变换则是通过将一个图像扩展为一组小波基本函数来描述这种多分辨率分解过程。

6.4.2 小波变换编码

小波变换编码是近年来在图像处理中受到十分重视的新技术。面向图像压缩、特征检测以及纹理分析的许多新方法,如多分辨率分析、时频域分析、金字塔算法等,都最终归于小波变换(Wavelet Transforms)的范畴中。傅里叶变换是以在两个方向上都无限伸展的正弦曲线波作为正交基函数的。对于瞬态信号或高度局部化的信号(例如边缘),由于这些成分并不类似于任何一个傅里叶基函数,它们的变换系数(频谱)不是紧凑的,频谱上呈现出一幅相当混乱的构成。这种情况下,傅里叶变换是通过复杂的安排,以抵消一些正弦波的方式构造出在大部分区间都为零的函数而实现的。为了克服上述缺陷,使用有限宽度基函数的变换方法逐步发展起来了。这些基函数不仅在频率上而且在位置上是变化的,它们是有限宽度的波并被称为小波(wavelet)。基于它们的变换就是小波变换。有关小波变换理论请参考著作的第四章小波变换方法小节内容。

6.4.3 分形编码

分形(Fractal)是 Mandelbrot 在 1975 年提出的几何学新概念。Fractal 来自拉丁文 Fractus,意为“碎片”。分形压缩的基本原理是利用分形几何中的自相似性原理来进行图像压缩。所谓自相似性就是指无论几何尺度如何变化,景物的任何一小部分的形状都与较大部分的形状极其相似。经典的编码方法以纯数据的方式对待图像,利用信号理论和采用信号序列或矩阵的形式,从微观角度去编码。由于没有考虑图像自身固有的特点及人眼对图像的视觉特性,其压缩比不是很高。分形图像压缩方法利用图像中的局部相似特性进行图像编码，从而消除更多的冗余，得到更高的压缩比。1988年Barnsley采用迭代函数系统IFS和递归迭代函数系统RIFS方法，对几幅图像进行压缩编码，获得了高达10 000∶1的压缩比。微软电子百科全书就是完全用分形编码方法把大量多媒体数据压缩到600MB以内的。在海湾战争中，美军使用了分形技术，用于军事地图的缩放、攻击目标的匹配追踪等。1989年Jacquin在计算机上成功地实现了一种全自动的基于块的分形图像压缩方法。随着分形图像压缩技术的不断改进和完善，它在图像压缩中将越来越显示出优势。

(1)分形和分维的基本概念

在自然界存在许多规则的形体，可用欧氏几何描述。但在自然界还存在更多的不规则形状，如地球表面的山脉、河流、海岸线等，它们是不可能用欧氏几何学描述。Mandelbrot经过长期研究，提出了用分形几何学来描述自然界不规则的、具有自相似性的物体，这类物体称为分形，因此分形几何又称为描述大自然的几何学。从整体上看，分形几何图形是处处不规则的。例如，海岸线和山川形状，从远距离观察，其形状是极不规则的。在不同尺度上，图形的规则性又是相同的。比如海岸线和山川形状，从近距离观察，其局部形状又和整体形态相似，它们从整体到局部，都是自相似的。当然，也有一些分形几何图形，它们并不完全是自相似的。其中一些是用来描述一般随机现象的，还有一些是用来描述混沌和非线性系统的。

维数是几何形体的重要特征，直观地说，维数是确定几何形体中一个点的位置所需要的独立坐标数目。在欧氏空间中，几何形体连续拉伸、压缩、扭曲，其维数不会改变，有时称为拓扑维数(D_T)。在欧氏空间中，人们习惯把空间看成三维的，平面看成二维，而把直线或曲线看成一维。也可以稍加推广，认为点是零维的，还可以引入高维空间，但通常人们习惯于整数的维数。维数和测量有密切关系。比如一段直线，若用零维的点去测量，其结果是无穷大，因为直线包含无穷多个点。如果用一块平面来量它，其结果是0，因为直线中不包含平面。那么，用怎样的尺度来量才会得到有限值呢？看来只有用与其同维数的小线段来量它才会得到有限值，而这里直线的维数为1(大于0、小于2)。与此类似，如果画一个Koch曲线，其整体是一条线折叠而成，显然，用小直线段量，其结果是无穷大，而用平面量，其结果是0(此曲线中不包含平面)，那么只有找一个与Koch曲线维数相同的尺子量它才会得到有限值，而这个维数显然大于1、小于2，那么只能是小数(即分数)了，所以存在分维。这表明在欧氏几何学中，用n维的标准体去测量某个几何形体时，只有n与拓扑维数D_T一致时，才能获得有限结果。如果n小于D_T，结果为无穷大；如果n大于D_T，其结果为零。

分维的概念可以从两方面建立起来：一方面，首先画一个线段、正方形和立方体，它们的边长都是1。将边长二等分，此时，原图的线度缩小为原来的1/2，而将原图等分为若干个相似的图形。其线段、正方形、立方体分别被等分为2^1、2^2和2^3个相似的子图形，其中的指数1、2、3，正好等于与图形相应的维数。一般说来，如果某图形是由把原图缩小为$1/a$的相似的b个图形所组成，有

$$a^D = b, D = \frac{\ln b}{\ln a}$$

的关系成立，则指数D称为相似性维数，D可以是整数，也可以是分数。相似维数适用范围是具有自相似性的有规则分形。对任意图形的维数定义还有其他定义方式，最有代表性的是Hausdorff维数D_H。Mandelbrot最初对分形定义为：如果一个集合在欧氏空间中的Hausdorff维

数 D_H 恒大于其拓扑维数,则该集合称为分形集,简称分形。

综上所述,分形几何可以用来描述复杂的自然物体,如山川、树木、海岸线、云层、血管、神经网络等,也可以计算出这些真实物体的分形维数,例如三次 Koch 曲线的分形维数为 1.261 8;挪威海岸线分形维数为 1.25 等。

(2)分形图像编码的基本原理

分形的含义是其组成部分以某种方式与整体相似。分形方法在图像压缩编码中的应用,就是把一幅数字图像,通过一些图像处理技术如图像分割、边缘检测、频谱分析、纹理分析等将原始图像分割成许多子图像。如风景图像的子图像可以是一棵树、一片树叶,也可以是建筑物、石块等。然后寻找迭代函数系统,确定各个变换系统。迭代函数系统存储许多迭代函数,通过迭代函数反复迭代恢复子图像。也就是说,子图像对应一些迭代函数,而描述迭代函数只需几个参数即可,这就是分形技术能够用来压缩图像获得非常高的压缩比的主要原因。

分形编码时,首先将原始图像分割成互不重叠的 Range 块(调节其大小可改变压缩比及重建图像的质量),分形编码的过程就是在同一图像内找到能够最佳匹配每一个 Range 块的大一些的 Domain 块。Domain 块与 Range 块的尺度比称为尺度压缩因子。一般说来,Range 块小,则压缩比小,但重建图像的信噪比高,Range 块大,则相反。匹配的过程包括仿射变换(Affine Transformation)和灰度变换。仿射变换是分形图像压缩编码的重要问题,它是由 n 维空间图像经过旋转、伸缩、偏斜,平移等形成的。已经证明:变换了的图像的"并"越精确地接近目标图像,这些变换集合提供的对目标图像的编码就越精确。对原始图像分割的每一 Range 块,求出它的最佳匹配块,记录 Domain 块的起始位置代码、灰度变换系数以及几何对称变换矩阵的序号,即得到所求的压缩编码。分形方法在图像编码中应用有两个难点要进一步研究:①如何恰到好处地分割图像?对于一些有明显分形特点的图像这要好办些,因为可以较容易地在迭代函数系统中找到与这些子图像对应的迭代函数,反复迭代后即可产生与原子图像逼近的图像;而对不具备明显分形特点的图像,分割是一个很难解决的问题。②如何构造迭代函数系统。

分形图像压缩的理论基础是迭代函数系统 IFS 定理、收缩映射定理和拼贴定理。一个迭代函数系统由一个完备的度量空间和其上的一组收缩映射组成。由收缩映射定理可知,函数空间中的每一个收敛映射都对应一个固定点,使函数空间中的每一个点经过这个收缩映射的连续作用后,形成的点列收敛于这个固定点。迭代函数系统定理指出,每个迭代函数系统都可以构成函数空间中的一个收缩映射。由此可得到结论:每个迭代函数系统都决定一幅图像。现在考虑反问题:给定一幅图像,能否找到一个迭代函数系统,而使这个系统正好能决定给定的图像?这个问题由拼贴定理给出了回答。由拼贴定理知:给定一幅图像 I,可以选择 N 个收缩映射,这幅图像经过 N 个变换得到 N 个像集。每个像集都是一块小图像。如果这 N 个小图像拼贴起来的图像与图像 I 之间的误差任意小,则这 N 个收缩映射构成的迭代函数系统所决定的图像就任意地接近图像 I。这就是寻找迭代函数系统的方法。

分形编码的解码过程非常简单,解码时,以任一图像为初始图像,根据所有记录的每一 Range 块所对应的 Domain 块的起始位置代码、灰度变换系数以及几何对称变换矩阵的序号,作相应的映射,迭代收敛的结果即为重建图像。

6.4.4　基于小波变换的图像压缩技术的MATLAB实现

下面给出一个图像信号，利用二维小波分析对图像进行压缩。一个图像作小波分解后，可得到一系列不同分辨率的子图像，不同分辨率的子图像对应的频率是不相同的。高分辨率（即高频）子图像上大部分点的数值都接近于0，越是高频这种现象越明显。对一个图像来说，表现一个图像最主要的部分是低频部分，所以一个最简单的压缩方法是利用小波分解，去掉图像的高频部分保留低频部分。图像压缩的程序清单如下：

```
X = imread('gray.bmp');                                   %调入图像
X = double(X)/255;                                        %归一化图像
subplot(2,2,1),imagesc(X), colormap(gray);                %显示原始图像
[c,s] = wavedec2(X,2,'bior3.7');                          %对图像用bior3.7小波进行2层小波分解
ca1 = appcoef2(c, s, 'bior3.7', 1);                       %保留小波分解第1层低频信息，进行
                                                            图像的压缩
ca1 = wcodemat(ca1,440,'mat',0);                          %对第1层信息进行量化编码
subplot(2,2,2),imagesc(ca1),colormap(gray);               %显示第一层(50%分辨率)的图像
ca2 = appcoef2(c,s,'bior3.7',2);                          %保留小波分解第2层低频信息，进行
                                                            图像的压缩
ca2 = wcodemat(ca2,440,'mat',0);                          %对第2层信息进行量化编码
subplot(2,2,3),imagesc(ca2), colormap(gray);              %显示第二层(25%分辨率)的图像
```

运行结果如图6.10(a)，(b)，(c)所示。

(a)原始图像

(b)压缩图像(50%)

(c)压缩图像(25%)

图6.10　基于小波图像压缩MATLAB实现示例

6.5 图像编码的 MATLAB 程序实现

在使用下列程序前,先在 MATLAB 目录下建一个自己的目录,将要压缩的灰度图像文件拷贝到该新建目录下,再生成下列程序。

文件 imagecompress.m

```
global gmain m_BTC;
m_BTC =0;
screen = get(0,'ScreenSize');
WinW = screen(3);WinH = screen(4);
gmain = figure('Units','pixels', ...
'Pos',[(WinW -0.8 * WinW)/2,(WinH -0.8 * WinH)/2,0.8 * WinW,0.8 * WinH],...
        'NumberTitle','off','Name','Image code compress Window','MenuBar','none');
mfile = uimenu(gmain,'label','&File');
uimenu(mfile,'label','&Open','Callback','OpenFile');
```

文件 OpenFile.m

```
function OpenFile;
global  gmain Data h_BTCuncode m_BTC;
[fname,pname] = uigetfile('*.bmp','打开图像文件');
if fname ==0
  return;
end
Data = imread(fname);
subplot(1,2,1);imshow(Data);
if m_BTC ==0
  m_BTC = uimenu(gmain,'label','BTC');% 建立 BTC 子菜单
  h_BTCcode = uimenu(m_BTC,'label','BTC 编码','Callback','BTCcode');
  h_BTCuncode = uimenu(m_BTC,'Enable','off','label','BTC 解码', 'Callback','BTCuncode');
end
```

文件 BTCcode.m

```
function BTCcode;
global gmain Data h_BTCuncode;
set(h_BTCuncode,'Enable','on');
fd = fopen('btc.bin','w+');
[m,n] = size(Data);
```

```
fwrite(fd,m,'long');fwrite(fd,n,'long');
Data = double(Data);
A = zeros(4);B = zeros(4);c(1) =0;
for i =1:4:m -3
    for j =1:4:n -3
        A = Data(i:i +3,j:j +3);
        sum_col_A = sum(A,1);% 子块按列求和
        sum_A = sum(sum_col_A,2);% 子块矩阵的和
        mean_A = mean2(A);% 子块的均值
        for L =1:4
            for k =1:4
                if A(L,k) > = mean_A
                   B(L,k) =1;
                else
                   B(L,k) =0;
                end
             end
        end
        nozeronum = nnz(B);% 映像矩阵中非 0 元素的个数
        AmulB = times(A,B);
        sum_AmulB = sum(sum(AmulB(:,:),1),2);
        if nozeronum ==0
           c(1) =0;
           c(2) =0;
        else
           c(1) = round(sum_AmulB/nozeronum);% 子块矩阵中的重建电平
           if nozeronum ==16
              c(2) =c(1);
           else
              c(2) =round((sum_A -sum_AmulB)/(16 -nozeronum));
           end
        end
        fwrite(fd,B,'ubit1');
        fwrite(fd,c,'ubit8');
    end
end
fclose(fid);
clear;
```

文件 BTCuncode. m

```
function BTCuncode;
fd = fopen('btc.bin','r');
m = fread(fd,1,'long');n = fread(fd,1,'long');
A = zeros(m,n);
for i = 1:4:m - 3
    for j = 1:4:n - 3
        B = fread(fd,[4,4],'ubit1');
        c(1) = fread(fd,1,'ubit8');
        c(2) = fread(fd,1,'ubit8');
        for K = 1:4
            for L = 1:4
                if B(K,L) == 0
                    A(i + (K - 1),j + (L - 1)) = c(2);
                else
                    A(i + (K - 1),j + (L - 1)) = c(1);
                end
            end
        end
    end
end
A = uint8(A);
subplot(1,2,2);imshow(A);
fcolose(fd);
```

上例程序运行结果如图 6.11 所示(用方块编码前、后的图像)。

(a)编码前

(b)编码后

图 6.11　用方块编码前后的图像

第7章 图像分割与特征提取及MATLAB实现

图像分割是指将图像中有意义的对象与其背景分离，并把这些对象按照不同的含义分割开来，也就是说，把图像中具有不同含义的对象提取出来。图像分割的方法大致可以分为基于边缘检测的方法和基于区域生成的方法两大类。边缘检测技术是所有基于边界分割的图像分析方法的第一步，首先检测出图像局部特性的不连续性，再将它们连成边界，这些边界把图像分成不同的区域，检测出边缘的图像就可以进行特征提取和形状分析。

图像特征是指图像的原始特性或属性。其中有些是视觉直接感受到的自然特征，如区域的亮度、边缘的轮廓、纹理或色彩等；有些是需要通过变换或测量才能得到的人为特征，如变换频谱、直方图、矩等。图像特征提取工作的结果给出了某一具体的图像中与其他图像相区别的特征。如：描述物体表面灰度变化的纹理特征，描述物体外形的形状特征等。这些特征提取的结果需要一定的表达方式，要让计算机能懂得，这就是本章的任务。

7.1 边缘检测方法

图像边缘对图像识别和计算机分析十分有用，边缘能勾画出目标物体，使观察者一目了然；边缘蕴含了丰富的内在信息（如方向、阶跃性质、形状等），是图像识别中重要的图像特征之一。从本质上说，图像边缘是图像局部特性不连续性（灰度突变、颜色突变、纹理结构突变等）的反映，它标志着一个区域的终结和另一个区域的开始。为了计算方便起见，通常选择一阶和二阶导数来检测边界，利用求导方法可以很方便地检测到灰度值的不连续效果。边缘的检测可以借助空域微分算子利用卷积来实现。常用的微分算子有梯度算子和拉普拉斯算子等，这些算子不但可以检测图像的二维边缘，还可检测图像序列的三维边缘。下面分别进行介绍。

7.1.1 边缘算子法

(1) 差分算子

图7.1是最常见的边缘，其灰度变化可能呈阶梯状，也可能呈脉冲状，对于图7.1(a)和(d)所示的一阶差分和二阶差分如图7.1(b)、(c)和(e)、(f)。由图可知，差分图像中能够较

精确地获得这两种类型的边缘。边缘与差分值的关系归纳如下:边缘发生在差分最大值(图 7.1(b))或最小值处(图(f));边缘发生在过零点处(图(c)、(e))。

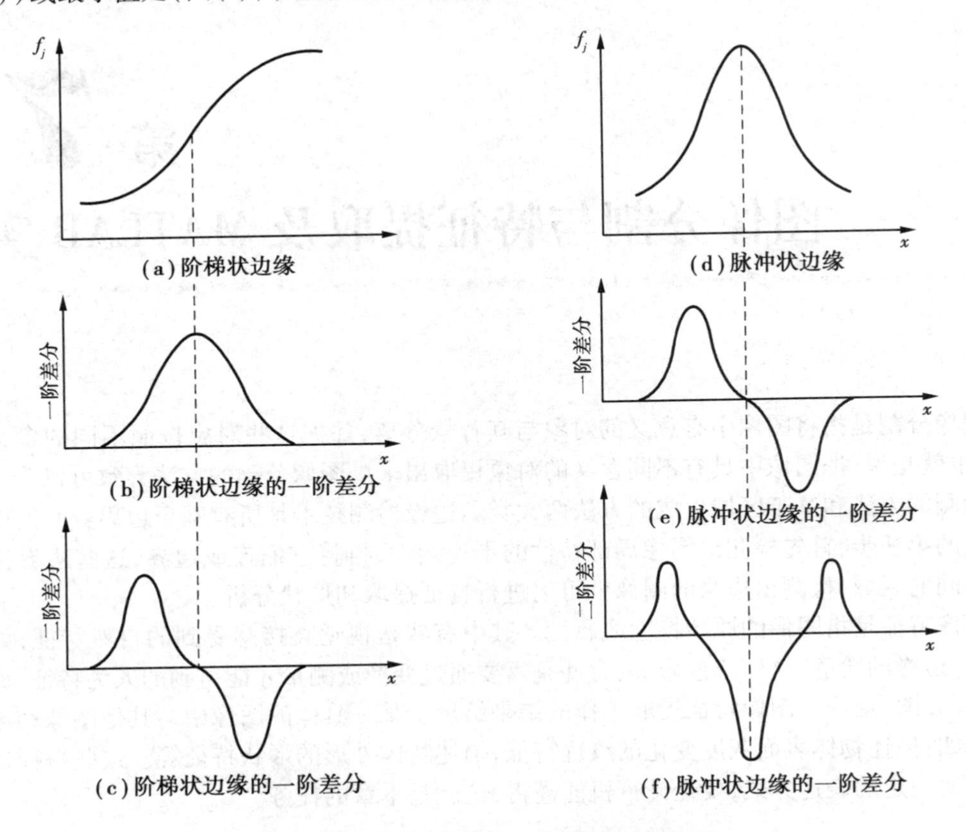

图 7.1　常见边缘的一阶差分和二阶差分

1)梯度算子

在前面章节曾经讨论,在点 $f(m,n)$ 处,梯度 $G[f(m,n)]$ 的幅度为

$$G[f(m,n)] = \left[\left(\frac{\partial f}{\partial m}\right)^2 + \left(\frac{\partial f}{\partial n}\right)^2\right]^{1/2} \tag{7.1.1}$$

对于数字图像,式(7.1.1)可改写为

$$G[f(m,n)] = [\Delta_m f^2 + \Delta_n f^2]^{1/2} \tag{7.1.2}$$

其中:

$$\Delta_m f = f(m,n) - f(m+1,n) \quad \Delta_n f = f(m,n) - f(m,n+1) \tag{7.1.3}$$

有时为了避免平方和运算,可将幅度用两个分量的绝对值之和或最大绝对值来表示,即

$$G[f(m,n)] = |\Delta_m f| + |\Delta_n f|$$

或

$$G[f(m,n)] = \max(|\Delta_m f|, |\Delta_n f|) \tag{7.1.4}$$

取适当的门限 T,如果 $G[f(m,n)] > T$,则 (m,n) 为阶跃状边缘点。

2)罗伯特(Robert)梯度

前面,在计算 (m,n) 点的梯度时只用到 $f(m,n)$、$f(m-1,n)$ 及 $f(m,n-1)$ 的值。但实际上,任意一对相互垂直方向上的差分都可用来估计梯度。Robert 梯度采用对角方向相邻两像素之差,即

$$\Delta_m f = f(m,n) - f(m-1,n-1)$$

$$\Delta_n f = f(m-1,n) - f(m,n-1) \tag{7.1.5}$$

有了 $\Delta_m f, \Delta_n f$，很容易地算出 Robert 梯度的幅值。Robert 梯度实际上是以 $\left(m-\frac{1}{2}, n-\frac{1}{2}\right)$ 为中心的，应当把它们看成在这个中心点上连续梯度的近似。从图像处理的实际效果看，用式(7.1.5)的 Robert 梯度比用式(7.1.3)的梯度计算式来检测边缘要好。

3）拉普拉斯(Laplacian)算子

拉普拉斯(Laplacian)算子是一种二阶微分算子，也可用来提取图像的边缘。在数字图像处理中，其一般表示形式为

$$\nabla^2 f(m,n) = \sum_{u,v \in s} [f(u,v) - f(m,n)] \tag{7.1.6}$$

其中 S 是以 $f(m,n)$ 为中心的邻点的集合，可以是上、下、左、右 4 邻点或 8 邻点的集合，或者是对角线 4 邻点的集合(如图 7.2 所示)，与其相对应的表达式分别为

$$\nabla^2 f(m,n) = f(m+1,n) + f(m-1,n) + f(m,n+1) + f(m,n-1) - 4f(m,n) \tag{7.1.7}$$

$$\nabla^2 f(m,n) = f(m-1,n-1) + f(m-1,n) + f(m-1,n+1) + f(m,n-1) + f(m,n+1) + f(m+1,n-1) + f(m+1,n) + f(m+1,n+1) - 8f(m,n) \tag{7.1.8}$$

$$\nabla^2 f(m,n) = f(m-1,n-1) + f(m-1,n+1) + f(m+1,n-1) + f(m+1,n+1) - 4f(m,n) \tag{7.1.9}$$

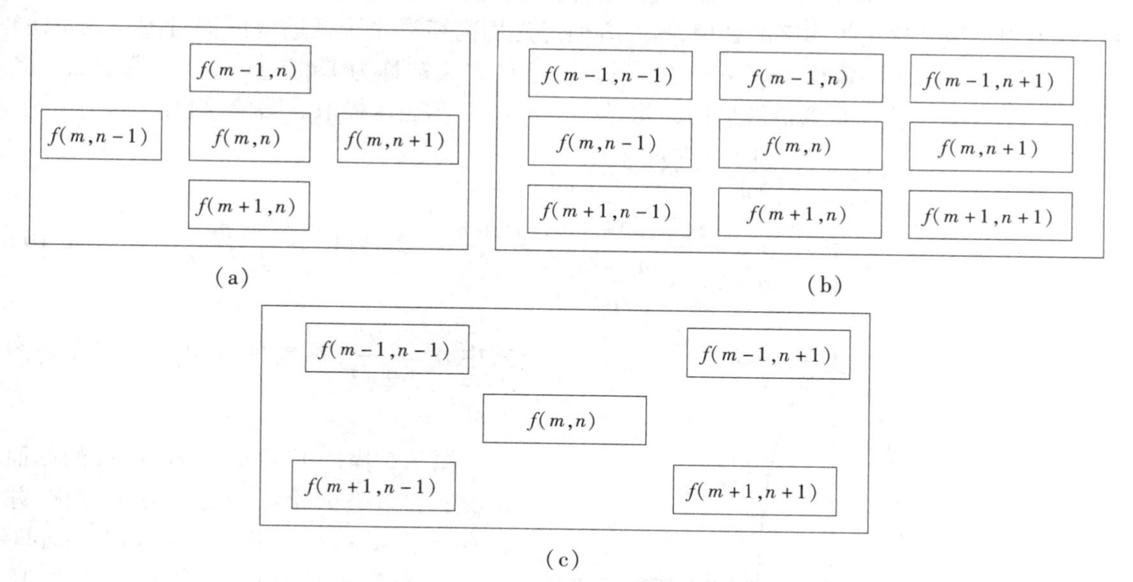

图 7.2　Laplacian 算子集合

下面以图 7.3 所示的图像边缘灰度分布，运用式(7.1.8)进行计算，以了解 Laplacian 算子用于边缘提取的特性。处理结果如图 7.4。在图 7.3 和图 7.4 中，中心的点用作比较输入和输出图案的参考值，线框为处理范围。由图可知，孤立点(图 7.3(a))的输出是一个略为扩大或略带模糊的点，其输出幅度是该点灰度值的 4 倍(图 7.4(a))；对于线结构(图 7.3(b))，输出宽度加粗，外观仍呈线型，组成初始线的各位置上的 $\nabla^2 f$ 值是原来幅度的 2 倍(图 7.4(b))；

对阶跃边缘(图 7.3(c)),其检测结果是线(图 7.4(c))。

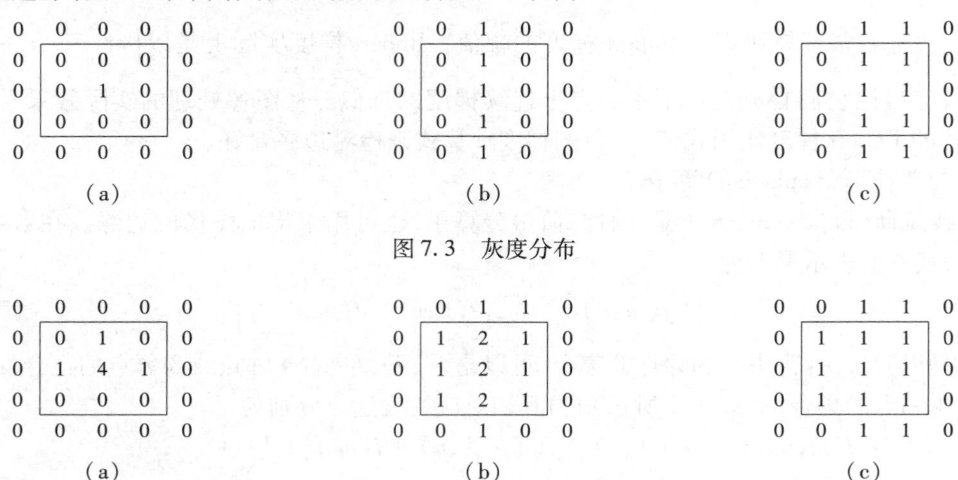

图 7.3　灰度分布

图 7.4　$\nabla^2 f$

以上是直接以 $|\nabla^2 f(m,n)|$ 作为边缘像素灰度,实际工作中也可以把 $|\nabla^2 f(m,n)| > THg$ 或 $|f(m,n) - \nabla^2 f(m,n)|$ 的像素作为边缘元。不同的定义方法其边缘检测出所获得的目标图像,在使用中可通过试验选择与实际图像相匹配的算法。

(2) Laplacian-Gauss **算子**

梯度算子和 Laplacian 算子对噪声比较敏感。对此,一方面可在运用这两种算子作边缘提取前,先用邻域平均法等作平滑处理,另一方面可先用高斯形二维低通滤波器对图像 $f(m,n)$ 进行滤波,然后再对图像作 Laplacian 边缘提取,这种方法被称为 Laplacian-Gauss 算子法。具体是令 $g(m,n)$ 为高斯低通滤波后的图像,$\nabla^2 g(m,n)$ 表示边缘提取后图像,则有

$$\nabla^2 g(m,n) = \frac{\partial^2 f}{\partial m^2} + \frac{\partial^2 g}{\partial n^2} =$$

$$\frac{g(m,n)}{\sigma^2 \exp\left(-\frac{m^2+n^2}{2\sigma^2}\right)}\left[\frac{m^2+n^2}{\sigma^2} - 2\right]\exp\left(-\frac{m^2+m^2}{2\sigma^2}\right) \tag{7.1.10}$$

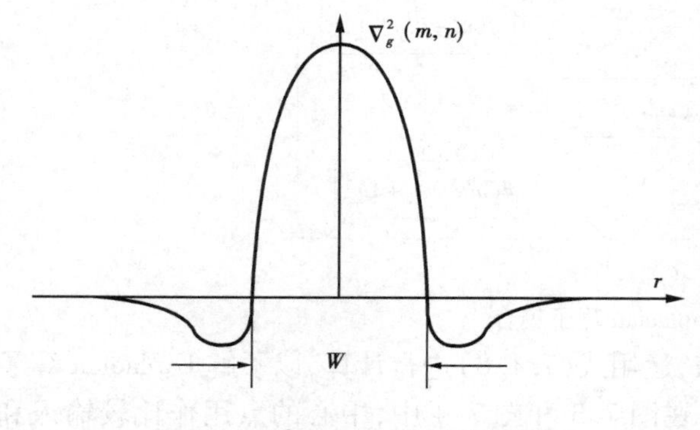

图 7.5　$\nabla^2 g(m,n)$ 算子的截面图

式中 $\sigma = \frac{W}{2\sqrt{2}}$,参数 W 为正瓣宽度(如图 7.5)。

图 7.5 描述了函数 $\nabla^2 g(m,n)$ 的截面情况。它以坐标原点中心全方位对称,并带有与主瓣相反的拖尾。也可用 Laplacian-Gauss 算子对 $f(m,n)$ 作卷积计算,所用窗口不宜太小,窗口尺寸与主瓣宽度有关,窗口模板内的系数之和为零。边缘与卷积计算后的零交叉点对应。

7.1.2　模板匹配法

模板是为了检测某些区域特征而设计的阵列。设有一个 3×3 模板窗口 W，其元素 $W_{i,j}$ 的位置如图 7.6(a)所示，一幅图像 F 的各元素 $f(m,n)$ 的位置如图 7.6(b)所示。模板匹配的过程是求乘积和的过程

$$g(m,n)=\sum_{i=-l}^{l}\sum_{j=-l}^{l}f(m+i,n+j)W_{i,j} \tag{7.1.11}$$

其中，$g(m,n)$ 为边缘检测模板输出，$l=L/2$，L 为窗口宽度，对于 3×3 模板窗口 $l=-1,0,1$。在上述 3×3 模板例子中，可以分别把模板阵列 W 和局部图像堆叠成 9 维向量 $W=(W_{-1,-1},W_{0,-1},\cdots,W_{1,1})^T$ 以及 $F=(f(m-1,n-1),f(m,n-1),\cdots,f(m+1,n+1))^T$，则式(7.1.11)的运算相当于计算两个向量 W 和 F 的内积 F^TW，即为

$$(F,W)=F^TW=|F|\ |W|\cos\theta \tag{7.1.12}$$

其中 θ 为两处向量之间的夹角，若 $|W|=1$，内积就等于投影。因此，可以将式(7.1.11)的运算称作计算 F 在 W 上投影。下面分别讨论点、线条和边缘的模板。

$W_{-1,-1}$	$W_{-1,0}$	$W_{-1,1}$
$W_{0,-1}$	$W_{0,0}$	$W_{0,1}$
$W_{0,-1}$	$W_{1,0}$	$W_{1,1}$

(a)

$f(m-1,n-1)$	$f(m-1,n)$	$f(m-1,n+1)$
$f(m,n-1)$	$f(m,n)$	$f(m,n+1)$
$f(m+1,n-1)$	$f(m+1,n)$	$f(m+1,n+1)$

(b)

图 7.6　模板 W 及图像 F 的各元素

(1)点模板

图 7.7 所示为点模板，通常用于背景强度恒定、目标图像灰度相同或基本相同的图像(如二值图像)。在检测区域时，点模板通常是拖动模板在图像域移动，横向移动间隔取 1 个像素，纵向移动间隔取 1 个扫描行。在每一个位置上，将模板元素分别与相应的图像灰度级相乘并求和(当和小于零时，可作取绝对值和零对待两种处理)。当 $g(m,n)=0$ 时，说明模板位于均衡背景或目标区域内部；当 $g(m,n)\neq0$ 时，表明当前窗口内既有背景也有目标；当 $g(m,n)=\max$ 时，表明模板中心正好是目标和背景的交界处；当 $g(m,n)$ 值减少时，表明模板中心离开目标和背景的交界处。图 7.8 所示的结果正好与之结论相吻合。其中，图 7.8(a)是背景灰度为 1、目标灰度为 4 的二值图像；图 7.8(b)是点模板中间计算结果；图 7.8(c)是点模板最后匹配输出。

−1	−1	−1
−1	8	−1
−1	−1	−1

图 7.7　匹配滤波器点模板

(2)线模板

图 7.9 所示为线模板，它能够有效地检出线型类型图像结构。其中 W_1、W_2、W_3、W_4 分别为 0°、45°、90°、−45°四个方向的线模板。当 W_1、W_2、W_3、W_4 在图像域内自上而下、自左向右移动时，在背景灰度级不变、线宽度为 1 个像素的情况下，W_1、W_2、W_3、W_4 模板分别对水平线、45°方向线、垂直线与斜线(╲)响应最佳。

1	1	1	1	1	1	1	1	1	1	1	1
1	1	1	1	1	4	1	1	1	1	1	1
1	1	1	4	4	4	4	4	1	1	1	1
1	1	1	4	4	4	4	4	4	1	1	1
1	1	1	1	4	4	4	4	4	1	1	1
1	1	1	1	4	4	4	4	1	1	1	1
1	1	1	1	1	4	4	1	1	1	1	1
1	1	1	1	1	1	1	1	1	1	1	1

(a)初始灰度级分布

1	1	1	1	1	1	1	1	1	1	1	1
1	0	−3	−6	−12	15	−12	−6	−3	0	0	1
1	0	−6	15	6	6	6	12	−9	−3	0	1
1	0	−6	12	3	0	0	3	12	−6	0	1
1	0	−3	−12	6	0	0	3	12	−6	0	1
1	0	0	−6	12	3	3	9	−9	−3	0	1
1	0	0	−3	−9	12	12	−9	−3	0	0	1
1	1	1	1	1	1	1	1	1	1	1	1

(b)点模板中间计算结果

1	1	1	1	1	1	1	1	1	1	1	1
1	0	0	0	0	15	0	0	0	0	0	1
1	0	0	15	6	6	6	12	0	0	0	1
1	0	0	12	3	0	0	3	12	0	0	1
1	0	0	0	6	0	0	3	12	0	0	1
1	0	0	0	12	3	3	9	0	0	0	1
1	0	0	0	0	12	12	0	0	0	0	1
1	1	1	1	1	1	1	1	1	1	1	1

(c)点模板匹配输出

图 7.8　点模板应用示例

$$W_1=\begin{matrix}-1 & -1 & -1\\ 2 & 2 & 2\\ -1 & -1 & -1\end{matrix}\qquad W_2=\begin{matrix}-1 & -1 & 2\\ -1 & 2 & -1\\ 2 & -1 & -1\end{matrix}\qquad W_3=\begin{matrix}2 & 2 & -1\\ -1 & 2 & -1\\ -1 & 2 & -1\end{matrix}\qquad W_4=\begin{matrix}2 & -1 & -1\\ -1 & 2 & -1\\ -1 & -1 & 2\end{matrix}$$

图 7.9　匹配滤波器线模板

利用线模板对图像作线检测的过程为:对某一给定的窗口,分别计算模板 W_1、W_2、W_3、W_4 的匹配输出 $g_l(m,n)$,$l=1,2,3,4$,窗口输出为

$$g(m,n) = \max\{g_l(m,n)\} \tag{7.1.13}$$

其中

$$g_l(m,n) = \sum_{i=-l}^{l}\sum_{j=-l}^{l} w_{i,j} f(m+i,n+j) \tag{7.1.14}$$

1	1	1	1	1
1	1	2	1	1
1	1	2	1	1
1	1	2	1	1
1	1	1	1	1

(a)

1	1	1	1	1
1	1	1	2	1
1	1	2	1	1
1	2	1	1	1
1	1	1	1	1

(b)

1	1	1	1	1
1	1	1	1	1
1	2	2	2	1
1	1	1	1	1
1	1	1	1	1

(c)

图 7.10　初始图像灰度分布

式中 $w_{i,j}$ 是线模板系数，对 3×3 窗口，$i,j=-1,0,1$。图 7.10(a)、(b)、(c)为初始图像灰度分布，分别表示垂直、倾斜、水平三种线型图像结构（线框内）。图 7.9 中的线模板作匹配检测，其结果如图 7.11(a)、(b)、(c)所示，可见线结构获得明显加强。

$$\begin{matrix} 1 & 4 & 1 \\ 0 & 6 & 0 \\ 1 & 4 & 1 \end{matrix} \qquad \begin{matrix} 1 & 1 & 4 \\ 1 & 6 & 1 \\ 4 & 1 & 1 \end{matrix} \qquad \begin{matrix} 1 & 0 & 1 \\ 4 & 6 & 4 \\ 1 & 0 & 1 \end{matrix}$$

(a)　　　(b)　　　(c)

图 7.11　线模板示例

(3)边缘模板

边缘与区域间变化相对应。提取边缘经常采用的方法之一是使用某种形式的算子，如上面介绍的基于 3×3 样本的 Laplacian 算子和基于 2×2 样本的梯度。现在，将梯度的概念扩展到 3×3 子集，便可得到简便的 Sobel 梯度模板（如图 7.12 所示）。

$$\begin{matrix} -1 & 0 & 1 \\ -2 & 0 & 2 \\ -1 & 0 & 1 \end{matrix} \qquad \begin{matrix} 1 & 2 & 1 \\ 0 & 0 & 0 \\ -1 & -2 & -1 \end{matrix}$$

(a) j 方向模板($h_{i,j}^1$)　　(b) k 方向模板($h_{i,j}^2$)

图 7.12　Sobel 梯度模板

由此可得

$$\begin{aligned} G_j &= [f(m-1,n+1)+2f(m,n+1)+f(m+1,n+1)]- \\ &\quad [f(m-1,n-1)+2f(m,n-1)+f(m+1,n-1)]= \\ &\quad \sum_{i=-1}^{1}\sum_{j=-1}^{1} h_{i,j}^1 f(m+i,n+j) \end{aligned} \tag{7.1.15}$$

$$\begin{aligned} G_k &= [f(m-1,n-1)+2f(m-1,n)+f(m-1,n+1)]- \\ &\quad [f(m+1,n-1)+2f(m+1,n)+f(m+1,n+1)]= \\ &\quad \sum_{i=-1}^{1}\sum_{j=-1}^{1} h_{i,j}^2 f(m+i,n+j) \end{aligned} \tag{7.1.16}$$

即像点 $f(m,n)$ 处的边缘提取输出为

$$g(m,n) = [G_j^2 + G_k^2]^{1/2} \quad 或 \quad g(m,n) = |G_j| + |G_k|$$
$$或 \quad g(m,n) = \max(|G_j|, |G_k|) \tag{7.1.17}$$

由此可见，G_j 为第 1 列和第 3 列的差；G_k 为第 1 行和第 3 行的差；像点 $f(m,n)$ 的 4 邻点（$f(m,n+1)$、$f(m,n-1)$、$f(m-1,n)$、$f(m+1,n)$）位置上的权重等于角隅上像点的 2 倍。当 $G_j > G_k$ 时，在 $f(m,n)$ 处的垂直方向的边缘通过；反之，则由水平方向的边缘通过。

7.1.3　曲面拟合法

曲面似合法的边缘检测基本思路是用一个面或曲面去逼近一个图像面积元，然后用这个平面或曲面的梯度代替点的梯度，从而实现边缘检测。此方法在完成边缘检测的同时，能够较好地抑制噪声的干扰。下面介绍两种常用的曲面拟合法。

(1)一次平面拟合

假设图像面积元由 $f(m,n+1)$、$f(m+1,n+1)$、$f(m,n)$、$f(m+1,n)$ 4 个相邻像素组成，若用一次平面 $ax+by+c$ 去拟合该面积元 Δs 上 4 个相邻像素，则有

$$g(x,y) = ax + by + c \tag{7.1.18}$$

若用此去逼近$f(x,y)$,则两者之间存在均方误差为

$$\begin{aligned}\varepsilon = \sum_{x,y\in\Delta s}[g(x,y) - f(x,y)]^2 = \\ [am + bn + c - f(m,n)]^2 + [a(m+1) + bn + c - f(m+1,n)]^2 + \\ [am + b(n+1) + c - f(m,n+1)]^2 + \\ [a(m+1) + b(n+1) + c - f(m+1,n+1)]^2\end{aligned} \tag{7.1.19}$$

为达到最佳吻合,应使均方误差最小,即上式对 a、b、c 分别求导并令其等于零,由此可求得

$$a = \frac{f(m+1,n) + f(m+1,n+1)}{2} - \frac{f(m,n) + f(m,n+1)}{2} \tag{7.1.20}$$

$$b = \frac{f(m,n+1) + f(m+1,n+1)}{2} - \frac{f(m,n) + f(m+1,n)}{2} \tag{7.1.21}$$

$$\begin{aligned}c = \frac{1}{4}[3f(m,n) + f(m+1,n) + f(m,n+1) - \\ f(m+1,n+1) - ma - nb]\end{aligned} \tag{7.1.22}$$

根据梯度定义,平面 $ax+by+c$ 上的梯度幅度为

$$G[g(x,y)] = \left[\left(\frac{\partial g}{\partial x}\right)^2 + \left(\frac{\partial g}{\partial y}\right)^2\right]^{1/2} = (a^2 + b^2)^{\frac{1}{2}} \tag{7.1.23}$$

即为

$$G[g(x,y)] = |a| + |b| \qquad G[g(x,y)] = \max(|a|, |b|) \tag{7.1.24}$$

由此可知:a 是两列的平均值的差分;b 是两行的平均值的差分。由于差分是建立在平滑基础上,故对噪声就不像直接使用微分算子那样敏感。因为这个平面是对已知 2×2 邻域内的图像灰度级的最好近似,故可合理地把平面的梯度看作是该邻域的中心$\left(m+\frac{1}{2}, n+\frac{1}{2}\right)$点处图像梯度的近似值。

(2)二次平面拟合

设检测像素所在面积元(图 7.13)为

$$\begin{aligned}\Delta s = \{f(m-1,n+1), f(m,n+1), f(m+1,n+1), f(m-1,n), f(m,n), \\ f(m+1,n), f(m-1,n-1), f(m,n-1), f(m+1,n-1)\}\end{aligned} \tag{7.1.25}$$

如同一次曲面拟合那样,用二次曲面:$g(x,y) = ax^2 + bxy + cy^2 + dx + ey + g$ 拟合面积元 Δs,由此产生均方误差为

$$\varepsilon = \sum_{x,y\in\Delta s}[(ax^2 + bxy + cy^2 + dx + ey + g) - f(x,y)]^2 \tag{7.1.26}$$

同样,若使均方误差最小,即 ε 分别对 a,b,c,d,e,g 求偏导,并令其分别为零,即有

$$\begin{cases}\dfrac{\partial\varepsilon}{\partial a} = 0 \quad \dfrac{\partial\varepsilon}{\partial b} = 0 \\ \dfrac{\partial\varepsilon}{\partial c} = 0 \quad \dfrac{\partial\varepsilon}{\partial d} = 0 \\ \dfrac{\partial\varepsilon}{\partial e} = 0 \quad \dfrac{\partial\varepsilon}{\partial g} = 0\end{cases} \tag{7.1.27}$$

由此可求 a,b,c,d,e,g。然后再根据 $G[g(x,y)] = \left[\left(\frac{\partial g}{\partial x}\right)^2 + \left(\frac{\partial g}{\partial y}\right)^2\right]^{1/2}$ 求得曲面梯度幅度。

$f(m-1,n-1)$	$f(m-1,n)$	$f(m-1,n+1)$
$f(m,n-1)$	$f(m,n)$	$f(m,n+1)$
$f(m+1,n-1)$	$f(m+1,n)$	$f(m+1,n+1)$

图7.13　9点面积元示意图

7.1.4　边缘检测的MATLAB实现方法

(1)MATLAB提供的用于灰度图像边缘的函数

在MATLAB中edge函数用于灰度图像边缘的提取,他支持6种不同的边缘提取方法,即Sobel方法、Prewitt方法、Roberts方法、Laplacian-Gaussian方法、过零点方法和Canny方法,其语法结构如下:

BW = edge(I,'sobel')——指定Sobel边缘提取方法;

BW = edge(I,'sobel',thresh)——指定具有阈值thresh的Sobel方法,即强度小于阈值的边缘被省略掉了,缺省时自动选取阈值;

BW = edge(I,'sobel',thresh,direction)——指定具有方向性的Sobel方法,为'horizontal'(水平方向)或'vertical'(垂直方向)或'both'(两个方向),缺省时为'both';

[BW,thresh] = edge(I,'sobel',…)——返回Sobel方法的阈值。

下面的调用与Sobel方法类似:

```
BW = edge(I,'prewitt')
BW = edge(I,'prewitt',thresh)
BW = edge(I,' prewitt',thresh,direction)
[BW,thresh] = edge(I,'prewitt',…)
BW = edge(I,'roberts')
BW = edge(I,'roberts',thresh)
[BW,thresh] = edge(I,'roberts',…)
BW = edge(I,'log')
BW = edge(I,'log',thresh)
BW = edge(I,'log',thresh,sigma)——sigma是Laplacian-Gaussian函数的标准偏差
[BW,threshold] = edge(I,'log',…)
BW = edge(I,'zerocross',thresh,h)——h是用户指定的滤波函数
[BW,thresh] = edge(I,'zerocross',…)
BW = edge(I,'canny')
BW = edge(I,'canny',thresh)
BW = edge(I,'canny',thresh,direction)
[BW,threshold] = edge(I,'canny',…)
```

其中I为灰度图像,BW为黑白二值边缘图像。

(2)边缘检测的MATLAB实现方法

下面给出的是针对同一种图像的Sobel和Canny两种边缘检测器的不同效果的程序清单:

```
I = imread('rice.tif');
```

```
BW1 = edge(I,'sobel');
BW2 = edge(I,'canny');
figure(1),imshow(I);
figure(2),imshow(BW1);
figure(3),imshow(BW2);
```

运行结果如图 7.14 所示。

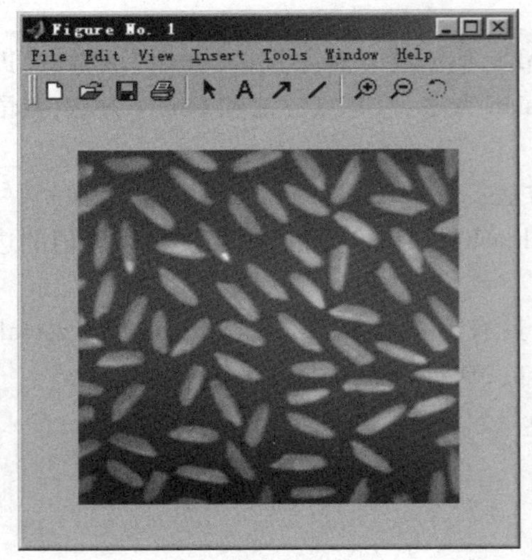

(a)原始图像

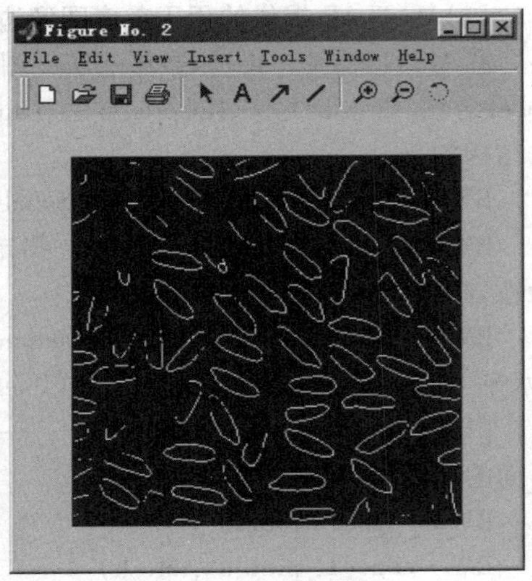

(b)Sobel边缘检测

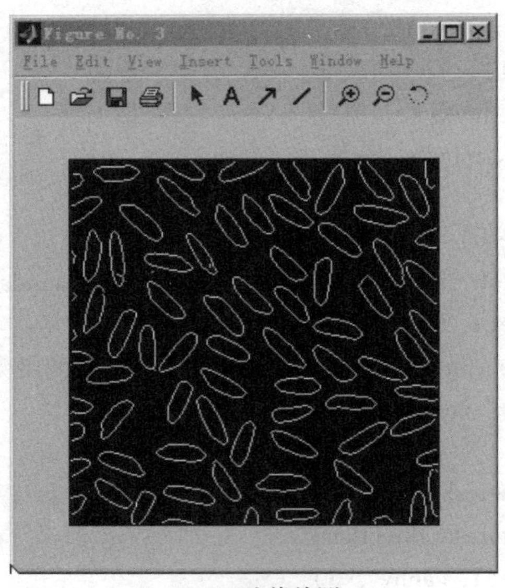

(c)Canny边缘检测

图 7.14 边缘提取方法的举例

下面给出的是用“prewitt”“log”算法对图像 rice. tif 进行边缘检测程序清单：

```
I = imread('rice. tif');
BW1 = edge(I,'prewitt');
BW2 = edge(I,'log');
subplot(2,2,1),imshow(I),title('原图');
subplot(2,2,2),imshow(BW1),title('prewitt 算法');
subplot(2,2,3),imshow(BW2),title('log 算法');
```

其运行结果如图 7.15 所示。

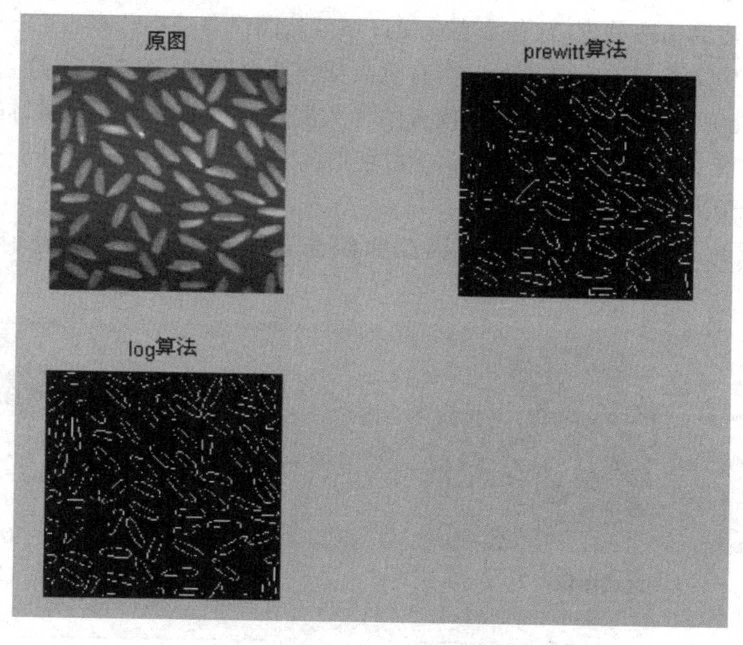

图 7.15　用不同算法对原图进行边缘检测的不同效果

7.2　灰度阈值分割法

在灰度图像中分离出有意义区域的最基本的方法是设置阈值的分割方法。

若图像中存在背景 S_0 和 n 个不同意义的部分 S_1，S_2，…，S_n（见图 7.16），或者说该图像有 $(n+1)$ 个区域组成，各个区域内的灰度值相近，而各区域之间的灰度特性有明显差异，并设背景的灰度值最小，则可在各区域的灰度差异设置 n 个阈值 T_0，T_1，…，T_{n-1}（$T_0 < T_1 < \cdots < T_{n-1}$），并进行如下分割处理：

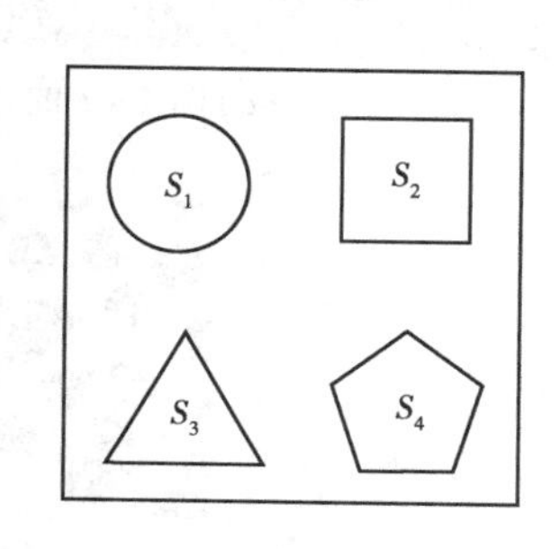

图 7.16　图像中的区域（$n = 4$）

$$
g(i,j)=\begin{cases} g_0 & f(i,j)\leqslant T_0 \\ g_1 & T_0<f(i,j)\leqslant T_1 \\ \vdots & \vdots \\ g_{n-1} & T_{n-2}<f(i,j)\leqslant T_{n-1} \\ g_n & f(i,j)>T_{n-1} \end{cases} \tag{7.2.1}
$$

式中,$f(i,j)$为原图像像素的灰度值;$g(i,j)$为区域分割处理后图像上像素的输出结果;$g_0,g_1,g_2,\cdots,g_n$分别为处理后背景 S_0,区域 S_1,区域 S_2,…,区域 S_n 中像素的输出值或某种标记。图像各点经以上灰度阈值法处理后,各个有意义区域就从图像背景中分离出来。

在简单图像中常常只出现背景和一个有意义部分两个区域(图 7.17(a)),这时只需要设置一个阈值,就能完成分割处理,并形成仅有两种灰度值的二值图像。有时,同一类型的有意义区域在图像中重复出现多个(图 7.17(b)),它们的灰度特性相同,属于同一种景物,此时,一种区域由多个子区域组成。

图像中区域的范围常常是模糊的,因此如何选取阈值便成为区域分割处理中的关键问题。

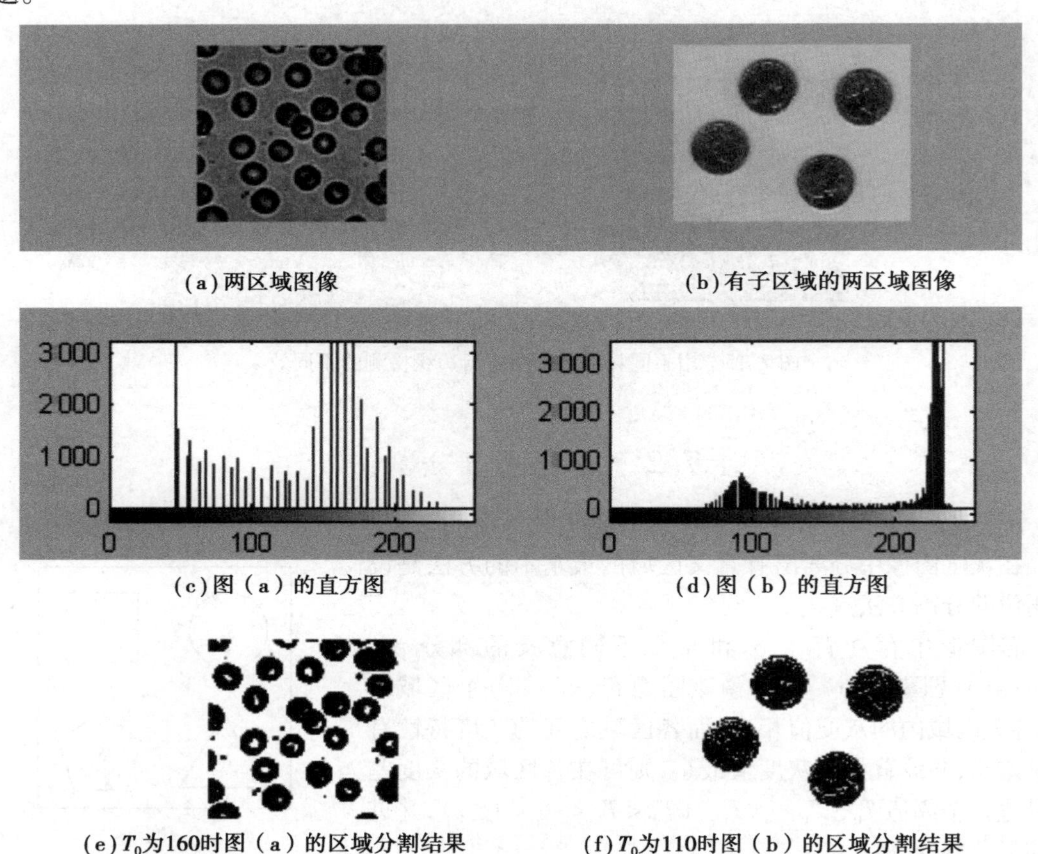

(a)两区域图像　　(b)有子区域的两区域图像

(c)图(a)的直方图　　(d)图(b)的直方图

(e)T_0为160时图(a)的区域分割结果　　(f)T_0为110时图(b)的区域分割结果

图 7.17　简单图像中的区域和双峰法阈值分割

7.2.1　双峰法

在一些简单图像中，对象物的灰度分布较有规律，背景和各个对象物在图像的灰度直方图上各自形成一个波峰，即区域和波峰一一对应。由于每个波峰间形成一个低谷，因而选择双峰间低谷处所对应的灰度值为阈值，可将两个区域分离。依此类推，可在图像背景中分离出各类有意义的区域。图7.17(c)，图7.17(d)为两个区域的简单图像的灰度直方图，当分别取阈值为160和110时，得到图7.17（e）、(f)的二值图像。

双峰法比较简单，在可能情况下常常作为首选的阈值确定方法，但是图像的灰度直方图的形状随着对象、图像输入系统、输入环境等因素的不同而千差万别，当出现波峰间的波谷平坦、各区域直方图的波形重叠等情况时，用双峰法难以确定阈值，必须寻求其他方法，实现自动选择适宜阈值的要求。

7.2.2　p 参数法

对于如图7.18所示的灰度直方图，虽然可见3个明显的波峰，可是由于3个区域的灰度分布互有重叠，以至没有明确的用以分割区域的低谷处。若各区域面积占图像总面积的比例 p 是大致清楚的或预先设定的，令灰度低端的区域1的面积比为 p_1，由于 p_1 为直方图中代表该区域部分的频率累加值，因此，当从灰度0到 $f_j(j=0,1,\cdots,G-1)$ 计算累加直方图函数值

$$C_1(f_j) = \sum_{m=0}^{j} \frac{n_m}{n} \tag{7.2.2}$$

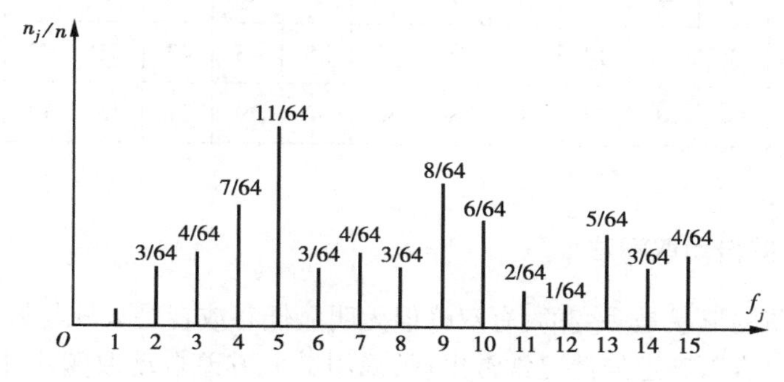

图7.18　3个区域组成图像的直方图

并在某 f_i 满足下式关系

$$C_1(f_j) \approx p_1 \tag{7.2.3}$$

则此时的 f_j 为从图像中分离出区域1的阈值 T_1

$$T_1 = f_j \approx C_1^{-1}[p_1] \tag{7.2.4}$$

式中 $C_1^{-1}[p_1]$ 表示由面积比 p_1 近似等于累加直方图函数值来确定相应灰度值的反变换关系。

若从图像中分离灰度高端的面积比为 p_2 的区域2，其方法同上，只是直方图累加的方向应从高端到低端。令 $C_2(f_j)$ 为灰度高端到低端的频率累加值

$$C_2(f_j) = \sum_{m=G-1}^{j} \frac{n_m}{n} \tag{7.2.5}$$

从图像中分离出区域2的阈值 T_2

$$T_2 = f_j \approx C_2^{-1}[p_2] \tag{7.2.6}$$

如果图像中的区域数大于3,可以分离灰度高、低两端区域后的图像中继续用上述方法进行分割,不同的只是直方图累加的起始灰度不再是0和 $G-1$,而是 $T_1, T_2, \cdots$。这种方法必已知或设定 p 值才能确定阈值,故称 p 参数法。

现以图7.18所示的灰度直方图为例,说明 p 参数法。该图像的总像素数 n 为64,$p_1 = 0.5$,$p_2 = 0.25$,灰度分布值 n_j/n 如图所示。为了直观,这里的累加直方图函数值用累加像素数来表示,则两个方向的累加像素的计算式分别为

$$C'_1(f_j) = \sum_{m=0}^{j} n_m \tag{7.2.7}$$

$$C'_2(f_j) = \sum_{m=G-1}^{j} n_m \tag{7.2.8}$$

计算结果如表7.1所示。区域1、区域2的面积即像素数 n_1, n_2:

$$n_1 = 64 \times p_1 = 32$$

$$n_2 = 64 \times p_2 = 16$$

分析表7.1中 $C'_1(f_j)$ 可知,$f_j = 7$ 时,有 $C'_1(f_j) = n_1 = 32$,则分离区域1的阈值为 $T_1 = 7$;同样,由表7.1的 $C'_2(f_j)$ 值可知,当 $f_j = 11$ 时,$C'_2(f_j) = 15$,有 $C'_2(f_j) \approx n_2 = 16$,则分离区域2的阈值为 $T_2 = 11$。

表7.1 累加像素数的计算结果

f_j	0	1	2	3	4	5	6	7	8	9	10	11	12	13	14	15
n_j	0	0	3	4	7	11	3	4	3	8	6	2	1	5	3	4
$C'_1(f_j)$	0	0	3	7	14	25	28	32	35	43	43	51	52	57	60	64
$C'_2(f_j)$	0	0	64	61	57	50	39	36	32	29	21	15	13	12	7	4

7.2.3 最大方差自动取阈法

图像灰度直方图的形状是多变的,有双峰但无明显低谷或者是双峰与低谷都不明显,而且两个区域的面积比也难以确定的情况常常出现,采用最大方差自动取阈法往往能得到较为满意的结果。

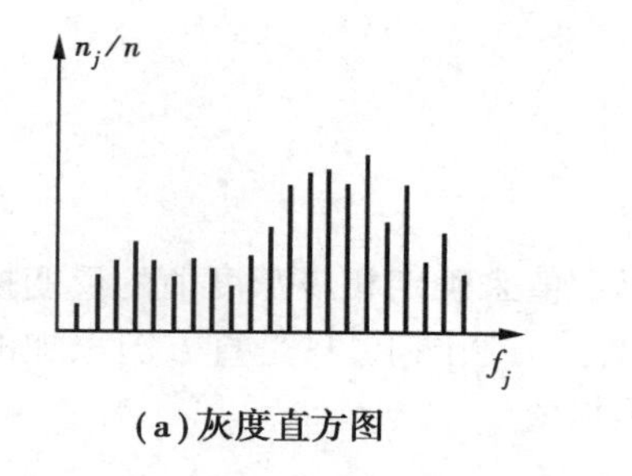

(a)灰度直方图

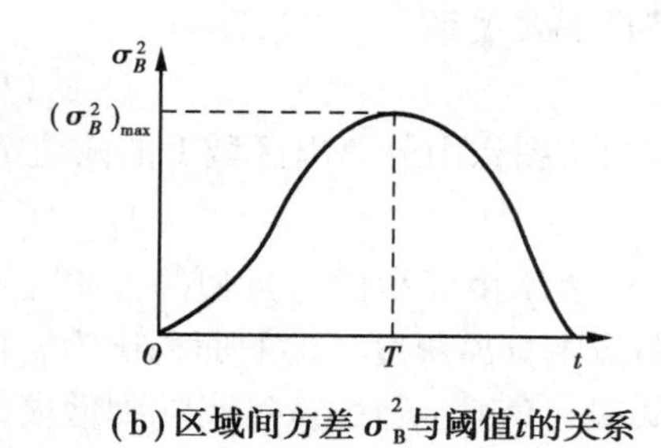

(b)区域间方差 σ_B^2 与阈值 t 的关系

图7.19 最大方差自动取阈法

图7.19(a)为包含有两类区域的某个图像的灰度直方图,设 t 为分离两区域的阈值。由直方图经统计可得被 t 分离后的区域1、区域2占整图像的面积比以及整幅图像、区域1、区域

2 的平均灰度为

$$\left.\begin{aligned}\text{区域 1 面积比}\quad \theta_1 &= \sum_{j=0}^{t} \frac{n_j}{n} \\ \text{区域 2 面积比}\quad \theta_2 &= \sum_{j=t+1}^{G-1} \frac{n_j}{n}\end{aligned}\right\} \tag{7.2.9}$$

或者

$$\left.\begin{aligned}\text{整图像的平均灰度}\quad \mu &= \sum_{j=0}^{G-1}\left(f_j \times \frac{n_j}{n}\right) \\ \text{区域 1 的平均灰度}\quad \mu_1 &= \frac{1}{\theta_1}\sum_{j=0}^{t}\left(f_j \times \frac{n_j}{n}\right) \\ \text{区域 2 的平均灰度}\quad \mu_2 &= \frac{1}{\theta_2}\sum_{j=t+1}^{G-1}\left(f_j \times \frac{n_j}{n}\right)\end{aligned}\right\} \tag{7.2.10}$$

式中，G 为图像的灰度级数。

整图像平均灰度与区域 1、区域 2 平均灰度值之间的关系为

$$\mu = \mu_1\theta_1 + \mu_2\theta_2 \tag{7.2.11}$$

同一区域常常具有灰度相似特性，而不同区域之间则表现为明显的灰度差异，当被阈值 t 分离的两个区域间灰度差较大时，两个区域的平均灰度 μ_1，μ_2 与整图像平均灰度 μ 之差也较大，区域间的方差就是描述这种差异的有效参数，其表达式为

$$\sigma_B^2 = \theta_1(\mu_1 - \mu)^2 + \theta_2(t)(\mu_2(t) - \mu)^2 \tag{7.2.12}$$

式中，σ_B^2 表示了图像被阈值 t 分割后两个区域之间的方差。显然，不同的 t 值，就会得到不同的区域间方差，也就是说，区域间方差、区域 1 均值、区域 2 均值、区域 1 面积比、区域面积比都是阈值 t 的函数，因此式(7.2.12)可写成：

$$\sigma_B^2 = \theta_1(t)[\mu_1 - \mu]^2 + \theta_2(t)[\mu_2(t) - \mu]^2 \tag{7.2.13}$$

经数学推导，区域间方差达可表示为

$$\sigma_B^2 = \theta_1(t)\cdot\theta_2(t)[\mu_1(t) - \mu_2(t)]^2 \tag{7.2.14}$$

被分割的两区域间方差达最大时，被认为是两区域的最佳分离状态，由此确定阈定值 T(图 7.19(b))

$$T = \max[\sigma_B^2(t)] \tag{7.2.15}$$

以最大方差决定阈值不需要人为设定其他参数，是一种自动选择阈值的方法，它不仅适用于两个区域的单阈值选择，也可扩展到多区域的多阈值选择中去。

7.2.4　灰度阈值分割法的 MATLAB 实现

下面是最大方差计算灰度分割阈值的程序清单：

```
function th = thresh_md(a);          % 该函数实现最大方差法计算分割阈值
                                     % 输入参数务灰度图像，输出为灰度分割阈值
count = imhist(a);                   % 返回图像矩阵各个灰度等级像素个数
[m,n] = size(a);
N = m * n - sum(sum(find(a ==0),1));
L = 256;                             % 指定图像灰度等级
```

```
count = count/N;                %计算出各灰度出现的概率
for i = 2:L
    if count(i) ~= 0
        st = i - 1;
        break;
    end
end                             %找出出现概率不为 0 的最小灰度
for i = L: -1:1
    if count(i) ~= 0;
        nd = i - 1;
        break;
    end
end                             %找出出现概率不为 0 的最大灰度
f = count(st + 1:nd + 1);
p = st;q = nd - st;             %分别表示为灰度起始和结束值
u = 0;
for i = 1:q;
    u = u + f(i) * (p + i - 1);
    ua(i) = u;
end                             %计算图像的平均灰度
for i = 1:q;
    w(i) = sum(f(1:i));
end                             %计算出选择不同 K 值时,A 区域的概率
d = (u * w - ua).^2./(w. * (1 - w));%求出不同 K 值时类间的方差
[y,tp] = max(d);                %求出最大方差对应的灰度值
th = tp + p;
```

(1)利用图像分割测试图像中的微小结构

下面是上述使用的程序清单:

```
I = imread('pearlite. tif');
subplot(2,2,1),imshow(I),title('原始图像');
Ic = imcomplement(I);
BW = im2bw(Ic,graythresh(Ic));
subplot(2,2,2),imshow(BW),title('阈值截取分割后图像');
se = strel('disk',6);
BWc = imclose(BW,se);
BWco = imopen(BWc,se);
subplot(2,2,3),imshow(BWco),title('对小图像进行删除后图像');
mask = BW&BWco;
subplot(2,2,4),imshow(mask),title('检测结果的图像');
```

其运行结果如图7.20所示。

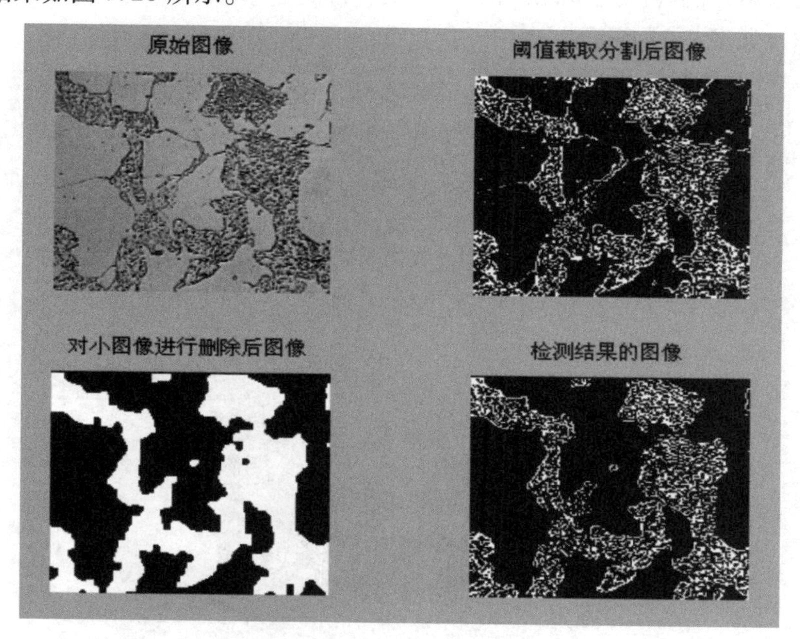

图7.20　搜索图像中的微小结构

(2)测试图像中相互接触的对象

下面是上述应用的程序清单：

```
afm = imread('afmsurf.tif');
subplot(2,3,1),imshow(afm),title('原始图像');
se = strel('disk',15);
Itop = imtophat(afm,se);
Ibot = imbothat(afm,se);
subplot(2,3,2),imshow(Itop,[]),title('高帽变换后');
subplot(2,3,3),imshow(Ibot,[]),title('低帽变换后');
Ienhance = imsubtract(imadd(Itop,afm),Ibot);
Iec = imcomplement(Ienhance);
Iemin = imextendedmin(Iec,22);
Iimpose = imimposemin(Iec,Iemin);
subplot(2,3,4),imshow(Iimpose),title('经反色等处理后');
wat = watershed(Iimpose);
rgb = label2rgb(wat);
subplot(2,3,5),imshow(rgb),title('谷值搜索显示');
stats = regionprops(wat,'Area','Orientation');
area = [stats(:).Area];
orient = [stats(:).Orientation];
```

subplot(2,3,6),plot(area,orient,'b * '),title('特征信息');

其运行结果如图 7.21 所示。

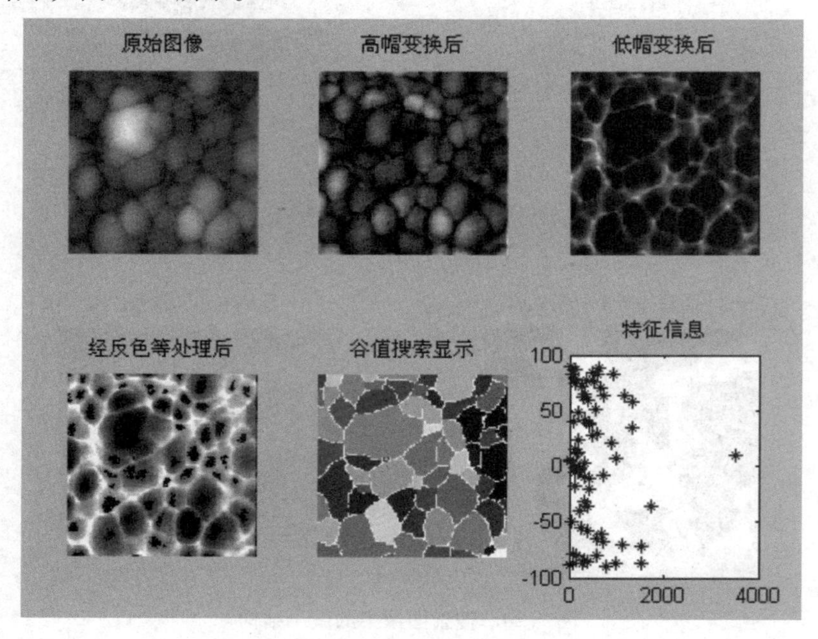

图 7.21　检测图像中相互接触对象

7.3　灰度相似合并法

在图像上形成有相似特性的各个区域可以通过阈值法将图像由大到小进行分割的途径，也可以采用由小到大进行合并的途径。合并法是将像素或者是相对图像来说很小的，可以看成是特性一致的微区域作为基本单元，由此出发，根据区域的相连性，比较相邻的基本单元出发，重复上述处理，不同的是此时基本单元的特性值为小区域中该特性的平均值。这样的合并使小区域不断扩张，直到不再满足特性相似为止。

采用合并法形成区域的具体方法总是与相似特性的判别准则相对应。下面就灰度特性相似的差别方法进行讨论。灰度相似性的判别准则有多种，以下介绍有代表性的两类准则下的合并方法。

7.3.1　**灰度差判别准则**

相似性的差别值可以直接选用像素与邻域像素间的灰度差，也有用微区域与相邻微区域间的灰度差。通常设置灰度差阈值为 $T=0$ 或某一小值。令 (u,v) 为基本单元(即像素或微区域)的坐标；$f(u,v)$ 为基本单元灰度值或小区域的平均灰度值，并设有标记；$f(i,j)$ 为与 (u,v) 相邻的尚不属于任何区域的基本单元的灰度值，令

$$C = |f(i,j) - f(u,v)| \tag{7.3.1}$$

则灰度差判别式为

$$\begin{cases} C < T & \text{合并,同一标记} \\ C \geq T & \text{不变} \end{cases} \tag{7.3.2}$$

当 $C<T$,说明基本单元(i,j)与(u,v)相似,(i,j)应与(u,v)合并,即加上与(u,v)相同的标记,并计算合并后小区域的平均灰度值;当 $C \geq T$,说明两者不相似,$f(i,j)$保持不变,仍为不属于任何区域的基本单元。

以下举例说明用灰度差判别准则的合并法形成区域的过程。例中 $T=2$,基本单元为像素,领域为 3×3,与某像素相邻的像素数有8个(如图7.22)区域标记为 A,B,C。原图像灰度值如图7.23(a),本例中用光栅扫描顺序确定合并起点的基本单元,第1个合并起点如图7.23(b)所示,标记为 A,灰度值 $f_A=2$。分别比较该基本单元与其3个邻点的灰度差,由判别准则和设置的阈值可得2个邻点与基本单元合并,只有1个邻点不能合并的结果(见图7.23(c)),并计算合并后小区域中基本单元的平均灰度为 $f_A=4/3$。然后确定以此小区域中的3个基本单元为中心的不属于任何区域的邻点有5个,并分别作相似判别,得结果如图7.23(d)。依此类推,得到小区域 A 不能再扩张的结果如图7.23(e)所示,至此第1次合并结束。图7.23(e)中的 B 为第2个合并起点,重复上述过程,得到与区域 A 灰度特性不同的区域 B(见图7.23(f))。最终结果将图像分割成 A,B,C 3个区域(见图7.23(g))。

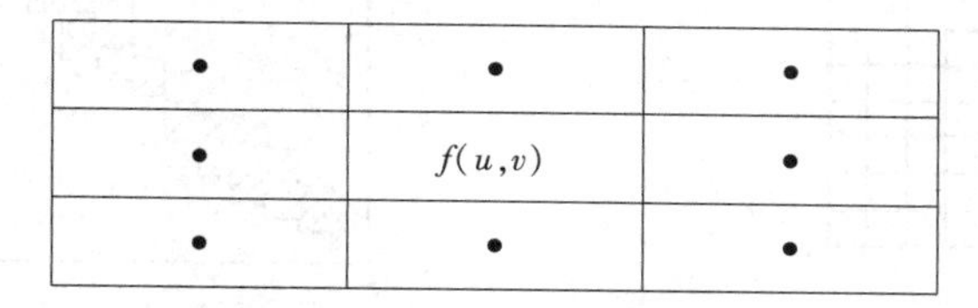

图7.22　$f(u,v)$的 3×3 领域(•为与 $f(u,v)$ 相邻的像素)

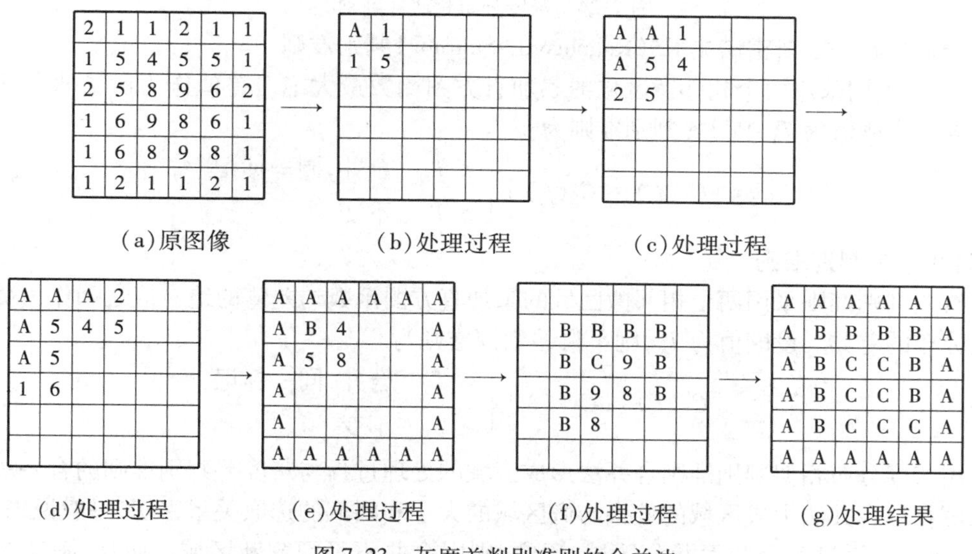

图7.23　灰度差判别准则的合并法

7.3.2 灰度分布相似性判别准则

以微区域与相邻微区域间的灰度分布差异作为相似的判别值。设图像由大小为 $q = k \times k$ 个像素的微区域组成(图 7.24(a))。微区域的灰度分布特性由灰度直方图的累加直方图函数 $C(f_j)$ 表示

$$C(f_j) = \sum_{m=0}^{f_j} \frac{q_m}{q} \tag{7.3.3}$$

式中,q 为微区域像素数;q_m 为某个微区域中某灰度的像素数。若画出两相邻微区域的累加直方图函数曲线 $C_1(f_j)$,$C_2(f_j)$(图 7.24(b)),可以看出两者的灰度分布差异。当差异较小,并在阈值范围内,说明它们的灰度分布很相似,属于同一区域。根据用以表示灰度分布差异的不同指标,形成了各种灰度分布相似判别准则,以下是常用的两种。

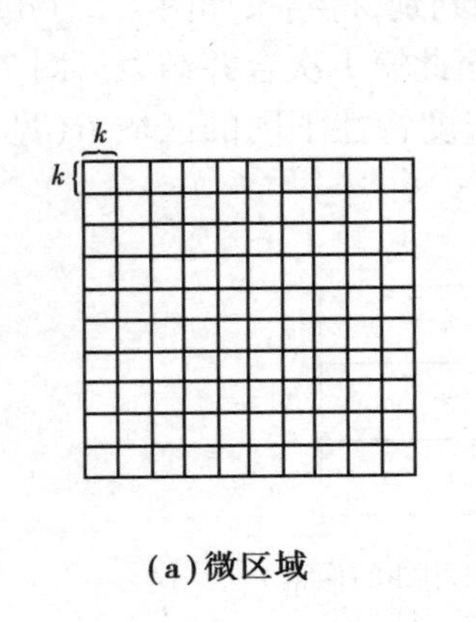

(a) 微区域

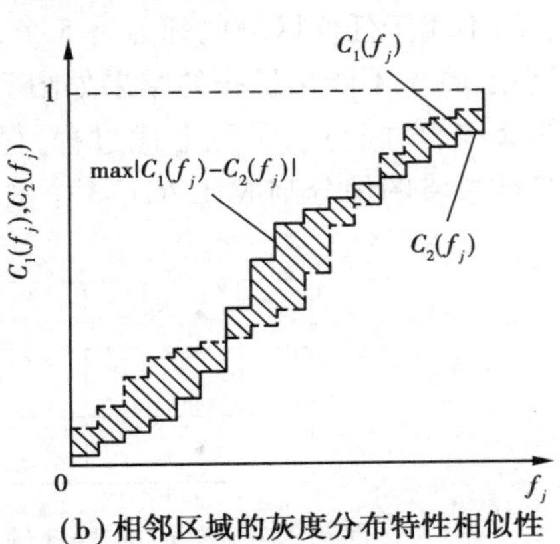

(b) 相邻区域的灰度分布特性相似性

图 7.24 灰度分布相似性判别

(1) 凯蒙高罗夫-斯密诺夫 KS(Kolmogorov-Smirnov) 判别准则

KS 判别准则采用两个相邻微区域的累加直方图函数最大绝对差值作为衡量两者灰度分布的差异。设阈值为 T_1,则 KS 判别准则为

$$\max|C_1(f_j) - C_2(f_j)| \begin{cases} < T_1 & \text{合并,同一标记} \\ \geq T_1 & \text{不变} \end{cases} \tag{7.3.4}$$

(2) 平滑差判别准则

平滑差判别准则采用两个相邻微区域的累加直方图函数的差值的绝对值之和作为衡量两者灰度分布的差异。设阈值为 T_2,则平滑差判别准则为

$$\sum|C_1(f_j) - C_2(f_j)| \begin{cases} < T_2 & \text{合并,同一标记} \\ \geq T_2 & \text{不变} \end{cases} \tag{7.3.5}$$

采用灰度分布相似判别准则合并法形成区域的处理过程与灰度差判别准则的合并法相类似。灰度相似合并法生成区域的效果与微区域的大小和阈值的选取关系密切,一般说来,微区域太大,会造成因过度合并而漏分区域;反之,则因合并不足而割断区域。而且,图像复杂程度、原图像生成状况的不同,对上述参数的选择会带来很大影响。通常,微区域大小 q 和阈值 T 由特定条件下的区域生成效果确定。

图 7. 25 是一个区域生长的例子。设有一数字图像,如图 7. 25(a)所示,起始点下面标有短线,即表明检测门限为 9。设跟踪准则是邻点的灰度级与已接受小块物体的平均灰度级(这里即为 9)相差小于 2。第一次区域生长得到三个灰度级为 8 的邻点,如图 7. 25(b)所示。此时这四个已接受点的平均灰度为(8 +8 +8 +9)/4 =8. 25,故第二次区域生长只得到灰度级为 7 的一个邻点,如图 7. 25(c)所示。此时,这五个已接受点的平均灰度级为(8 +8 +8 +9 +7)/5 =8,因为已经没有灰度级大于 6 的邻点,生长过程终止。这种区域检测方法与起始点的选择有较大的关系。在做出是否接受当前点的决定时,同样可以用较复杂一些的方法,例如,假设已按受的点和待测像素服从相同的正态分布,则可以计算统计量 T 以决定是否接受这个像素。

$$
\begin{array}{cccc}
5 & 5 & 8 & 6 \\
4 & 8 & \underline{9} & 7 \\
2 & 2 & 8 & 3 \\
3 & 3 & 3 & 3
\end{array}
\qquad
\begin{array}{cccc}
5 & 5 & 8 & 6 \\
4 & \underline{8} & \underline{9} & 7 \\
2 & 2 & \underline{8} & 3 \\
3 & 3 & 3 & 3
\end{array}
\qquad
\begin{array}{cccc}
5 & 5 & 8 & 6 \\
4 & \underline{8} & \underline{9} & \underline{7} \\
2 & 2 & \underline{8} & 3 \\
3 & 3 & 3 & 3
\end{array}
\qquad
\begin{array}{cccc}
5 & 5 & 8 & \underline{6} \\
4 & 8 & 9 & \underline{7} \\
2 & 2 & \underline{8} & 3 \\
3 & 3 & 3 & 3
\end{array}
$$

(a)　　(b)　　(c)　　(d)

图 7. 25　区域生长的示例

7. 4　二值图像与线图形

人们长期以来探求着直接从灰度图像获得构成对象物形状的区域或边缘,形成了各种有效的方法,特别是对于一些复杂景物图像的识别和理解,图像中丰富的灰度信息将成为主要的依据。但是,就一般图像中对象物的形状特征提取来说,常常可以在二值图像中得到,也就是说,仅有两个灰度级的图像往往就足以用来研究对象物的形状特征。二值图像与灰度图像相比,信息量大大减少,因而处理一幅图像的速度快,成本低,实用价值高。因此,由二值图像获取对象物形状特征的处理占有重要的地位。

二值图像与灰度图像间有着密切的关系。首先,输入的原图像都是灰度图像,即使实际对象只有两种灰度值,如白纸上的黑笔画,黑板上的白粉笔字,经输入系统得到的也是多值灰度图像,只有通过阈值处理,才能得到二值图像;其次,要得到能准确反映对象物形状的二值图像,往往需通过图像增强处理,改善灰度图像品质,换句话说,灰度图像处理是二值图像处理的基础;再则,为了实用,在可能情况下,尽快由灰度图像变换为二值图像,以减少计算量。在只有两个灰度值的二值图像(图 7. 26(a))中,灰度值只有 0 和 1 两种。一般,0 表示黑色,1 表示白色;灰度为 0 的像素称为 0-像素,灰度值为 1 的像素称为 1-像素,二值图像则由若干个0-像素与若干个 1-像素组成。

作为对象物形状的表示,一般的二值图像并不是最简单的形式,用线图形表示的二值图像则更为简洁、直观。边缘线就是用来表示对象物形状的一种线图形,如图 7. 26(b)所示。

本节以景物形状特征提取为目的,对二值图像处理和线图形处理的有关方法进行讨论。

(a)二值图像　　　　(b)线图形

图 7.26　二值图像与线图形

7.4.1　二值图像分割

在灰度图像中设置一个阈值,将对象物和背景分离开来使之成为只有两类区域的二值图像的方法,在前面章节中已有介绍。二值图像中同灰度值的像素可以是一个或多个对象物,为了描述对象物的形状,首先必须搞清每个对象物的范围,然后分别对它们加上标记,这就是二值图像分割处理。

(1)连接性

二值图像中像素之间的关系常用连接性表示,连接性中包含连接和非连接两种状况,任意两像素间的连接性判别是通过一系列相邻像素的连接关系确定的。邻接是像素间的基本关系。除图像边缘外,每个像素都有 8 个自然邻点,但在处理技术中采用以下常用的两种邻域和邻点中的一种。

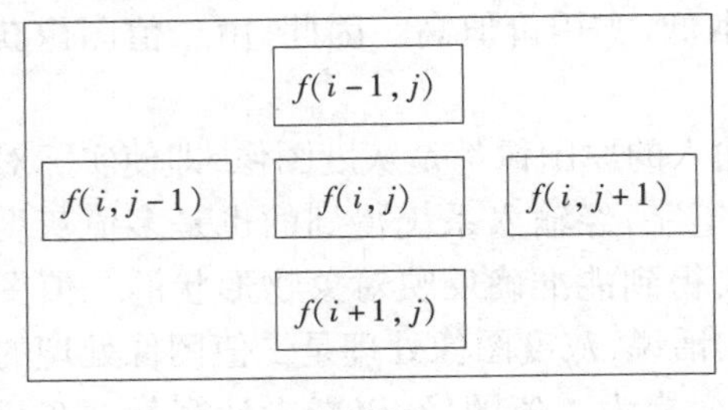

(a)4 邻点

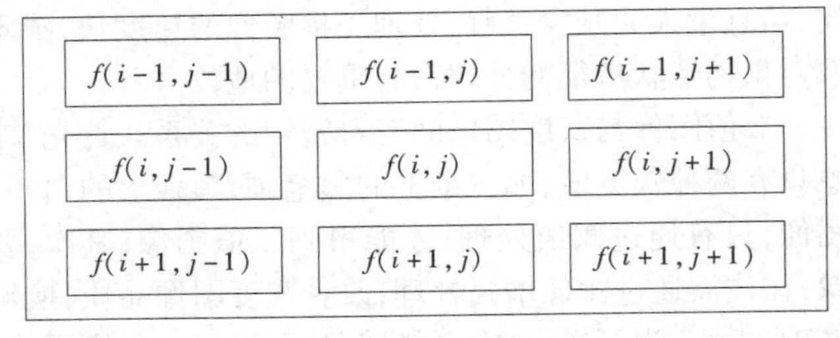

(b)8 邻点

图 7.27　邻域与邻点

4 邻域和 4 邻点　在二值图像中,像素(i,j)的上下左右或 4 个像素成为像素(i,j)的 4 邻点(图 7.27(a)),该 4 个像素的集合成为像素(i,j)的 4 邻域,即

$$\{(i-1,j),(i+1,j),(i,j-1),(i,j+1)\}$$

8 邻域和 8 邻点　在 4 邻域中,如果再加上对角线方向上的四个像素,这 8 个像素成为像素(i,j)的 8 邻点(图 7.27(b)),该 8 个像素的集合成为像素(i,j)的 8 邻域,即

$$\{(i-1,j),(i+1,j),(i,j-1),(i,j+1),(i-1,j-1),\\(i-1,j+1),(i+1,j-1),(i+1,j+1)\}$$

由此可以定义这些邻近像素之间的连接性,即这些像素之间是否连接。连接性定义为:在

一个像素列中,如果所有像素值都相同(0或1),并依次互为邻点,那么,这个像素列中的任意两像素间都认为是存在连接关系的,否则,两像素间为非连接关系。当采用不同邻域(4邻域或8邻域)时,像素间连接关系不同,因此连接关系必须说明所采用的邻域范围,如4邻域连接或8邻域连接(简称4连接或8连接)。

如图7.28所示,在搜索黑色区域的边界轮廓时,用4连接和8连接所定义的两点间的路径各不相同。把具有相同灰度值的像素所连接的区域称为连接成分。如果像素值为1的连接成分中存在着像素值为0的区域,同时其外侧也被包围在像素值为0的区域中,则称之为孔。在图像中,如果设像素值为1的连接成分集合为A,则$\overline{A}$(A的补集)称为背景。如果黑色区域是4(8)连接定义,为了不产生矛盾,背景区域也要用相同的4(8)连接定义。如图7.29所示,在图中给出了不同连接定义下的不同的连接成分。在8连接定义下,黑色像素在对角线方向上相连接时,白色像素就解释为被黑色像素分隔开了。而在4连接的定义下,情况正好相反。

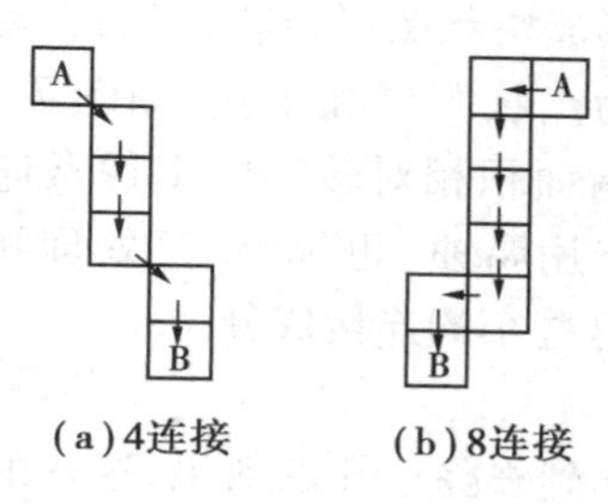

(a)4连接　(b)8连接

图7.28　连接性及其连接路径

(a)二值图像

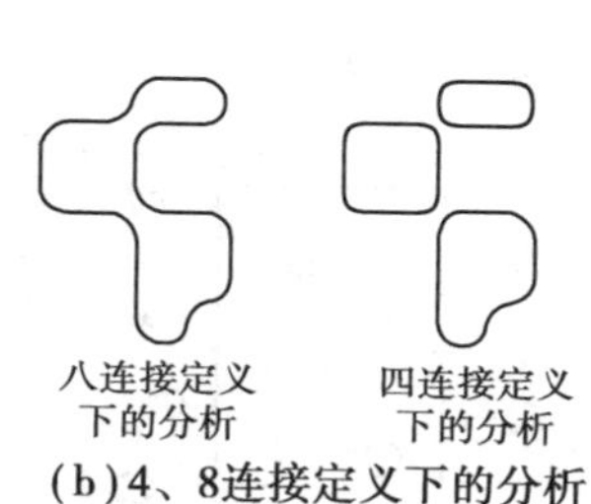

(b)4、8连接定义下的分析

图7.29　图像的连接性

(2)贴标签法

对二值图像的每个不同连接成分都进行不同的编号,所得到的图像称为标签图像。贴标签处理是计算连接成分的大小、面积等属性中的必要的处理手段。在此,将介绍标签图像的递推算法。设二值图像为f,标签图像为g,贴标签算法步骤如下:

贴标签的算法:

1)设标签$\lambda=0$,按顺时针方向进行扫描。

2)对于尚未贴标签的黑色像素$f(i,j)$,根据已扫描过的四个邻接像素(图7.30中的○)的标签值,来进行以下的判断:若所有的值为0(背景),则$\lambda=\lambda+1$,$g(i,j)=\lambda$;若其标签值相同,即全部为λ ($\lambda<0$),则$g(i,j)=\lambda$;若标签的值有两种,即四个邻接像素的取值为$\lambda,\lambda'(0<\lambda<\lambda')$时(即标签冲突),令$g(i,j)=\lambda$,将所有已经贴标签为$\lambda'$的像素,改贴标签为$\lambda$。

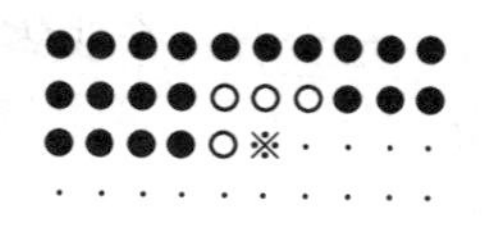

○●:贴过标签的像素
※:当前点
·:尚未贴标签的像素

图7.30　贴标签

3)将全部像素都进行2)的处理,直到全部处理完,算法结束。

由于这种算法有标签冲突,所以会出现标签不连号的情况。如果依照顺序进行编号,处理之后就可进行校正。图7.31给出了一个简单的例子。该算法的基本原理是比较容易理解的,但是处理效率不高。为了解决这个问题,可利用辅助表来提高处理速度。

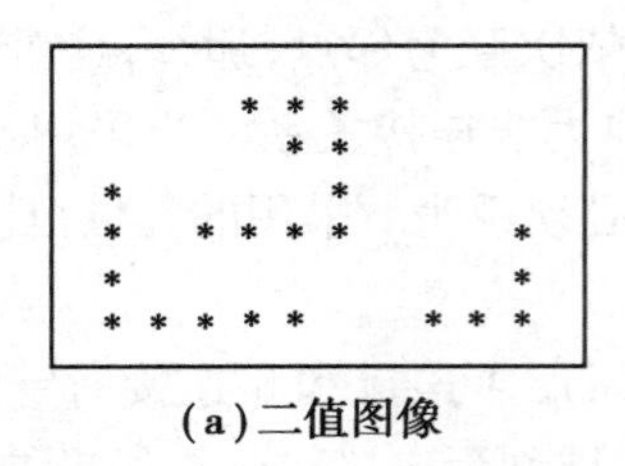

(a)二值图像

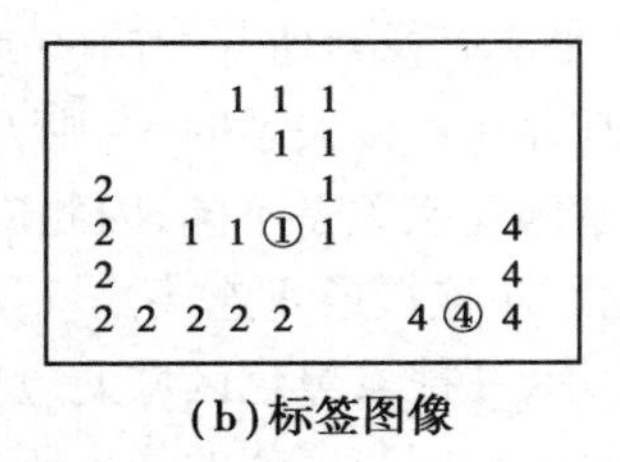

(b)标签图像

图 7.31　标签图像(①,④为标签冲突点)

7.4.2　二值图像平滑

尽管图像增强处理使灰度图像中的噪声得到抑制,但噪声的完全去除常常是很困难的,而且在由灰度图像变换成二值图像的处理过程中,难免又增加一些噪声,它们对形状特征提取是极为不利的,为此,必须对二值图像进行平滑。

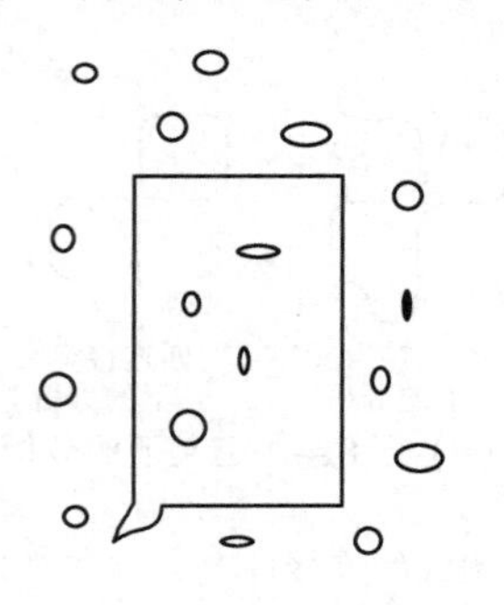

图 7.32　二值图像中的噪声

二值图像中的图形分量形成块状图形,其噪声的表现形式很多,其中有代表性的形式为点状图形和小孔,如图 7.32 所示。所谓点状图形和小孔是指面积相对较小的 1 像素连接成分和 0 像素连接成分。一般采用腐蚀(也称收缩)处理和膨胀(也称扩张)处理能有效去除这些小的连接成分。

(1)膨胀(扩张)处理

将图形表面不断扩散以达到去除小孔的效果,这样的处理被称为扩张,也可称为膨胀,其运算符为“$\oplus$”。图像集合 A 用结构元素 B 来膨胀,记为 $A\oplus B$,其定义为

$$A \oplus B = \{x \mid [(\hat{B})_x \cap A] \neq \varnothing\} \tag{7.4.1}$$

其中,$\hat{B}$表示 B 的映像,即与 B 关于对称的集合。此式表明,用 B 对 A 进行膨胀过程可以描述如下:集合 B 首先做关于原点的映射$\hat{B}$,再将其平移 x 形成集合$(\hat{B})_x$,最后计算集合$(\hat{B})_x$ 与集合 A 不为空集的结构元素参考点的集合。也就是说,用 B 来膨胀 A 得到的集合是$\hat{B}$的位移与集合 A 至少有一个非零元素相交时结构元素 B 的参考点位置的集合。因此,膨胀运算又可写为

$$A \oplus B = \{x \mid [(\hat{B})_x \cap A] \subseteq A\} \tag{7.4.2}$$

如果将 B 看成是一个卷积模板,膨胀就是对 B 做关于原点的映像,然后再将映像连续地在 A 上移动而实现的。图 7.33 给出了膨胀运算示例。图 7.33(a)是一幅二值图像,阴影部分代表灰度值为高(一般为 1)的区域,白色部分代表灰度值为低(一般为 0)的区域,其左上角空间坐标为(0,0)。图 7.33(b)为结构元素 B,标有“ + ”的点代表结构元素的参考点。膨胀的结果如图 7.33(c)所示,其中黑色为膨胀扩大的部分。把结果 $A\oplus B$ 与 A 相比较可见,A 按照 B 有形态膨胀了一定范围。

(2)腐蚀(收缩)处理

反复去除图形表面像素,将图形逐步缩小,以达到消去点状图形的效果。这样的处理被称为收缩,也可称为腐蚀。腐蚀运算又称为侵蚀运算,其运算符为“$\ominus$”,其定义为

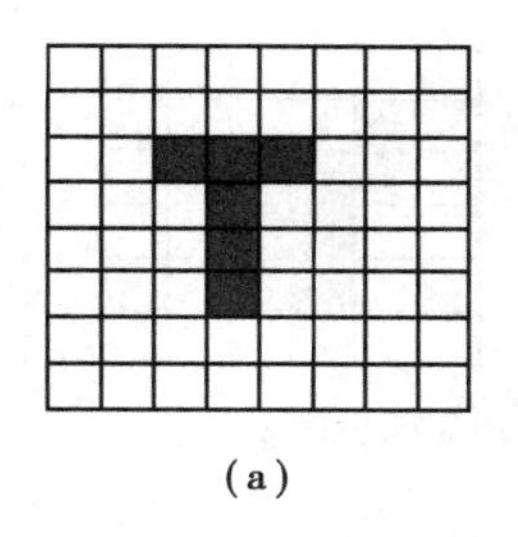

(a)

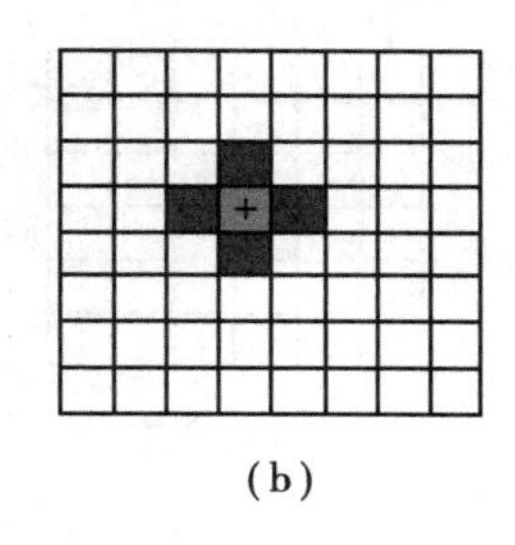

(b)

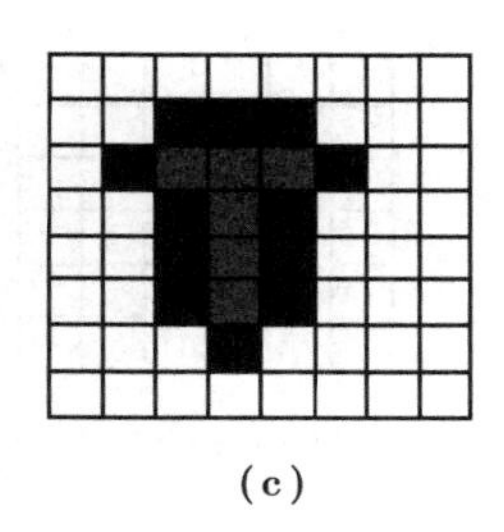

(c)

图 7.33　二值图像的膨胀运算示例

$$A \ominus B = \{x \mid (B)_x \subseteq A\} \tag{7.4.3}$$

此式表明腐蚀处理过程为:集合 B 平移 x 后仍在集合 A 中的结构元素参考点的集合。也就是说:用 B 来腐蚀 A 得到的集合是 B 完全包括在集合 A 中时 B 的参考点的位置的集合。图7.34所示为腐蚀运算的示意图。图 7.34(a)是一幅二值图像,图 7.34(b)为结构元素 B,标有“ + ”的点代表参考点。腐蚀的结果如图 7.34(c)所示,其中黑色为腐蚀后留下的部分。把结果 $A \ominus B$ 与 A 相比较可见,不能容纳结构元素的部分都被腐蚀掉。

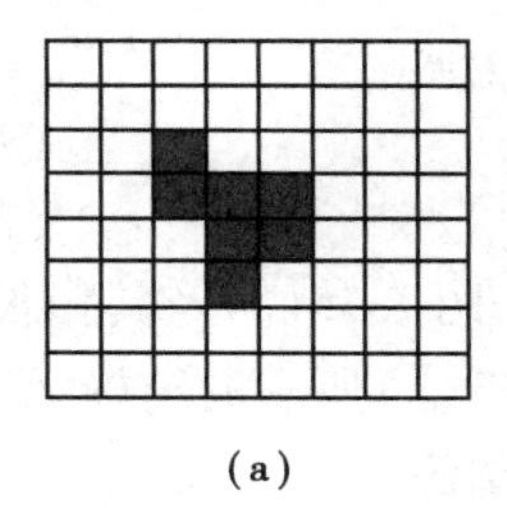

(a)

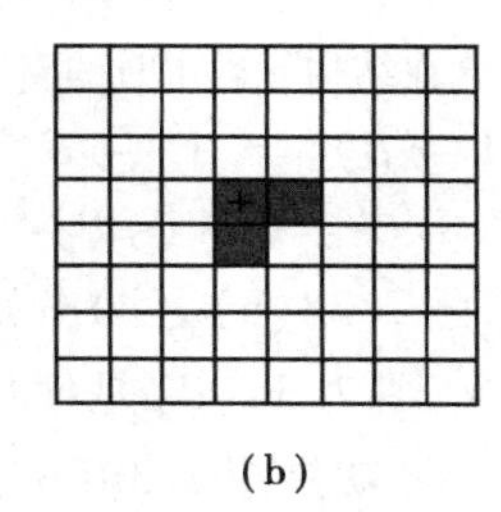

(b)

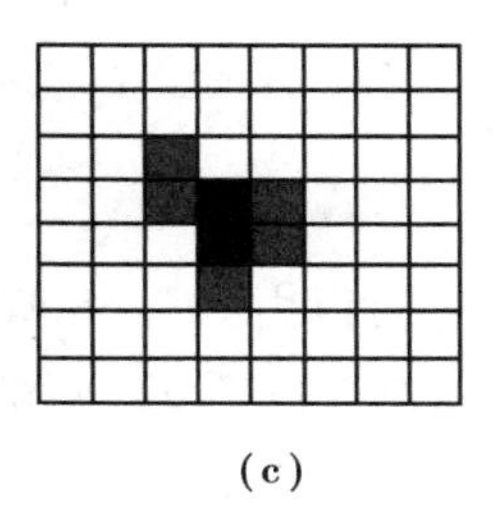

(c)

图 7.34　二值图像的腐蚀运算示例

以上讨论中都假设参考点是位于结构元素之中的情况,此时对于膨胀运算来说,总有 $A \subseteq A \oplus B$;对于腐蚀运算来说,总有 $A \ominus B \subseteq A$。当参考点不包含在结构元素中时,即参考点不属于结构元素的元素时,相应的结果会有所不同。对于膨胀运算来说,总有 $A \not\subset A \oplus B$;对于腐蚀运算来说,将会产生两种可能,即为 $A \ominus B \subseteq A$ 或 $A \ominus B \not\subset A$。图 7.35、图 7.36、图 7.37 分别表示了当参考点不包含在结构元素时的膨胀运算和腐蚀运算两种情况示意图。图 7.35(d)的所有阴影表示膨胀结果,由此图可见,标有“ × ”号的点原来属于 A,但是现在并不属于膨胀结果。图 7.36、图 7.37 中的深色阴影部分表示腐蚀结果。

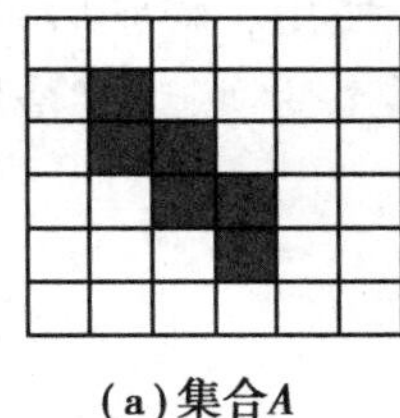

(a)集合A

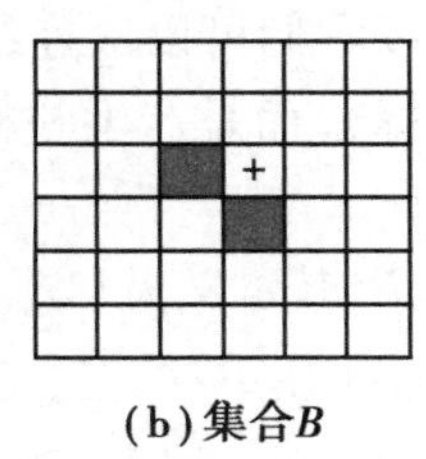

(b)集合B

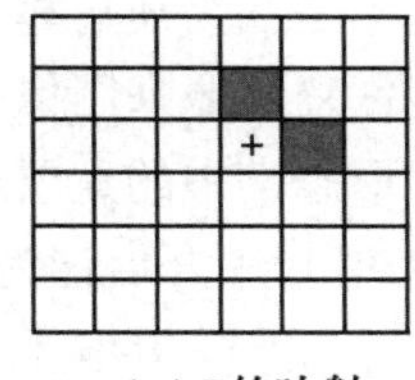

(c)B的映射

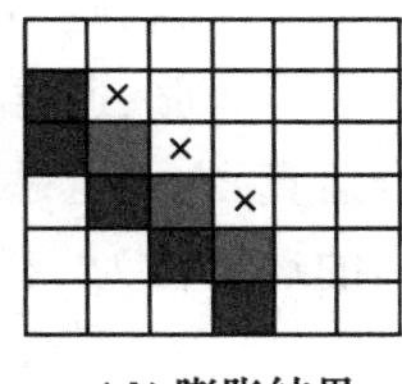

(d)膨胀结果

图 7.35　参考点不包含在结构元素中时的膨胀运算示意图

膨胀和腐蚀这两种操作有着密切的关系,是关于集合补和反转的对偶。即使用结构元素对图像进行腐蚀操作相当于使用该结构元素的映像对图像背景进行膨胀操作,反之亦然。即有如下关系式

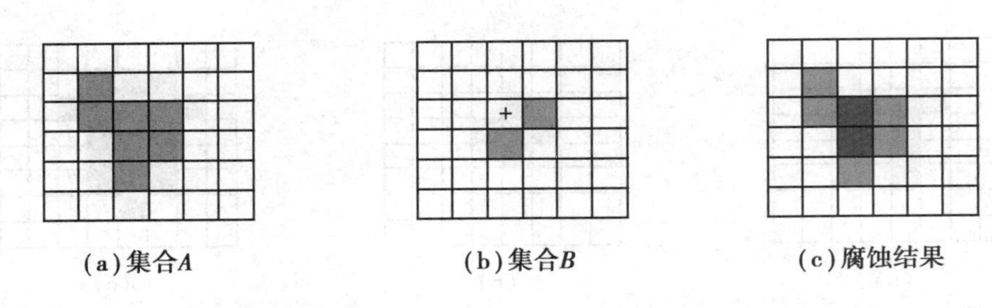

(a)集合A　(b)集合B　(c)腐蚀结果

图 7.36　参考点不包含在结构元素中时的腐蚀运算示意图(一)

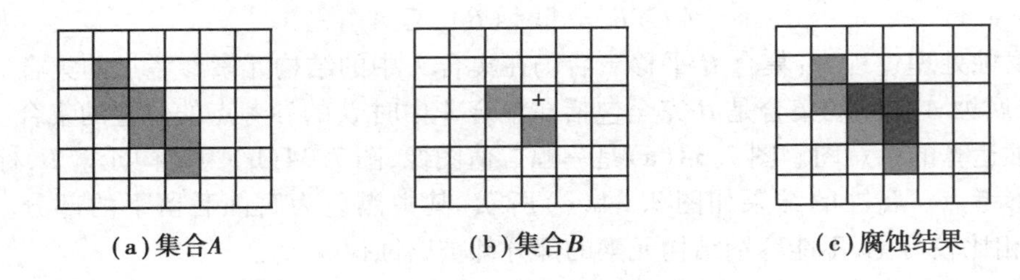

(a)集合A　(b)集合B　(c)腐蚀结果

图 7.37　参考点不包含在结构元素中时的腐蚀运算示意图(二)

$$(A \oplus B)^C = A^C \ominus B^C \tag{7.4.4}$$

$$A^C \oplus B^C = (A \ominus B)^C \tag{7.4.5}$$

这种对偶性可以由图 7.38 所示。其中图 7.38(a)、(b)分别对应于图 7.35(a)及其膨胀结果,图 7.38(c)则是图 7.38(a)的背景图像,图 7.38(d)是使用图 7.33(c)所示的结构元素对图 7.38(c)进行腐蚀的结果,显然图 7.38(d)就是图 7.38(b)的背景图像。

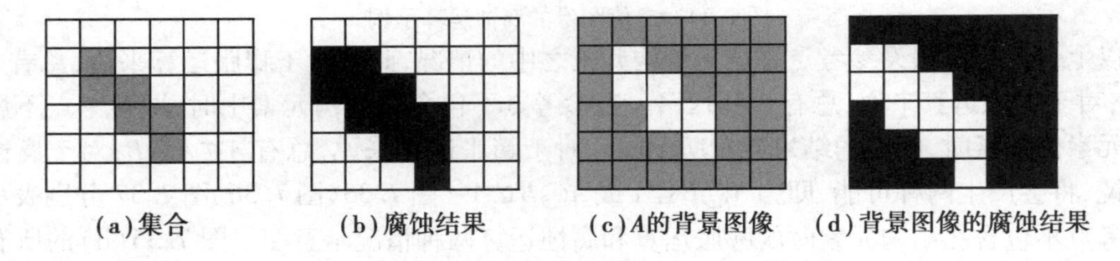
(a)集合　(b)腐蚀结果　(c)A的背景图像　(d)背景图像的腐蚀结果

图 7.38　膨胀与腐蚀对偶性示意图

(3)复合形态变换

一般情况下,膨胀与腐蚀不是互为逆运算,所以它们可以级连结合使用。膨胀后再腐蚀,或者腐蚀后再膨胀,通常不能恢复成原来图像(目标),而是产生一种形态变换,这就是形态开启和闭合运算,它们也是数学形态学中的重要运算。

开启的运算符为"∘"。A 用 B 来开启记为 $A \circ B$,其定义为

$$A \circ B = (A \ominus B) \oplus B \tag{7.4.6}$$

闭合的运算符为"•"。A 用 B 来开启记为 $A \bullet B$,其定义为

$$A \bullet B = (A \oplus B) \ominus B \tag{7.4.7}$$

由上面两式可知:开启运算是先用结构元素对图像进行腐蚀之后,再进行膨胀;闭合运算是先用结构元素对图像进行膨胀之后,再进行腐蚀。

开启和闭合不受参考点位置的影响,无论参考点是否包含在结构元素中,开启和闭合的结

果都是一定的。根据膨胀和腐蚀的对偶性可知，开启与闭合运算也具有对偶性。

图7.39为开启和闭合运算示例。用一个圆形的结构元素图7.39(b)对图7.39(a)的图像区域进行开启和闭合(为了清楚看见结构元素在原图中的移动位置，原图用浅色来代表黑色)。在图7.39中，(c)是腐蚀结果、(d)是开启运算结果、(e)是用(b)对(a)膨胀的结果、(f)是闭合运算结果。由图7.39可知，开启运算一般能平滑图像的轮廓，削弱狭窄的部分，去掉细长的突出、边缘毛刺和孤立斑点。闭合运算也可以平滑图像的轮廓，但与开启运算不同，闭合运算一般融合窄的缺口和细长的弯口，能填补图像的裂缝及破洞，所起的是连通补缺作用，图像的主要情节保持不变。

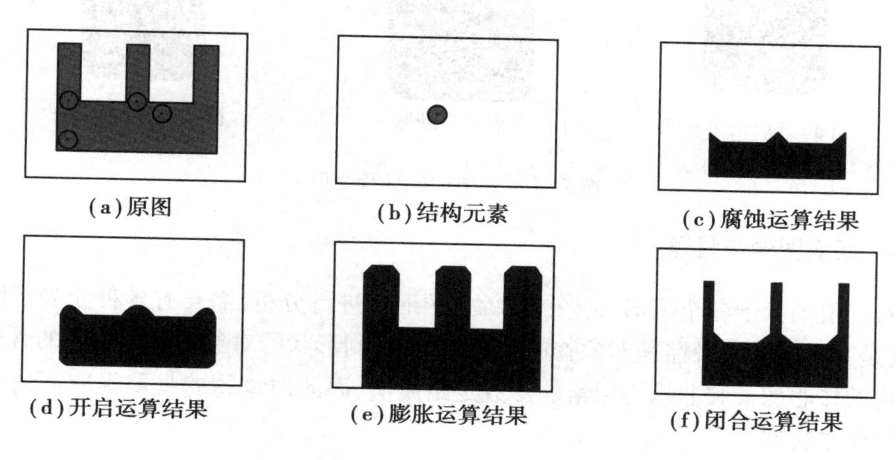

图7.39　开启和闭合运算示例

(4)图像平滑处理

采集图像时由于各种因素，不可避免地存在噪声，多数情况下噪声是可加性的。可通过形态变换进行平滑处理，滤除图像的可加性噪声。

开启运算是一种串行复合极值滤波，可以切断细长的搭线，消除图像边缘毛刺和孤立点，显然具有平滑图像边界之功能。闭合运算是一种串行复合极值滤波，具有平滑边界的作用，能连接短的间断，填充小孔。因此平滑图像处理可以采用闭合运算的形式：

$$Y = A \bullet B$$

另外，可通过开启和闭合运算的串行结合来构成形态学噪声滤波器。考虑如图7.40所示的一个简单的二值图像，它是一个被噪声影响的矩形目标。图框外的黑色小块表示噪声，目标中的白色小孔也表示噪声，所有的背景噪声成分的物理尺寸均小于结构元素。图7.40(c)是原图像A被结构元素B腐蚀后的图像，实际上它将目标周围的噪声块消除了，而目标内的噪声成分却变大了。因为目标中的空白部分实际上是内部的边界，经腐蚀后会变大。再用B对腐蚀结果进行膨胀得到图7.40(d)。现在用B对图7.40(d)进行求闭合运算，它将目标内部的噪声孔消除了。由此可见，$(A \circ B) \bullet B$可以构成滤除图像噪声的形态滤波器，能滤除目标内比结构元素小的噪声块。

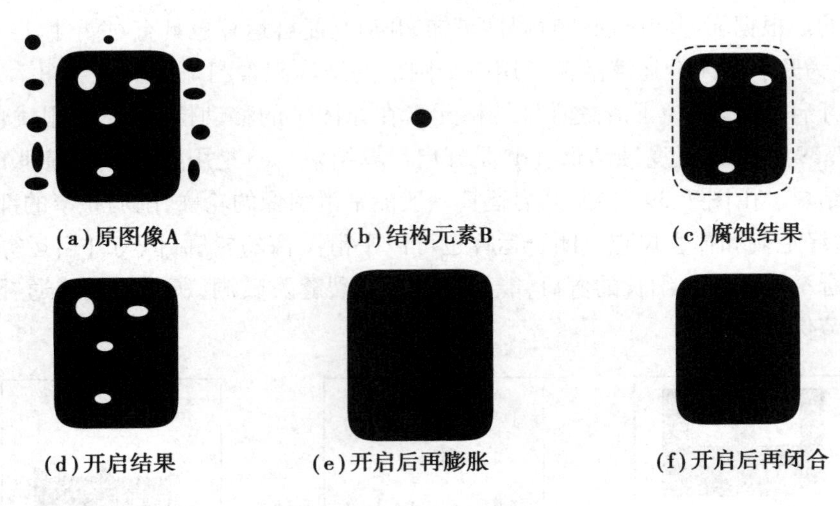

图 7.40　二值图像平滑处理

7.4.3　距离图像与骨骼

为了对二值图像中各个图形分量(对象物)的形状进行分析,需要有各种能表示图形的特征,骨骼就是其中之一。骨骼是对象物的核心部分,不同形状的对象物就有不同的骨骼。用以判别对象物的核心像素和非核心像素的参数是距离值,因此对象物的骨骼提取需通过距离变换和骨骼化两步实现。

(1)距离图像

通过变换得到用距离值来表示的图像称距离图像。对于构成某个连接成分的图像来说,给出从背景到每个像素的最小距离的处理称为距离变换。在距离的定义中,欧几里德距离是广为人知的。但在距离变换中,考虑到计算的容易性以及距离值为整数等要求,经常使用的是 4 邻域距离 d^4(又称市区距离)和 8 邻域距离 d^8(又称国际象棋棋盘距离)。从背景像素(k,l)到黑色像素(m,n)的最小邻域距离定义如下:

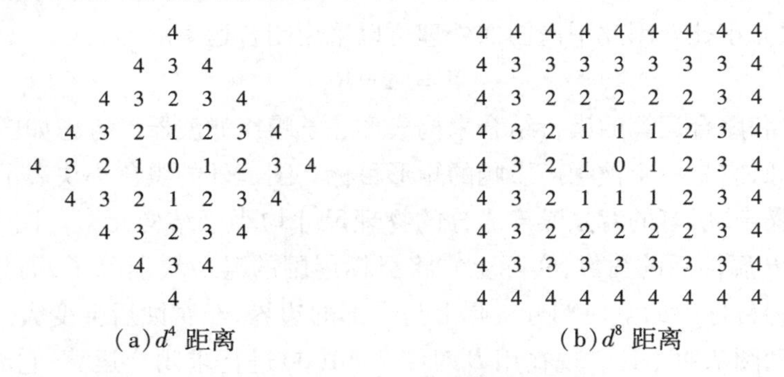

图 7.41　距离中心像素点的距离值

1)欧几里德距离

$$d(m,n) = \sqrt{(m-k)^2 + (n-l)^2} \tag{7.4.8}$$

2)4邻域距离 d^4

$$d^4(m,n) = \min_{k,l}(|m-k| + |n-l|) \tag{7.4.9}$$

3)8邻域距离 d^8

$$d^8(m,n) = \min_{k,l}\{\max(|m-k|, |n-l|)\} \tag{7.4.10}$$

图7.41(a)、(b)分别表示中心点处的 d^4 和 d^8 距离值。图7.42(b)、(c)分别给出图7.42(a)原图像的在 d^4、d^8 两种距离定义下的距离图像。

(a)原图像　(b)4邻域距离　(c)8邻域距离

图7.42　周围像素与中心像素的距离

求距离变换图像的算法有许多种，大致可分成并列型算法和逐次型算法两类。所谓并列型算法，是指当前像素的计算与其他像素的计算结果没有关系，而是利用原图像的信息进行计算的方法。对全部的像素可以分配给独立的运算单元同时进行处理；所谓逐次型算法是利用前一次的处理结果来计算当前像素信息的方法。所以，在用邻域像素计算时，扫描顺序如图7.43所示。

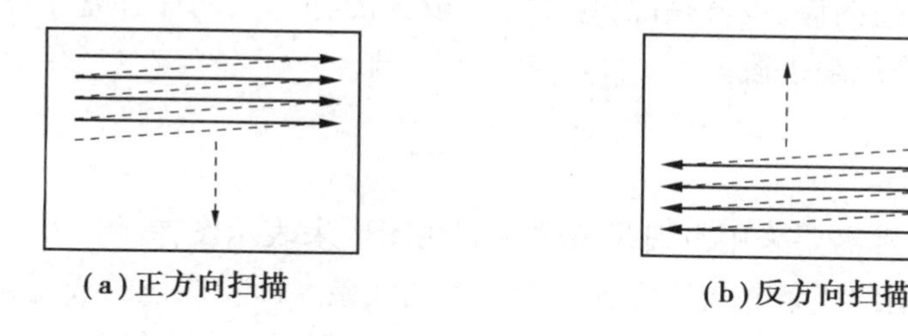
(a)正方向扫描　**(b)反方向扫描**

图7.43　扫描方式

在并列型算法中，迭代次数为 n 的图像 $f^{(n)}$ 是由从1到 n 的距离值得到的。终止条件是 $f^{(n+1)}=f^{(n)}$。这类算法需要进行最终距离值+1次的循环计算。逐次型算法是通过两次的扫描得到距离变换图像的方法。下面仅介绍4邻域距离定义下的逐次型算法。其步骤如下：

1)图像 f 沿着通常意义下的正方向进行扫描，按式(7.4.11)进行计算得到图像 g。这时使用的邻域像素的位置如图7.44(a)所示。图像 g 的初始值全部取0。对于图7.42(a)所示的原图像进行第一步处理后所得的结果如图7.44(c)所示。

$$g(m,n) = \begin{cases} 0 & f(m,n) = 0 \\ \min\{g(m-1,n)+1, g(m,n-1)+1\} & f(m,n) = 1 \end{cases} \tag{7.4.11}$$

2)对于图像 g 进行反方向扫描,由式(7.4.12)进行计算,得到图像 h。这时使用的邻域像素的位置如图 7.44(b)所示。图像 h 的初始值全部取 0。对于图 7.44(c)进行处理后的结果如图 7.42(b)所示。所得到的图像 h 即为距离变换图像。

$$g(m,n) = \min\{g(m,n),h(m+1,n)+1,h(m,n+1)+1\} \tag{7.4.12}$$

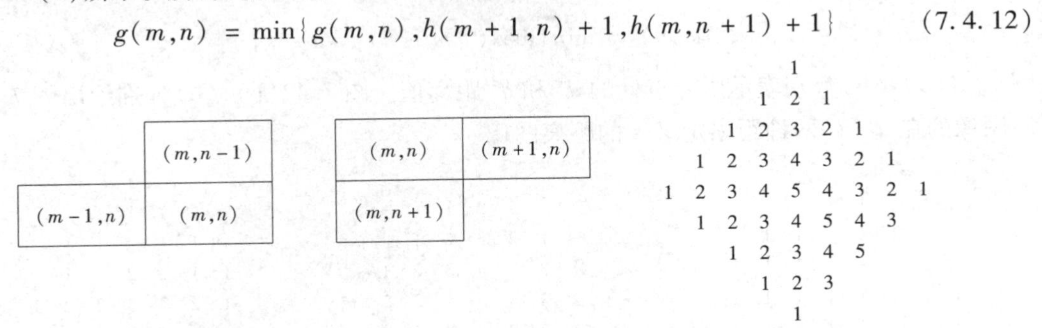

(a)第 1 步中的邻域像素　(b)第 2 步中的邻域像素　(c)图 7.42(a)经第 1 步处理后的结果

图 7.44　距离变换算法

(2)骨骼

距离图像中各像素距离值的大小直接反映了该像素离开对象物边缘的远近,因此,作为对象物核心部分的骨骼提取,只是通过邻域比较找到距离值大的像素部分即可完成,这样的处理称为骨骼化。骨骼定义为距离值大于等于邻域中最大距离值的像素的集合。即对于距离变换图像,满足下式的像素集称为图形的骨骼。

$$h(m,n) \geqslant \max\{h(m-1,n),h(m+1,n),h(m,n-1),h(m,n+1)\} \tag{7.4.13}$$

骨骼是一种线图形,不仅可作为形状特征进行对象物的识别和理解,而且通过距离值表现的骨骼,能恢复成原来的二值图像,也就是说,骨骼能用较少的存储空间保存整个图像,因此,骨骼化也是一种有效的数据压缩手段。

7.4.4　细线化

在许多情况下,常常需要采用由细线条构成的线图形来表示图像,因为它具有存储量小,便于识别等优点。所谓细线条是指线宽为 1 个像素的线条。即将线框的线宽缩小到 1 个像素的处理称为细线化,细线处理后的线条称为芯线。获得线图形的方法很多,边缘检测中的模板匹配法、二值图像骨骼化等等都可看成是线图形化方法。这里讨论的细线化方法是一种将二值图像中的粗线变为细线的处理。

为使获得的细线能够准确代表对象物的形状,细线化处理必须满足以下要求:

1)线宽为 1 个像素;

2)细线位置基本处于原线宽的中心位置;

3)保持图形的连接性不变,并且不能出现孔和点的新生或消失现象;

4)在处理过程中,图形端部基本不缩短,即要有芯线的退缩终止条件。

从上述基本要求可以看出,细线化过程实质上是一个在保持连接性和图形长度不变的前提下求出图形中心线的过程。

目前细线化算法有许多种,大致可分为并列型算法、逐次型算法以及综合型算法。

并列型算法的原理是：先判断是否存在能被独立消去的像素，如果存在的话，把可以消去的像素（连接数为 1 的像素）同时消去，再重复进行同样的操作，直到消去所有可能被消去的像素为止。该方法主要缺点是：当线宽为 2 时，整条线都有可能被消去。

逐次型算法能够较好地解决并列型算法中存在的问题，但是扫描方向的不同会导致所得到的结果也不同。

综合型算法为了避免并列型算法的缺点，采用了一次处理周期分为两次进行或者分为四次进行。综合型算法是由四个子周期构成，其过程是：首先判断右侧边界的像素是不是保存点，如果不是，将此像素消去。用同样的操作按顺序对上侧边界、左侧边界、下侧边界进行处理。在四个子周期中都没有可消去的像素，则细线化处理结束。

下面以 8 连接细线化处理算法为例介绍其过程：

1）设循环次数 $k=0$；

2）设 $flag=0$（$flag$ 是程序标志）；

3）令 $k=k+1$；

4）如果在图像 f 中存在值为 1 的像素 p 满足图 7.45（a）所示的边界条件 $C(R)$ 的话，置 $flag=1$，进行下面的处理；如果 p 的八邻域像素满足图 7.45（b）所示的条件，置 $f(p)=2$，否则令 $f(p)=3$，值为 2 的像素为永久保存点；

C(1)	C(2)	C(3)	C(4)
* * *	* 0 *	* * *	* * *
* 1 0	* 1 *	0 1 *	* 1 *
* * *	* * *	* * *	* 0 *

（a）边界条件（ * 可以是“0”也可以是“1”）

(i)	(ii)	(iii)	(iv)	(v)	(vi)
$x\ x\ x$	$x\ 0\ y$	$x\ x\ x$	$x\ 0\ y$	$y\ 0\ x$	$x\ x\ x$
$0\ 1\ 0$	$x\ 1\ y$	$x\ 1\ 0$	$x\ 1\ 0$	$0\ 1\ x$	$0\ 1\ x$
$y\ y\ y$	$x\ 0\ y$	$x\ 0\ y$	$x\ x\ x$	$x\ x\ x$	$y\ 0\ x$

（x，y 分别至少有一个为“1”）

（b）处理点的条件

图 7.45　细线化

5）$f(p)=3$ 的像素是可以消去的，这时令其值为 0；

6）如果 $k<4$，返回第 3 步；

7）如果 $flag=0$，处理结束；否则，返回到第 1 步。

（a）原图

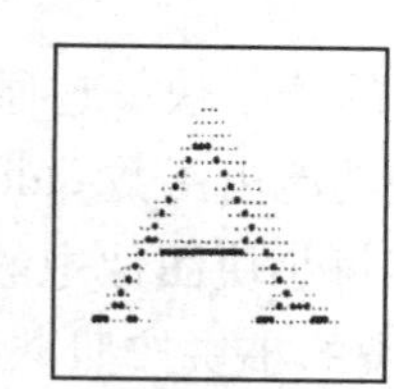
（b）细线化图像

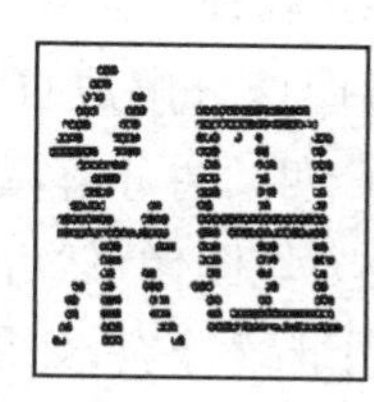
（c）原图

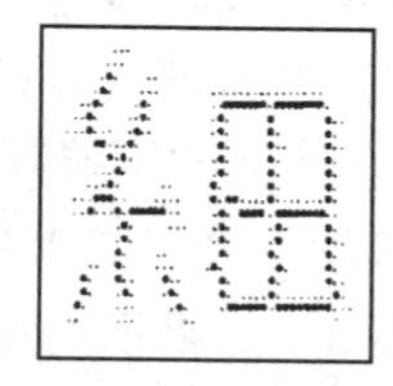
（d）细线化图像

图 7.46　细线化处理示例（○：芯线；· ：消除点）

图 7.46 所示为采用上面算法对图像进行细线化后得到的结果。由图可知，该算法在端点处没有很好的保持处理，发生一些退缩现象；该算法具有去噪声的能力，几乎不会产生任何毛刺现象；此外，图 7.45（b）中的（1）～（6）的条件是连接数大于 2，如果消除满足这种条件的黑色像素，线就被断开。

7.4.5 边缘跟踪

不同形状的对象物可以有其适宜的线图形表示方法,如环状物,用骨骼或中心线都难以确切表示其形状特征,而内外两条边缘线对环状物来说却是相当有代表性的。另一方面,对象物形状虽然分别可以由骨骼和中心线来表示,但也可以用边缘来表示。因此,可以说在块状图形分析中,边缘的应用是最为广泛和基本的。

边缘跟踪也称轮廓跟踪。沿边缘线(即轮廓线)跟踪边缘点(即轮廓点),并给出边缘点的坐标序列,这是边缘跟踪的基本要求。以下通过一种典型的8-连接跟踪方法来说明实现边缘跟踪基本要求的途径。8 连接边界点的条件是在 4 邻域的像素中有一个以上的白色像素存在。其算法步骤如下:

1)按顺时针方向对图像进行扫描,寻找未跟踪上的边缘点,如果能检测出来,此点就定义为跟踪的起始点 P_0 并记录下来,取 $d=5$ 开始跟踪,当没有未跟踪点时,操作结束。这里 d 为 8 邻域像素点的序号,用来表示方向;

2)从 d 开始按逆时针方向进行 8 邻域像素点的查找,如果从白像素点到黑像素的变化在下一个边缘点位置 d' 上,那么转入第 3 步处理。如果在 8 邻域像素点上没有找到黑色像素,那么跟踪起始点就为孤立点,跟踪结束。

3)向下一个边缘点 P_n 移动,如果 $P_{n-1}=P_0, P_n=P_1$,跟踪就结束。否则,$d=(d'+3)\%8+1$(式中%表示取模运算),返回到第 2 步。

边缘的跟踪又分成连接成分外侧边缘的跟踪和连接成分内侧的孔边沿上的跟踪两种方式。跟踪算法对外侧边缘的跟踪一般是沿逆时针方向,对于内侧边缘的跟踪是沿顺时针方向。边缘跟踪可以用于检测连接成分、计算孔的个数、计算周长等,由边缘可以方便地进行图像复原,因此,跟踪边缘不仅可用于形状分析,还可用于图像的压缩存储。(参见本节后面的图7.56给出的边缘跟踪的示例)

7.4.6 二值图像处理的 MATLAB 的实现

(1)四叉树分解的 MATLAB 实现

四叉树分解指的是将一幅图像分解成自相似的若干块。它通常作为自适应压缩的第一步,是一种很有效的压缩方法。四叉树分解算法的功能由函数 qtdecomp 来实现。该函数首先将一幅方块图像分裂成 4 个小方块图像,然后检测每小块图像中的像素是否满足实现规定的某种相似标准,如果不满足,则继续分裂;如果分裂的小块按照准则达到相似标准,则进行合并。该函数调用语法格式为

S = qtdecomp(I)

其功能是对灰度图像 I 执行四叉树分解,返回四叉树结构存于稀疏矩阵 S(k,m)。在缺省情况下四叉树分解进行直到分成的每一块内的有元素值相等。

S = qtdecomp(I,threshold)

其功能同上,只是指定了 threshold 阈值,分解图像直到一块中的最大像素值大于最小像素之差小于 threshold。

下面是一个随机生成的图像的四叉分解的程序清单：

```
I = rand(128,128);
S = qtdecomp(I,0.2);
subplot(1,2,1),imshow(I);
subplot(1,2,2),imshow(full(S));
```

其运行结果如图 7.47 所示。

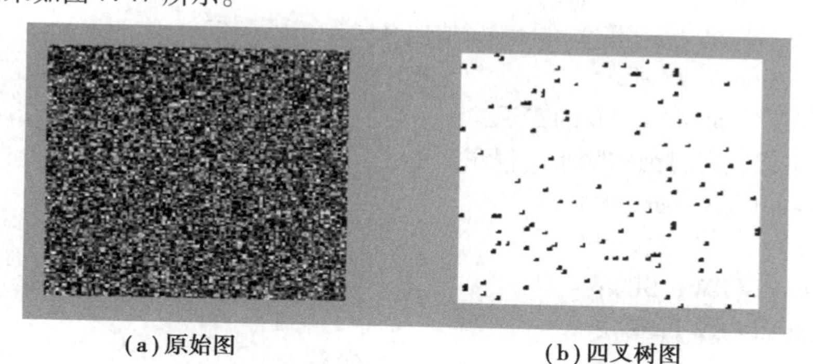

(a)原始图　　(b)四叉树图

图 7.47　一个随机图像及其四叉树图

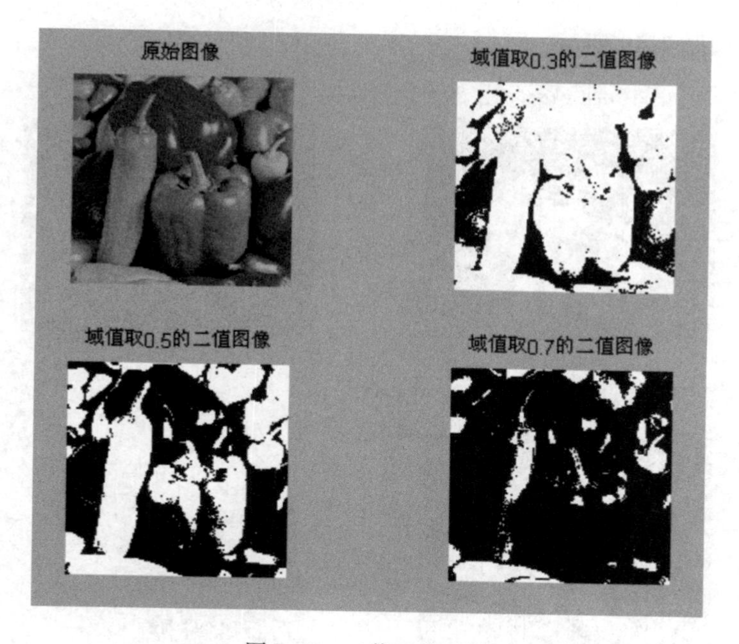

图 7.48　二值图像示例

(2)二值图像的 MATLAB 实现

在图像中，二值图像是比较少的一部分。如果想对其他种类的图像进行二值操作，必须首先把它们转化为二值图像。MATLAB 提供了一个转换函数 im2bw。下面是一个将灰度图像转换为二值图像的程序清单：

```
f = imread('peppers.bmp');
```

```
subplot(2,2,1),imshow(f),title('原始图像');
ff0 = im2bw(f,0.3);
subplot(2,2,2),imshow(ff0),title('域值取 0.3 的二值图像');
ff1 = im2bw(f,0.5);
subplot(2,2,3),imshow(ff1),title('域值取 0.5 的二值图像');
ff2 = im2bw(f,0.7);
subplot(2,2,4),imshow(ff2),title('域值取 0.7 的二值图像');
```

其运行结果如图 7.48 所示。

(3)膨胀和腐蚀的 MATLAB 的实现

下面是对图像进行腐蚀和膨胀的程序清单：

```
BW1 = imread('circlesm.tif');
SE = eye(5);
BW2 = imerode(BW1,SE);
BW3 = imdilate(BW1,SE);
subplot(2,2,1),imshow(BW1),title('原始图像');
subplot(2,2,2),imshow(BW2),title('腐蚀后图像');
subplot(2,2,3),imshow(BW3),title('膨胀后图像');
```

其运行结果如图 7.49 所示。

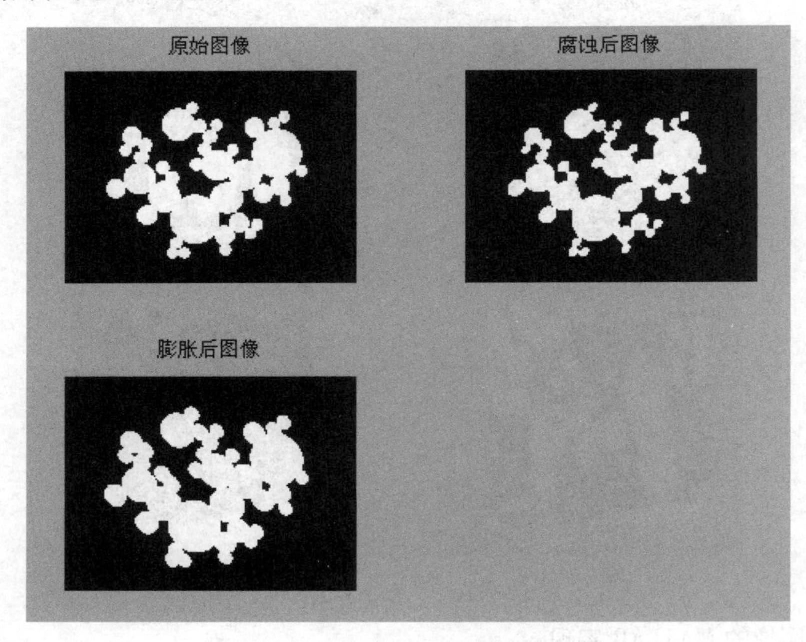

图 7.49　对图像进行膨胀和腐蚀示例

(4)复合形态变换的 MATLAB 实现

复合形态变换主要包括两种情况：开启和闭合。下面是这种变换的程序清单：

```
SE = ones(40,30);                    % 构建结构要素矩阵
BW1 = imread('circlesm.tif');
```

```
subplot(2,2,1),imshow(BW1), title('原始图像');
BW2 = erode(BW1,SE);          %进行腐蚀操作
subplot(2,2,2),imshow(BW2),title('开启操作中腐蚀操作图像');
BW3 = dilate(BW2,SE);         %进行膨胀操作
subplot(2,2,3),imshow(BW3),title('开启操作中膨胀操作图像');
```

其运行结果如图 7.50 所示。

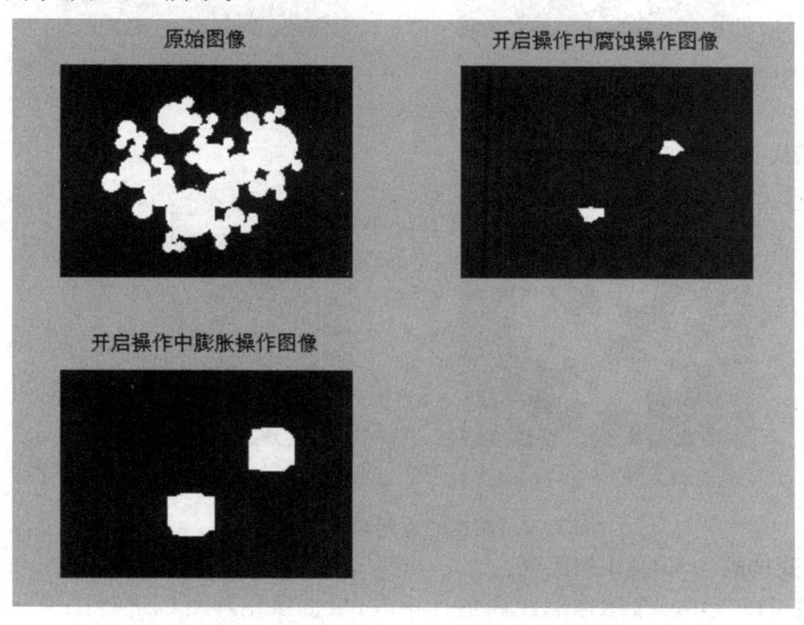

图 7.50　复合形态变换的 MATLAB 实现的示例

(5)骨骼的 MATLAB 的实现

bwmorph 函数调用函数的语法如下:

```
BW = bwmorph(BW1,operation);
BW = bwmorph(BW1,operation,n);
```

其中参数 operation 为预定义形态操作的表征字符串。

下面是利用 bwmorph 函数进行图像的骨骼操作的程序清单:

```
BW1 = imread('circlesm.tif');
BW2 = bwmorph(BW1,'skel',inf);
subplot(1,2,1),imshow(BW1),title('原始图像');
subplot(1,2,2),imshow(BW2),title('骨骼后图像');
```

其运行结果如图 7.51 所示。

(6)图像边界像素的 MATLAB 的实现

下面是求得图像的边界像素的程序清单:

```
BW1 = imread('circlesm.tif');
BW2 = bwperim(BW1);
subplot(1,2,1),imshow(BW1),title('原始图像');
subplot(1,2,2),imshow(BW2),title('边界图像');
```

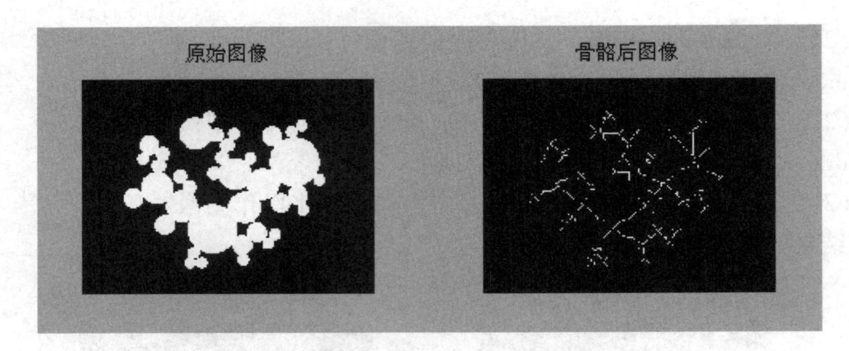

图 7.51　对图像进行骨骼示例

其运行结果如图 7.52 所示。

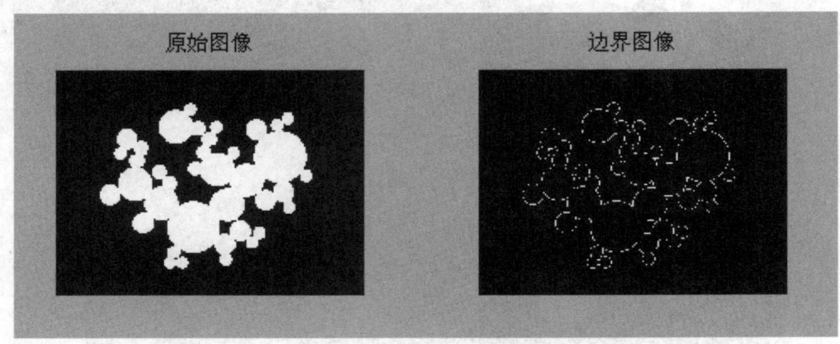

图 7.52　图像的边界像素的输出结果

(7)距离变换的 MATLAB 的实现

距离变换可以提供一个图像点距离估计矩阵，根据该矩阵可以进行图像分割。MATLAB 图像处理工具箱提供了函数 bwdist，该函数的调用格式为

```
[D,L] = bwdist(BW,METHOD)
```

其功能是：BW 为输入图像，METHOD 表示距离矩阵的类型，取值可以是'cityblock'(城市矩阵)、'chessboard'(棋盘矩阵)、'quasi-euclidean'(准欧氏矩阵)或'euclidean'(欧氏矩阵)。Bwdist 函数支持许多种距离矩阵，在缺省情况下计算的是欧氏距离。

下面是创建一幅包含两个相互交叠的圆形对象的二进制图像进行距离变换的程序清单：

```
center1 = -10;
center2 = -center1;
dist = sqrt(2 * (2 * center1)^2);
radius = dist/2 * 1.4;
lims = [floor(center1 - 1.2 * radius) ceil(center2 + 1.2 * radius)];
% 分别生成两个圆形对象的二进制图像
[x,y] = meshgrid(lims(1):lims(2));
bw1 = sqrt((x - center1).^2 + (y - center1).^2) <= radius;
bw2 = sqrt((x - center2).^2 + (y - center2).^2) <= radius;
bw = bw1 | bw2;
subplot(1,2,1),imshow(bw);
D = bwdist(bw);
```

```
subplot(1,2,2),imshow(D,[]);
```

其运行结果如图7.53所示。

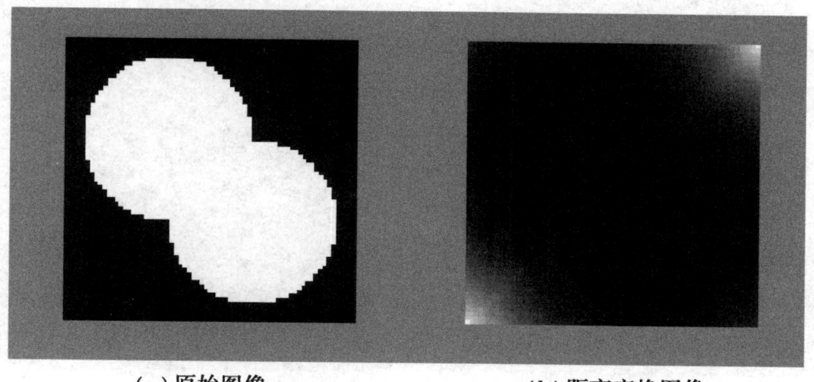

(a)原始图像　　　　(b)距离变换图像

图7.53　距离变换前、后的显示效果比较

(8)标记法的MATLAB的实现

MATLAB图像处理工具箱提供了bwlabel和bwlabeln函数可以实现连接成分标记,该方法是用于辨识二进制图像中每一个对象的方法,其调用格式如下:

```
L = bwlabeln(BW,N)
L = bwlabel(BW,CONN)
```

其功能是:BW为输入图像,N和CONN都表示连通类型,N的取值可以是4或8,缺省值为8;CONN的取值可以是4、6、8、18、26。bwlabel函数仅支持二维输入图像,bwlabeln函数支持任意维数的输入图像。下面是对图像进行标记法的程序清单:

```
f = imread('peppers.bmp');
BW1 = im2bw(f,0.3);
subplot(1,2,1),imshow(BW1),title('域值取0.3的二值图像');
X = bwlabel(BW1,4);
RGB = label2rgb(X,@jet,'k');
subplot(1,2,2),imshow(RGB,'notruesize'),title('标记化的图像');% 删除'noturesize'
```

其运行结果如图7.54所示。

```
BW1 = [0,0,0,0,0,0,0,0;
       0,1,1,0,0,1,1,1;
       0,1,1,0,0,0,1,1;
       0,1,1,0,0,0,0,0;
       0,0,0,1,1,0,0,0;
       0,0,0,1,1,0,0,0;
       0,0,0,1,1,0,0,0;
       0,0,0,0,0,0,0,0];
subplot(1,2,1),imshow(BW1),title('原始图像');
X = bwlabel(BW1,4);
RGB = label2rgb(X,@jet,'k');
```

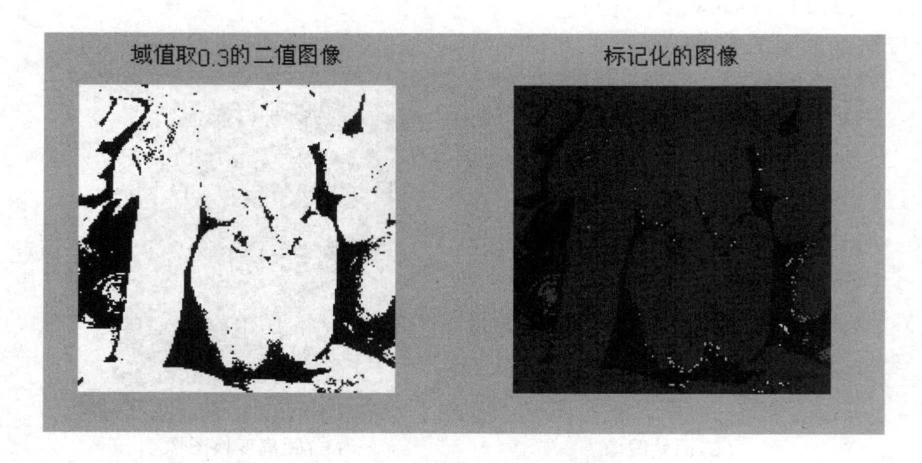

图 7.54　标记法图像处理示例 1

```
subplot(1,2,2),imshow(RGB,'notruesize'),title('标记化的图像');% 删除'notruesize'
```

其运行结果如图 7.55 所示。

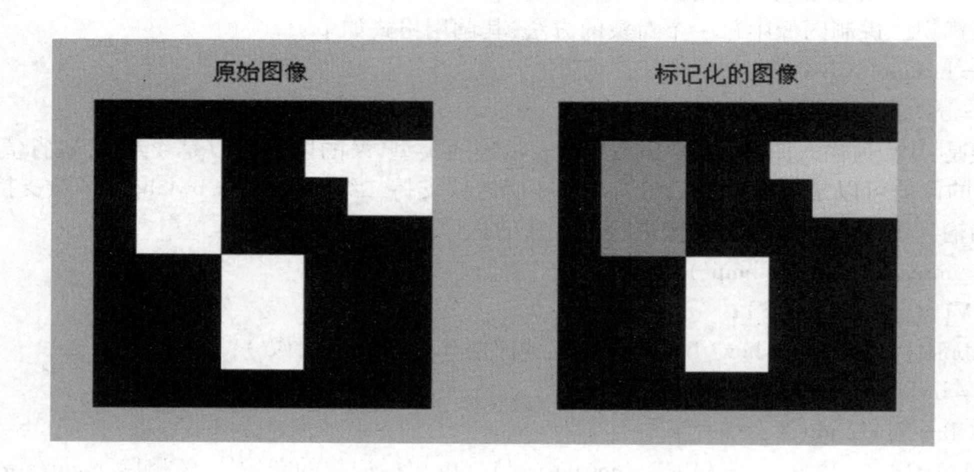

图 7.55　标记法图像处理示例 2

(9)边界识别的 MATLAB 的实现

下面是上述应用的程序清单：

```
I = imread('circbw. tif');
subplot(2,2,1),imshow(I),title('原始图像');
I1 = bwperim(I);
subplot(2,2,2),imshow(I1),title('8 连接边界识别结果');
I2 = bwperim(I,4);
subplot(2,2,3),imshow(I2),title('4 连接边界识别结果');
```

其结果如图 7.56 所示。

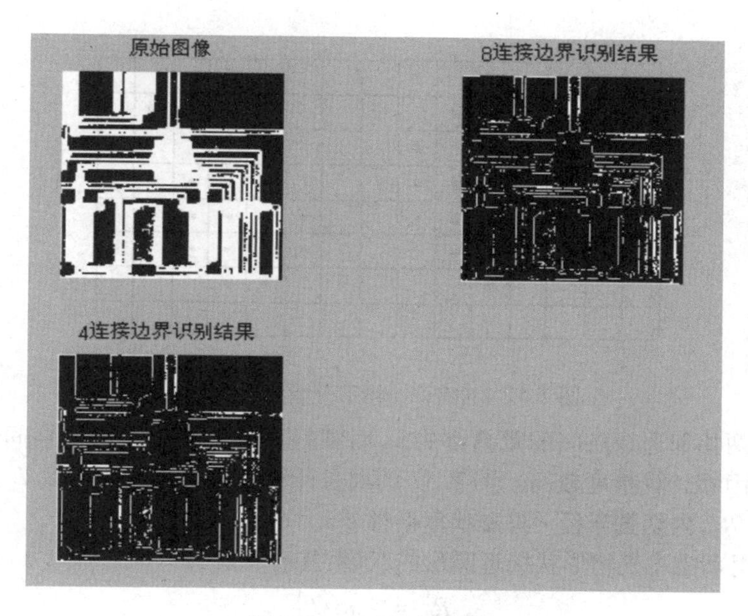

图7.56　边界识别示例

7.5　形状特征描述

形状特征技术是在经过图像分割、二值化、线图形化等处理的基础上，进一步抽象出形状特征参数的过程。形状特征参数没有统一的定义，只要能充分反映对象物的形状，或者能有效区分对象物之间的形状差异，并且能方便、快速获取的参数都可作为形状特征参数。因此，实际应用中，形状描述的途径很多，可以直接对区域、边缘做出描述，也可以对能代表对象物形状的其他线图形进行描述，甚至可以通过数学方法产生一些特征参数系列。以下就常用的一些形状特征描述方法进行介绍。

7.5.1　区域简单形状特征

景物的形状特征描述实质上可看成图形的几何特征数量化。区域是一种块状图形，常用的块状图形的几何特征参数可有以下几种。

(1)面积 S 与周长 L

面积与周长是描述块状图形大小的最基本特征。图像中的图形面积 S 可用同一标记的区域中像素的个数来表示。图7.57为含有两个图形分量的二值图像，按上述表示法图形 A 和图形 B 的面积分别为 $S_A=29$，$S_B=17$。图形面积可通过扫描图像，累加同一标记像素数得到，或者是直接在加处理计时数得到。

图形周长 L 用图形上相邻边缘间距离之和来表示。采用不同的距离公式，周长 L 会有不同的值。若采用8邻点距离 d^8，两个倾斜方向上的相邻像素 $f_{i,j}$ 与 $f_{m,n}$（图7.57）间的距离为

$$d^8(m,n) = \sqrt{(i-m)^2+(j-n)^2} = \sqrt{1+1} = \sqrt{2}$$

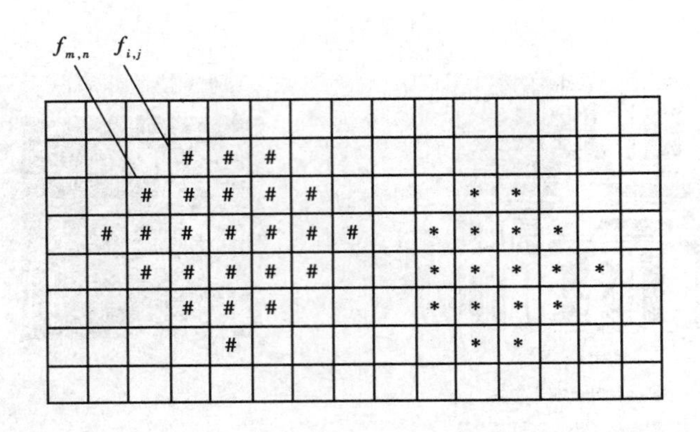

图 7.57　含有两个图形分量的二值图像

由此可见,任何两相邻边缘点间的距离都为 1,而倾斜方向上相邻边缘像素间的距离为$\sqrt{2}$,与实际周长相符,因而计算精度较高。图 7.57 的周长计算结果为 $L_{Ae}=17.28$,$L_{Be}=12.46$。

(2)圆形度 R_0,内切圆半径 r 与形状复杂性 e

圆形度 R_0用来描述景物形状接近圆形的程度,其计算式为

$$R_0 = 4\pi S/L^2 \tag{7.5.1}$$

式中,S 为圆形面积;L 为图形周长;R_0值的范围为 $0<R_0\leqslant 1$,R_0值越大,则图形越接近圆形。以连续的圆形、正方形、正三角形为例,计算他们的圆形度 R_0为:圆形,$R_0=1$;正方形,$R_0=0.79$;正三角形,$R_0=0.60$。

内切圆半径 r 用下式表示:

$$r = 2S/L \tag{7.5.2}$$

式中,S 和 L 的含意同上。同样,以 3 个典型的连续图形为例的计算结果为:圆形,$r=R$(R 为圆的半径);正方形,$r=a/2$ (a 为正方形边长);正三角形,$r=\sqrt{3}/6a$(a 为正三角形边长)。

形状复杂性常用离散指数 e 表示,其计算式为

$$e = L^2/S \tag{7.5.3}$$

式(7.5.3)描述了单位面积图形的周长大小,e 值大,表明单位面积的周长大,即图形离散,则为复杂图形,反之,则为简单图形。e 值最小的图形为圆形。典型连续图形的计算结果为:圆形,$e=12.6$;正方形,$e=16.0$;正三角形,$e=20.8$。

(3)凹凸性

凹凸性是图形的基本特征之一。图形凹凸性可通过以下方法进行判别,图形内任意两像素间的连线穿过图形外的像素,则此图形为凹图形。换句话说,图形中任意两个 1-像素间,只要出现 0-像素,即为凹图形。如图 7.58(a)所示的图形中,第 3 行的图形内像素(3,3)与像素(3,8)间的像素值顺次为 110001,出现了 3 个 0-像素,因此该图形为凹图形。相反,图形内任意两像素间的连线不穿过图形外的像素,则称为凸图形,如图 7.58(b)所示。

包含任一凹图形的最小凸图形称为该凹图形的凸封闭包,图 7.58(c)即为图 7.58(a)的凸封闭包。为了表示图形的凹特性,可采用凹性率 E 参数:

$$E = S_e/S \tag{7.5.4}$$

式中,S_e为凹形面积,可将凸封闭包减去凹图形得到,即图 7.58(c)中图像减去图 7.58(a)中图像,得到图 7.58(d)的结果;S 为图形面积。

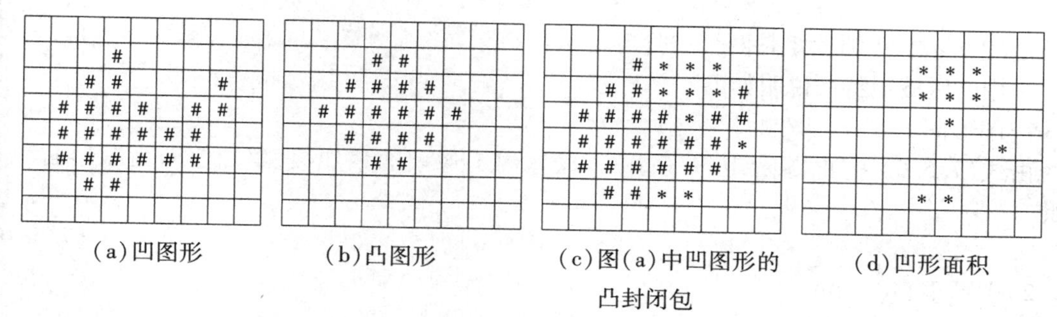

图 7.58　图形的凹凸性

#为 1-像素；* 为凹形面积

7.5.2　区域矩特征

通常，把表示图像特征的一系列符号称做描绘子。这里所述的矩特征是利用力学中矩的概念，将区域内部的像素作为质点，像素的坐标作为力臂，从而以各阶矩的形式来表示区域形状特征的一种矩描绘子。

设图形各像素的质量为 1，即 1-像素的质量就等于它的像素值；S 为图形面积；i,j 为图形内像素的坐标，则矩的公式可表示为

$$M(p,q) = \sum_{(i,j)\in S} i^p j^q f(i,j) \tag{7.5.5}$$

式中，M 为不同 p,q 值下的图形的矩；$p=0,1,2,\cdots$；$f(i,j)$ 相当于一个像素的质量，当 p,q 取值不同，可得阶数不同的矩。

零阶矩($p=0,q=0$)：

$$M(0,0) = \sum_{(i,j)\in S} f(i,j) \tag{7.5.6}$$

$M(0,0)$ 为 1-像素之和。

一阶矩($p+q=1$)，有两种情况：

$$\left.\begin{aligned} p=1,q=0 \quad M(1,0) &= \sum_{(i,j)\in S} if(i,j) \\ p=0,q=1 \quad M(0,1) &= \sum_{(i,j)\in S} jf(i,j) \end{aligned}\right\} \tag{7.5.7}$$

$M(1,0)$ 为图形对 j 轴的矩；$M(0,1)$ 为图形对 i 轴的矩。

二阶矩($p+q=2$)，有 3 种情况：

$$\left.\begin{aligned} p=2,q=0 \quad M(2,0) &= \sum_{(i,j)\in S} i^2 f(i,j) \\ p=0,q=2 \quad M(0,2) &= \sum_{(i,j)\in S} j^2 f(i,j) \\ p=1,q=1 \quad M(1,1) &= \sum_{(i,j)\in S} ijf(i,j) \end{aligned}\right\} \tag{7.5.8}$$

$M(2,0)$ 和 $M(0,2)$ 分别为图形对 j 轴 i 轴的惯性矩。设 M 为极惯性矩；ρ 为矢径，$\rho=\sqrt{i^2+j^2}$，则极惯性矩可表示为

$$M = \sum_{(i,j)\in S} \rho^2 f(i,j) = \sum_{(i,j)\in S} (i^2 + j^2) f(i,j) = M(2,0) + M(0,2) \tag{7.5.9}$$

式(7.5.9)表明,极惯性矩是两个二阶矩之和。

常用的区域矩特征说明如下:

1)图形面积 S

由式(7.5.6)可知,零阶矩 $M(0,0)$ 为区域内 1-像素的累加数,累加值即为图形面积 S,因此

$$S = M(0,0) \tag{7.5.10}$$

2)图形重心(m,n)

由重心概念可得图形重心坐标 m,n 为

$$\left.\begin{aligned} m &= M(1,0)/M(0,0) \\ n &= M(0,1)/M(0,0) \end{aligned}\right\} \tag{7.5.11}$$

也就是说,图形重心可通过一阶矩和零阶矩求得。

3)边缘点到重心的距离 D_k

设图形边缘点坐标为(i_k,j_k),$1\leqslant k\leqslant N$,N 为图形的边缘点数,则边缘点(i_k,j_k)与重心(m,n)间的距离 D_k 可以表示为

$$D_k = \sqrt{(i_k - m)^2 + (j_k - n)^2}$$

将式(7.5.11)代入上式,可得:

$$D_k = \sqrt{[i_k - M(1,0)/M(0,0)]^2 + [j_k - M(0,1)/M(0,0)]^2} \tag{7.5.12}$$

式(7.5.12)表明图形边缘点到重心的距离可用图形的矩特征求出。

图形的 D_k 值随边缘点的变化规律可用来描述景物的形状,如圆形的 D_k 为常数;正方形的 D_k 有 4 个相等的峰值。

4)主轴方向 θ

在通过图形重心的轴线中,最长的轴线被称为图形的主轴。主轴与 i 轴的夹角称为主轴方向角 θ,它可以用来表示图形的位置。主轴方向角可由下式求得

$$\tan^2\theta + \{[M(2,0) - M(0,2)]/M(1,1)\}\tan\theta = 1 \tag{7.5.13}$$

式(7.5.13)表明,求出图形的 3 个二阶矩 $M(2,0)$,$M(0,2)$,$M(1,1)$ 值,通过解二次方程,即可得到主轴方向角 θ。

5)等效椭圆的长轴 a,短轴 b 和长短轴比 a/b

等效椭圆是指与图形的面积和极惯矩相同的椭圆。等效椭圆的长轴 a,短轴 b 可由图形的面积 S 和极惯矩 M 通过下式求得

$$\left.\begin{aligned} a &= 2\sqrt{(2M + \sqrt{4M^2 - S^4/\pi^2})/S} \\ b &= 2\sqrt{(2M - \sqrt{4M^2 - S^4/\pi^2})/S} \end{aligned}\right\} \tag{7.5.14}$$

由式(7.5.14)即可求得等效椭圆的长短轴比 a/b。

7.5.3 线段与形状特征

线图形可以是封闭的,也可以是非封闭的。对于非封闭的线图形,以线段及其特征作为形状识别的参数,这也是一种线形性的分析方法。

通过线图形特征点将线图形分割成线段的处理称为线段化。线图形特征点包括端点、分支点和交叉点。分支点为线条分成两支路的开始点，交叉点为两线条的交点。

将分支点和交叉点作为分割点，即可将线图形分解成线段。设线图形中端点数为 n_1；线图形中分支点数为 n_2；线图形中交叉点数为 n_3；按照两个端点形成一个线段的规律，则由分割后的总端点数可计算出线段数 n：

$$n = (n_1 + 3n_2 + 4n_3)/2 \tag{7.5.15}$$

由此得到的线段数 n，端点数 n_1，分支总数 n_2，交叉点数 n_3 等都可作为形状识别中的特征参数。

7.5.4　链码与形状特征

线图形的表示和存储方法中，最直观也是最基本的是坐标法，此外，常用的就是链码法。链码组合的表示既利于有关形状特征的计算，也利于节省存储空间。对于离散的数字图像，区域的边界由象点之间的单元连线逐段相连而成。对于图像中的象点而言，它必须有8信方向的邻域：正东、东北、正北、西北、正西、西南、正南、东南，如图7.59所示。显然在某象点处的边界只能在上述几个方向延伸，对于每一个方向赋以一种码表示，如上面8个方向分别对应0、1、2、3、4、5、6、7，这些码称为方向码。

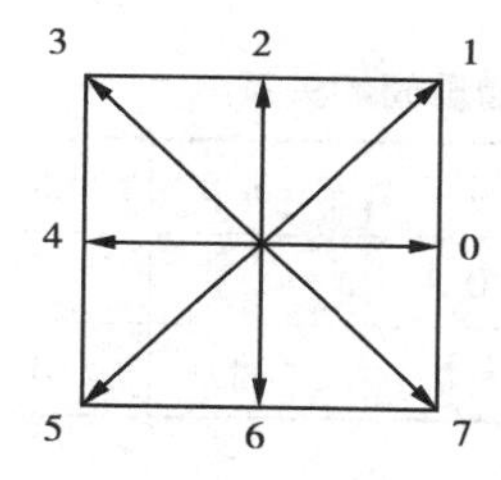

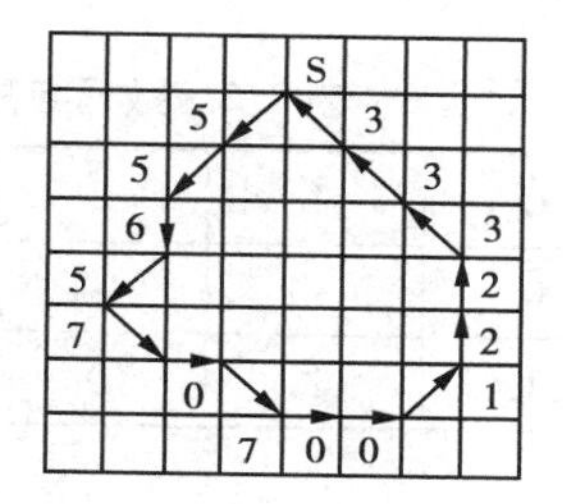

图7.59　8链码原理图

假设从某个起点开始，将区域边界的走向按上面的编码方式记录下来，可形成如下的序列 $a_1a_2a_3\cdots a_n$，其值分别为0、1、2、…7，这一序列称为链码的方向码。由上图可知，偶数链码段为垂直或水平方向的代码段；奇数链码段为对角线段。对于上图所示的一个区域，若以 S 点为出发点，按逆时针的方向进行，所构成的边界链码应为556570700122333。当然，也可以按顺时针方向进行，但所构成的边界链码完全不同于逆时针方向行进的情况。因此，边界链码具有行进的方向性，在具体应用时必须加以注意。

有了链码的方向链后，再加上一些标识码，即可构成链码。常用的标识码有两种：

1）加上特殊专用的链码结束标志。如采用"!"作为结束标志，则上图的链码应为556570700122333!。

2）标上起始点的坐标。如上图的链码为556570700122333XYZ，XYZ为起始点S的坐标，用三位8进制数表示。

由表示线图形的链码可得到景物的有关形状特征参数。

①区域边界的周长 L

假设区域的边界链码为 $\{a_1a_2\cdots a_n\}$，每个码段 a_i 所表示的线段长度为 Δl_i，那么该区域的周长为

$$L = \sum_{i=1}^{n} \Delta l_i = n_e + (n - n_e)\sqrt{2} = n_e + n_0 \sqrt{2}$$

其中：n 为链码序列中码段总数；n_e 为链码序列中偶数码段数；n_0 为链码序列中奇数码段数。

②线图形的宽度 W 和高度 H

线图形的宽度 W 和高度 H 可以分别看成是线图形上各点横坐标的最大差值和各点纵坐标的最大差值，即可用下式表示：

$$\left.\begin{aligned} H &= (H_i)_{\max} - (H_i)_{\min} \\ W &= (W_i)_{\max} - (W_i)_{\min} \end{aligned}\right\} \tag{7.5.16}$$

式中，H_i为线图形上第 i 点离开线图形起始点的高度方向的距离，i 为 $1,2,\cdots,n$；n 为线图形上总像素数；W_i为线图形上第 i 点离开线图形起始点的水平方向的距离。H_i和 W_i可由下式求得

$$\left.\begin{aligned} H_i &= \sum_{j=1}^{i} a_{hj} \\ W_i &= \sum_{j=1}^{i} a_{wj} \end{aligned}\right\} \tag{7.5.17}$$

式中，a_{hj}，a_{wj}分别表示各点对应前一点的高度增量 a_h和宽度增量 a_w，它们由数码 a 决定，两者关系见表 7.2。

表 7.2　数码与高度增量、宽度增量间的关系

a	0	1	2	3	4	5	6	7
a_h	0	−1	−1	−1	0	1	1	1
a_w	1	1	0	−1	−1	−1	0	1

此外，由于数码不仅能表示相邻像素间的坐标关系，还能直接反映两者间的方向关系，因此，由线图形的链码可以求出线条的凹凸性、曲率和拐点等形状特征。

线图形的链码表示法，除了能方便地获取景物的形状特征，还大大减少了图形的存储量。存储每一像素的数码只需要 3 位，而每一像素的两个坐标量所需的位数分别与图像的行数和列数有关，若图像大小为 512 ×512，则存储每一像素的坐标需 18 位。而且链码能方便地复原到坐标系列，因此，它也是一种有效的数据压缩手段。

7.5.5　傅里叶描绘子

对于封闭轮廓线的形状描述，傅里叶描绘子也是一种有效的方法。它由表示封闭曲线的函数通过傅里叶变换而得到，也就是说它是一种频域中的描绘子。表示封闭曲线的函数形式不同，则形成不同的傅里叶描绘子。这里介绍的是用转角函数表示封闭曲线的傅里叶描绘子。为了突出对景物形状的描述，要求对象物在图像中的平移、旋转、甚至大小的变化都不影响描绘子的结果，因此，傅里叶描绘子也必须满足上述基本要求。

对于边界来说，最重要的是组成边界的点的位置信息，灰信息完全可以不考虑。经过正规化处理的边界为一封闭的曲线，因此可以将边界看成是直角坐标系下的点集构成的曲线 $y = f(x)$，由于这种函数形式直接与曲线所在位置 x,y 有关，因此，对其进行傅里叶变换所求得的描绘子必然与曲线所在位置有关，也就是说，曲线的平移、旋转带来的 x,y 的变化会产生不同

的特征值。为了解决这个问题，引入封闭曲线弧长为自变量的参数表示形式，它的表达式为

$$Z(l)=(x(l),y(l)) \tag{7.5.18}$$

式中，l 是曲线的弧长。

若封闭曲线的全长为 L，则 $0\leqslant l\leqslant L$。设曲线的起始点为 $l=0$，$\theta(l)$ 是曲线上弧长为 l 的点的切线方向。曲线在某点的切线方向可以理解为曲线在该点的走向，如果将所有点的走向都搞清楚，则其形状特征也就清楚了。现定义曲线的直向的变化规律为

$$\varphi(l)=\theta(l)-\theta(0) \tag{7.5.19}$$

$\varphi(l)$ 说明了曲线从起始点到弧长为 l 的点的曲线的旋转角度。$\varphi(l)$ 随弧长 l 而变化，显然它是平移和旋转不变的，把 $\varphi(l)$ 化为 $[0,2\pi]$ 域的周期函数，用傅里叶级数展开，取其变换后的系数来描述区域边界的形状特征。$\varphi(l)$ 的变化规律可以用来描述封闭曲线 r 的形状。

由起始点 A 沿曲线回到 A 点再继续前进 l 长度时的转角为

$$\varphi(l+L)=\varphi(l)+2\pi$$

由上式看出，$\varphi(l+L)\neq\varphi(l)$，两者间差 2π，说明这样的转角函数不是周期函数，为了使用周期函数的傅里叶展开公式，将其作适当变换，形成周期性转角函数。设 $\varphi_L(l)$ 是周期为 L 的转角函数，其表达式为

$$\varphi_L(l)=\varphi(l)+2\pi l/L \tag{7.5.20}$$

由式(7.5.20)可知，当 $l=0$ 时，$\varphi_L(0)=\varphi(0)=\varphi_0$；当 $l=L$ 时，由于 $\varphi(L)=\varphi_0+2\pi$，所以，$\varphi_L(L)=\varphi_0+2\pi-2\pi=\varphi_0$。因此，$\varphi_L(l)$ 是一个周期为 L 的函数，其值的变化范围是 2π。

由数学上可知，周期函数可以展成以下傅里叶级数形式

$$\varphi_L(l)=a_0+\sum_{k=1}^{\infty}(a_k\cos k\omega l+b_k\sin k\omega l)$$

式中，k 为谐波次数，$k=1,2,\cdots,\infty$；$\omega=2\pi/L$，因此

$$\varphi_L(l)=a_0+\sum_{k=1}^{\infty}[a_k\cos(2\pi kl/L)+b_k\sin(2\pi kl/L)]$$

对于一个周期性离散信号的傅里叶级数表达式应为

$$\varphi_L(l)=a_0+\sum_{k=1}^{\infty}[a_k\cos(2\pi kl_i/L)+b_k\sin(2\pi kl_i/L)] \tag{7.5.21}$$

式中，l_i 为第 i 个轮廓点到起始点的长度，$i=1,2,\cdots,N$；N 为曲线上采样点数；a_0，a_k，b_k 为傅里叶系数，它们可由下式求得

$$\left.\begin{aligned}a_0&=1/N\sum_{i=0}^{N}\varphi_L(l_i)\\a_k&=2/N\sum_{i=0}^{N}[\varphi_L(l_i)\cos(2\pi kl_i/L)]\\b_k&=2/N\sum_{i=0}^{N}[\varphi_L(l_i)\sin(2\pi kl_i/L)]\end{aligned}\right\} \tag{7.5.22}$$

其中，a_0 为常数项，表示直流分量；a_k，b_k 为傅里叶系数对，当 k 值较小时，a_k，b_k 是低频分量下的系数，它们能反映图形的大致形状，当 k 值较大时，a_k，b_k 是高频分量下的系数，它们能反映图形的细微变化。按对图形分析的需要选取 k 值后，可得到 k 对系数，作为描述图形形状的特征参数，因此，a_k，b_k 被称为傅里叶描绘子。由式(7.5.22)可以看出，若曲线形状相同，不论大小

如何,比值 l_i/L 不变,只要采样点数 N 相同,则傅里叶描绘子 a_k,b_k 也将是不变的。

图 7.60 给出了傅里叶描绘子的示例。其中图 7.60(a)是由 128 个点构成的原图形;图 7.60(b)是由傅里叶系数的性质得到的其中一半的数据(64 个点)功率谱的直方图;图 7.60(c)是消除了图 7.60(b)中"↓"以上的高频成分,再进行傅里叶逆变换后得到的图形。

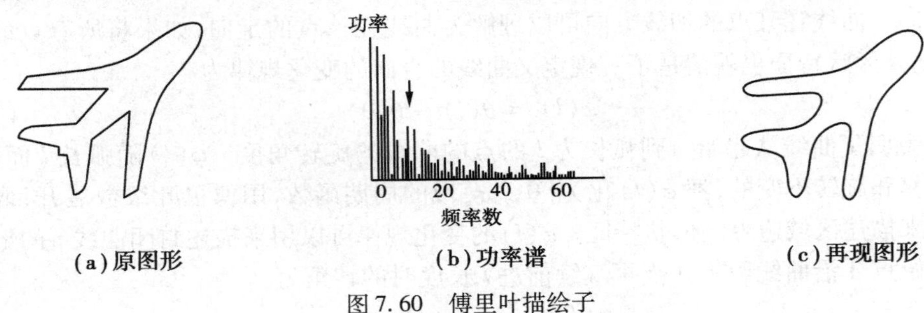

图 7.60　傅里叶描绘子

7.5.6　特征测量的 MATLAB 的实现

(1)图像面积测量的 MATLAB 实现

下面是计算图像的面积以及经过膨胀后面积的程序清单:

```
BW1 = imread('circles.tif');
subplot(1,2,1),imshow(BW1),title('原始图像');
Area1 = bwarea(BW1)
SE = ones(5);
BW2 = dilate(BW1,SE);
subplot(1,2,2),imshow(BW2),title('膨胀后图像');
Area2 = bwarea(BW2)
Increase = (Area2 - Area1)/Area1
```

其运行结果为

```
Area1 =
        15799
Area2 =
   1.8455e+004
Increase =
      0.1681
```

(2)图像欧拉数测量的 MATLAB 实现

下面是图像的欧拉数的测量的程序清单:

```
BW = imread('text.tif');
imshow(BW);
bweuler(BW)
```

其运行结果如下:

```
ans =
     46
```

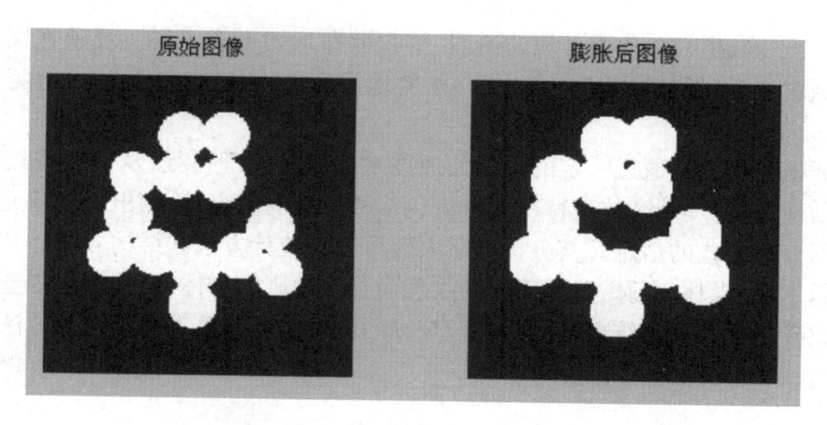

图7.61　原始图像及其膨胀后的图像

图7.62　计算欧拉数的图像

7.6　图像纹理特征的提取

纹理在图像处理中起着重要的作用,它被广泛应用于气象云图分析、卫星遥感图像分析、生物组织和细胞的显微镜照片分析等领域。此外,在一般的以自然风景为对象的图像分析中,纹理也具有重要的作用。

通过观察不同物体的图像,可以抽取出构成纹理特征的两个要素:①纹理基元是一种或多种图像基元的组合,它具有一定的形状和大小;②纹理基元的排列组合:基元排列的疏密、周期性、方向性等的不同,能使图像的外观产生极大的改变。如在植物长势分析中,即使是同类植物,由于地形的不同,生长条件及环境的不同,植物散布形式亦有不同。反映在图像上就是纹理的粗细(植物生长的稀疏)、走向(如靠阳、水的地段应有生长茂盛的植物)等特征的描述和解释。

纹理特征提取指的是通过一定的图像处理技术抽取出纹理特征,从而获得纹理的定量或定性描述的处理过程。因此,纹理特征提取应包括两方面的内容:检测出纹理基元和获得有关纹理基元排列分布方式的信息。其分析方法大致可分为统计方法和结构方法。其中统计方法适用于分析像木纹、森林、山脉、草地那样的纹理而且不规则的物体;结构方法则选用于像布料的印刷图案或砖花样等一类纹理基元排列较规则的图像。本节重点介绍统计方法中几种常用的方法。

7.6.1 直方图统计特征

(1)灰度直方图

直方图是图像窗口中,多种不同灰度的像素分布的概率统计。视觉系统所观察到的图像窗口中的纹理基元必然对应于一定概率分布的直方图,其间存在着一定的对应关系。根据这个特点,就可以让计算机来进行两个适当大小的图像窗口的纹理基元的计算和分析;或已知两个图像窗口中的一个窗口里的纹理基元时,若将连续的图像窗口的直方图的相近性进行比较,即可发现及鉴别纹理基元排列的周期性及紧密性等。具体步骤如下:

1)选择合适的邻域大小;

2)对每一个像素计算出其邻域中的灰度直方图;

3)比较求出的直方图与已知的各种纹理基元或含有纹理基元的邻域的直方图间的相似性,若相似,则说明图像中可能存在已知的纹理基元;

4)比较不同像素所对应的直方图间的相似性,从中可以发现纹理基元排列的周期性、疏密性等特征。

由此可知,关键在于如何衡量直方图的相似性。目前,常用的方法有:

1)直方图均值

设 $h_1(z)$,$h_2(z)$分别为两个区域的灰度直方图,则定义:

$$m_i = \frac{\sum z h_i(z)}{\sum h_i(z)} \quad (i = 1,2) \tag{7.6.1}$$

若 m_1,m_2 充分接近,则称 $h_1(z)$,$h_2(z)$是相似的。

2)直方图方差

设 $h_1(z)$,$h_2(z)$分别为两个区域的灰度直方图,则定义:

$$\sigma_i^2 = \frac{\sum (z - m_i)^2 h_i(z)}{\sum h_i(z)} \quad (i = 1,2) \tag{7.6.2}$$

若 m_1,m_2 充分接近,并且 σ_1^2,σ_2^2 充分接近,则称 $h_1(z)$,$h_2(z)$是相似的。

3)Kolmogorov-Smirnov 检测

设 $h_1(z)$,$h_2(z)$ 分别为两个区域的灰度直方图,且 $H(z) = \int_0^{\pi} h(x)\mathrm{d}x$,则 Kolmogorov-Smirnov 检测量定义为

$$KS = \max_{z} |H_1(z) - H_2(z)| \tag{7.6.3}$$

Smoothed-Difference 检测量定义为

$$SD = \sum_{z} |h_1(z) - h_2(z)| \tag{7.6.4}$$

若 $|KS - SD|$ 在一个阀值内，就认为 $h_1(z)$，$h_2(z)$ 是相似的。

值得注意是：基于灰度级的直方图特征并不能建立特征与纹理基元的一一对应关系。也就是说：相同的纹理单元具有相同的直方图，但相同的直方图可能会有不同的纹理基元相对应。例如对图7.63所示的两种纹理，灰度直方图就是一样的。其原因是直方图是一维信息，不能反映纹理的二维灰度变化。为此，在运用直方图进行纹理基元的分析和比较时，还要加上基元的其他特征。

图7.63　灰度直方图相同的两种纹理

(2)边缘方向直方图

鉴于灰度直方图不能反映图像的二维灰度变化，一个可行的方案是利用边缘方向、大小等统计性质。所谓图像边缘指的是图像中感兴趣的景物或区域与其余部分的分界。因此，图像边缘往往包含有大量的二维信息。取沿着边缘走向的像素的邻域，分析其直方图，若在直方图上的某一个灰度范围内具有尖峰，则在这个灰度范围内，说明纹理所具有的方向性。利用该方向性，即可方便地识别图7.63中的两种纹理。

下面介绍边缘方向直方图方法，即构造图像灰度梯度方向矩阵。其原理如图7.64所示。每一矩阵覆盖有16个图像像素，每4个像素组成一个小单元。首先计算每一个小单元的梯度，确定其方向。如对图中由ABCD 4个像素组成的小单元，按下述方法计算8个方向的差分值：

$$\begin{aligned}
G_0 &= f(A) + f(B) - [f(C) + f(D)] \\
G_1 &= \sqrt{2}[f(B) - f(C)] \\
G_2 &= f(B) + f(D) - [f(A) + f(C)] \\
G_3 &= \sqrt{2}[f(D) - f(A)] \\
G_4 &= -G_0 \\
G_5 &= -G_1 \\
G_6 &= -G_2 \\
G_7 &= -G_3
\end{aligned} \tag{7.6.5}$$

其中 G_0 是指向上方的垂直方向，其余条方向按顺时针方向旋转减少，间隔45°，即 G_1 对应45°，G_2 对应0°，……，对于这8个小方向，取其中最大值的方向作为该小区域的梯度方向。在

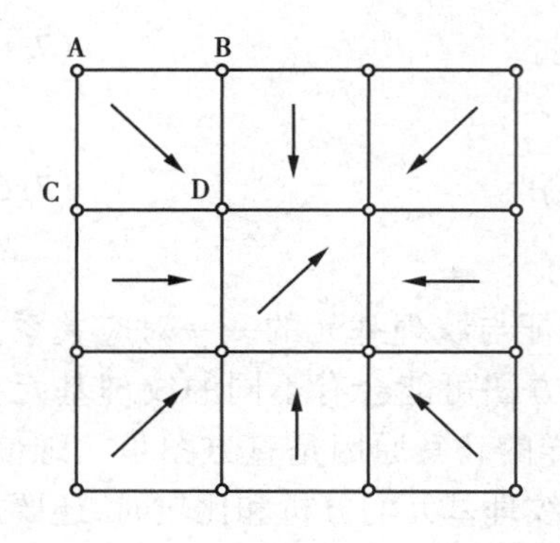

图 7.64　图像的灰度梯度方向矩阵的构造

计算完这 9 个小区域的方向后，就可计算这个 16 像素的图像区域中所有不同梯度方向的数目，可取最大数目的梯度方向为该图像区域的方向。用此 16 像素的图像区域为模板，在整个图像上平移计算，并进行分类，就可得出整个图像的灰度梯度方向，就是整个图像的纹理信息，包括走向、纹理形状、纹理疏密等。

7.6.2　行程长度统计法

设点(x,y)的灰度值为 g，与其相邻的点的灰度值可能也为 g。统计出从任一点出发沿 θ 方向上连续 n 个点都具有灰度值 g 这种情况发生的概率，记为 $p(g,n)$。在某一方向上具有相同灰度值的像素个数称为行程长度。由 $p(g,n)$ 可以引出一些能够较好地描述纹理图像变化特性的参数。

1）长行程加重法

$$LRE = \frac{\sum_{g,n} n^2 p(g,n)}{\sum_{g,n} p(g,n)} \tag{7.6.6}$$

2）灰度值分布

$$GLD = \frac{\sum_{g} \left[\sum_{n} p(g,n) \right]^2}{\sum_{g,n} p(g,n)} \tag{7.6.7}$$

3）行程长度分布

$$RLD = \frac{\sum_{g} \left[\sum_{n} p(g,n) \right]}{\sum_{g,n} p(g,n)} \tag{7.6.8}$$

4）行程比

$$LRE = \frac{\sum_{g,n} p(g,n)}{N^2} \tag{7.6.9}$$

式中，N^2 为像素总数。

7.6.3　灰度差分统计法

设(x,y)为图像中的一点，该点与和它只有微小距离的点$(x+\Delta x, y+\Delta y)$的灰度差值为

$$g_\Delta(x,y) = g(x,y) - g(x+\Delta x, y+\Delta y) \tag{7.6.10}$$

$g_\Delta(x,y)$称为灰度差分。设灰度差分值的所有可能取值共有 m，令点(x,y)在整个画面上移动，计出 $g_\Delta(x,y)$取各个数值的次数，由此可以做出 $g_\Delta(x,y)$取各个数值的次数，得 $g_\Delta(x,y)$的直方图。即可知 $g_\Delta(x,y)$取值的概率 $p_\Delta(i)$。

当取较小 i 值的概率 $p_\Delta(i)$ 较大时，说明纹理较粗糙；概率较平坦时，说明纹理较细。一般

采用下列参数来描述纹理图像的特性：

1）对比度

$$\mathrm{CON} = \sum_i i^2 p_\Delta(i) \tag{7.6.11}$$

2）角度方向二阶矩

$$\mathrm{ASM} = \sum_i [p_\Delta(i)]^2$$

3）熵

$$\mathrm{ENT} = -\sum_i p_\Delta(i) \lg p_\Delta(i)$$

4）平均值

$$\mathrm{MEAN} = \frac{1}{m}\sum_i i p_\Delta(i)$$

在上述各式中，$p_\Delta(i)$ 较平坦时，ASM 较小，ENT 较大，$p_\Delta(i)$ 越分布在原点附近，则 MEAN 值越小。

7.6.4　傅里叶特征

计算纹理要选择窗口，仅一个点是无纹理可言的，所以纹理是二维的。在纹理分析中使用傅里叶变换的原因主要是因为图像傅里叶变换的能量谱能在一定程度上反映某些特征。设纹理图像为 $f(x,y)$，其傅里叶变换可由下式表示

$$F(u,v) = \int_{-\infty}^{+\infty}\int_{-\infty}^{+\infty} f(x,y)\mathrm{e}^{-\mathrm{j}2\pi(ux+vy)}\mathrm{d}x\mathrm{d}y$$

其功率谱定义为

$$|F(u,v)|^2 = F(u,v)F^*(u,v)$$

其中 $F^*(u,v)$ 为 $F(u,v)$ 的共轭复数。功率谱 $|F(u,v)|^2$ 反映了整个的性质。由此可知：如果一个幅图像的纹理较粗糙，即图像的灰度变化很少或较慢，则在小 $\sqrt{u^2+v^2}$ 的值处 $|F(u,v)|^2$ 应有较大的值；如果一幅图像的纹理较细腻，即图像的灰度变化频繁或较快，则在大的 $\sqrt{u^2+v^2}$ 值处 $|F(u,v)|^2$ 应有较大的值。因此，如果想要检测纹理的粗糙、细腻性质，一个有用的度量就是 $|F(u,v)|^2$ 随 $\sqrt{u^2+v^2}$ 变化的情况。

如果把傅里叶变换用极坐标形式表示，则有 $F(r,\theta)$ 的形式。如图 7.65(a) 所示，考虑原点为 r 的圆上的能量为

$$\Phi_r = \int_0^{2\pi} |F(r,\theta)|^2 \mathrm{d}\theta$$

由此可得，能量随半径 r 的变化曲线如图 7.65(b) 所示。经实际纹理图像的研究表明：在纹理较粗的情况下，能量多集中在离原点近的范围内，如图中曲线 A 那样，而在纹理较细的情况下，能量分散在离原点较远的范围内，如图中的曲线 B 所示。由此可得出如下结论：如果 r 较小，Φ_r 很大；r 很大时，Φ_r 反而较小，则说明纹理是粗糙的；反之，如果 r 变化对 Φ_r 的影响不是很大时，则说明纹理是比较细的。

另一个与能量谱紧密相连的是纹理的方向性，如图 7.65(a) 所示，研究某个 θ 角方向上的小扇形区域内的能量，其变化规律可由下式表示，即：

$$\Phi_\theta = \int_0^{+\infty} |F(r,\theta)|^2 \mathrm{d}r$$

当某一纹理图像沿 θ 方向的线、边缘等大量存在时,则在频率域内沿 $\theta+\frac{\pi}{2}$,即与 θ 角方向成直角的方向上能量集中出现。如果纹理不表现出方向性,则功率谱也不呈现方向性。因此,$|F(u,v)|^2$ 值可以反映纹理的方向性。

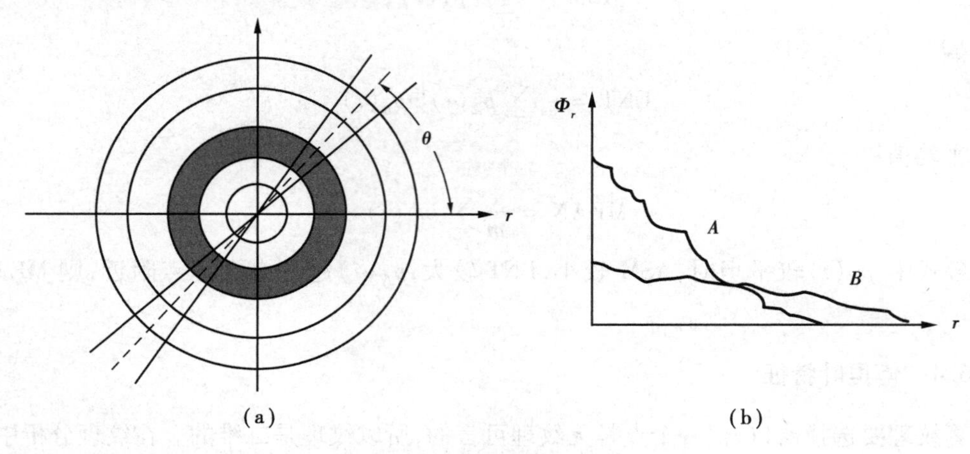

图 7.65 纹理图像的功率谱分析

第 8 章 彩色图像处理及 MATLAB 实现

8.1 概 述

彩色对我们并不陌生,比如说日常生活中通过摄影相机用彩色胶卷所拍的照片。它是指用各种观测系统,以不同形式和手段,观测客观世界而获得的,可以直接和间接作用于人眼,进而产生视觉的实体。小到分子内部结构图片,大至宇宙星体照片,人类通过视觉识别文字、图片和周围环境,人的视觉系统就是一个观测系统,通过它得到的图像就是客观景物在人的心目中形成的影像。

我们生活在一个信息时代,科学研究和统计表明,人类感知的外界信息,80%以上是通过视觉得到的,也就是从图像中获得。生活在色彩斑斓的世界中,人的视觉系统产生的图像多为彩色图像。对人类而言,对彩色图像信息的感知,具有至关重要的意义。彩色图像信息可以从科学和艺术两方面来理解。本章仅从科学角度讨论彩色图像信息处理,当然通过科学手段对彩色图像进行处理自然也可能使彩色图像更具有艺术效果。

对彩色图像的科学处理,称为图像技术,也称为图像工程。内容非常丰富,根据抽象程度和研究方法等的不同可分为三个层次:彩色图像处理、彩色图像分析和彩色图像理解。彩色图像处理着重强调在图像之间进行的变换,彩色图像分析则主要是对彩色图像中感兴趣的目标进行检测和测量,以获得它们的客观信息,从而建立对图像的描述。彩色图像理解的重点是在彩色图像分析的基础上,进一步研究图像中各目标的性质和它们之间的相互联系,并得到图像内容含义的理解,以及对原来客观场景的解释,从而指导和规划行为,彩色图像处理的最终研究目标为:通过二维彩色图像认识三维环境的信息。

随着信号处理及计算机技术和彩色图像处理技术的发展,人们试图用摄像机获取环境彩色图像并转换成数字信号,用计算机实现人类对视觉信息处理的全过程,进而形成了一门新学科——计算机视觉,从而大大推动人工智能系统的发展,彩色图像处理技术是开发智能机器人的关键突破口,当前彩色图像技术已涉及人类生活和社会发展的各个方面,展望未来,彩色图像处理技术将能得到进一步发展和应用,从而改变人们的生活方式以及社会结构。

本章第二节讨论人类彩色视觉系统有关知识,第三节讨论彩色图像处理,第四节讨论彩色图像分析。由于篇幅的关系,有关彩色图像理解的内容请参考有关计算机视觉的论著。

8.2 彩色视觉与彩色图像

彩色图像处理的许多目标是帮助人更好地观察和理解图像中的信息,处理方案的选择和设计与信源和信宿的特征密切相关。所谓信源就是处理前或者处理后的图像,而信宿就是处理前后信息的接收者——人的视觉系统。因此了解图像特点和人的视觉系统对彩色的感知规律是十分必要的,本节将介绍有关这方面的内容,即色度学的知识。

8.2.1 彩色视觉

人的视觉的产生是一个复杂的过程,除了光源对眼睛的刺激,还需要人脑对刺激的解释。即人的视觉系统是由眼球、神经系统及大脑的视觉中枢构成,人眼的形状为一球形,其平均直径约 20 毫米,这球形之外壳有三层薄膜,最外层是角膜和巩膜,最里层的膜是视网膜,它布满在整个后部的内壁上。视网膜可看做是大脑分化出来的一部分,其构造比其他感觉器官都要复杂,具有高度的信息处理机能。眼睛中的光感受器主要是视觉细胞,视网膜上存在不同的光感受器,即锥状细胞与杆状细胞。杆状细胞对彩色不敏感,锥状细胞具有辨别光波波长的能力,因此对彩色十分敏感,锥状细胞又分为对不同光谱(红、绿、蓝)敏感的 3 种细胞,对外膝体与大脑视觉皮层的分析表明,它们都有专门的区域从事彩色信息的处理与识别,这就是人类视觉系统的彩色信息通道。

周围环境中的物体,在可见光的照射下,通过眼球的聚焦作用,在人眼的视网膜上形成彩色图像,通过人类视觉信息系统彩色信息通道各个环节的处理,使人获得彩色图像信息的感知觉。对彩色图像信息的感知觉就是人类的彩色视觉,彩色视觉是一种明视觉,常用亮度、色调和饱和度 3 个基本特性量来描述,称为彩色三要素。

亮度是指彩色光所引起的人眼对明暗程度的感觉,亮度和照射光的强度有关。

色调是指光的颜色,例如,红、橙、黄、绿等都表示光的不同色调,改变色光的光谱成分,就会引起色调的变化。

色饱和度是指色的颜色的深浅程度。如深红、淡红等。

色调和饱和度又合称为色度,它既表示色光颜色类别,又能表示颜色的深浅程度。

8.2.2 三色成像原理

人眼视网膜中存在着对不同光谱(红、绿、蓝)敏感的三种锥状细胞,由这三种锥状细胞,人类产生自然界所有彩色的感知觉。科学实验与分析表明,自然界里常见的各种色光都可以由红、绿、蓝三种色光,按不同比例相配而成,同样,绝大多数色光也可以分解成红、绿、蓝三种色光。这便是色度学中的最基本原理——三基色原理。三基色的选择并不是唯一的,也可以选其他三种颜色为三基色。但是三种基色必须是相互独立的,即任何一种颜色都不能由其他两种颜色合成。由于人眼对红(R)、绿(G)、蓝(B)3 种色光最为敏感,因此由这三种颜色所得的彩色范围最广,所以一般都选择这三种颜色作为基色。

由三基色混配各种颜色的方法通常有两种，这就是相加混色和相减混色。由红、绿、蓝三基色进行相加混色的情况如下：

红色 + 绿色 = 黄色

红色 + 蓝色 = 紫色

绿色 + 蓝色 = 青色

红色 + 绿色 + 蓝色 = 白色

称青色、紫色和黄色分别是红、绿、蓝三色的补色。

由于人眼对于相同强度单色光的主观感觉不同，所以相同亮度的三基色混色时，如果把混色后所得的光亮度定为 100%，那么，人的主观感觉是，绿光仅次于白光，是三基色中最亮的，红光次之，亮度约占绿光的一半，蓝光最弱，亮度约占红光的 1/3。于是当白光的亮度用 Y 来表示时，它和红、绿、蓝三色光的关系便可用如下方程加以描述：

$$Y = 0.299R + 0.587G + 0.114B \tag{8.2.1}$$

这就是相加混色常用的量度公式。此式是根据 NTSC（美国国家电视制式委员会）电视制式推得的，当采用 PAL（相位逐行交变）电视制式时，公式形式为

$$Y = 0.222R + 0.707G + 0.071B \tag{8.2.2}$$

两方程之所以不同，是因为所选取的显像三基色不同，三基色及其补色的亮度比例如图 8.1 所示。

相减混色是利用颜料、染料等的吸色性质实现的。例如青布之所以呈现青颜色，是因为它用青色染料染过，而青色染料能吸收红色（青色的补色），在白光照射下，经吸收红色而反射青色，同样黄色颜料因有吸收蓝色的能力，所以在白光照射下，它是反射蓝色的补色——黄色。如果把青、黄两种颜料混合，那么在白光照射下，由于混合颜料吸收了红、蓝两色而反射绿色，所以混合颜料呈现绿颜色。由以上例子可知，相减混合色是以吸收三基色的比例不同而配成不同的颜色的。由于红、绿、蓝三基色的补色分别是青色、紫色和黄色，所以，用吸收三基色的不同比例配色，也就是用青色、紫色和黄色颜料的不同比例配色，因此，也称青、紫色和黄色为颜色料三基色。在颜色料三基色混色情况下，可用如下公式描述：

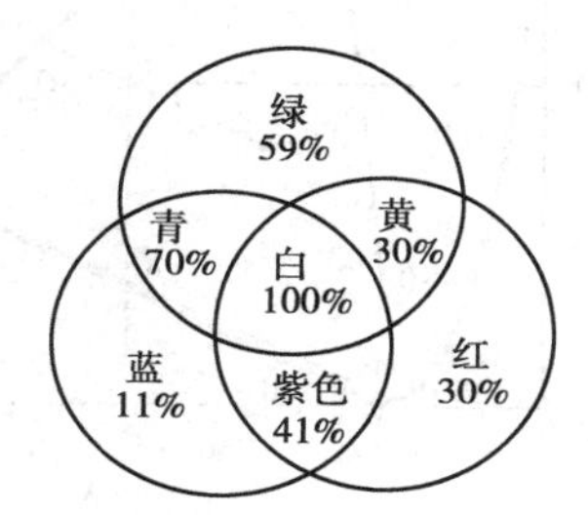

图 8.1　相加混色之三基色及补色亮度比例

（青色 + 黄色）颜料 = 白色 - 红色 - 蓝色 = 绿色

（青色 + 紫色）颜料 = 白色 - 红色 - 绿色 = 蓝色

（黄色 + 紫色）颜料 = 白色 - 蓝色 - 绿色 = 红色

（青色 + 黄色 + 紫色）颜料 = 白色 - 红色 - 绿色 - 蓝色 = 黑色

可见，由颜料三基色相加，由于混合颜料吸收白色，而呈现黑色。

本章彩色图像处理中，都是采用相加混色法。所以，今后我们所讨论的三基色，都是指红、绿、蓝三色。

国际照明委员会（CIE）选择红色（波长 $\lambda = 700.00\text{nm}$），绿色（波长 $\lambda = 546.1\text{nm}$），蓝色（波长 $\lambda = 435.8\text{nm}$）3 种单色光作为表色系统的三基色。这就是 CIE 的 R、G、B 颜色表示系统。由三基色原理可知，任何颜色都可由三基色混配而得到，为了简单又方便地描绘出各种彩

色与三基色的关系,采用彩色三角形与色度图的表示方法。1931 年 CIE 制定了 1 个色度图(如图 8.2 所示),用组成某种颜色的三原色的比例来规定这种颜色。图中横轴代表红色色系数,纵轴代表绿色色系数,蓝色系可由 $z=1-(x+y)$ 求得。图中各点给出光谱中各颜色的色度坐标,蓝紫色在图的左下部。绿色在图的左上部,红色在图的右下部,连接 400nm 和 700nm 的直线的光谱上所没有的由紫到红的系列。通过对该图的观察分析可知:

1)在色度图中每点都对应一种可见颜色,或说任何可见颜色都在色度图中占据确定的位置,即在(0,0),(0,1),(1,0)为顶点的三角形内。而色度图外的点对应不可见的颜色。

2)在色度图中边界上的点代表纯颜色,移向中心表示混合的白光增加而纯度减少。到中心点 C 处各种光谱能量相等而显示为白色,此处纯度为零。某种颜色的纯度一般称为该颜色的饱和度。

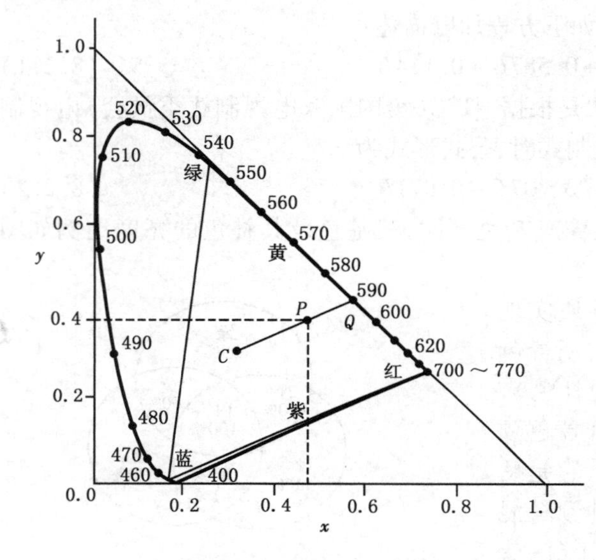

图 8.2　色度图示意

3)在色度图中连接任意 2 端点的直线上的各点表示将这 2 端所代表的颜色相加可组成的一种颜色。根据这个方法,如果要确定由 3 个给定颜色所组合成的颜色范围,只需将这 3 种颜色对应的 3 个点连成三角形,见图 8.2。在该三角形中的任意颜色都可由这 3 色组成,而在该三角形外的颜色则不能由这 3 色组成。由于给定 3 个固定颜色而得到的三角形并不能包含色度图中所有的颜色,所以只用(单波长)3 基色并不能组合得到所有颜色。

下面是一个色度图中一些点的 3 特征量值示例。图 8.2 中心的 C 点对应白色,由 3 原色各 1/3 组合产生。图 8.2 中 P 点的色度坐标为 $x=0.48$, $y=0.40$。由 C 通过 P 画 1 条直线至边界上的 Q 点(约 590nm),P 点颜色的主波长即为 590nm,此处光谱的颜色即 Q 点的色调(橙色)。图 8.2 中 P 点位于从 C 到纯橙色点的 66% 的地方,所以它的色纯度(饱和度)是 66%。

8.2.3　彩色图像格式

通过前面有关彩色视觉和三基色原理的介绍,了解到引起人类彩色视知觉的彩色图像有多种表示方法。下面介绍彩色图像的表示模式:

1)RGB 模式

RGB 是色光的彩色模式。R 代表红色,G 代表绿色,B 代表蓝色,三种色彩叠加形成了其他的色彩。因为三种颜色都有 256 个亮度水平级,所以三种色彩叠加就能形成 1 670 万种颜色了,也就是“真彩色”,通过它们足以再现绚丽的世界。

在 RGB 模式中,由红、绿、蓝相叠加可以形成其他颜色,因此该模式也叫加色模式(CMYK 是一种减色模式)。所有的显示器、投影设备以及电视等许多设备都是依赖于这种加色模式实现的。

就编辑图像而言，RGB色彩模式也是最佳的色彩模式，因为它可提供全屏幕的24bit的色彩范围，即“真彩色”显示。但是，如果将RGB模式用于打印就不是最佳的了，因为RGB模式所提供的有些色彩已经超出了打印色彩范围之外，因此在打印一幅真彩的图像时，就必然会损失一部分亮度，并且比较鲜明的色彩肯定会失真的。这主要是因为打印所用的是CMYK模式，而CMYK模式所定义的色彩要比RGB模式定义的色彩少得多，因此打印时，系统将自动进行RGB模式与CMYK模式的转换，这样就难以避免损失一部分颜色，出现打印后的失真现象。

2）CMYK模式

CMYK是相减混色，主要用在印刷业，以打印在纸张上的油墨的光线吸引特性为基础，理论上，纯青色（C）、品红（M）和黄（Y）色素能够合成吸收所有颜色并产生黑色。实际上，由于油墨杂质的影响，只能产生一种土灰色，必须以黑色（K）油墨混合才能产生真正的黑色，因此，CMYK称为四色印刷，当所有四种分量值都是0%时，就会产生纯白色，其他颜色由相应百分比的CMYK值相减混色而得。

CMYK模式是最佳的打印模式，RGB模式尽管色彩多，但不能完全打印出来。

3）Lab模式

Lab模式既不依赖于光线，又不依赖于颜料。它是CIE组织确定的一个理论上包括了人眼可见的所有色彩的色彩模式。Lab模式弥补了RGB与CMYK两种彩色模式的不足。

Lab模式由三个通道组成，但不是R、G、B通道。它的一个通道是照度，即L。另外两个是色彩通道，用a和b来表示。a通道包括的颜色是从深绿（低亮度值）到灰（中亮度值），再到亮彩红色（高亮度值）；b通道则是从紫蓝色（低亮度值）到灰（中灰度值），再到焦黄色（高亮度值）。因此，这种彩色混合后将产生明亮的色彩。

在表达色彩范围上，处于第一位的是Lab模式，第二位的是RGB模式，第三位的是CMYK模式。

Lab模式所定义的色彩最多，且与光线及设备无关，并且处理速度与RGB模式同样快，且比CMYK模式快数倍。因此，可以大胆地在图像编辑中使用Lab模式，而且，Lab模式保证在转换成CMYK模式时色彩没有丢失或被替代。因此，最佳避免色彩损失的方法是：应用Lab模式编辑图像，再转换成CMYK模式打印。

4）HSV模式

基于人类对颜色的感觉，HSV模式描述颜色的三个基本特征及色调、饱和度和亮度。

色相也称色调，是物体反射和投射光的颜色，在通常的使用中，色相由颜色名称标识，比如红、橙或蓝色。

饱和度，有时也称彩度，是指颜色的强度或纯度。饱和度表示色相中灰成分所占的比例，用从0%（灰色）到100%（完全饱和）的百分比值来度量。

亮度，是颜色的相对明暗程度，通常用0%（黑）到100%（白）的百分比值来度量。

8.2.4　彩色坐标变换

上节指出彩色模式就是建立的一个3-D坐标系统，表示一个彩色空间，采用不同的基本量（三基色）来表示彩色，就得到不同的彩色模式（彩色空间），不同的彩色空间都能表示同一种颜色，因此，它们之间是可以转换的，本节着重分析RGB模式与HSV模式之间的变换。

(1)从 RGB 变换到 HSV

对任何 3 个在[0,1]的 R、G、B 值，其对应 HSV 模式中的 V、S、H 分量可由下面给出的公式计算：

$$\begin{cases} V = \dfrac{1}{3}(R+G+B) \\ S = 1 - \dfrac{3}{(R+G+B)}\left[\min(R,G,B)\right] \\ H = \arccos\left\{\dfrac{\left[(R-G)+(R-B)\right]/2}{\left[(R-G)^2+(R-B)(G-B)\right]^{\frac{1}{2}}}\right\}/360 \end{cases} \tag{8.2.3}$$

由上式计算的[0,1]的 R、G、B 值。当 $S=0$ 时，对应无色中的点，此时 H 为 0；当 $V=0$ 时，S、H 也没有意义，取为 0。

(2)从 HSV 变换到 RGB

若设 H、S、V 的值在[0,1]，R、G、B 的值在[0,1]，由从 HSV 到 RGB 的转换会成为

1)当 H 在[0,1/3]：

$$\begin{cases} B = V(1-S) \\ R = V\left[1 + \dfrac{S\cos(2\pi H)}{\cos\left(\dfrac{\pi}{3} - 2\pi H\right)}\right] \\ G = 3V - (B+R) \end{cases} \tag{8.2.4}$$

2)当 H 在[1/3,2/3]：

$$\begin{cases} R = V(1-S) \\ G = V\left[1 + \dfrac{S\cos\left(2\pi H - \dfrac{2}{3}\pi\right)}{\cos(2\pi H)}\right] \\ B = 3V - (R+G) \end{cases} \tag{8.2.5}$$

3)当 H 在[2/3,1]：

$$\begin{cases} G = V(1-S) \\ B = V\left[1 + \dfrac{S\cos\left(2\pi H - \dfrac{4}{3}\pi\right)}{\cos\left(\dfrac{5}{3}\pi - 2\pi H\right)}\right] \\ R = 3V - (G-B) \end{cases} \tag{8.2.6}$$

8.2.5 彩色图像的 MATLAB 的实现

(1)MATLAB 图像处理工具箱支持的彩色图像

MATLAB 图像处理工具箱中支持的彩色图像类型为索引图像、RGB 图像和 HSV 图像。

1)索引图像

索引图像包括图像矩阵与颜色图数组,其中颜色图是按图像颜色值进行排序后的数组。对于每一个像素,图像矩阵包含一个值,这个值就是颜色数据组中的索引。颜色图为 M×3 双精度值矩阵,各行分别指定红、绿、蓝(RGB)单色值。

2)RGB 图像

与索引图像一样,RGB 图像分别用红、绿、蓝 3 个亮度值为一组,代表每个像素的颜色。这些亮度直接存在图像数组中,图像数组为 $m \times n \times 3$,m、n 表示图像像素的行列数。

3)HSV 图像

HSV 图像分别用色调(色相)、饱和度、灰度(亮度)3 个值为一组,代表每个像素的颜色,HSV 彩色图数据矩阵的三列分别表示色相,饱和度和亮度值,图像数组为 $m \times n \times 3$,m、n 表示图像像素的行列数。

(2)MATLAB 图像处理工具箱 HSV 模式与 RGB 模式之间的相互变换

MATLAB 图像处理工具箱中提供了 HSV 模式与 RGB 模式之间的相互变换:hsv2rgb( )、rgb2hsv( )。

1)HSV 值与 RGB 颜色空间的相互转换 hsv2rgb( )、rgb2hsv( )

RGBMAP = hsv2rgb(HSVMAP)

其功能是:将一个 HSV 颜色图转换为 RGB 颜色图。输入矩阵 HSVMAP 中的三列分别表示:色度、饱和度和纯度值;输出矩阵 RGBMAP 各列分别表示红、绿、蓝的亮度。矩阵元素在区间[0,1]。

rgb = hsv2rgb(hsv)

其功能是:将三维数组表示的 HSV 模式图像 hsv 转换为等价的三维 RGB 模式图像 rgb。当色度值从 0 到 1 变化时,颜色则从红经黄、绿、青、蓝、紫外线红回到红色。当饱和度为 0,颜色不是不饱和的,颜色完全灰暗;当饱和度为 1,颜色是完全饱和的,颜色不含白色成分。

HSVMAP = rgb2hsv(RGBMAP)

其功能是:将一个 RGB 颜色图转换为 HSV 颜色图。

hsv = rgb2hsv(rgb)

其功能是:将三维数组表示的 RGB 模式图像 rgb 转换为等价的三维 HSV 模式图像 hsv。

2)NTSC 值与 RGB 颜色空间相互转换函数:ntsc2rgb( )、rgb2ntsc( )

RGBMAP = ntsc2rgb(YIQMAP)

其功能是:将 NTSC 制电视图像颜色图 YIQMAP(m/3 矩阵)转换到 RGB 颜色空间。如果 YIQMAP 为 m/3 矩阵,其各列分别表示 NTSC 制的亮度(Y)和色度(I 与 Q)颜色成分,那么输出 RGBMAP 是一个 m/3 矩阵,其各列分别为与 NTSC 颜色相对应的红、绿、蓝成分值。两矩阵元素值是在区间[0,1]上。

rgb = ntsc2rgb(yiq)

其功能是:转换 NTSC 图像 yiq 为等价的真彩 RGB 图像 rgb。

YIQMAP = rgb2ntsc(RGBMAP)

其功能是:将 RGB 颜色图转换到 NTSC 颜色空间。

yiq = rgb2ntsc(rgb)

其功能是:将真彩 RGB 图像 rgb 转换为等价的 NTSC 图像 yiq。

(3)相互转换的 MATLAB 实现

1)RGB 图像与 HSV 图像的转换程序

```
RGB = imread('autumn.tif');
HSV = rgb2hsv(RGB);
RGB1 = hsv2rgb(HSV);
subplot(2,2,1),imshow(RGB),title('RGB 图像');
subplot(2,2,2),imshow(HSV),title('HSV 图像');
subplot(2,2,3),imshow(RGB1),title('转换后 RGB 图像');
```

其运行结果如图 8.3 所示。

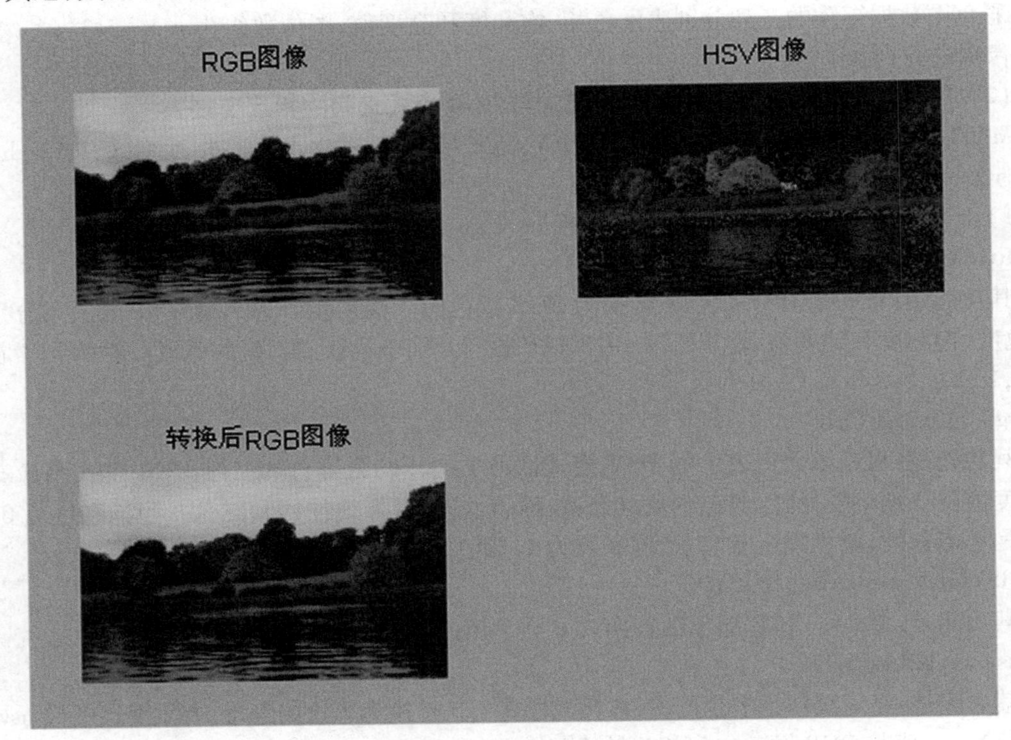

图 8.3　RGB 图像转变为 HSV 图像,再由 HSV 图像转变为 RGB 图像示例

2)RGB 图像与 YCBCR 图像的转换程序

```
RGB = imread('autumn.tif');
YCBCR = rgb2ycbcr(RGB);
RGB1 = ycbcr2rgb(YCBCR);
subplot(2,2,1),imshow(RGB),title('RGB 图像');
subplot(2,2,2),imshow(YCBCR),title('YCBCR 图像');
subplot(2,2,3),imshow(RGB1),title('转换后 RGB 图像');
```

其运行结果如图 8.4 所示。

3)RGB 图像与 NTSC 图像的转换程序

```
RGB = imread('pears.png');
```

图 8.4　RGB 图像转变为 YCBCR 图像,再由 YCBCR 图像转变为 RGB 图像示例

```
NTSC = rgb2ntsc( RGB) ;
RGB1 = ntsc2rgb( x,y,z) ;
subplot(2,2,1),imshow(RGB),title('RGB 图像')
subplot(2,2,2),surf(x,y,z),title('NTSC 图像');
subplot(2,2,3),imshow(RGB1),title('转换后 RGB 图像');
```

其运行结果如图 8.5 所示。

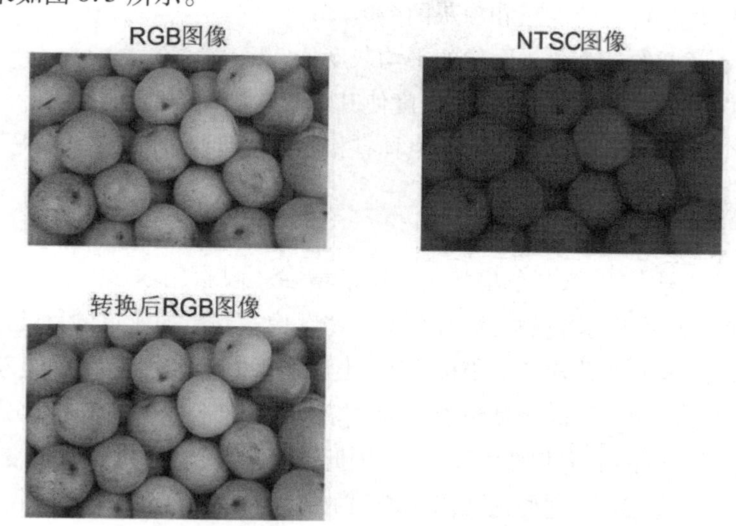

图 8.5　RGB 图像转变为 NTSC 图像示例

8.3 彩色图像处理

彩色图像处理就是对彩色图像信息进行加工处理，首先强调在图像之间进行的变换，输入输出都是图像。通过对彩色图像的各种加工处理，以便于进行图像自动识别或对图像进行压缩编码以减少对其所需存储空间或传输时间、传输通路的要求。

8.3.1 彩色平衡

由于彩色图像经过数字化后，颜色通道中不同的敏感度、增光因子、偏移量等因素导致图像三个分量出现不同的线性变换，使得图像的三基色不平衡，造成图像中物体的颜色偏离原有的真实色彩。最突出的现象是使灰色的物体着了伪色。彩色图像的颜色分布可以用直方图表示，直方图的横坐标是颜色，纵坐标是这种颜色在图像中的相对值。这种颜色分布对于彩色图像的外观是很重要的。对彩色图像进行颜色调整时，每个调整过程都会直接改变图像中各颜色值。在一幅颜色图像中，各种颜色共同组成了一个有机整体，每一个局部调整都会影响图像的色彩平衡。

检查彩色是否平衡的最简单的方法是看图像中原灰色物体是否仍然为灰色，高饱和度的颜色是否有正常的色度。如果图像有明显的黑白或白色背景，在 RGB 分量的直方图中会产生显著的“峰”。倘若各个直方图中“峰”处在三基色不同的灰度级上，则表明彩色出现了不平衡。这种不平衡现象可通过对 R、G、B 三个分量分别使用线性灰度变换进行纠正。一般只需要变换分量图像中的两个与第三个的匹配情况。最简单的灰度变换函数的设计方法如下：

1）选择图像中相对均匀的浅灰和深灰两个区域；

2）计算这两个区域的三个分量图像的平均灰度值；

3）调节其中两个分量图像，用线性对比度使其与第三幅图像匹配。

如果所有三个分量图像在这两个区域中具有相同的灰度级，则就完成了彩色平衡调节。

8.3.2 彩色图像增强

彩色图像增强分两大类：假彩色增强及伪彩色增强。假彩色增强是将一幅彩色图像映射为另一幅彩色图像，从而达到增强彩色对比，使某些图像达到更加醒目的目的。假彩色增强技术也可以用于线性或者非线性彩色的坐标变换，由原图像基色转变为另一组新基色。伪彩色增强则是把一幅黑白图像的不同灰度级映射为一幅彩色图像，由于人类视觉分辨不同彩色的能力特别强，而分辨灰度的能力相比之下较弱，因此，把人眼无法区别的灰度变化，施以不同的彩色，人眼便可以区别它们了，这便是伪彩色增强的基本依据。

本小节讨论伪彩色增强的一些基本方法。

（1）密度分割法

密度分割法又称为灰度分割法，是伪彩色处理技术中最基本、最简单的方法。设一幅黑白

图像 $f(x,y)$，可以看成是坐标 $(x、y)$ 的一个密度函数。把此图像的灰度分成若干等级，即相当于用一些和坐标平面平行的平面切割此密度函数。例如，分成 I_1、I_2、……、I_N 等 N 个区域，每个区域分配一种彩色，颜色的伪彩色图像如图 8.6 所示。

(2)灰度级—彩色变换法

这是一种更为常用的，同时也是比密度分割法更易于在广泛的彩色范围内达到图像增强目的的方法。

我们知道，绝大部分彩色都可以用三原色——红、绿、蓝三色，按不同比例进行组合而得到。因此，当把一幅图像每一点的像素，按其灰度值独立地经过三种不同彩色的变换，然后分别去控制彩色电视显示器的不同彩色电子枪之发射，便可以在彩色显像管的屏幕上，合成一幅含有多种彩色的图像，其变换过程如图 8.7 所示。

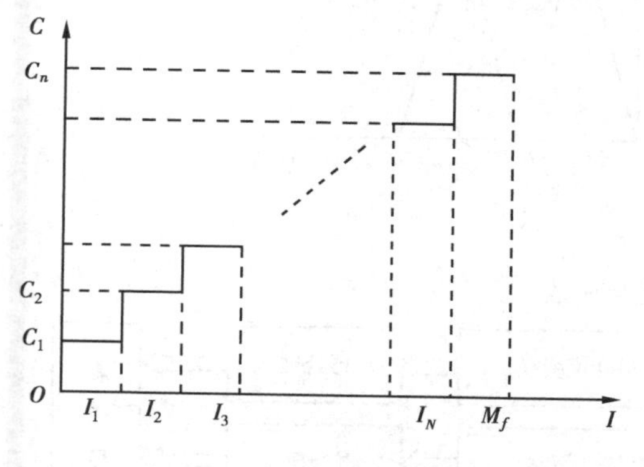

图 8.6　简单的灰度到彩色变换

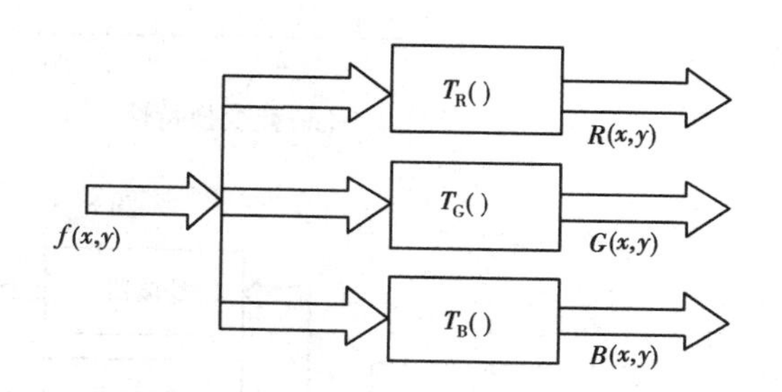

图 8.7　伪彩色处理原理图

一组典型的灰度-彩色变换的传递函数如图 8.8 所示。图 8.8(a)表示红色变换的传递函数，它指出，凡小于 $L/2$ 的灰度级，将转变为尽可能暗的红色，而在 $L/2$ 到 $3L/4$ 之间的灰度交替使红色从暗到最亮按线性关系变换，凡大于 $3L/4$ 直到最大灰度级 L 的灰度，均转变成最亮的红色。类似地，图 8.8(b)和(c)分别表示绿色和蓝色变换的传递函数。最后，图 8.8(d)表示了三种彩色传递函数组合在一起的情况。由图可知，只有两端点和中心点的灰度，才是纯三原色。显然，用这种组合方案，将使整个灰度范围内的任何两种灰度，都不具有相同的彩色。

通常，为了加强灰度级-彩色变换增强的效果，在进行伪彩色增强前，事先可对原图像进行一些其他增强处理。例如，先进行一次直方图均衡处理等。

(3)频率—彩色变换法

如图 8.9 所示，这是基于频率域的伪彩色编码的方法。首先将输入图像信号 $f(x,y)$ 进行傅里叶变换，然后分别用 3 个不同的滤波器进行滤波处理后，将三路信号进行傅里叶反变换得到三幅处理后的空间图像，分别给予三路信号不同的三基色，便可以得到对频率敏感的伪彩色图像，典型的处理方法是采用低通，带通和高通滤波三种滤波器，把图像分成低频、中频和高频三个频率域分量，分别给予不同的三基色。

值得提醒的是：前面第 5 章所介绍的图像增强技术同样适用于彩色图像处理，本小节只是针对图像的彩色增强问题给出了部分处理方法。

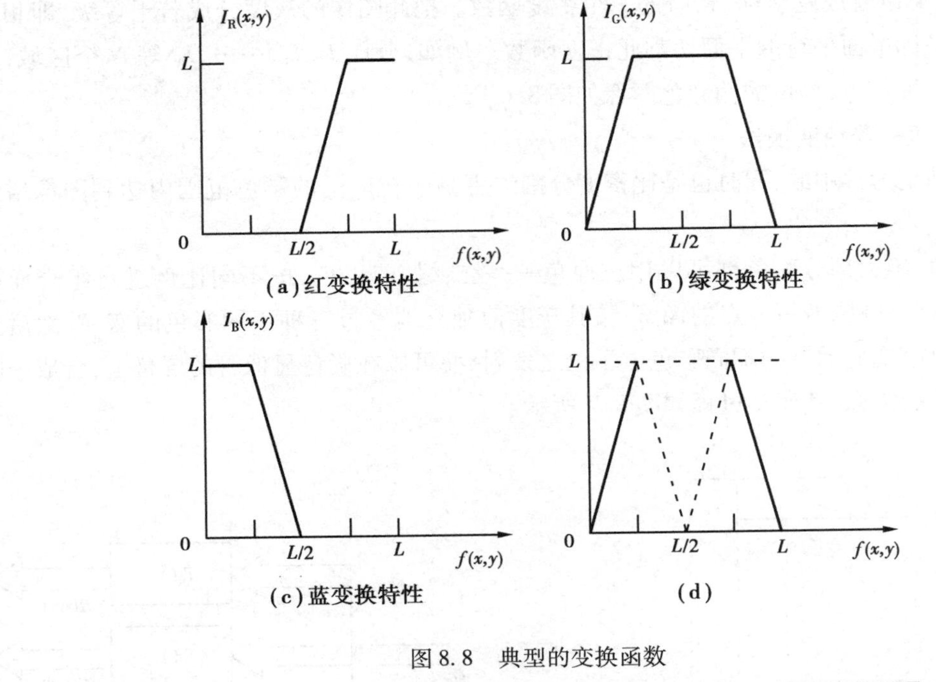

图 8.8　典型的变换函数

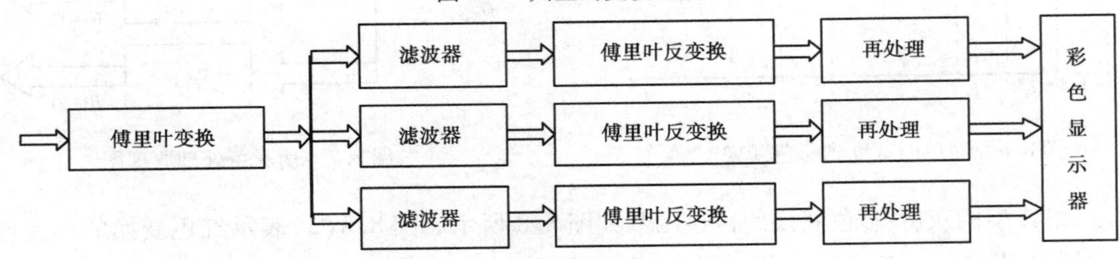

图 8.9　频域—彩色增强原理框图

8.3.3　彩色补偿

在将目标图像中各种颜色的物体分别分离出来的应用中，通常使用荧光染料着色分离，例如将一个生物样本的不同细胞成分区别出来就是采用彩色荧光染料着色处理而实现的。由于荧光染料荧光点发射光谱的不稳定性，加上常用的彩色图像数字化设备具有较宽且相互覆盖的光谱敏感区域，使得我们难以在三个分量图像中将三类颜色的物体完全分离开。一般来说，只有其中两个对比度相对弱一些，将造成所谓的颜色扩散现象。颜色扩散可用一个如式(8.3.1)所示的线性变换来描述。即假设在每个彩色通道的曝光时间相同时，数字化仪记录下的实际 RGB 图像的灰度级向量为

$$Y = CX + B \tag{8.3.1}$$

式中矩阵 $C = \left[c_{ij} \right]$ 为颜色在 3 个颜色通道中的扩散情况，c_{ij} 表示数字图像彩色通道 i 中荧光点 j 所占的亮度比例；X 为 3×1 向量，它表示某像素没有颜色扩散时荧光点实际亮度的灰度级向量；向量 $B = \left[b_i \right]$ $(i=1,2,3)$ 代表数字化仪的黑度偏移，b_i 表示通道 i 中对应于黑色的测量

灰度值。

于是,实际亮度 X 可由下式求得:

$$X = C^{-1}\left[Y - B\right] \tag{8.3.2}$$

此式表示颜色扩散量可以用颜色扩散矩阵的逆矩阵乘以每个通道由数字化仪器记录的 RGB 灰度向量减去黑度偏移量实现。

由于每个彩色通道使用不同的曝光时间,三个颜色在相同亮度条件下有较大差异,因此,要用一个曝光时间的对角矩阵 $T=\left[t_{ij}\right]$ 对式(8.3.1)进行修正,t_{ij} 表示彩色通道 i 的当前曝光时间与颜色扩散标定图像的曝光时间的比率,则式(8.3.1)修改为

$$Y = TCX + B \tag{8.3.3}$$

同样可以解出

$$X = C^{-1}T^{-1}(Y - B) \tag{8.3.4}$$

颜色补偿能从一幅图像中显示特定类型的物体,它为图像分割和物体测量奠定了基础,使图像分割和计量更易处理。

8.3.4　彩色图像恢复

彩色图像恢复也称彩色图像复原,是彩色图像在某种情况下退化或恶化了(图像品质下降),现在需要根据相应的退化模型和知识重建或恢复原始的图像,根本任务就是改善观察图像(退化图像)的色彩质量,尽可能恢复退化图像的本来面目。换句话说,彩色图像恢复技术是要将图像退化的过程模型化,并据此采取相反的过程以得到原始的图像。由此可见,彩色图像恢复要根据图像的一些色彩退化模型进行。

彩色图像色彩质量的退化可能是由于镜头色差,CCD 摄像机等彩色图像输入设备的光谱特性差异等原因造成的。例如理想情况下,CCD 摄像机或扫描仪在以均匀的辐照度作为输入时,输出图像每一个彩色通道的所有像素的灰度值完全一样,然而,这些设备由于材料、生产过程及工艺的影响,存在光子响应非均匀性——即输出图像各个像素的灰度值不一致,使得输出图像的颜色在不同像点彩色表现不同,从而图像彩色质量受到影响。因此,在对彩色图像做任何分析之前,必须对其进行色彩恢复,本小节讨论 CCD 摄像机光谱特性造成彩色图像失真的色彩恢复问题。

由于 CCD 摄像机或扫描仪的光谱特性不满足彩色匹配原理。输出的颜色与输入的颜色存在偏差,致使图像的彩色细节信息失真。根据色度匹配原理,若使相机的输出色度值再现原图像的颜色,需要 3 个变换函数将记录图像的 3 个彩色分量映射到彩色图表的 3 个彩色分量上。彩色补偿一般用已知真值的彩色图表作为测试目标,设彩色图表包含 N 种均匀的颜色,用 $\left|(R_i,G_i,B_i,)\right|\left|i=1\cdots N\right|$ 表示彩色图表上第 I 个颜色区域的彩色真值,用 $\left|(R_i,G_i,B_i,)\right|\left|i=1\cdots N\right|$ 表示图像上相应的第 I 个颜色区域的色度值。则彩色补偿函数可用公式来描述,即变换函数。

彩色补偿分别对每个像素的 3 个彩色通道进行处理,若对每个像素的三分量进行处理时同时补偿彩色失真,则每一个像素产生的颜色向对应输入的彩色真值转换。

$$\begin{cases} R_{ij} = a_{10}R_{ij} + a_{11}G_{ij} + a_{12}G_{ij} + \cdots + a_{18}R_{ij}G_{ij}B_{ij} + a_{19} \\ G_{ij} = a_{20}R_{ij} + a_{21}G_{ij} + a_{22}G_{ij} + \cdots + a_{28}R_{ij}G_{ij}B_{ij} + a_{29} \\ B_{ij} = a_{30}R_{ij} + a_{31}G_{ij} + a_{32}G_{ij} + \cdots + a_{38}R_{ij}G_{ij}B_{ij} + a_{39} \end{cases} \tag{8.3.5}$$

R_{ij}、G_{ij}、B_{ij}、…、$R_{ij}G_{ij}B_{ij}$视作 10 个自变量,则非线性方程转换成线性方程,选取 N 幅彩色图像,用多元线性回归分析求出多项式的系数,即可进行失真彩色图像的彩色恢复(彩色补偿)。多项式的次数和项数的选择依赖于相机特性和精度、处理速度的要求。如果相机总的光谱灵敏度曲线与标准观察者的光谱三刺激值曲线相似,用 3×3 矩阵就可以实现彩色校正;两者偏差较大,多项式的次数和项数随之增加,则变换矩阵越加复杂。

8.3.5 彩色图像处理的 MATLAB 实现

(1)色彩平衡 MATLAB 的实现

MATLAB 可以使用 histeq 函数调整图像的颜色分布。图像的颜色分布可以使用前面介绍的直方图表示,直方图的横坐标是颜色,纵坐标是这种颜色在图像中的相对丰度。这种颜色分布对于图像的外观是很重要的,例如分布越均匀则图像的对比就越不突出,如果分布在接近于 1 的地方出现峰值则图像显得较亮。

MATLAB 可以使用 histeq 函数调整图像的颜色分布。

J = histeq(I,hist)

其功能是:调整灰度图像数据 I 中的颜色分布,使得 J 的颜色分布近似地和 hist 保持一致。hist 中存储的是在 0 和 1 之间等距离分布的颜色亮度值对应的像素数目,MATLAB 自动地进行比例变换,使得

Sum(hist) = prod(size(I))

即 hist 中只要指定相对丰度就可以了。在 hist 的长度远小于图像的实际颜色数目时可以达到比较理想的调整效果。

J = histeq(I,N)

其功能是:调整图像 I 中的颜色离散层的个数为 N 个,并且产生新的图像数据 J。J 中的各个颜色层次的像素数目接近相等,因此 J 的颜色分布图近似一条直线。不难想象,和上面的格式一样,在 N 较小时可以达到较理想的效果,N 的缺省值为 64。

[J,T] = histeq(I)

其功能是:在执行上面的操作的同时,返回变换有关的信息。

NEWMAP = histeq(X,MAP,HGRAM)

其功能是:对索引图像执行同样的功能,这里同时需要索引图像的数据本身和对应的颜色查找表(和 imadjust 不同,不是使用当前的颜色查找表)。注意 HGRAM 的长度必须和 size(MAP,1)相等。

NEWMAP = histeq(X,MAP)

其功能是:返回索引图像 Z 的经过调整的颜色查找表,新世界查找表的颜色分布仅仅均匀。

[NEWMAP,T] = histeq(X,……)

其功能是：在执行上面的操作的同时，返回变换有关的信息。

下面是一个实现色彩调整的程序清单：

```
RGB = imread('autumn.tif');
subplot(1,2,1),imshow(RGB),title('原始图像')
J = histeq(RGB)
subplot(1,2,2),imshow(J),title('色彩调整图像');
```

其运行结果如图 8.10 所示。

图 8.10　色彩调整示例

(2)真彩色增强的 MATLAB 实现

在 MATLAB 中，调用 infilter 函数对一幅真彩色(三维数据)图像使用二维滤波器进行滤波就相当于使用同一个二维滤波器对数据的每一个平面单独进行滤波。下面是一个真彩色图像的每一个颜色平面进行滤波的程序清单：

```
RGB = imread('flowers.tif');
H = ones(5,5)/25;
RGB1 = imfilter(RGB,H);
subplot(1,2,1),imshow(RGB),title('滤波前图像');
subplot(1,2,2),imshow(RGB1),title('滤波后图像');
```

其运行结果如图 8.11 所示。

图 8.11　真彩色图像均值滤波前、后显示效果对比

(3)彩色图像恢复的 MATLAB 实现

下面是对两幅图像进行匹配的程序清单:

```
lily = imread('lily. tif');
flowers = imread('flowers. tif');
subplot(2,3,1),imshow(lily),title('原始图像 1');
subplot(2,3,2),imshow(flowers),title('原始图像 2');
rect_lily = [93 13 81 69];
rect_flowers = [190 68 235 210 ];
sub_lily = imcrop(lily,rect_lily);
sub_flowers = imcrop(flowers,rect_flowers);
subplot(2,3,3),imshow(sub_lily),title('子图像 1');
subplot(2,3,4),imshow(sub_flowers),title('子图像 2');
c = normxcorr2(sub_lily(:,:,1),sub_flowers(:,:,1));
subplot(2,3,5),surf(c),title('两幅子图像的相关性图形'),shading flat;
[max_c,imax] = max(abs(c(:)));
[ypeak,xpeak] = ind2sub(size(c),imax(1));
corr_offset = [(xpeak - size(sub_lily,2))
     (ypeak - size(sub_lily,1))];
rect_offset = [(rect_flowers(1) - rect_lily(1))
(rect_flowers(2) - rect_lily(2))];
offset = corr_offset + rect_offset;
xoffset = offset(1);
yoffset = offset(2);
xbegin = xoffset + 1;
xend = xoffset + size(lily,2);
ybegin = yoffset + 1;
yend = yoffset + size(lily,1);
extracted_lily = flowers(ybegin:yend,xbegin:xend,:);
if isequal(lily,extracted_lily)
     disp('lily. tif was extracted from flowers. tif')
end
recovered_lily = uint8(zeros(size(flowers)));
recovered_lily(ybegin:yend,xbegin:xend,:) = lily;
[m,n,p] = size(flowers);
i = find(recovered_lily(:,:,1) ==0);
mask(i) = .2;
subplot(2,3,6),imshow(recovered_lily),title('图像匹配效果');
hold on
h = imshow(recovered_lily);
set(h,'AlphaData',mask)
```

其运行结果如图 8.12 所示。

图 8.12　彩色图像恢复的示例

8.4　彩色图像分析

彩色图像分析主要是指对图像中感兴趣的目标进行检测和测量，以获得它们的客观信息，从而建立对图像的描述。图像分析是一个从图像到数据的过程。这里的数据可以是对目标特征测量的结果，或是基于测量的符号表示。它们指出了图像中目标的特点和性质。这种处理基本上用于自身图像分析、模式识别和计算机视觉等模式。例如彩色体的分类、排列等。为了描述图像，首先要进行分割，然后进行测量和特征提取等处理。

值得注意的一点是，没有唯一的、标准的分割法，因此也就没有规定成功分割的原则。本小节只讨论一些彩色图像的基本分割和测量方法。

8.4.1　彩色图像分割

彩色图像分割是按照彩色图像的色彩规则将一幅彩色图像分成若干个部分或子集，将图像中有意义的特征或者需要应用的特征提取出来。

彩色图像中的每个像素由红(R)、绿(G)和蓝(B)三基色按一定比例合成而表示。通过线性或非线性变换可以从三基色计算出色调(hue)、饱和度(saturation)、亮度(brightness)等各种彩色特征。色调决定了彩色光的光谱成分，反映了彩色光在“质”方面的特征；饱和度是某种彩色光纯度的反映，纯光谱色的含量越多，其饱和度也就越高；亮度决定了彩色光的强度，是彩色光在“量”方面的特征。色调、饱和度和亮度特征集表示了人眼视觉对彩色的感受。

对于彩色图像不同的分割目的，可以选用不同的彩色特征组合。例如，要提取彩色图像的边缘，可以定义彩色图像的亮度场作为特征，即亮度场中存在边缘便是彩色边缘，显然，这种定义忽略了在亮度不变区域内可能存在色调、饱和度的不连续性。也可定义为分别作三基色图像阵列的边缘提取，如果在三个阵列中某处均检测到边缘，就认为是一个彩色边缘。即三基色边缘逻辑“与”结果为彩色边缘，则存在彩色边缘。因此，选择适当的彩色特征对彩色图像进行分割是一个非常有价值的研究课题，不少学者对此进行了深入的研究。Ohta 等人通过对区域分割的系统研究，导出了一个有效的正交的彩色特征集$\{I_1, I_2, I_3\}$：

$$\begin{cases} I_1 = (R + B + G)/3 \\ I_2 = (R - B)/2 \text{ 或 } I_2 = (B - R)/2 \\ I_3 = (2G - R - B)/4 \end{cases} \tag{8.4.1}$$

8.4.2 彩色图像测量

图像分割的直接结果是得到了区域内或区域边界上的像素集合。在图像分析应用中我们感兴趣的常常是图像中的某些区域，称之为目标。一般对目标常用不同于原始图像的形式来描述，这也是对彩色图像进一步作模式识别或理解的基础，对目标的描述常借助一些称为目标特征的描述符来进行，它们代表了目标区域的特性。彩色图像分析的主要目的就是要从图像中获得彩色目标特征的测量值。本小节讨论彩色图像测量即彩色图像容量特征的测量。

颜色信息作为彩色图像最基本的特征，在彩色图像分析中，有不可替代的重要作用。例如，常用的彩色图像检索系统如 IBM 的 QBIC 系统，美国伊利诺斯大学的 MARS 系统等，均利用颜色信息进行图像检查，其应用的彩色图像测量方法是颜色直方图，即把颜色空间进行均匀分割，计算每一种颜色在图像像素中所占的比例，并将其作为图像的特征矢量加以保存。在查询时，使用者只需要定义各种颜色之间的比例，如 75% 橄榄绿和 25% 橘红色，或者查询者给出一幅模板图像，从中计算出该图像的颜色直方图，即可查到并返回直方图与模板颜色直方图最为接近的图像。

8.4.3 图像的伪彩色和假彩色处理

假彩色处理是将一幅彩色图像或多光谱图像映射到 RGB 空间中新位置上的过程。人眼只能区分二十余种不同等级的灰度，但却可辨别几千种不同亮度的彩色。因此若在显示或记录时把黑白图像变换成彩色图像，无疑可提高图像的可鉴别度。伪彩色和假彩色图像处理是图像处理中的两项很实用的技术。所谓的伪彩色处理技术，就是将黑白图像变成伪彩色图像，或者是将原来自然彩色图像变成给定彩色分布的图像，如不同谱能的遥感图像。伪彩色图像中的彩色根据黑白图像的灰度级或者其他图像特征（如空间频率成分）人为给定。即伪彩色处理是将一幅图像的每个灰度级匹配到彩色空间中一点的方法，即将一幅单色图像用某种方法映射到一幅彩色图像的过程。这种技术是一种视觉效果明显但又不太复杂的图像增强技术，在国内也是发展较快的一种图像处理技术。缺点是相同物体或者大物体各个部分由于光照等条件的不同,形成不同的灰度级,结果出现了不同的彩色,往往产生错误的判断。假彩色处理与伪彩色一样,也是一种彩色映射的增强方法,但处理的原始图像不是黑白图像,而是一幅真实的自然彩色图像,或者是遥感多光谱图像。

在质量较高的黑白底片或者 X 光片中,往往有些灰度级差别不大,但是却包含着丰富的信息。众所周知,人眼能区分的灰度等级只有二十几个,而无法从图像中提取这些信息,但是人眼对彩色分辨率较强,能区分不同亮度、色调和饱和度的几千种彩色,而且人看彩色图像比看黑白图像舒服得多。因此通常将图像中的黑白灰度级变换成不同的色彩,且分割越细,彩色越多,人眼所能提取的信息也就越多,从而到达图像增强的效果。

伪彩色处理技术不仅适用于航摄和遥感图片,也可以用于 X 光片及云图判读等方面,可以用计算机完成,也可以用专用设备来实现。伪彩色处理技术可以在空间域实现,也可以在频域实现。

(1)伪彩色处理

1)空域伪彩色处理

伪彩色处理是图像处理中常用的一种方法。所谓伪彩色增强是把黑白图像的各个不同灰度按照线性或非线性的映射函数变换成不同的彩色,也可以将原来不是图像的数据表示成黑白图像,再转换成彩色图像达到增强的目的。例如反映语音能量的语音能谱图是时间和频率的函数,它就可以表示成彩色图像,将寂静片段、发音片段和不发音片段等用不同的彩色区分,并用彩色的亮度来表示能量的大小,使我们对语音能谱的理解更直观。

最简单的实现从灰度到彩色的变换的方法如图 8.6 所示,它是把黑白图像的灰度级从 0(黑)到 M_i(白)分成 N 个区间,$i=1,2,\cdots,N$。给每个区间 I_i 指定一种色彩 C_i。这个方法比较直观简单,缺点是变换出的彩色有限。

从灰度到彩色的一种更具代表性的变换方式如图 8.7 所示。它是根据色度学的原理,将原图像 $f(x,y)$ 的灰度分段经过红、绿、蓝三种不同的变换 $T_R(\bullet)$、$T_G(\bullet)$ 和 $T_B(\bullet)$,变成三基色分量 $R(x,y)$、$G(x,y)$、$B(x,y)$,然后用它们分别去控制彩色显示器的红、绿、蓝电子枪,以产生相应的彩色信号,彩色的含量由变换函数 $T_R(\bullet)$、$T_G(\bullet)$、$T_B(\bullet)$ 的形状而定,典型的变换函数如图 8.8 所示。其中图(a)、(b)、(c)分别为红、绿、蓝三种变换函数,而图(d)是把三种变换画在同一张图上以便看清相互间的关系。

从图可见,若 $f(x,y)=0$,则 $I_B(x,y)=L$,$I_R(x,y)=I_G(x,y)=0$,从而显示蓝色。若 $f(x,y)=L/2$,则 $I_G(x,y)=L$,$I_R(x,y)=I_B(x,y)=0$,从而显示绿色。若 $f(x,y)=L$,则 $I_R(x,y)=L$,$I_B(x,y)=I_G(x,y)=0$,从而显示红色。由此不难理解,若黑白图像 $f(x,y)$ 灰度级在 $0\sim L$ 之间变化,I_R、I_G、I_B 会有不同的输出,从而合成不同的伪彩色图像,如果 $f(x,y)$ 灰度级在 $0\sim L/4$ 之间变化,输出伪彩色图像是又由蓝色(L)和绿色(从 0 线性增加到 L)合成而得到的。

2)频域伪彩色处理

这种方法是先把黑白图像经过傅里叶变换到频域中,在频域内用三个不同传递特性的滤波器分离成三个独立分量,再对它们进行傅里叶的反变换,得到三幅代表不同频率成分的单色图像,对这三幅图像再作进一步的处理(如直方图均衡),然后将三基色的分量分别加到彩色显示器的红、绿、蓝显示通道,从而实现频域分段的伪彩色增强。其原理框图如图 8.9 所示。

(2)假彩色处理

假彩色处理过程可用下面简单的例子来描述。若对彩色的自然景物作如下的映射:

$$\begin{bmatrix} R_g \\ G_g \\ B_g \end{bmatrix} = \begin{bmatrix} 0 & 0 & 1 \\ 1 & 0 & 0 \\ 0 & 1 & 0 \end{bmatrix} \begin{bmatrix} R_f \\ G_f \\ B_f \end{bmatrix}$$

则原来的红(R_f)、绿(G_f)、蓝(B_f)3 个分量相应变换成绿(G_g)、蓝(B_g)、红(R_g)3 个分量。这样,蓝色的天空将变成红色,绿色的草坪被显示成蓝色,而红色的玫瑰花又成为绿色了。

假彩色处理的用途有以下 3 种:

1)如上所述,把景物映射成奇怪的彩色,会比原有的本色更加引人注目,以吸引人们特别的关注。

2)为了适应人眼对颜色的灵敏度,以提高鉴别能力。例如视网膜上的视锥细胞和视杆细胞对绿色亮度的响应最灵敏,若把原来是其他颜色的细小物体变换成绿色,就容易为人眼所鉴别。又如,人眼对于蓝光强弱的对比灵敏度最大,于是可把某些细节丰富的物质按各像素明暗的程度,假彩色显示成亮度与深浅不一的蓝色。

3)把遥感的多光谱图像用自然彩色显示。在遥感的多光谱图像中,有些是不可见光波段的图像,如近红外、红外、甚至是远红外波段。因为这些波段不仅具有夜视能力,而且通过与其他波段的配合,易于区分地物。用假彩色技术处理多光谱图像,目的不在于使景物恢复自然的彩色,而是从中获得更多的信息。

总之,假彩色处理也是一种很有实用意义的技术,其中蕴含着颇为深刻的心理学问题。

自然彩色图像的假彩色线性映射的一般表示为

$$\begin{bmatrix} R_g \\ G_g \\ B_g \end{bmatrix} = \begin{bmatrix} \alpha_1 & \beta_1 & \gamma_1 \\ \alpha_2 & \beta_2 & \gamma_2 \\ \alpha_3 & \beta_3 & \gamma_3 \end{bmatrix} \begin{bmatrix} R_f \\ G_f \\ B_f \end{bmatrix}$$

这种映射可看成是一种从原来的三基色变成新的一组三基色的彩色坐标变换,对于多光谱图像的假彩色处理,例如四波段的,可写成

$$R_g = T_R\{f_1, f_2, f_3, f_4\}$$
$$G_g = T_G\{f_1, f_2, f_3, f_4\}$$
$$B_g = T_B\{f_1, f_2, f_3, f_4\}$$

其中 f_i 代表第 i 波段的图像,$T_R(\bullet)$,$T_G(\bullet)$,$T_B(\bullet)$均为函数运算的一般表示。

8.4.4 伪彩色和假彩色处理的 MATLAB 实现

(1)灰度分层方法伪彩色处理的 MATLAB 实现

下面是灰度分层方法伪彩色处理的 MATLAB 实现的程序清单:

```
clc;
I = imread('gray.bmp');
imshow(I);
X = grayslice(I,16);
figure,imshow(X,hot(16));
```

运行结果如图 8.13(a)、(b)所示。

(2)变换法伪彩色处理 MATLAB 实现

```
clc;
```

(a)原始图像

(b)处理后的图像

图 8.13　伪彩色处理的灰度分层方法

```
I = imread('ngc4024m.tif');
imshow(I);
I = double(I);
[M,N] = size(I);
L = 256;
for i = 1:M
    for j = 1:N
        if I(i,j) <= L/4
            R(i,j) = 0;
            G(i,j) = 4 * I(i,j);
            B(i,j) = L;
        else if I(i,j) <= L/2
            R(i,j) = 0;
            G(i,j) = L;
            B(i,j) = -4 * I(i,j) + 2 * L;
        else if I(i,j) <= 3 * L/4
            R(i,j) = 4 * I(i,j) - 2 * L;
            G(i,j) = L;
            B(i,j) = 0;
        else
            R(i,j) = L;
            G(i,j) = -4 * I(i,j) + 4 * L;
            B(i,j) = 0;
        end
    end
        end
    end
end
```

```
for i = 1:M
    for j = 1:N
        OUT(i,j,1) = R(i,j);
        OUT(i,j,2) = G(i,j);
        OUT(i,j,3) = B(i,j);
    end
end
OUT = OUT/256;
figure,imshow(OUT);
```

运行结果如图 8.14(a)、(b)所示。

(a)原始图像

(b)变换法伪彩色处理结果

图 8.14　伪彩色处理的变换法

(3)频域伪彩色处理 MATLAB 实现

```
clc;
I = imread('gray.bmp');
[M,N] = size(I);
F = fft2(I);
fftshift(F);
REDcut = 100;
GREENcut = 200;
BLUEcenter = 150;
BLUEwidth = 100;
BLUEu0 = 10;
BLUEv0 = 10;
for u = 1:M
for v = 1:N
D(u,v) = sqrt(u^2 + v^2);
REDH(u,v) = 1/(1 + (sqrt(2) - 1) * (D(u,v)/REDcut)^2);
GREENH(u,v) = 1/(1 + (sqrt(2) - 1) * (GREENcut/D(u,v))^2);
BLUED(u,v) = sqrt((u - BLUEu0)^2 + (v - BLUEv0)^2);
BLUEH(u,v) = 1 - 1/(1 + BLUED(u,v) * BLUEwidth/((BLUED(u,v))^2 - (BLUE-
```

```
center)^2)^2);
    end
    end
    RED = REDH. * F;
    REDcolor = ifft2(RED);
    GREEN = GREENH. * F;
    GREENcolor = ifft2(GREEN);
    BLUE = BLUEH. * F;
    BLUEcolor = ifft2(BLUE);
    REDcolor = real(REDcolor)/256;
    GREENcolor = real(GREENcolor)/256;
    BLUEcolor = real(BLUEcolor)/256;
    for i = 1:M
        for j = 1:N
            OUT(i,j,1) = REDcolor(i,j);
            OUT(i,j,2) = GREENcolor(i,j);
            OUT(i,j,3) = BLUEcolor(i,j);
        end
    end
    OUT = abs(OUT);
    figure,imshow(OUT);
```

运行结果如图 8.15 所示。

(a)原始图像

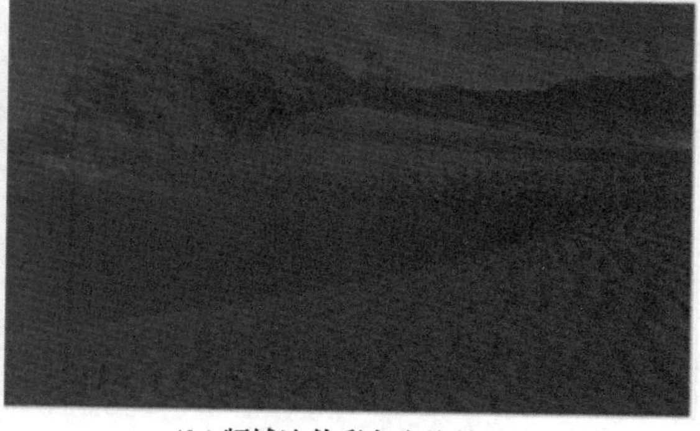

(b)频域法伪彩色变换结果

图 8.15　滤波器变换法的伪彩色变换

(4)假彩色处理 MATLAB 实现

下面是一个假彩色变换的 MATLAB 实现的程序清单：

```
clc;
[RGB] = imread('gray.bmp');
imshow(RGB);
RGBnew(:,:,1) = RGB(:,:,3);
```

```
RGBnew(:,:,2) = RGB(:,:,1);
RGBnew(:,:,3) = RGB(:,:,2);
figure,imshow(RGBnew)
```

运行结果如图 8.16 所示。

图 8.16　一种假彩色变换

参考文献

1. 朱秀昌,刘峰,胡栋. 数字图像处理与图像通信. [M]. 3 版. 北京:北京邮电大学出版社,2014.
2. 徐飞,施晓红. MATLAB 应用图像处理[M]. 西安:西安电子科技大学出版社,2002.
3. 孙兆林. MATLAB6. x 图像处理[M]. 北京:清华大学出版社,2002.
4. 王耀南. 计算机图像处理与识别技术[M]. 北京:高等教育出版社,2001.
5. 章毓晋. 图像处理和分析基础[M]. 北京:高等教育出版社,2002.
6. 谷口庆治. 数字图像处理——基础篇[M]. 北京:科学出版社,2002.
7. 阮秋琦. 数字图像处理学[M]. 北京:电子工业出版社,2001.
8. 张兆礼,赵春晖,梅晓丹. 现代图像处理技术及 MATLAB 实现[M]. 北京:人民邮电出版社,2001.
9. 闫敬文. 数字图像处理技术与图像图形学基本教程[M]. 北京:科学技术出版社,2002.
10. 清源计算机工作室. MATLAB6. 0 高级应用——图形图像处理[M]. 北京:机械工业出版社,2001.
11. 夏良正. 数字图像处理. [M]. 2 版. 南京:东南大学出版社,2006.
12. 黄贤武,王加俊,李家华. 数字图像处理与压缩编码技术[M]. 成都:电子科技大学出版社,2000.

参考文献

[illegible]